U0094100

普通高等教育基础课系列教材

线性代数

主　编　许　毅　庞淑萍

副主编　鄂　宁　李一鸣　丛瑞雪

参　编　龙海波　刘　红　王凤章　杨月梅

机 械 工 业 出 版 社

本书是为普通高等院校经济、金融、管理类专业学生编写的线性代数教材，内容包括行列式、矩阵、线性方程组和向量的线性关系、矩阵的特征值与特征向量、二次型与对称矩阵、线性空间与线性变换、线性代数应用实例共7章. 本书增加了线性代数在经济管理领域的应用数学模型和 MATLAB 软件的使用等内容，以提高学生应用数学知识解决实际问题能力.

本书可作为普通高等院校经济、金融、管理类专业和相关专业本科生的线性代数教材，也可作为相关人员的参考书.

图书在版编目(CIP)数据

线性代数/许毅，庞淑萍主编. —北京：机械工业出版社，2022. 4
普通高等教育基础课系列教材
ISBN 978-7-111-70421-8

Ⅰ. ①线…　Ⅱ. ①许…　②庞…　Ⅲ. ①线性代数－高等学校－教材
Ⅳ. ①O151. 2

中国版本图书馆 CIP 数据核字(2022)第 048603 号

机械工业出版社(北京市百万庄大街 22 号　邮政编码 100037)
策划编辑：汤　嘉　　　　责任编辑：汤　嘉
责任校对：陈　越　刘雅娜　封面设计：张　静
责任印制：任维东
北京中兴印刷有限公司印刷
2022 年 6 月第 1 版第 1 次印刷
184mm×260mm · 16. 5 印张 · 374 千字
标准书号：ISBN 978-7-111-70421-8
定价：49. 80 元

电话服务
客服电话：010－88361066
010－88379833
010－68326294

网络服务
机　工　官　网：www. cmpbook. com
机　工　官　博：weibo. com/cmp1952
金　　书　　网：www. golden－book. com
机工教育服务网：www. cmpedu. com

前　言

本书是为普通高等院校经济、金融、管理类专业和相关专业本科生编写的线性代数教材.

经济和社会的不断发展,对经济、金融、管理等专业本科生的数学基础、数学素养和运用数学理论及数学方法分析、解决实际问题能力的要求越来越高,本书就是为适应这一新的教学要求编写的. 作为数学基础课教材,本书在概念的引入和内容的叙述上力求做到数形结合、理论联系实际,将抽象内容进行形象化讲解,力求做到通俗易懂,易教易学. 同时,考虑到学生继续深造的需要,本书在相应的例题和习题配备上做了一些设置. 此外,为培养学生的数学应用能力,增加了线性代数在经济管理领域的应用数学模型和 MATLAB 软件的使用.

本书的内容包括行列式、矩阵、线性方程组和向量的线性关系、矩阵的特征值与特征向量、二次型与对称矩阵、线性空间与线性变换、线性代数应用实例等.

本书由许毅、庞淑萍担任主编,鄂宁、李一鸣、丛瑞雪担任副主编. 许毅编写第 1、2 章,庞淑萍编写第 3、7 章,鄂宁编写第 4 章,李一鸣编写第 5、6 章,丛瑞雪编写第 1 ~ 5 章及第 7 章后 MATLAB 软件的应用部分. 龙海波、刘红、王凤章、杨月梅在本书编写过程中承担了搜集资料、校核、以及部分章节编写工作. 庞淑萍对初稿内容进行了修改和整理,全书由许毅统稿、定稿.

由于作者水平有限,本书难免存在疏漏和不足之处,恳请广大读者批评指正.

编　者

目　录

第1章 行列式

本章基本要求

1. 掌握二、三阶行列式的定义及计算；

2. 理解 n 阶行列式的定义，掌握行列式的性质，并会运用性质计算行列式；

3. 掌握行列式按行（列）展开的定理，并会运用定理计算行列式；

4. 掌握克拉默法则，并会用克拉默法则解比较简单的线性方程组.

行列式的概念是在研究线性方程组的解的过程中产生的. 它是学习矩阵、线性方程组与向量组的线性相关性等内容的一种重要工具. 行列式在数学的许多分支中都有着广泛的应用，是常用的一种计算工具.

1.1 二阶、三阶行列式

1.1.1 二阶行列式及其在解方程组中的应用

二元一次方程组

$$\begin{cases} a_1x + a_2y = c_1, \\ b_1x + b_2y = c_2 \end{cases}$$

如果有解，它的解完全可由它们的系数（$a_1, a_2, b_1, b_2, c_1, c_2$）表示出来.

$$\begin{cases} a_1x + a_2y = c_1, & (1) \\ b_1x + b_2y = c_2, & (2) \end{cases} \xRightarrow[(2)\times a_1]{(1)\times b_1} \begin{cases} a_1b_1x + a_2b_1y = c_1b_1, & (3) \\ a_1b_1x + a_1b_2y = a_1c_2, & (4) \end{cases}$$

$$\xRightarrow{(4)-(3)} (a_1b_2 - a_2b_1)y = (a_1c_2 - b_1c_1).$$

若 $a_1b_2 - a_2b_1 \neq 0$，则

$$y=\frac{a_1c_2-b_1c_1}{a_1b_2-a_2b_1}\xlongequal{\Delta}\frac{\begin{vmatrix}a_1 & c_1\\ b_1 & c_2\end{vmatrix}}{\begin{vmatrix}a_1 & a_2\\ b_1 & b_2\end{vmatrix}}.$$

同理

$$x=\frac{\begin{vmatrix}c_1 & a_2\\ c_2 & b_2\end{vmatrix}}{\begin{vmatrix}a_1 & a_2\\ b_1 & b_2\end{vmatrix}},$$

其中

$$\begin{vmatrix}a_1 & c_1\\ b_1 & c_2\end{vmatrix},\begin{vmatrix}a_1 & a_2\\ b_1 & b_2\end{vmatrix},\begin{vmatrix}c_1 & a_2\\ c_2 & b_2\end{vmatrix}$$

均称为二阶行列式.

我们称 $\begin{vmatrix}a & b\\ c & d\end{vmatrix}=ad-bc$ 为二阶行列式(它是一个数),二阶行列式左上角到右下角的对角线称为**主对角线**,右上角到左下角的对角线称为**次对角线**.二阶行列式等于主对角线两数之积减去次对角线两数之积(对角线法则).

1.1.2 三阶行列式及其在解方程组中的应用

同样,在解三元一次方程组

$$\begin{cases}a_{11}x+a_{12}y+a_{13}z=b_1,\\ a_{21}x+a_{22}y+a_{23}z=b_2,\\ a_{31}x+a_{32}y+a_{33}z=b_3\end{cases}$$

时,要用到“三阶行列式”,这里可采用如下的定义.

$$D=\begin{vmatrix}a_{11} & a_{12} & a_{13}\\ a_{21} & a_{22} & a_{23}\\ a_{31} & a_{32} & a_{33}\end{vmatrix}=a_{11}a_{22}a_{33}+a_{12}a_{23}a_{31}+a_{13}a_{21}a_{32}-a_{13}a_{22}a_{31}-a_{11}a_{23}a_{32}-a_{12}a_{21}a_{33}.$$

三阶行列式的计算(展开)可用对角线法则记忆,如图 1.1 所示.

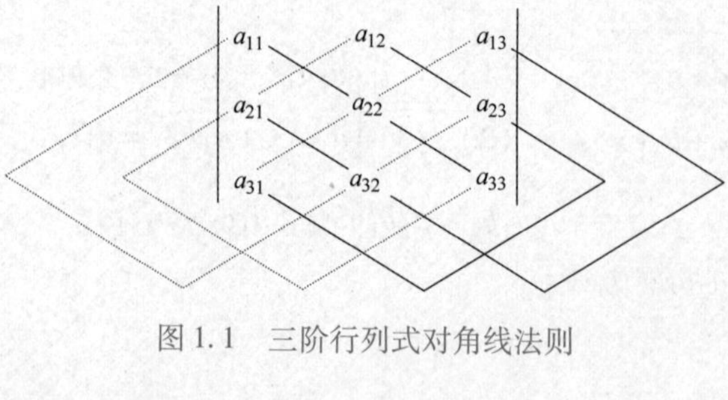

图 1.1 三阶行列式对角线法则

例 1.1　计算三阶行列式

$$D=\begin{vmatrix}2&1&2\\-4&3&1\\2&3&5\end{vmatrix}.$$

解　根据对角线法则,有

$$D=\begin{vmatrix}2&1&2\\-4&3&1\\2&3&5\end{vmatrix}=2\times3\times5+1\times1\times2+2\times(-4)\times3-2\times3\times2-$$
$$1\times(-4)\times5-2\times3\times1=10.$$

同样,三元一次方程组的解也可以用三阶行列式表示.

当其系数行列式

$$D=\begin{vmatrix}a_{11}&a_{12}&a_{13}\\a_{21}&a_{22}&a_{23}\\a_{31}&a_{32}&a_{33}\end{vmatrix}\neq0\text{ 时},$$

方程组的解为

$$x=\frac{D_1}{D},y=\frac{D_2}{D},z=\frac{D_3}{D}.$$

其中

$$D_1=\begin{vmatrix}b_1&a_{12}&a_{13}\\b_2&a_{22}&a_{23}\\b_3&a_{32}&a_{33}\end{vmatrix},\ D_2=\begin{vmatrix}a_{11}&b_1&a_{13}\\a_{21}&b_2&a_{23}\\a_{31}&b_3&a_{33}\end{vmatrix},\ D_3=\begin{vmatrix}a_{11}&a_{12}&b_1\\a_{21}&a_{22}&b_2\\a_{31}&a_{32}&b_3\end{vmatrix}.$$

例 1.2　《九章算术》的第 8 章提到谷物称重问题. 问题:有三种谷物,如果第一种谷物有 3 袋、第二种谷物有 2 袋、第三种谷物有 1 袋,那么以上三种谷物总重量是 39 个重量单位. 如果第一种谷物有 2 袋、第二种谷物有 3 袋、第三种谷物有 1 袋,那么以上三种谷物总重量是 34 个重量单位. 如果第一种谷物有 1 袋、第二种谷物有 2 袋、第三种谷物有 3 袋,那么以上三种谷物总重量是 26 个重量单位. 请问:每种谷物一袋重量是多少(假设每种谷物每袋重量一样)?

解　设第一种谷物每袋重量是 x,第二种谷物每袋重量是 y,第三种谷物每袋重量是 z,建立如下线性方程组:

$$\begin{cases}3x+2y+z=39,\\2x+3y+z=34,\\1x+2y+3z=26.\end{cases}$$

先计算系数行列式

$$D=\begin{vmatrix}3&2&1\\2&3&1\\1&2&3\end{vmatrix}=27+2+4-3-12-6=12\neq 0,$$

再计算 D_1,D_2,D_3

$$D_1=\begin{vmatrix}39&2&1\\34&3&1\\26&2&3\end{vmatrix}=111,D_2=\begin{vmatrix}3&39&1\\2&34&1\\1&26&3\end{vmatrix}=51,D_3=\begin{vmatrix}3&2&39\\2&3&34\\1&2&26\end{vmatrix}=33.$$

代入公式得

$$x=\frac{D_1}{D}=\frac{37}{4},y=\frac{D_2}{D}=\frac{17}{4},z=\frac{D_3}{D}=\frac{11}{4}.$$

则第一种谷物每袋重量是$\frac{37}{4}$,第二种谷物每袋重量是$\frac{17}{4}$,第三种谷物每袋重量是$\frac{11}{4}$.

例 1.3 解线性方程组$\begin{cases}-2x+y+z=-2,\\x+y+4z=0,\\3x-7y+5z=5.\end{cases}$

解 先计算系数行列式

$$D=\begin{vmatrix}-2&1&1\\1&1&4\\3&-7&5\end{vmatrix}=-10+12-7-3-56-5=-69\neq 0.$$

再计算 D_1,D_2,D_3

$$D_1=\begin{vmatrix}-2&1&1\\0&1&4\\5&-7&5\end{vmatrix}=-51,D_2=\begin{vmatrix}-2&-2&1\\1&0&4\\3&5&5\end{vmatrix}=31,$$

$$D_3=\begin{vmatrix}-2&1&-2\\1&1&0\\3&-7&5\end{vmatrix}=5.$$

代入公式得

$$x=\frac{D_1}{D}=\frac{17}{23},y=\frac{D_2}{D}=-\frac{31}{69},z=\frac{D_3}{D}=-\frac{5}{69}.$$

例 1.4 求二次多项式$f(x)$,使得

$$f(-1)=6,\ f(1)=2,\ f(2)=3.$$

解 设$f(x)=ax^2+bx+c$,于是由$f(-1)=6$, $f(1)=2$, $f(2)=3$得

$$\begin{cases}a-b+c=6,\\a+b+c=2,\\4a+2b+c=3.\end{cases}$$

求 a,b,c 如下:

$$D=\begin{vmatrix}1&-1&1\\1&1&1\\4&2&1\end{vmatrix}=-6\neq0,\quad D_1=\begin{vmatrix}6&-1&1\\2&1&1\\3&2&1\end{vmatrix}=-6,$$

$$D_2=\begin{vmatrix}1&6&1\\1&2&1\\4&3&1\end{vmatrix}=12,\qquad D_3=\begin{vmatrix}1&-1&6\\1&1&2\\4&2&3\end{vmatrix}=-18.$$

所以

$$a=\frac{D_1}{D}=1,b=\frac{D_2}{D}=-2,c=\frac{D_3}{D}=3,$$

故二次多项式 $f(x)=x^2-2x+3$.

1.1.3 一、二、三阶行列式的几何意义

一阶行列式 $|a_1|=a_1$ 表示一个数或是一个向量,是一维坐标轴上的有向长度.

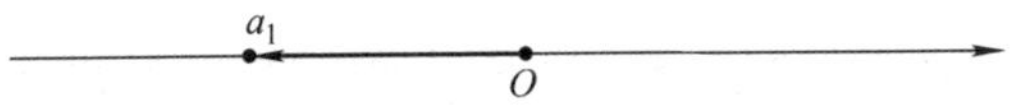

图 1.2

二阶行列式 $D=\begin{vmatrix}a_1&a_2\\b_1&b_2\end{vmatrix}=a_1b_2-a_2b_1$ 的几何意义是在 xOy 平面上以行向量 $\boldsymbol{a}=(a_1,a_2)$,$\boldsymbol{b}=(b_1,b_2)$ 为邻边的平行四边形的有向面积.

三阶行列式

$$D=\begin{vmatrix}a_{11}&a_{12}&a_{13}\\a_{21}&a_{22}&a_{23}\\a_{31}&a_{32}&a_{33}\end{vmatrix}=a_{11}a_{22}a_{33}+a_{12}a_{23}a_{31}+a_{13}a_{21}a_{32}-a_{11}a_{23}a_{32}-a_{12}a_{21}a_{33}-a_{13}a_{22}a_{31}$$

的几何意义是其行向量或列向量所张成的平行六面体的有向体积.

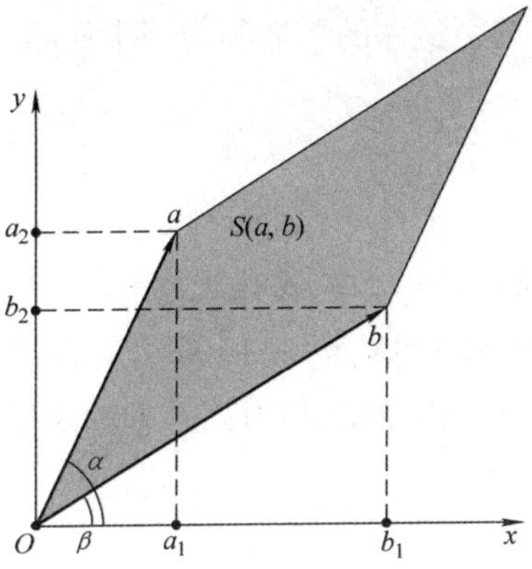

图 1.3

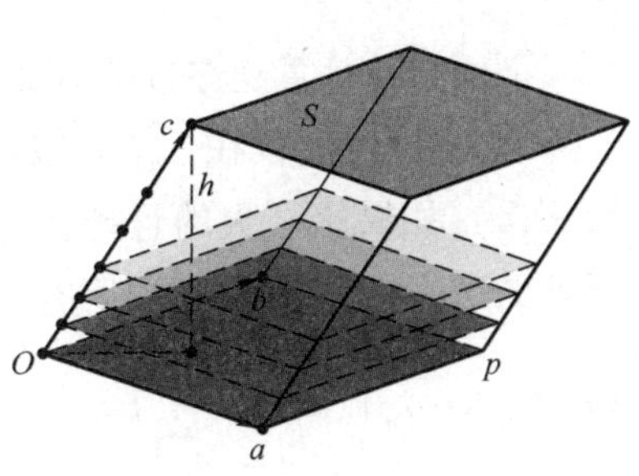

图 1.4

练习 1.1

1. 利用对角线法则计算下列三阶行列式：

(1) $\begin{vmatrix} 2 & 0 & 1 \\ 1 & -4 & -1 \\ -1 & 8 & 3 \end{vmatrix}$；

(2) $\begin{vmatrix} a & b & c \\ b & c & a \\ c & a & b \end{vmatrix}$；

(3) $\begin{vmatrix} 1 & 1 & 1 \\ a & b & c \\ a^2 & b^2 & c^2 \end{vmatrix}$；(4) $\begin{vmatrix} x & y & x+y \\ y & x+y & x \\ x+y & x & y \end{vmatrix}$.

2. 用行列式解下列方程组

(1) $\begin{cases} 3x_1-2x_2=12, \\ 2x_1+x_2=1; \end{cases}$

(2) $\begin{cases} 2x_1-x_2=3, \\ -x_1+3x_2=-1; \end{cases}$

(3) $\begin{cases} x_1-2x_2+x_3=-2, \\ 2x_1+x_2+-3x_3=1, \\ -x_1+x_2-x_3=0; \end{cases}$

(4) $\begin{cases} x_1+2x_2+2x_3=3, \\ 3x_1+7x_2+4x_3=3, \\ 2x_1+3x_2+5x_3=10. \end{cases}$

3. 求二次多项式 $f(x)$，使得 $f(1)=0, f(2)=3, f(-3)=28$.

1.2 *n* 阶行列式

下面将二阶、三阶行列式的概念加以推广，给出 n 阶行列式的概念. 先来介绍排列的有关概念和性质.

1.2.1 排列和逆序

定义 1.1 由正整数 $1,2,\cdots,n$ 构成的 n 元有序数组，称为一个 n 级排列，简称排列，记为 $i_1\cdots i_n$. 其中，$1,2\cdots n$ 称为自然排列. n 级排列总共有 $n!$ 种.

例如 3 级排列共有 6 种：123，132，213，231，321，312，而15423，163425 分别为 5 级排列和 6 级排列.

定义 1.2 在一个 n 级排列 $i_1\, i_2\cdots i_s\cdots i_t\cdots i_n$ 中，若数 $i_s>i_t$，则称 i_s 与 i_t 构成一个逆序. 一个 n 级排列中逆序的总数称为该排列的逆序数，记为 $\tau(i_1\, i_2\cdots i_n)$.

下面讨论计算逆序数的方法.

不失一般性，设在一个 n 级排列 $i_1\, i_2\cdots i_n$ 中，考虑元素 $i_s(s=1,2,\cdots,n)$，如果比 i_s 大的且排在 i_s 前面的元素有 t_i 个，那么 i_s 这个元素的逆序数是 t_i. 排列中所有元素的逆序数之和为该排列的逆序数 $\tau(i_1 i_2\cdots i_n)=t=\sum\limits_{i=1}^{n} t_i$.

例 1.5 求下列排列的逆序数

(1)45312;(2)316254.

解 (1)因为 4 排在首位,故其逆序的个数为 0;

在 5 前面比 5 大的数有 0 个,故其逆序的个数为 0;

在 3 前面比 3 大的数有 2 个,故其逆序的个数为 2;

在 1 前面比 1 大的数有 3 个,故其逆序的个数为 3;

在 2 前面比 2 大的数有 3 个,故其逆序的个数为 3,

所以排列的逆序数为

$$\tau(45312)=0+0+2+3+3=8,$$

(2)同理 $\tau(316254)=0+1+0+2+1+2=6.$

定义 1.3 逆序数为偶数的排列称为偶排列;逆序数为奇数的排列称为奇排列. 例如 3 级排列中 123,231,312 为偶排列,132,213,321 为奇排列.

1.2.2 对换

定义 1.4 把一个排列 $i_1\, i_2\cdots i_s\cdots i_t\cdots i_n$ 中某两个数 i_s 与 i_t 的位置互换,而其余数不动,得到另一个排列 $i_1\, i_2\cdots i_t\cdots i_s\cdots i_n$,这样的变换称为一个对换,记为$(i_s,i_t)$.

例如对排列 1342 对换(1,2)后得到排列 2341. 将两个相邻元素对换,称为相邻对换.

定理 1.1 一个排列中的任意两个元素对换,排列改变奇偶性.

这就是说,经过一次对换,奇排列变为偶排列,偶排列变为奇排列.

证明 先看相邻对换的情形.

设排列为 $a_1\cdots a_l abb_1\cdots b_m$,对换 a,b,变为 $a_1\cdots a_l bab_1\cdots b_m$. 显然 $a_1,\cdots,a_l;b_1,\cdots,b_m$ 这些元素的逆序数经过对换并不改变,而 a,b 两元素的逆序数改变为:

当 $a<b$ 时,经对换后 a 的逆序数增加 1 而 b 的逆序数不变;

当 $a>b$ 时,经对换后 a 的逆序数不变而 b 的逆序数减少 1.

所以排列 $a_1\cdots a_l abb_1\cdots b_m$ 与排列 $a_1\cdots a_l bab_1\cdots b_m$ 奇偶性不同.

再证明一般对换的情形.

设排列为 $a_1\cdots a_l ab_1\cdots b_m bc_1\cdots c_n$,对换 a,b,变为 $a_1\cdots a_l bb_1\cdots$

$b_m a c_1 \cdots c_n$，这样对换可以看成把它先作 m 次相邻对换，变成 $a_1 \cdots a_l a b b_1 \cdots b_m c_1 \cdots c_n$，再作 $m+1$ 次相邻对换，变成 $a_1 \cdots a_l b b_1 \cdots b_m a c_1 \cdots c_n$. 由于经 $2m+1$ 次相邻对换，排列 $a_1 \cdots a_l a b_1 \cdots b_m b c_1 \cdots c_n$ 变成排列 $a_1 \cdots a_l b b_1 \cdots b_m a c_1 \cdots c_n$，所以这两个排列的奇偶性相反.

定理 1.2 任一 n 级排列 $i_1\, i_2 \cdots i_s \cdots i_t \cdots i_n$ 都可以通过一系列对换与 n 级自然排列 $1\ 2 \cdots n$ 互换，且所作对换次数的奇偶性与这个 n 级排列的奇偶性相同.

定理 1.3 所有 n 级排列中，奇偶排列各占一半.

定义 1.5 由 n^2 个元素 $a_{ij}(i,j=1,2,\cdots,n)$ 排成 n 行 n 列，记为

$$\begin{vmatrix} a_{11} & a_{12} & \cdots & a_{1n} \\ a_{21} & a_{22} & \cdots & a_{2n} \\ \vdots & \vdots & & \vdots \\ a_{n1} & a_{n2} & \cdots & a_{nn} \end{vmatrix},$$

称为 n 阶行列式. 它表示所有属于不同行不同列的 n 个元素乘积 $a_{1j_1} a_{2j_2} \cdots a_{nj_n}$ 的代数和，其中，$j_1 j_2 \cdots j_n$ 是某个 n 级排列，故共有 $n!$ 项求和. 每项前的符号按下述规则选取：当 $\tau(j_1\, j_2 \cdots j_n)$ 是偶数时取正号，当 $\tau(j_1\, j_2 \cdots j_n)$ 为奇数时取负号. 即有

$$D = \begin{vmatrix} a_{11} & a_{12} & \cdots & a_{1n} \\ a_{21} & a_{22} & \cdots & a_{2n} \\ \vdots & \vdots & & \vdots \\ a_{n1} & a_{n2} & \cdots & a_{nn} \end{vmatrix} = \sum_{j_1 j_2 \cdots j_n} (-1)^{\tau(j_1 j_2 \cdots j_n)} a_{1j_1} a_{2j_2} \cdots a_{nj_n}. \tag{1.1}$$

这里 $\sum\limits_{j_1 j_2 \cdots j_n}$ 表示对这 n 个数组成的所有排列求和. 行列式简记为 $\det(a_{ij})$ 或 $|a_{ij}|$.

注 (1)一阶行列式 $|a| = a$；

(2) n 阶行列式的一般项为

$$(-1)^{\tau(j_1 j_2 \cdots j_n)} a_{1j_1} a_{2j_2} \cdots a_{nj_n}; \tag{1.2}$$

(3)三阶行列式的一般项为取自不同行不同列的三个元素乘积

$$(-1)^{\tau(j_1 j_2 j_3)} a_{1j_1} a_{2j_2} a_{3j_3},$$

三阶行列式的值为

$$D=\sum_{j_1j_2j_3}(-1)^{\tau(j_1j_2j_3)}a_{1j_1}a_{2j_2}a_{3j_3},$$

所以当 $j_1j_2j_3$ 取遍 123 这三个元素的全排列 123,231,312,132,213,321 时,

$$D=a_{11}a_{22}a_{33}+a_{12}a_{23}a_{31}+a_{13}a_{21}a_{32}-a_{11}a_{23}a_{32}-a_{12}a_{21}a_{33}-a_{13}a_{22}a_{31}.$$

这正是我们用对角线法则计算所得的结果. 由此我们看到三阶行列式是 n 阶行列式的特例,n 阶行列式是三阶行列式的一般形式.

根据 n 阶行列式的定义,n 阶行列式是所有取自不同行不同列的 n 个元素乘积的代数和. 如果做乘积的 n 个元素中包含零元素,那么该乘积项就为零. 因此,我们只需考察在它的展开式中有哪些项是 n 个非零元素的乘积.

例如用定义求三阶行列式

$$D=\begin{vmatrix}1&0&0\\1&0&2\\3&-1&4\end{vmatrix},$$

第一行只有一个非零元 $a_{11}=1$ 必选,这样第二行只能取 $a_{23}=2$,第三行只能取 $a_{32}=-1$,所以

$$\begin{aligned}D&=\sum_{j_1j_2j_3}(-1)^{\tau(j_1j_2j_3)}a_{1j_1}a_{2j_2}a_{3j_3}=(-1)^{\tau(132)}a_{11}a_{23}a_{32}\\&=(-1)\cdot1\cdot2\cdot(-1)=2.\end{aligned}$$

例 1.6　用行列式定义计算行列式

$$D=\begin{vmatrix}0&1&0&2\\4&0&1&0\\0&1&0&0\\0&0&3&1\end{vmatrix}.$$

解　四阶行列式的一般项为

$$(-1)^{\tau(j_1j_2\cdots j_4)}a_{1j_1}a_{2j_2}a_{3j_3}a_{4j_4}.$$

如果其中有一个是零元素,那么该项的值为零,所以我们选取非零元素. 观察第三行发现只有一个非零元素,所以 $a_{32}=1,j_3=2$,这样的话,$j_1=4,a_{14}=2$. 于是 $j_4=3,a_{43}=3,j_2=1,a_{21}=4$,则其展开式中只有一个非零项,所以

$$D=(-1)^{\tau(j_1j_2\cdots j_4)}a_{1j_1}a_{2j_2}a_{3j_3}a_{4j_4}=(-1)^{\tau(4123)}2\cdot4\cdot1\cdot3=-24.$$

例 1.7　用行列式的定义证明下列行列式(其对角线上的元素是 λ_i,未写出的元素都为 0).

$$(1)D_1=\begin{vmatrix}\lambda_1 & & & \\ & \lambda_2 & & \\ & & \ddots & \\ & & & \lambda_n\end{vmatrix}=\lambda_1\lambda_2\cdots\lambda_n,$$

$$(2)D_2=\begin{vmatrix} & & & \lambda_1 \\ & & \lambda_2 & \\ & \iddots & & \\ \lambda_n & & & \end{vmatrix}=(-1)^{\frac{n(n-1)}{2}}\lambda_1\lambda_2\cdots\lambda_n,$$

$$(3)D_3=\begin{vmatrix}a_{11} & a_{12} & \cdots & a_{1n} \\ 0 & a_{22} & \cdots & a_{2n} \\ \vdots & \vdots & & \vdots \\ 0 & 0 & \cdots & a_{nn}\end{vmatrix}=a_{11}a_{22}\cdots a_{nn},$$

$$(4)D_4=\begin{vmatrix}a_{11} & 0 & \cdots & 0 \\ a_{21} & a_{22} & \cdots & 0 \\ \vdots & \vdots & & \vdots \\ a_{n1} & a_{n2} & \cdots & a_{nn}\end{vmatrix}=a_{11}a_{22}\cdots a_{nn}.$$

其中,D_1 称为对角形行列式,D_2 称为反对角形行列式,D_3 称为上三角形行列式,D_4 称为下三角形行列式.

证明 (1)由 n 阶行列式的一般项知,它的展开式中非零项只有一项,即

$$D_1=(-1)^{\tau(12\cdots n)}a_{11}a_{22}\cdots a_{nn}=\lambda_1\lambda_2\cdots\lambda_n.$$

(2)由 n 阶行列式的一般项知,它的展开式中非零项只有一项,即

$$D_2=(-1)^{\tau(n(n-1)\cdots 1)}a_{1n}a_{2(n-1)}\cdots a_{n1}=(-1)^{\frac{n(n-1)}{2}}\lambda_1\lambda_2\cdots\lambda_n.$$

(3)D_3 中最后一行只有 a_{nn} 非零,所以 $j_n=n$,于是倒数第二行只能取 $a_{n-1,n-1}$,以此类推,则

$$D_3=(-1)^{\tau(12\cdots n)}a_{11}a_{22}\cdots a_{nn}=a_{11}a_{22}\cdots a_{nn}.$$

(4)D_4 中第一行只有 a_{11} 非零,所以 $j_1=1$,于是第二行只能取 a_{22},以此类推,则

$$D_4=(-1)^{\tau(12\cdots n)}a_{11}a_{22}\cdots a_{nn}=a_{11}a_{22}\cdots a_{nn}.$$

若把 n 阶行列式每项的列标按自然顺序排列,则行标是 n 级排列中的某一个排列,这样便得到行列式的另一个定义式

$$D=\sum_{i_1i_2\cdots i_n}(-1)^{\tau(i_1i_2\cdots i_n)}a_{i_11}a_{i_22}\cdots a_{i_nn},\tag{1.3}$$

因为把 n 阶行列式 D 的一般项

$$(-1)^{\tau(j_1j_2\cdots j_n)}a_{1j_1}a_{2j_2}\cdots a_{nj_n}$$

的列标排列 $j_1j_2\cdots j_n$ 经过 T 次对换变成自然排列 $1,2,\cdots,n$ 的同时，相应的行标排列 $1,2,\cdots,n$ 经过 T 次对换变成了排列 $i_1i_2\cdots i_n$，即

$$a_{1j_1}a_{2j_2}\cdots a_{nj_n}=a_{i_11}a_{i_22}\cdots a_{i_nn}.$$

由定理 1.2 得到，对换次数 T 与 $\tau(j_1j_2\cdots j_n)$ 有相同的奇偶性，而 T 与 $\tau(i_1i_2\cdots i_n)$ 也有相同的奇偶性，从而 $\tau(i_1i_2\cdots i_n)$ 与 $\tau(j_1j_2\cdots j_n)$ 有相同的奇偶性，所以

$$(-1)^{\tau(j_1j_2\cdots j_n)}a_{1j_1}a_{2j_2}\cdots a_{nj_n}=(-1)^{\tau(i_1i_2\cdots i_n)}a_{i_11}a_{i_22}\cdots a_{i_nn},$$

因此可得式(1.3)是行列式的等价定义.

n 阶行列式 D 的一般项还可以记为

$$(-1)^{\tau(j_1j_2\cdots j_n)+\tau(i_1i_2\cdots i_n)}a_{i_1j_1}a_{i_2j_2}\cdots a_{i_nj_n}.$$

其中，$i_1i_2\cdots i_n$ 与 $j_1j_2\cdots j_n$ 均为 n 级排列.（请读者自己证明）

例 1.8 在 6 阶行列式中，确定下列项应带的符号.

(1) $a_{21}a_{53}a_{16}a_{42}a_{65}a_{34}$；(2) $a_{51}a_{32}a_{13}a_{44}a_{65}a_{26}$.

解 (1) 由乘法交换律得 $a_{21}a_{53}a_{16}a_{42}a_{65}a_{34}=a_{16}a_{21}a_{34}a_{42}a_{53}a_{65}$，又因为 $\tau(614235)=7$，所以 $a_{21}a_{53}a_{16}a_{42}a_{65}a_{34}$ 前面带负号.

(2) 由行列式的另一个定义式（1.3），$\tau(531462)=8$，所以 $a_{51}a_{32}a_{13}a_{44}a_{65}a_{26}$ 前面带正号.

练习 1.2

1. 填空题

(1) n 阶行列式是________项的代数和；

(2) 行列式每一项的正负号由下标排列的________决定；

(3) $a_{23}a_{14}a_{32}a_{41}$________（是或不是）四阶行列式中的一项；

(4) 6 阶行列式中 $a_{23}a_{31}a_{42}a_{56}a_{14}a_{65}$ 前面应带________号；

(5) 如果一个 n 阶行列式中等于 0 的元素的个数如果多于 n^2-n 个，那么此行列式的值一定等于________.

2. 求下列各排列的逆序数：

(1) 1234；　(2) 4132；

(3) 53421；　(4) 3741526；

(5) $13\cdots(2n-1)24\cdots(2n)$；

(6) $13\cdots(2n-1)(2n)(2n-2)\cdots 2$.

3. 写出四阶行列式中含有因子 $a_{11}a_{23}$ 的项.

4. 判断 $a_{14}a_{23}a_{31}a_{42}a_{56}a_{65}$ 和 $-a_{32}a_{43}a_{14}a_{51}a_{25}a_{66}$ 是否都是六阶行列式中的项.

5. 用行列式定义计算

$$D=\begin{vmatrix} 0 & a_{12} & a_{13} & 0 & 0 \\ a_{21} & a_{22} & a_{23} & a_{24} & a_{25} \\ a_{31} & a_{32} & a_{33} & a_{34} & a_{35} \\ 0 & a_{42} & a_{43} & 0 & 0 \\ 0 & a_{52} & a_{53} & 0 & 0 \end{vmatrix}.$$

6. 利用行列式定义计算

$$D_n=\begin{vmatrix} 0 & 1 & 0 & \cdots & 0 \\ 0 & 0 & 2 & \cdots & 0 \\ \vdots & \vdots & \vdots & & \vdots \\ 0 & 0 & 0 & \cdots & n-1 \\ n & 0 & 0 & \cdots & 0 \end{vmatrix}.$$

1.3 行列式的性质

由行列式的定义知,当 n 较大时用定义计算行列式运算量很大,例如计算一个 25 阶行列式,需要作 $25! \approx 1.5\times 10^{25}$ 次乘法,若用每秒运算亿万次的计算机,也要计算一千年才行. 因此,如何简化行列式的计算,是我们要研究的一个重要课题. 从上节的学习中我们了解到在计算行列式时,如果行列式为对角形、三角形或者所含有的零元素较多,那么这个行列式的值就比较容易计算. 这节将介绍行列式的基本性质,利用这些性质可以大大简化行列式的计算.

定义 1.6 将行列式 D 的行与列互换后得到的行列式,称为行列式 D 的转置行列式,记为 D^{T} 或 D',即

若
$$D=\begin{vmatrix} a_{11} & a_{12} & \cdots & a_{1n} \\ a_{21} & a_{22} & \cdots & a_{2n} \\ \vdots & \vdots & & \vdots \\ a_{n1} & a_{n2} & \cdots & a_{nn} \end{vmatrix},$$
则
$$D^{\mathrm{T}}=\begin{vmatrix} a_{11} & a_{21} & \cdots & a_{n1} \\ a_{12} & a_{22} & \cdots & a_{n2} \\ \vdots & \vdots & & \vdots \\ a_{1n} & a_{2n} & \cdots & a_{nn} \end{vmatrix}.$$

性质 1 行列式与它的转置行列式相等.

证明 设 $D=\det(a_{ij})$ 的转置行列式
$$D^{\mathrm{T}}=\begin{vmatrix} b_{11} & b_{12} & \cdots & b_{1n} \\ b_{21} & b_{21} & \cdots & b_{2n} \\ \vdots & \vdots & & \vdots \\ b_{n1} & b_{n2} & \cdots & b_{nn} \end{vmatrix},$$
则 $b_{ij}=a_{ji}(i,j=1,2,\cdots,n)$,按定义及式(1.3)
$$\begin{aligned} D^{\mathrm{T}} &= \sum_{j_1j_2\cdots j_n}(-1)^{\tau(j_1j_2\cdots j_n)}b_{1j_1}b_{2j_2}\cdots b_{nj_n} = \sum_{j_1j_2\cdots j_n}(-1)^{\tau(j_1j_2\cdots j_n)}a_{j_11}a_{j_22}\cdots a_{j_nn} \\ &= \sum_{j_1j_2\cdots j_n}(-1)^{\tau(j_1j_2\cdots j_n)}a_{1j_1}a_{2j_2}\cdots a_{nj_n} = D. \end{aligned}$$
由此性质可知,行列式中的行与列具有同等的地位. 行列式的性质凡是对行成立的,对列也同样成立,反之亦然.

性质 2 互换行列式的两行(列),行列式的值变号.

$$\begin{vmatrix} a_{11} & a_{12} & \cdots & a_{1n} \\ \vdots & \vdots & & \vdots \\ a_{i1} & a_{i2} & \cdots & a_{in} \\ \vdots & \vdots & & \vdots \\ a_{k1} & a_{k2} & \cdots & a_{kn} \\ \vdots & \vdots & & \vdots \\ a_{n1} & a_{n2} & \cdots & a_{nn} \end{vmatrix} = -\begin{vmatrix} a_{11} & a_{12} & \cdots & a_{1n} \\ \vdots & \vdots & & \vdots \\ a_{k1} & a_{k2} & \cdots & a_{kn} \\ \vdots & \vdots & & \vdots \\ a_{i1} & a_{i2} & \cdots & a_{in} \\ \vdots & \vdots & & \vdots \\ a_{n1} & a_{n2} & \cdots & a_{nn} \end{vmatrix}.$$

证明 设左端为 D,右端为 D_1,则

$$左端 = \sum_{p_1p_2\cdots p_n} (-1)^{\tau(p_1\cdots p_i\cdots p_k\cdots p_n)} a_{1p_1}\cdots a_{ip_i}\cdots a_{kp_k}\cdots a_{np_n}$$

$$= -\sum_{p_1p_2\cdots p_n} (-1)^{\tau(p_1\cdots p_i\cdots p_k\cdots p_n)} a_{1p_1}\cdots a_{kp_k}\cdots a_{ip_i}\cdots a_{np_n} = 右端$$

即 $D=-D_1$. 今后,我们以 r_i 表示第 i 行,c_j 表示第 j 列. 交换 i,j 两行记为 $r_i \leftrightarrow r_j$,交换 i,j 两列记为 $c_i \leftrightarrow c_j$.

推论 1.1 如果行列式有两行(列)完全相同,那么此行列式为零.

证明 将相等的两行(列)互换,有 $D=-D$,故 $D=0$.

性质 3 行列式的某一行(列)中所有的元素都乘以同一个数 k,等于用数 k 乘此行列式. 记作 $r_i \times k$.

$$D_1 = \begin{vmatrix} a_{11} & a_{12} & \cdots & a_{1n} \\ \vdots & \vdots & & \vdots \\ ka_{i1} & ka_{i2} & \cdots & ka_{in} \\ \vdots & \vdots & & \vdots \\ a_{n1} & a_{n2} & \cdots & a_{nn} \end{vmatrix} = k\begin{vmatrix} a_{11} & a_{12} & \cdots & a_{1n} \\ \vdots & \vdots & & \vdots \\ a_{i1} & a_{i2} & \cdots & a_{in} \\ \vdots & \vdots & & \vdots \\ a_{n1} & a_{n2} & \cdots & a_{nn} \end{vmatrix} = kD.$$

证明 用数 k 乘行列式 D 的第 i 行中所有元素得到行列式 D_1,则

$$D_1 = \sum (-1)^{\tau(p_1\cdots p_i\cdots p_n)} a_{1p_1}\cdots ka_{ip_i}\cdots a_{np_n}$$

$$= k\sum (-1)^{\tau(p_1\cdots p_i\cdots p_n)} a_{1p_1}\cdots a_{ip_i}\cdots a_{np_n} = kD.$$

推论 1.2 行列式中某一行(列)的所有元素的公因子可以提到行列式符号的外面.

推论 1.3 如果行列式中有两行(列)元素成比例,那么此行列式为零.

性质 4 如果行列式的某一行(列)的元素都是两数之和,那么 D 等于下列两个行列式之和:

$$D=\begin{vmatrix} a_{11} & a_{12} & \cdots & a_{1n} \\ \vdots & \vdots & & \vdots \\ a_{i1}+b_{i1} & a_{i2}+b_{i2} & \cdots & a_{in}+b_{in} \\ \vdots & \vdots & & \vdots \\ a_{n1} & a_{n2} & \cdots & a_{nn} \end{vmatrix}$$

$$=\begin{vmatrix} a_{11} & a_{12} & \cdots & a_{1n} \\ \vdots & \vdots & & \vdots \\ a_{i1} & a_{i2} & \cdots & a_{in} \\ \vdots & \vdots & & \vdots \\ a_{n1} & a_{n2} & \cdots & a_{nn} \end{vmatrix}+\begin{vmatrix} a_{11} & a_{12} & \cdots & a_{1n} \\ \vdots & \vdots & & \vdots \\ b_{i1} & b_{i2} & \cdots & b_{in} \\ \vdots & \vdots & & \vdots \\ a_{n1} & a_{n2} & \cdots & a_{nn} \end{vmatrix}$$

$$=D_1+D_2$$

证明

$$\begin{aligned} D &= \sum(-1)^{\tau(p_1\cdots p_i\cdots p_n)}a_{1p_1}\cdots(a_{ip_i}+b_{ip_i})\cdots a_{np_n} \\ &= \sum(-1)^{\tau(p_1\cdots p_i\cdots p_n)}a_{1p_1}\cdots a_{ip_i}\cdots a_{np_n}+\sum(-1)^{\tau(p_1\cdots p_i\cdots p_n)}a_{1p_1}\cdots b_{ip_i}\cdots a_{np_n} \\ &= D_1+D_2. \end{aligned}$$

性质 5 将行列式的某一行(列)的各元素乘以同一数然后加到另一行(列)对应的元素上去,行列式的值不变. 记作 r_i+kr_j(行),c_i+kc_j(列). 即

$$\begin{vmatrix} a_{11} & a_{12} & \cdots & a_{1n} \\ \vdots & \vdots & & \vdots \\ a_{i1} & a_{i2} & \cdots & a_{in} \\ \vdots & \vdots & & \vdots \\ a_{j1} & a_{j2} & \cdots & a_{jn} \\ \vdots & \vdots & & \vdots \\ a_{n1} & a_{n2} & \cdots & a_{nn} \end{vmatrix}=\begin{vmatrix} a_{11} & a_{12} & \cdots & a_{1n} \\ \vdots & \vdots & & \vdots \\ a_{i1}+ka_{j1} & a_{i2}+ka_{j2} & \cdots & a_{in}+ka_{jn} \\ \vdots & \vdots & & \vdots \\ a_{j1} & a_{j2} & \cdots & a_{jn} \\ \vdots & \vdots & & \vdots \\ a_{n1} & a_{n2} & \cdots & a_{nn} \end{vmatrix}.$$

证明 $$D_1=\begin{vmatrix} a_{11} & a_{12} & \cdots & a_{1n} \\ \vdots & \vdots & & \vdots \\ a_{i1}+ka_{j1} & a_{i2}+ka_{j2} & \cdots & a_{in}+ka_{jn} \\ \vdots & \vdots & & \vdots \\ a_{j1} & a_{j2} & \cdots & a_{jn} \\ \vdots & \vdots & & \vdots \\ a_{n1} & a_{n2} & \cdots & a_{nn} \end{vmatrix}$$

$$=\begin{vmatrix} a_{11} & a_{12} & \cdots & a_{1n} \\ \vdots & \vdots & & \vdots \\ a_{i1} & a_{i2} & \cdots & a_{in} \\ \vdots & \vdots & & \vdots \\ a_{j1} & a_{j2} & \cdots & a_{jn} \\ \vdots & \vdots & & \vdots \\ a_{n1} & a_{n2} & \cdots & a_{nn} \end{vmatrix}+\begin{vmatrix} a_{11} & a_{12} & \cdots & a_{1n} \\ \vdots & \vdots & & \vdots \\ ka_{j1} & ka_{j2} & \cdots & ka_{jn} \\ \vdots & \vdots & & \vdots \\ a_{j1} & a_{j2} & \cdots & a_{jn} \\ \vdots & \vdots & & \vdots \\ a_{n1} & a_{n2} & \cdots & a_{nn} \end{vmatrix}$$

$$=D+0=D.$$

利用这些性质可以简化行列式的运算,特别地,利用性质5可以把行列式中许多元素化为0,进而化成上三角形行列式,得到行列式的值.

例1.9 计算

$$D=\begin{vmatrix} 1 & -1 & 2 & 3 \\ 0 & 3 & 4 & 8 \\ -1 & 4 & 2 & 5 \\ 6 & 2 & 5 & 4 \end{vmatrix}.$$

解 通过观察可以发现,行列式的第2行恰为第1行与第3行之和,所以

$$D=\begin{vmatrix} 1 & -1 & 2 & 3 \\ 0 & 3 & 4 & 8 \\ -1 & 4 & 2 & 5 \\ 6 & 2 & 5 & 4 \end{vmatrix}\xlongequal{r_3+r_1}\begin{vmatrix} 1 & -1 & 2 & 3 \\ 0 & 3 & 4 & 8 \\ 0 & 3 & 4 & 8 \\ 6 & 2 & 5 & 4 \end{vmatrix}=0.$$

例1.10 计算

$$D=\begin{vmatrix} 3 & 1 & -1 & 2 \\ -5 & 1 & 3 & -4 \\ 2 & 0 & 1 & -1 \\ 1 & -5 & 3 & -3 \end{vmatrix}.$$

解

$$D=\begin{vmatrix}3&1&-1&2\\-5&1&3&-4\\2&0&1&-1\\1&-5&3&-3\end{vmatrix}\xlongequal{c_1\leftrightarrow c_2}-\begin{vmatrix}1&3&-1&2\\1&-5&3&-4\\0&2&1&-1\\-5&1&3&-3\end{vmatrix}$$

$$\xlongequal[r_4+5r_1]{r_2-r_1}-\begin{vmatrix}1&3&-1&2\\0&-8&4&-6\\0&2&1&-1\\0&16&-2&7\end{vmatrix}\xlongequal[r_2\leftrightarrow r_3]{r_2\times\frac{1}{2}}2\begin{vmatrix}1&3&-1&2\\0&2&1&-1\\0&-4&2&-3\\0&16&-2&7\end{vmatrix}$$

$$\xlongequal[r_4-8r_2]{r_3+2r_2}2\begin{vmatrix}1&3&-1&2\\0&2&1&-1\\0&0&4&-5\\0&0&-10&15\end{vmatrix}\xlongequal[r_4+\frac{1}{2}r_3]{r_4\times\frac{1}{5}}10\begin{vmatrix}1&3&-1&2\\0&2&1&-1\\0&0&4&-5\\0&0&0&\frac{1}{2}\end{vmatrix}$$

$$=40.$$

例 1.11 计算

$$D=\begin{vmatrix}x&a&a&\cdots&a\\a&x&a&\cdots&a\\a&a&x&\cdots&a\\\vdots&\vdots&\vdots&&\vdots\\a&a&a&\cdots&x\end{vmatrix}$$

解

$$D=\begin{vmatrix}x&a&a&\cdots&a\\a&x&a&\cdots&a\\a&a&x&\cdots&a\\\vdots&\vdots&\vdots&&\vdots\\a&a&a&\cdots&x\end{vmatrix}=\begin{vmatrix}x+(n-1)a&x+(n-1)a&x+(n-1)a&\cdots&x+(n-1)a\\a&x&a&\cdots&a\\a&a&x&\cdots&a\\\vdots&\vdots&\vdots&&\vdots\\a&a&a&\cdots&x\end{vmatrix}$$

$$=[x+(n-1)a]\begin{vmatrix}1&1&\cdots&1\\0&x-a&\cdots&0\\\vdots&\vdots&&\vdots\\0&0&\cdots&x-a\end{vmatrix}=[x+(n-1)a](x-a)^{n-1}.$$

练习 1.3

1. 判断题

(1)行列式中有 n 个元素为零,则行列式值为零;

(2)行列式中的每一个元都不为零,则行列式值不为零;

(3)行列式中有两行对应元素之和为零,则行列列式值为零;

(4)行列式每行的元素之和为零,则行列式值不一定为零.

2. 利用行列式的性质证明

$$\begin{vmatrix} 1 & x^2 & a^2+x^2 \\ 1 & y^2 & a^2+y^2 \\ 1 & z^2 & a^2+z^2 \end{vmatrix}=0.$$

3. 计算

$$D=\begin{vmatrix} 3 & 1 & -1 & 2 \\ -5 & 1 & 3 & -4 \\ 2 & 0 & 1 & -1 \\ 1 & -5 & 3 & -3 \end{vmatrix}.$$

4. 计算

$$D=\begin{vmatrix} 3 & 1 & 1 & 1 \\ 1 & 3 & 1 & 1 \\ 1 & 1 & 3 & 1 \\ 1 & 1 & 1 & 3 \end{vmatrix}.$$

5. 计算

$$D=\begin{vmatrix} a & b & c & d \\ a & a+b & a+b+c & a+b+c+d \\ a & 2a+b & 3a+2b+c & 4a+3b+2c+d \\ a & 3a+b & 6a+3b+c & 10a+6b+3c+d \end{vmatrix}.$$

6. 计算

$$\begin{vmatrix} 99 & 100 & 203 \\ 202 & 200 & 397 \\ 298 & 300 & 601 \end{vmatrix}.$$

7. 设 $D=\begin{vmatrix} a_{11} & a_{12} & a_{13} \\ a_{21} & a_{22} & a_{23} \\ a_{31} & a_{32} & a_{33} \end{vmatrix}=2$，求：

$$D_1=\begin{vmatrix} a_{12} & 2a_{11} & -a_{13}-a_{11} \\ a_{22} & 2a_{21} & -a_{23}-a_{21} \\ a_{32} & 2a_{31} & -a_{33}-a_{31} \end{vmatrix}.$$

1.4 行列式按行(列)展开

低阶行列式的计算比高阶行列式的计算简便，本节将学习如何将阶数较高的行列式化为阶数较低的行列式. 为此，我们先引进余子式和代数余子式的概念.

1.4.1 余子式、代数余子式

定义 1.7 在 n 阶行列式 D 中划去元素 a_{ij} 所在的第 i 行和第 j 列后，余下的 $n-1$ 阶行列式，称为 D 中元素 a_{ij} 的余子式，记为 M_{ij}，令 $A_{ij}=(-1)^{i+j}M_{ij}$，称 A_{ij} 为元素 a_{ij} 的代数余子式.

例如，行列式

$$D=\begin{vmatrix} 1 & -1 & 3 & 2 \\ 0 & 1 & -2 & 3 \\ 1 & 2 & 0 & 6 \\ 4 & -3 & 5 & 1 \end{vmatrix}$$

中元素 $a_{23}=-2$ 的余子式和代数余子式分别为

$$M_{23}=\begin{vmatrix} 1 & -1 & 2 \\ 1 & 2 & 6 \\ 4 & -3 & 1 \end{vmatrix}=-25,A_{23}=(-1)^{2+3}M_{23}=25.$$

注 从定义可知，元素 a_{ij} 的余子式和代数余子式只与元素 a_{ij} 的位置有关，而与 a_{ij} 等于什么无关.

1.4.2 行列式按行(列)展开法则

我们把三阶行列式按对角线法则展开为

$$D=\begin{vmatrix} a_{11} & a_{12} & a_{13} \\ a_{21} & a_{22} & a_{23} \\ a_{31} & a_{32} & a_{33} \end{vmatrix}=a_{11}a_{22}a_{33}+a_{12}a_{23}a_{31}+a_{13}a_{21}a_{32}-$$

$$a_{13}a_{22}a_{31}-a_{11}a_{23}a_{32}-a_{12}a_{21}a_{33}.$$

整理后变为

$$D=a_{11}\begin{vmatrix} a_{22} & a_{23} \\ a_{32} & a_{33} \end{vmatrix}-a_{12}\begin{vmatrix} a_{21} & a_{23} \\ a_{31} & a_{33} \end{vmatrix}+a_{13}\begin{vmatrix} a_{21} & a_{22} \\ a_{31} & a_{32} \end{vmatrix}. \quad (1.4)$$

元素 $a_{ij}(i=1,2,3,j=1,2,3)$ 的余子式为 M_{ij},那么有

$$M_{11}=\begin{vmatrix} a_{22} & a_{23} \\ a_{32} & a_{33} \end{vmatrix},M_{12}=\begin{vmatrix} a_{21} & a_{23} \\ a_{31} & a_{33} \end{vmatrix},M_{13}=\begin{vmatrix} a_{21} & a_{22} \\ a_{31} & a_{32} \end{vmatrix}.$$

故式(1.4)可写成:

$$D=a_{11}M_{11}-a_{12}M_{12}+a_{13}M_{13}, \quad (1.5)$$

若 $A_{ij}=(-1)^{i+j}M_{ij}$ 为元素 a_{ij} 的代数余子式,则式(1.5)又可写成

$$D=a_{11}A_{11}+a_{12}A_{12}+a_{13}A_{13}=\sum_{k=1}^{3}a_{1k}A_{1k}. \quad (1.6)$$

这样就得到三阶行列式按第一行展开成二阶行列式的和的形式.

例如

$$\begin{vmatrix} 2 & 3 & 4 \\ 0 & 5 & 6 \\ 1 & 0 & 1 \end{vmatrix}=2\begin{vmatrix} 5 & 6 \\ 0 & 1 \end{vmatrix}+3\cdot(-1)^3\begin{vmatrix} 0 & 6 \\ 1 & 1 \end{vmatrix}+4\begin{vmatrix} 0 & 5 \\ 1 & 0 \end{vmatrix}$$

$$=2\times5-3\times(-6)+4\times(-5)=8.$$

三阶行列式可以展开成二阶行列式和的形式,那么 n 阶行列式能否有类似地展开形式?下面的定理回答了这个问题.

定理 1.4 n 阶行列式 D 等于它的任一行(列)的各元素与其对应的代数余子式乘积之和. 即

$$D=a_{i1}A_{i1}+a_{i2}A_{i2}+\cdots+a_{in}A_{in}=\sum_{k=1}^{n}a_{ik}A_{ik} \quad (i=1,\cdots,n),$$

或

$$D=a_{1j}A_{1j}+a_{2j}A_{2j}+\cdots+a_{nj}A_{nj}=\sum_{k=1}^{n}a_{kj}A_{kj} \quad (j=1,2,\cdots,n).$$

证明 首先讨论第一行中除元素 $a_{11}\neq0$ 外,其余元素都为零

的特殊情形,即

$$D=\begin{vmatrix} a_{11} & 0 & \cdots & 0 \\ a_{21} & a_{22} & \cdots & a_{2n} \\ \vdots & \vdots & & \vdots \\ a_{n1} & a_{n2} & \cdots & a_{nn} \end{vmatrix}=\sum_{1j_2\cdots j_n}(-1)^{\tau(1j_2\cdots j_n)}a_{11}a_{2j_2}\cdots a_{nj_n},$$

$$=a_{11}\sum_{j_2\cdots j_n}(-1)^{\tau(j_2\cdots j_n)}a_{2j_2}\cdots a_{nj_n}=a_{11}M_{11}=a_{11}(-1)^{1+1}M_{11}$$

$$=a_{11}A_{11}.$$

其次,讨论行列式 D 的第 i 行除元素 $a_{ij}\neq 0$ 外,其余元素都为零的情形,即

$$D=\begin{vmatrix} a_{11} & \cdots & a_{1j-1} & a_{1j} & a_{1j+1} & \cdots & a_{11} \\ \vdots & & \vdots & \vdots & \vdots & & \vdots \\ a_{i-1,1} & \cdots & a_{i-1,j-1} & a_{i-1,j} & a_{i-1,j+1} & \cdots & a_{i-1,n} \\ 0 & \cdots & 0 & a_{ij} & 0 & \cdots & 0 \\ a_{i+1,1} & \cdots & a_{i+1,j-1} & a_{i+1,j} & a_{i+1,j+1} & \cdots & a_{i+1,n} \\ \vdots & & \vdots & \vdots & \vdots & & \vdots \\ a_{n1} & \cdots & a_{n,j-1} & a_{nj} & a_{n,j+1} & \cdots & a_{nn} \end{vmatrix},$$

将 D 的第 i 行依次与第 $i-1,\cdots,2,1$ 交换后,再将第 j 列依次与第 $j-1,\cdots,2,1$ 交换,得

$$D=(-1)^{i+j-2}\begin{vmatrix} a_{ij} & 0 & \cdots & 0 & 0 & \cdots & 0 \\ a_{1j} & a_{11} & \cdots & a_{1j-1} & a_{1j+1} & \cdots & a_{1n} \\ \vdots & \vdots & & \vdots & \vdots & & \vdots \\ a_{i-1,j} & a_{i-1,1} & \cdots & a_{i-1,j-1} & a_{i-1,j+1} & \cdots & a_{i-1,n} \\ a_{i+1,j} & a_{i+1,1} & \cdots & a_{i+1,j-1} & a_{i+1,j+1} & \cdots & a_{i+1,n} \\ \vdots & \vdots & & \vdots & \vdots & & \vdots \\ a_{nj} & a_{n,1} & \cdots & a_{n,j-1} & a_{n,j+1} & \cdots & a_{nn} \end{vmatrix}.$$

由第一种情形可得 $D=(-1)^{i+j}a_{ij}M_{ij}=a_{ij}A_{ij}$.

最后,讨论一般情形

$$D=\begin{vmatrix} a_{11} & a_{12} & \cdots & a_{1n} \\ \vdots & \vdots & & \vdots \\ a_{i1}+0+\cdots+0 & 0+a_{i2}+\cdots+0 & \cdots & 0+\cdots+0+a_{in} \\ \vdots & \vdots & & \vdots \\ a_{n1} & a_{n2} & \cdots & a_{nn} \end{vmatrix}$$

$$
=\begin{vmatrix} a_{11} & a_{12} & \cdots & a_{1n} \\ \vdots & \vdots & & \vdots \\ a_{i1} & 0 & \cdots & 0 \\ \vdots & \vdots & & \vdots \\ a_{n1} & a_{n2} & \cdots & a_{nn} \end{vmatrix} + \begin{vmatrix} a_{11} & a_{12} & \cdots & a_{1n} \\ \vdots & \vdots & & \vdots \\ 0 & a_{i2} & \cdots & 0 \\ \vdots & \vdots & & \vdots \\ a_{n1} & a_{n2} & \cdots & a_{nn} \end{vmatrix} + \cdots + \begin{vmatrix} a_{11} & a_{12} & \cdots & a_{1n} \\ \vdots & \vdots & & \vdots \\ 0 & 0 & \cdots & a_{in} \\ \vdots & \vdots & & \vdots \\ a_{n1} & a_{n2} & \cdots & a_{nn} \end{vmatrix}.
$$

由第二种情形可得

$$
D = a_{i1}A_{i1} + a_{i2}A_{i2} + \cdots + a_{in}A_{in}.
$$

综合上述三种情形可得，这一结果对任意 $i=1,2,\cdots,n$ 都成立，行列式按列展开的情形同理可证.

通过前面知识的学习，关于行列式的计算方法，可以总结为以下几种：

(1)对于二阶、三阶行列式，通常应用对角线法则直接求值；

(2)对于高阶行列式，可以利用行列式的性质，将其转化为三角形行列式再求值；

(3)利用行列式的展开方法，可以降低行列式的阶数，从而简化其运算过程，特别是当行列式中的某行(列)中含有较多零元素时.

例 1.12 计算行列式

$$
D=\begin{vmatrix} 1 & 2 & 3 & 4 \\ 4 & 3 & 2 & 1 \\ 0 & 1 & 0 & -1 \\ 3 & 2 & 4 & 1 \end{vmatrix}.
$$

解 按第三行展开，得

$$
\begin{aligned}
D &= 1\cdot(-1)^5\begin{vmatrix} 1 & 3 & 4 \\ 4 & 2 & 1 \\ 3 & 4 & 1 \end{vmatrix} - 1\cdot(-1)^7\begin{vmatrix} 1 & 2 & 3 \\ 4 & 3 & 2 \\ 3 & 2 & 4 \end{vmatrix} \\
&= -\left(\begin{vmatrix} 2 & 1 \\ 4 & 1 \end{vmatrix} - 3\begin{vmatrix} 4 & 1 \\ 3 & 1 \end{vmatrix} + 4\begin{vmatrix} 4 & 2 \\ 3 & 4 \end{vmatrix}\right) + \\
&\quad \left(\begin{vmatrix} 3 & 2 \\ 2 & 4 \end{vmatrix} - 2\begin{vmatrix} 4 & 2 \\ 3 & 4 \end{vmatrix} + 3\begin{vmatrix} 4 & 3 \\ 3 & 2 \end{vmatrix}\right) \\
&= -(-2-3+40) + (8-20-3) = -35-15 = -50.
\end{aligned}
$$

例 1.13 计算行列式

$$D=\begin{vmatrix}-1&1&-1&2\\1&0&1&-1\\2&4&3&1\\-1&1&2&-2\end{vmatrix}.$$

解

$$D\xlongequal[c_3+c_4]{c_1+c_4}\begin{vmatrix}1&1&1&2\\0&0&0&-1\\3&4&4&1\\-3&1&0&-2\end{vmatrix}=(-1)(-1)^{2+4}\begin{vmatrix}1&1&1\\3&4&4\\-3&1&0\end{vmatrix}$$

$$\xlongequal{r_2-4r_1}(-1)\begin{vmatrix}1&1&1\\-1&0&0\\-3&1&0\end{vmatrix}=(-1)(-1)(-1)^{2+1}\begin{vmatrix}1&1\\1&0\end{vmatrix}=1.$$

例 1.14 计算行列式

$$D=\begin{vmatrix}0&a&b&a\\a&0&a&b\\b&a&0&a\\a&b&a&0\end{vmatrix}.$$

解

$$D=\begin{vmatrix}0&a&b&a\\a&0&a&b\\b&a&0&a\\a&b&a&0\end{vmatrix}\xlongequal{r_1+r_2+r_3+r_4}\begin{vmatrix}2a+b&2a+b&2a+b&2a+b\\a&0&a&b\\b&a&0&a\\a&b&a&0\end{vmatrix}$$

$$\xlongequal{r_1\times\frac{1}{2a+b}}(2a+b)\begin{vmatrix}1&1&1&1\\a&0&a&b\\b&a&0&a\\a&b&a&0\end{vmatrix}\xlongequal[\substack{r_4-ar_1\\r_3-br_1}]{r_2-ar_1}\begin{vmatrix}1&1&1&1\\0&-a&0&b-a\\0&a-b&-b&a-b\\0&b-a&0&-a\end{vmatrix}(2a+b)$$

$$=(2a+b)\begin{vmatrix}-a&0&b-a\\a-b&-b&a-b\\b-a&0&-a\end{vmatrix}=(2a+b)(-b)\begin{vmatrix}-a&b-a\\b-a&-a\end{vmatrix}$$

$$=(2a+b)(-b)[a^2-(b-a)^2]=b^4-4a^2b^2.$$

例 1.15 证明:范德蒙德行列式

$$D_n=\begin{vmatrix}1&1&\cdots&1\\x_1&x_2&\cdots&x_n\\x_1^2&x_2^2&\cdots&x_n^2\\\vdots&\vdots&&\vdots\\x_1^{n-1}&x_2^{n-1}&\cdots&x_n^{n-1}\end{vmatrix}=\prod_{n\geqslant i\geqslant j\geqslant 1}(x_i-x_j).$$

其中,记号“$\prod$”表示全体同类因子的乘积.

证明 用数学归纳法,因为

$$D_2=\begin{vmatrix}1&1\\x_1&x_2\end{vmatrix}=x_2-x_1=\prod_{2\geqslant i\geqslant j\geqslant 1}(x_i-x_j).$$

所以,当 $n=2$ 时,上式成立,现设上式对 $n-1$ 成立,要证对 n 也成立. 为此,设法把 D_n 降阶;从第 n 行开始,后行减去前行的 x_1 倍,有

$$D_n=\begin{vmatrix}1&1&1&\cdots&1\\0&x_2-x_1&x_3-x_1&\cdots&x_n-x_1\\0&x_2(x_2-x_1)&x_3(x_3-x_1)&\cdots&x_n(x_n-x_1)\\\vdots&\vdots&\vdots&&\vdots\\0&x_2^{n-2}(x_2-x_1)&x_3^{n-2}(x_3-x_1)&\cdots&x_n^{n-2}(x_n-x_1)\end{vmatrix}$$

$$=(x_2-x_1)(x_3-x_1)\cdots(x_n-x_1)\begin{vmatrix}1&1&\cdots&1\\x_2&x_3&\cdots&x_n\\\vdots&\vdots&&\vdots\\x_2^{n-2}&x_3^{n-2}&\cdots&x_n^{n-2}\end{vmatrix}$$

$$=(x_2-x_1)(x_3-x_1)\cdots(x_n-x_1)\prod_{n\geqslant i\geqslant j\geqslant 2}(x_i-x_j)$$

$$=\prod_{n\geqslant i\geqslant j\geqslant 1}(x_i-x_j).$$

定理 1.5 行列式的某一行(列)的各元素与另一行(列)的对应元素的代数余子式的乘积之和等于零.

按行:$a_{i1}A_{j1}+a_{i2}A_{j2}+\cdots+a_{in}A_{jn}=0,(i\neq j)$,

按列:$a_{1i}A_{1j}+a_{2i}A_{2j}+\cdots+a_{ni}A_{nj}=0,(i\neq j)$.

证明 将行列式 D 按第 j 行展开,有

$$D=\begin{vmatrix}a_{11}&a_{12}&\cdots&a_{1n}\\\vdots&\vdots&&\vdots\\a_{i1}&a_{i2}&\cdots&a_{in}\\\vdots&\vdots&&\vdots\\a_{j1}&a_{j2}&\cdots&a_{jn}\\\vdots&\vdots&&\vdots\\a_{n1}&a_{n2}&\cdots&a_{nn}\end{vmatrix}=a_{j1}A_{j1}+a_{j2}A_{j2}+\cdots+a_{jn}A_{jn}.$$

上式中把 a_{jk} 换成 $a_{ik}(k=1,2,\cdots,n)$,可得

$$D_1 = \begin{vmatrix} a_{11} & a_{12} & \cdots & a_{1n} \\ \vdots & \vdots & & \vdots \\ a_{i1} & a_{i2} & \cdots & a_{in} \\ \vdots & \vdots & & \vdots \\ a_{i1} & a_{i2} & \cdots & a_{in} \\ \vdots & \vdots & & \vdots \\ a_{n1} & a_{n2} & \cdots & a_{nn} \end{vmatrix} = a_{i1}A_{j1} + a_{2i}A_{j2} + \cdots + a_{in}A_{jn}.$$

当 $i \neq j$ 时，上式右端行列式中有两行对应元素相同，故 $D_1 = 0$，即得

$$a_{i1}A_{j1} + a_{i2}A_{j2} + \cdots + a_{in}A_{jn} = 0.$$

由定理1.4和定理1.5，有下述重要公式

$$\sum_{k=1}^{n} a_{ik}A_{jk} = \begin{cases} D, & i = j, \\ 0, & i \neq j. \end{cases} \tag{1.7}$$

$$\sum_{k=1}^{n} a_{ki}A_{kj} = \begin{cases} D, & i = j, \\ 0, & i \neq j. \end{cases} \tag{1.8}$$

按照上面的证明方法，行列式 D 按第 i 行展开为

$$D = \begin{vmatrix} a_{11} & a_{12} & \cdots & a_{1n} \\ \vdots & \vdots & & \vdots \\ a_{i1} & a_{i2} & \cdots & a_{in} \\ \vdots & \vdots & & \vdots \\ a_{j1} & a_{j2} & \cdots & a_{jn} \\ \vdots & \vdots & & \vdots \\ a_{n1} & a_{n2} & \cdots & a_{nn} \end{vmatrix} = a_{i1}A_{i1} + a_{i2}A_{i2} + \cdots + a_{in}A_{in}.$$

用 $b_1, b_2, \cdots, b_n$ 代替 $a_{i1}, a_{i2}, \cdots, a_{in}$ 可得行列式 D_1，再把 D_1 按第 i 行展开得

$$D_1 = \begin{vmatrix} a_{11} & a_{12} & \cdots & a_{1n} \\ \vdots & \vdots & & \vdots \\ a_{i-1,1} & a_{i-1,2} & \cdots & a_{i-1,n} \\ b_1 & b_2 & \cdots & b_n \\ a_{i+1,1} & a_{i+1,2} & \cdots & a_{i+1,n} \\ \vdots & \vdots & & \vdots \\ a_{n1} & a_{n2} & \cdots & a_{nn} \end{vmatrix} = b_1A_{i1} + b_2A_{i2} + \cdots + b_nA_{in}. \tag{1.9}$$

例 1.16 设

$$D=\begin{vmatrix}3&-5&2&1\\1&1&0&-5\\-1&3&1&3\\2&-4&-1&-3\end{vmatrix},$$

D 的元素 a_{ij} 的代数余子式为 A_{ij}，求：$A_{11}+A_{12}+A_{13}+A_{14}$.

解 按式(1.9)可知 $A_{11}+A_{12}+A_{13}+A_{14}$ 等于用 1,1,1,1 代替 D 的第 1 行所得的行列式，即

$$A_{11}+A_{12}+A_{13}+A_{14}=\begin{vmatrix}1&1&1&1\\1&1&0&-5\\-1&3&1&3\\2&-4&-1&-3\end{vmatrix}$$

$$\xlongequal[r_3-r_1]{r_4+r_3}\begin{vmatrix}1&1&1&1\\1&1&0&-5\\-2&2&0&2\\1&-1&0&0\end{vmatrix}=\begin{vmatrix}1&1&-5\\-2&2&2\\1&-1&0\end{vmatrix}$$

$$\xlongequal{c_2+c_1}\begin{vmatrix}1&2&-5\\-2&0&2\\1&0&0\end{vmatrix}=\begin{vmatrix}2&-5\\0&2\end{vmatrix}=4.$$

1.4.3 行列式按某 k 行(列)展开

定义 1.8 在 n 阶行列式 D 中，任意选 k 行和 k 列，位于这些行和列交叉处的 k^2 个元素，按原来相对位置不变排成一个 k 阶行列式 M，称为行列式 D 的一个 **k 阶子式**.

在 D 中划去 k 行和 k 列后，余下的元素按原来相对位置不变排成的一个 $n-k$ 阶行列式 N 称为 **k 阶子式 M 的余子式**.

如果 k 阶子式 M 中所在的行与列的行标和列标分别为 i_1，$i_2,\cdots,i_k$ 和 $j_1,j_2,\cdots,j_k$，那么称

$$A=(-1)^{(i_1+i_2+\cdots+i_k)+(j_1+j_2+\cdots+j_k)}N$$

为 **k 阶子式 M 的代数余子式**.

例如，在四阶行列式 $D=\begin{vmatrix}1&2&3&4\\5&6&7&8\\0&2&0&0\\0&0&3&0\end{vmatrix}$ 中，如果选定第一、第二行和第三、第四列，就可以确定行列式 D 的一个二阶子式 $M=\begin{vmatrix}3&4\\7&8\end{vmatrix}$，$M$ 的余子式为 $N=\begin{vmatrix}0&2\\0&0\end{vmatrix}$，$M$ 的代数余子式为 $A=(-1)^{(1+2)+(3+4)}\begin{vmatrix}0&2\\0&0\end{vmatrix}$.

定理1.6 拉普拉斯(Laplace)定理

在行列式 D 中任意取定 k 行($1\leqslant k\leqslant n$),则行列式 D 等于由这 k 行元素组成的所有 k 阶子式 $M_1,M_2,\cdots,M_t$ 与其对应的代数余子式 $A_1,A_2,\cdots,A_t$ 的乘积之和. 即

$$D=M_1A_1+M_2A_2+\cdots+M_tA_t\left(t=\mathrm{C}_n^k=\frac{n!}{k!(n-k)!}\right).$$

证明略.

例1.17 用拉普拉斯定理计算行列式 $D=\begin{vmatrix}1&2&3&4\\5&6&7&8\\0&2&0&0\\0&0&3&0\end{vmatrix}$.

解 因为在行列式中第三和第四行的全部二阶子式为

$$M_1=\begin{vmatrix}0&2\\0&0\end{vmatrix}=0,M_2=\begin{vmatrix}0&0\\0&3\end{vmatrix}=0,M_3=\begin{vmatrix}0&0\\0&0\end{vmatrix}=0,$$

$$M_4=\begin{vmatrix}2&0\\0&3\end{vmatrix}=6,M_5=\begin{vmatrix}2&0\\0&0\end{vmatrix}=0,M_6=\begin{vmatrix}0&0\\3&0\end{vmatrix}=0,$$

所以由定理1.6得 $D=M_4A_4=6\times(-1)^{(3+4)+(2+3)}\begin{vmatrix}1&4\\5&8\end{vmatrix}=-72.$

例1.18 计算 $2n$ 阶行列式

$$D=\begin{vmatrix}a_{11}&\cdots&a_{1n}&c_{11}&\cdots&c_{1n}\\\vdots&&\vdots&\vdots&&\vdots\\a_{n1}&\cdots&a_{nn}&c_{n1}&\cdots&c_{nn}\\0&\cdots&0&b_{11}&\cdots&b_{1n}\\\vdots&&\vdots&\vdots&&\vdots\\0&\cdots&0&b_{n1}&\cdots&b_{nn}\end{vmatrix}.$$

解 设 $D=\begin{vmatrix}a_{11}&\cdots&a_{1n}&c_{11}&\cdots&c_{1n}\\\vdots&&\vdots&\vdots&&\vdots\\a_{n1}&\cdots&a_{nn}&c_{n1}&\cdots&c_{nn}\\0&\cdots&0&b_{11}&\cdots&b_{1n}\\\vdots&&\vdots&\vdots&&\vdots\\0&\cdots&0&b_{n1}&\cdots&b_{nn}\end{vmatrix}=\begin{vmatrix}A&C\\O&B\end{vmatrix}$,

因为前 n 列和后 n 行交叉位置上的元素都是零,按前 n 行展开,得

$$D=\begin{vmatrix} a_{11} & \cdots & a_{1n} \\ \vdots & & \vdots \\ a_{n1} & \cdots & a_{nn} \end{vmatrix}\cdot(-1)^{(1+2+\cdots+n)+(1+2+\cdots+n)}\begin{vmatrix} b_{11} & \cdots & b_{1n} \\ \vdots & & \vdots \\ b_{n1} & \cdots & b_{nn} \end{vmatrix}$$

$$=\begin{vmatrix} a_{11} & \cdots & a_{1n} \\ \vdots & & \vdots \\ a_{n1} & \cdots & a_{nn} \end{vmatrix}\cdot\begin{vmatrix} b_{11} & \cdots & b_{1n} \\ \vdots & & \vdots \\ b_{n1} & \cdots & b_{nn} \end{vmatrix}=|A||B|.$$

类似地，如果$|A|$和$|B|$如上所设，同样也有

$$D=\begin{vmatrix} A & O \\ C & B \end{vmatrix}=|A||B|.$$

练习 1.4

1. 已知三阶行列式 $D=\begin{vmatrix} 1 & x & 1 \\ 2 & 3 & -3 \\ -3 & y & 4 \end{vmatrix}$，求元素 x 和 y 的代数余子式之和.

2. 利用展开法计算 $D=\begin{vmatrix} 2 & 1 & -3 & -1 \\ 3 & 1 & 0 & 7 \\ -1 & 2 & 4 & -2 \\ 1 & 0 & -1 & 5 \end{vmatrix}$.

3. 计算 $D=\begin{vmatrix} a & 1 & 0 & 0 \\ -1 & b & 1 & 0 \\ 0 & -1 & c & 1 \\ 0 & 0 & -1 & d \end{vmatrix}$.

4. 已知四阶行列式 $D=\begin{vmatrix} -1 & 5 & 7 & -8 \\ 1 & 1 & 1 & 1 \\ 2 & 0 & -9 & 6 \\ -3 & 4 & 3 & 7 \end{vmatrix}$，计算 $A_{41}+A_{42}+A_{43}+A_{44}$ 的值.

5. 计算行列式

$$D_n=\begin{vmatrix} a_1 & -1 & 0 & 0 & \cdots & 0 & 0 \\ a_2 & x & -1 & 0 & \cdots & 0 & 0 \\ a_3 & 0 & x & -1 & \cdots & 0 & 0 \\ \vdots & \vdots & \vdots & \vdots & & \vdots & \vdots \\ a_{n-1} & 0 & 0 & 0 & \cdots & x & -1 \\ a_n & 0 & 0 & 0 & \cdots & 0 & x \end{vmatrix}.$$

1.5 克拉默法则

我们已经知道可以利用行列式表示二元、三元线性方程组的解，对于更一般的线性方程组是否有类似的结果？克拉默(Cramer)法则回答了这个问题.

考虑含有 n 个方程的 n 元线性方程组

$$\begin{cases} a_{11}x_1+a_{12}x_2+\cdots+a_{1n}x_n=b_1, \\ a_{21}x_1+a_{22}x_2+\cdots+a_{2n}x_2=b_2, \\ \vdots \\ a_{n1}x_1+a_{n2}x_2+\cdots+a_{nn}x_n=b_n. \end{cases} \tag{1.10}$$

由方程组系数构成的行列式

$$D=\begin{vmatrix} a_{11} & a_{12} & \cdots & a_{1n} \\ a_{21} & a_{22} & \cdots & a_{2n} \\ \vdots & \vdots & & \vdots \\ a_{n1} & a_{n2} & \cdots & a_{nn} \end{vmatrix}$$

称为方程组的系数行列式.

定理 1.7(克拉默法则) 如果线性方程组(1.10)的系数行列式不等于零,即

$$D=\begin{vmatrix} a_{11} & \cdots & a_{1n} \\ \vdots & & \vdots \\ a_{n1} & \cdots & a_{nn} \end{vmatrix}\neq 0,$$

则方程组(1.10)有唯一的一组解:

$$x_1=\frac{D_1}{D},x_2=\frac{D_2}{D},\cdots,x_n=\frac{D_n}{D}.$$

其中 $D_j(j=1,2,\cdots,n)$ 是将系数行列式 D 中的第 j 列的元素用方程组右端的常数代替后所得到的 n 阶行列式

$$D_j=\begin{vmatrix} a_{11} & \cdots & a_{1,j-1} & b_1 & a_{1,j+1} & \cdots & a_{1n} \\ a_{21} & \cdots & a_{2,j-1} & b_2 & a_{2,j+1} & \cdots & a_{2n} \\ \vdots & & \vdots & \vdots & \vdots & & \vdots \\ a_{n1} & \cdots & a_{n,j-1} & b_n & a_{n,j+1} & \cdots & a_{nn} \end{vmatrix}.$$

证明 设线性方程组(1.10)的系数行列式 $D\neq 0$,为了消去式(1.10)中的 $x_2,x_3,\cdots,x_n$,解出 x_1. 用 D 的第一列元素的代数余子式 $A_{11},A_{21},\cdots,A_{n1}$ 分别乘以式(1.10)的第1,第2,$\cdots$,第 n 个方程,得

$$\begin{cases} a_{11}A_{11}x_1+a_{12}A_{11}x_2+\cdots+a_{1n}A_{11}x_n=b_1A_{11}, \\ a_{21}A_{21}x_1+a_{22}A_{21}x_2+\cdots+a_{2n}A_{21}x_2=b_2A_{21}, \\ \qquad\vdots \\ a_{n1}A_{n1}x_1+a_{n2}A_{n1}x_2+\cdots+a_{nn}A_{n1}x_n=b_nA_{n1}. \end{cases}$$

然后把上面的 n 个方程的左、右两边分别相加,得

$$\left(\sum_{i=1}^{n}a_{i1}A_{i1}\right)x_1=\sum_{i=1}^{n}b_iA_{i1},$$

即

$$Dx_1=\sum_{i=1}^{n}b_iA_{i1}.$$

同理可用 D 的第 $j(j=2,\cdots,n)$ 列元素的代数余子式 $A_{1j},A_{2j},\cdots,A_{nj}$

依次乘式(1.10)的各方程.类似地,可得

$$Dx_2 = \sum_{i=1}^{n} b_i A_{i2},$$

$$\vdots$$

$$Dx_n = \sum_{i=1}^{n} b_i A_{in}.$$

又 $D_j(j=1,2,\cdots,n)$ 是把系数行列式 D 中的第 j 列的元素用方程组右端的常数代替后所得到的 n 阶行列式,即 $Dx_j=D_j(j=1,2,\cdots,n)$,则 $D\neq 0$ 时,方程组(1.10)的解为

$$x_1=\frac{D_1}{D},x_2=\frac{D_2}{D},\cdots,x_n=\frac{D_n}{D}.$$

例 1.19 求解线性方程组

$$\begin{cases} x_1 - x_2 + 2x_4 = -5, \\ 3x_1 + 2x_2 - x_3 - 2x_4 = 6, \\ 4x_1 + 3x_2 - x_3 - x_4 = 0, \\ 2x_1 - x_3 = 0. \end{cases}$$

解 系数行列式

$$D=\begin{vmatrix} 1 & -1 & 0 & 2 \\ 3 & 2 & -1 & -2 \\ 4 & 3 & -1 & -1 \\ 2 & 0 & -1 & 0 \end{vmatrix} \xlongequal[r_3-r_4]{r_2-r_4} \begin{vmatrix} 1 & -1 & 0 & 2 \\ 1 & 2 & 0 & -2 \\ 2 & 3 & 0 & -1 \\ 2 & 0 & -1 & 0 \end{vmatrix} \xlongequal[\text{展开}]{\text{按第三列}} \begin{vmatrix} 1 & -1 & 2 \\ 1 & 2 & -2 \\ 2 & 3 & -1 \end{vmatrix}$$

$$\xlongequal[r_2-2r_3]{r_1+r_2} \begin{vmatrix} 2 & 1 & 0 \\ -3 & -4 & 0 \\ 2 & 3 & -1 \end{vmatrix} = -\begin{vmatrix} 2 & 1 \\ -3 & -4 \end{vmatrix} = 5\neq 0.$$

同样可以计算

$$D_1=\begin{vmatrix} -5 & -1 & 0 & 2 \\ 6 & 2 & -1 & -2 \\ 0 & 3 & -1 & -1 \\ 0 & 0 & -1 & 0 \end{vmatrix}=10, D_2=\begin{vmatrix} 1 & -5 & 0 & 2 \\ 3 & 6 & -1 & -2 \\ 4 & 0 & -1 & -1 \\ 2 & 0 & -1 & 0 \end{vmatrix}=-15,$$

$$D_3=\begin{vmatrix} 1 & -1 & -5 & 2 \\ 3 & 2 & 6 & -2 \\ 4 & 3 & 0 & -1 \\ 2 & 0 & 0 & 0 \end{vmatrix}=20, D_4=\begin{vmatrix} 1 & -1 & 0 & -5 \\ 3 & 2 & -1 & 6 \\ 4 & 3 & -1 & 0 \\ 2 & 0 & -1 & 0 \end{vmatrix}=-25$$

所以由克拉默法则

$$x_1=\frac{D_1}{D}=2, x_2=\frac{D_2}{D}=-3, x_3=\frac{D_3}{D}=4, x_4=\frac{D_4}{D}=-5.$$

若当式(1.10)的常数项全为零时，

$$\begin{cases} a_{11}x_1 + a_{12}x_2 + \cdots + a_{1n}x_n = 0, \\ a_{21}x_1 + a_{22}x_2 + \cdots + a_{2n}x_n = 0, \\ \qquad\vdots \\ a_{n1}x_1 + a_{n2}x_2 + \cdots + a_{nn}x_n = 0 \end{cases} \tag{1.11}$$

称为 n 元齐次线性方程组.

当式(1.10)的常数项不全为零时,称其为 n 元非齐次线性方程组. 显然,$x_j = 0$,$(j = 1, 2, \cdots, n)$是式(1.11)的解,称为零解.

推论 1.4 若式(1.11)的系数行列式 $D \neq 0$,则它只有零解. 若式(1.11)有非零解,则必有 $D = 0$.

例 1.20 齐次线性方程组

$$\begin{cases} kx_1 + x_4 = 0, \\ x_1 + 2x_2 - x_4 = 0, \\ (k+2)x_1 - x_2 + 4x_4 = 0, \\ 2x_1 + x_2 + 3x_3 + kx_4 = 0 \end{cases}$$

有非零解, k 应取何值?

解

$$D = \begin{vmatrix} k & 0 & 0 & 1 \\ 1 & 2 & 0 & -1 \\ k+2 & -1 & 0 & 4 \\ 2 & 1 & 3 & k \end{vmatrix} = -3 \begin{vmatrix} k & 0 & 1 \\ 1 & 2 & -1 \\ k+2 & -1 & 4 \end{vmatrix}$$

$$= -3(8k - 1 - k - 2k - 4) = -3(5k - 5).$$

如果方程组有非零解,那么 $D = 0$,即 $k = 1$.

例 1.21 讨论方程组

$$\begin{cases} \lambda x_1 + x_2 + x_3 = 0, \\ x_1 + \lambda x_2 + x_3 = 0, \\ 3x_1 - x_2 + x_3 = 0 \end{cases}$$

解的情况.

解 $D = \begin{vmatrix} \lambda & 1 & 1 \\ 1 & \lambda & 1 \\ 3 & -1 & 1 \end{vmatrix} = (\lambda - 1)^2$,所以,当 $\lambda = 1$ 时,$D = 0$,此时方程组有非零解;当 $\lambda \neq 1$ 时,$D \neq 0$,此时方程组有唯一的零解.

练习 1.5

1. 判断题

(1)若 n 个未知量 n 个方程的非齐次线性方程组的系数行列式等于0,则方程组一定无解;

(2)若 n 个未知量 n 个方程的非齐次线性方程组的系数行列式等于0,则方程组有无穷多解;

(3)若 n 个未知量 n 个方程的齐次线性方程组的系数行列式等于0,则方程组无解;

(4)若 n 个未知量 n 个方程的齐次线性方程组的系数行列式等于0,则方程组可能有非零解.

2. 利用克拉默法则计算方程

(1) $\begin{cases} x_1+2x_2+3x_3=1, \\ 2x_1+2x_2+5x_3=2, \\ 3x_1+5x_2+x_3=3; \end{cases}$

(2) $\begin{cases} x_1-x_2-x_3=2, \\ 2x_1-x_2-3x_3=1, \\ 3x_1+2x_2-5x_3=0; \end{cases}$

(3) $\begin{cases} 3x_1+2x_2=8, \\ x_1+3x_2+2x_3=0, \\ 2x_2+3x_3+2x_4=0, \\ x_3+6x_4=0; \end{cases}$

(4) $\begin{cases} x_1+x_2+x_3+x_4=5, \\ x_1+2x_2-x_3+4x_4=-2, \\ 2x_1-3x_2-x_3-5x_4=-2, \\ 3x_1+x_2+2x_3+11x_4=0. \end{cases}$

3. 若齐次线性方程组

$$\begin{cases} ax_1+x_2+x_3=0, \\ x_1+bx_2+x_3=0, \\ x_1+2bx_2+x_3=0 \end{cases}$$

只有零解,则 a,b 应取何值?

4. 问 λ 取何值时,齐次方程组

$$\begin{cases} (1-\lambda)x_1-2x_2+4x_3=0, \\ 2x_1+(3-\lambda)x_2+x_3=0, \\ x_1+x_2+(1-\lambda)x_3=0 \end{cases}$$

有非零解.

1.6 数学实验应用实例

MATLAB 简介

MATLAB 是 Matrix Laboratory 的缩写,它是一个集数值计算、图形处理、符号运算、文字处理、数学建模、实时控制、动态仿真和信号处理等功能为一体的数学应用软件,而且该系统的基本数据结构是矩阵,同时,它又具有数量巨大的内部函数和多个工具箱,使得该系统迅速普及到各个领域,尤其在大学校园里,许多学生借助它来学习大学数学和计算方法等课程,并用它做数值计算和图形处理等工作. 我们在这里介绍它的基本功能,并用它做与线性代数相关的数学实验.

在正确完成安装 MATLAB 软件之后,直接双击系统桌面上的 MATLAB 图标,启动 MATLAB,进入 MATLAB 默认的用户主界面,界面有三个主要的窗口:命令窗口(Command Window),当前目录窗口(Current Directory),工作间管理窗口(Workspace). 如图 1.5 所示:

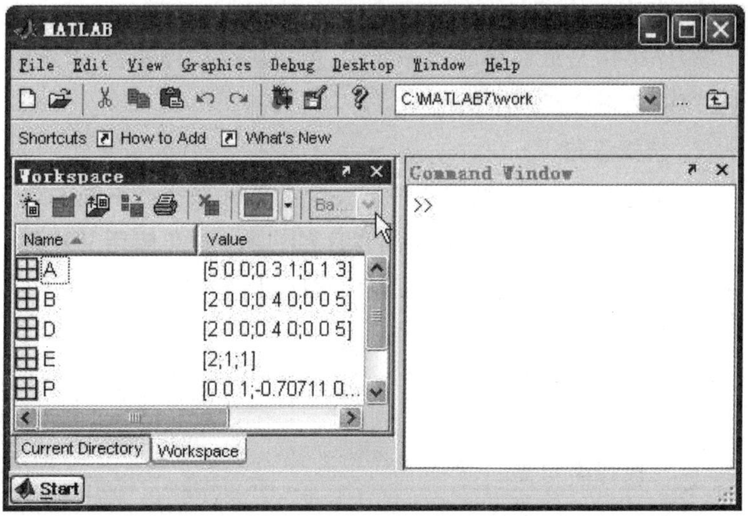

图 1.5

命令窗口是和 MATLAB 编译器连接的主要窗口,“ > > ”为运算提示符,表示 MATLAB 处于准备状态,当在提示符后输入一段正确的运算式时,只需按 Enter 键,命令窗口中就会直接显示运算结果. 如图 1.6 所示:

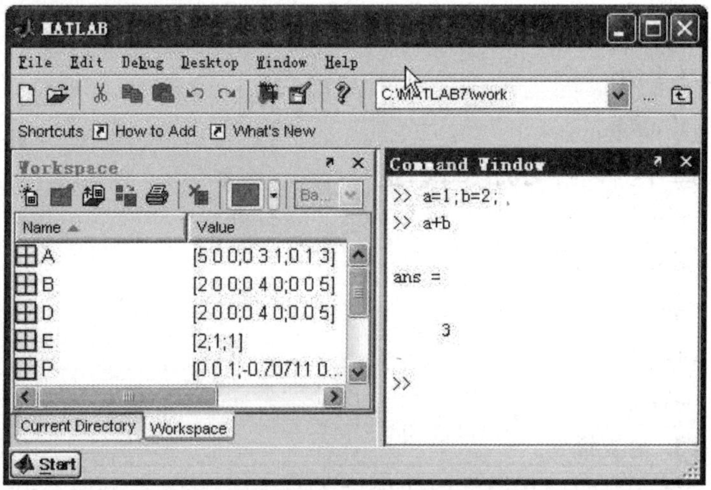

图 1.6

数据的默认格式为五位有效数字,可用 format 命令改变输出格式. Help 是获取帮助的命令,在它之后应该跟一个主题词. 例如, help format,系统就会对 format 的用法提供说明.

当你需要编写比较复杂的程序时,就需要用到 M 文件,用户只需将所有命令按顺序放到一个扩展名为 m 的文本文件下,每次运行只需输入该 M 文件的文件名即可. 下面介绍 MATLAB 程序设计中常用的程序控制语句和命令.

1. 顺序结构

顺序结构是最简单的程序结构,用户在编写程序后,系统将按照程序的物理位置顺序执行.

2. 选择语句

在编写程序时,往往需要根据一定的条件来执行不同的语句,此时,需要使用分支语句来控制程序的进程,通常使用 if - else - end 结构来实现这种控制. if - else - end 结构是:

```
if 表达式
    执行语句 1
else
    执行语句 2
end
```

此时,如果表达式为真,那么系统执行语句 1;如果表达式为假,那么系统执行语句 2.

例 1 比较 a,b 的大小,其中 a = 40,b = 10.

程序设计:

```
clear
a = 40;
b = 10;
if a < b
disp('b > a')
else
disp('a > b')
end
```

运行结果:

```
a > b
```

3. 分支语句

另外 MATLAB 语言中还提供了 switch - case - otherwise - end 分支语句,其使用格式如下:

```
switch 开关语句
  case 条件语句,
  执行语句,……,执行语句
  case {条件语句 1,条件语句 2, 条件语句 3,……}
  执行语句,……,执行语句
…
  otherwise,
```

```
  执行语句,……,执行语句
end
```

在上面的分支结构中,当某个条件语句的内容与开关语句的内容相匹配时,系统将执行其后的语句,如果所有的条件语句与开关条件都不相符合时,那么系统将执行 otherwise 后的语句.

4. 循环语句

当遇到许多有规律的重复运算时,可以方便地使用以下两种循环语句.

(1) for 循环

基本格式是

```
for i = 表达式,
  执行语句,……,执行语句
end
```

上述结构是对循环次数的控制.

例 2　求 $1+2+\cdots+100$ 的值.

程序设计:

```
>> sum =0;
>> for i =1:100
sum = sum + i;
end
>> sum
```

运行结果:

```
        5050
```

for 循环可以重复使用,即可以多次嵌套.

(2) while 循环

while 循环的判断控制可以是逻辑判断语句,因此,它的循环次数可以是一个不定数,这样就使得它比 for 循环有更广泛的用途. 其使用格式如下:

```
while 表达式,
  执行语句,……,执行语句
end
```

5. 常用指令

终止命令 break 语句一般用在循环控制中,通过 if 使用语句,当 if 语句满足一定条件时,break 语句将被调用,系统将在循环尚未结束时跳出当前循环. 在多层嵌套循环中,break 语句只能跳出包含它的最内层的循环.

继续命令 continue 一般也用在循环控制中,通过 if 使用语句,当 if 语句满足一定条件时,continue 语句将被调用,系统将不再执行相关的执行语句,并不会跳出当前循环.

等待用户反应命令 pause 用于使程序暂时终止运行,等待用户按任意键后继续运行,该语句适合于用户在调试程序时需要查看中间结果的情况.

除了在程序设计中需要经常用到上述命令外,还有一些常用命令在其他操作中也经常使用,比如 clc 可以清除工作窗口,type 可以显示文件内容,quit 可以退出 MATLAB 等.

行列式的计算

实验目的:学习在 MATLAB 中行列式如何计算以及利用行列式求方程组的解.

相关的实验命令(见表 1.1):

表 1.1

syms x	定义符号变量 x
det(A)	计算 A 的行列式
sym2poly(A)	系数数组转换为符号多项式
roots(S)	求多项式 S 的根

例 1 计算行列式 $D=\begin{vmatrix}3&1&-1&2\\-5&1&3&-4\\2&0&1&-1\\1&-5&3&-3\end{vmatrix}$的值.

程序设计结果如下:

```
>>D=[3 1 -1 2; -5 1 3 -4;2 0 1 -1;1 -5 3 -3];
>>det(D)
ans =
     40
```

例 2 计算行列式

$$D=\begin{vmatrix}a&b&c&d\\a&a+b&a+b+c&a+b+c+d\\a&2a+b&3a+2b+c&4a+3b+2c+d\\a&3a+b&6a+3b+c&10a+6b+3c+d\end{vmatrix}$$的值.

程序设计结果如下：

```
>>syms a;
>>syms b;
>>syms c;
>>syms d;
>>D=[a b c d;a a+b a+b+c a+b+c+d;a 2*a+b 3*a+2*b+c 4*a+3*b+2*c+d;a 3*a+b 6*a+3*b+c 10*a+6*b+3*c+d];
>>det(D)
ans =
    a^4
```

例 3 计算行列式 $\begin{vmatrix} 1+x & 1 & 1 & 1 \\ 1 & 1+x & 1 & 1 \\ 1 & 1 & 1+y & 1 \\ 1 & 1 & 1 & 1+y \end{vmatrix}$ 的值.

程序设计结果如下：

```
>>syms x ;
>>syms y ;
>>A=[1+x 1 1 1;1 1+x 1 1;1 1 1+y 1;1 1 1 1+y];
>>det(A)
ans =
    2*x*y^2+2*x^2*y+x^2*y^2
```

例 4 解方程 $\begin{vmatrix} 3 & 2 & 1 & 1 \\ 3 & 2 & 2-x^2 & 1 \\ 5 & 1 & 3 & 2 \\ 7-x^2 & 1 & 3 & 2 \end{vmatrix}=0.$

程序设计结果如下：

```
>>syms x;
>>A=[3 2 1 1;3 2 2-x^2 1;5 1 3 2;7-x^2 1 3 2];
>>D=det(A);
>>f=sym2poly (D);
>>X=roots(f)
X =
```

```
   1.4142
   1.0000
  -1.4142
  -1.0000
```

例 5 用克拉默法则解线性方程组

$$\begin{cases}2x_1+x_2-5x_3+x_4=8,\\x_1+4x_2-7x_3+6x_4=0,\\x_1-3x_2-6x_4=9,\\2x_2-x_3+2x_4=-5.\end{cases}$$

程序设计结果如下：

```
>>A=[2 1 -5 1;1 4 -7 6;1 -3 0 -6;0 2 -1 2];
>>A1=[8 1 -5 1;0 4 -7 6;9 -3 0 -6;-5 2 -1 2];
>>A2=[2 8 -5 1;1 0 -7 6;1 9 0 -6;0 -5 -1 2];
>>A3=[2 1 8 1;1 4 0 6;1 -3 9 -6;0 2 -5 2];
>>A4=[2 1 -5 8;1 4 -7 0;1 -3 0 9;0 2 -1 -5];
>>a=det(A);
>>a1=det(A1);a2=det(A2);a3=det(A3);a4=det(A4);
>>X=[a1/a,a2/a,a3/a,a4/a]
X =
   3    -4    -1    1
```

即得解为

$$x_1=3,x_2=-4,x_3=-1,x_4=1.$$

例 6 问 λ 为何值时齐次线性方程组

$$\begin{cases}(5-\lambda)x_1+2x_2+2x_3=0,\\2x_1+(6-\lambda)x_2=0,\\2x_1+(4-\lambda)x_3=0\end{cases}$$

有非零解？

程序设计结果如下：

```
>>syms a;
>>A=[5-a 2 2;2 6-a 0;2 0 4-a];
>>D=det(A)
>>S=sym2poly(D)
>>p=roots(S)
p =

   8.0000
```

5.0000

2.0000

当 $\lambda=5,2,8$ 时方程组有非零解.

综合练习题1

一、填空题

1. 排列 $j_1j_2j_3\cdots j_n$ 可经过________次相邻对换后变为 $j_nj_{n-1}j_{n-2}\cdots j_1$.

2. 四阶行列式中带正号且含有因子 a_{12} 和 a_{21} 的项为________.

3. 如果 $D=\begin{vmatrix} a_{11} & a_{12} & a_{13} \\ a_{21} & a_{22} & a_{23} \\ a_{31} & a_{32} & a_{33} \end{vmatrix}=4$，则 $D_1=\begin{vmatrix} 3a_{11} & 4a_{13}-a_{12} & -a_{13} \\ 3a_{21} & 4a_{23}-a_{22} & -a_{23} \\ 3a_{31} & 4a_{33}-a_{32} & -a_{33} \end{vmatrix}=$________.

4. 设 $f(x)=\begin{vmatrix} 2x & x & 1 & 2 \\ 1 & x & 1 & -1 \\ 3 & 2 & x & 1 \\ 1 & 1 & 1 & x \end{vmatrix}$，则 x^4 的系数为________，x^3 的系数为________.

5. 已知行列式 $\begin{vmatrix} a & b & c \\ b & a & c \\ d & b & c \end{vmatrix}$，则 $A_{11}+A_{21}+A_{31}=$________.

6. 已知方程组 $\begin{cases} x+y+z=a, \\ x+y-z=b, \\ x-y+z=c \end{cases}$ 有唯一解，且 $x=1$，那么 $\begin{vmatrix} a & b & c \\ 1 & -1 & 1 \\ 1 & 1 & -1 \end{vmatrix}=$________.

二、选择题

1. 下列各项中，为某五阶行列式中带正号的项是(　　).

(A) $a_{13}a_{44}a_{32}a_{41}a_{55}$　　(B) $a_{21}a_{32}a_{41}a_{15}a_{54}$

(C) $a_{31}a_{25}a_{43}a_{14}a_{52}$　　(D) $a_{15}a_{31}a_{22}a_{44}a_{53}$

2. 设 $D=|a_{ij}|$ 为 n 阶行列式，则 $a_{12}a_{23}a_{34}\cdots a_{n-1,n}a_{n1}$ 在行列式中的符号为(　　).

(A) +　　(B) −

(C) $(-1)^{n-1}$　　(D) $(-1)^{\frac{n(n-1)}{2}}$

3. 行列式 $D_1=\begin{vmatrix} \lambda & 0 & 1 \\ 0 & \lambda-1 & 0 \\ 1 & 0 & \lambda \end{vmatrix}$，$D_2=\begin{vmatrix} 3 & 1 & 1 \\ 2 & 3 & 2 \\ 1 & 5 & 3 \end{vmatrix}$，若 $D_1=D_2$，则 λ 的取值为(　　).

(A) 2，−1　　(B) 1，−1

(C) 0　　(D) 0,1

4. 行列式 D_n 为零的充分条件是(　　).

(A) 零元素个数大于 n

(B) D_n 中各行元素和为零

(C) 次对角线上元素全为零

(D) 主对角线上元素全为零

5. 行列式 D_n 不为零，利用行列式的性质对 D_n 进行变换后，行列式的值(　　).

(A) 保持不变　　(B) 可以变成任何值

(C) 保持不为零　　(D) 保持相同的正负号

6. 已知齐次线性方程组 $\begin{cases} \lambda x+y+z=0, \\ \lambda x+3y-z=0, \\ -y+\lambda z=0 \end{cases}$ 有唯一解，则(　　).

(A) $\lambda\neq0$ 且 $\lambda\neq1$　　(B) $\lambda=0$ 或 $\lambda=1$

(C) $\lambda=0$　　(D) $\lambda=1$

三、计算题

1. 计算下列二、三阶行列式

(1) $\begin{vmatrix} 1 & 2 \\ 5 & 3 \end{vmatrix}$；　　(2) $\begin{vmatrix} a & a^2 \\ b & ab \end{vmatrix}$；

(3) $\begin{vmatrix} 0 & 1 & -3 \\ -1 & 0 & 2 \\ 3 & -2 & 0 \end{vmatrix}$；(4) $\begin{vmatrix} 1 & 0 & 1 \\ 2 & 1 & 1 \\ 3 & 2 & 1 \end{vmatrix}$.

2. 当 k 为何值时，行列式

(1) $\begin{vmatrix} k & 3 & 4 \\ -1 & k & 0 \\ 0 & k & 1 \end{vmatrix}=0$；　(2) $\begin{vmatrix} 3 & 1 & k \\ 4 & k & 0 \\ 1 & 0 & k \end{vmatrix}\neq0$.

3. 求下列排列的逆序数.

(1)41253；　　(2)3714256；

(3)$n(n-1)(n-2)\cdots21$.

4. 确定 i 和 j 的值,使得9级排列

(1)$1274i56j9$ 成为偶排列；

(2)$3972i15j4$ 成为奇排列.

5. 在6阶行列式 $|a_{ij}|$ 中,下列各元素乘积应取什么符号?

(1)$a_{15}a_{23}a_{32}a_{44}a_{51}a_{66}$；

(2)$a_{21}a_{53}a_{16}a_{42}a_{65}a_{34}$；

(3)$a_{61}a_{52}a_{43}a_{34}a_{25}a_{16}$.

6. 设 n 阶行列式中有 n^2-n 个以上元素为零,则该行列式值是多少?为什么?

7. 确定下列四阶行列式

$$\begin{vmatrix} 1 & -6 & 8 & 0 \\ 3 & 5 & -1 & 6 \\ 4 & -2 & -3 & -4 \\ -5 & 7 & -7 & 2 \end{vmatrix}$$

中乘积 $8\cdot(-5)\cdot(-2)\cdot6$ 前应冠以什么符号?

8. 计算 n 阶行列式

$$\begin{vmatrix} n & 0 & 0 & \cdots & 0 & 0 \\ 0 & 0 & 0 & \cdots & 0 & n-1 \\ 0 & 0 & 0 & \cdots & n-2 & 0 \\ \vdots & \vdots & \vdots & & \vdots & \vdots \\ 0 & 0 & 2 & \cdots & 0 & 0 \\ 0 & 1 & 0 & \cdots & 0 & 0 \end{vmatrix}.$$

9. 用行列式的性质计算下列行列式.

(1) $\begin{vmatrix} 1 & 3 & 302 \\ -4 & 3 & 297 \\ 2 & 2 & 203 \end{vmatrix}$；

(2) $\begin{vmatrix} x & y & x+y \\ y & x+y & x \\ x+y & x & y \end{vmatrix}$；

(3) $\begin{vmatrix} a-b & a & b \\ -a & b-a & a \\ b & -b & -a-b \end{vmatrix}$；

(4) $\begin{vmatrix} a+b+2c & a & b \\ c & b+c+2a & b \\ c & a & c+a+2b \end{vmatrix}$；

(5) $\begin{vmatrix} 1 & 1 & 1 & 1 \\ -1 & 1 & 1 & 1 \\ -1 & -1 & 1 & 1 \\ -1 & -1 & -1 & 1 \end{vmatrix}$；

(6) $\begin{vmatrix} 1 & 2 & 0 & 1 \\ 1 & 3 & 5 & 0 \\ 0 & 1 & 5 & 6 \\ 1 & 2 & 3 & 4 \end{vmatrix}$；

(7) $\begin{vmatrix} 2 & 1 & 4 & -1 \\ 3 & -1 & 2 & -1 \\ 1 & 2 & 3 & -2 \\ 5 & 0 & 6 & -2 \end{vmatrix}$；

(8) $\begin{vmatrix} a & b & b & b \\ a & b & a & b \\ a & a & b & b \\ a & b & b & a \end{vmatrix}$；

(9) $\begin{vmatrix} 1+x & 1 & 1 & 1 \\ 1 & 1-x & 1 & 1 \\ 1 & 1 & 1+y & 1 \\ 1 & 1 & 1 & 1-y \end{vmatrix}$.

10. 计算下列 n 阶行列式.

(1) $\begin{vmatrix} 1 & 2 & 2 & \cdots & 2 \\ 2 & 2 & 2 & \cdots & 2 \\ 2 & 2 & 3 & \cdots & 2 \\ \vdots & \vdots & \vdots & & \vdots \\ 2 & 2 & 2 & \cdots & n \end{vmatrix}$；

(2) $\begin{vmatrix} a & b & 0 & \cdots & 0 & 0 \\ \vdots & a & b & \cdots & 0 & 0 \\ \vdots & \vdots & \vdots & & \vdots & \vdots \\ 0 & 0 & 0 & \cdots & a & b \\ a & 0 & 0 & \cdots & 0 & a \end{vmatrix}$.

11. 解方程.

$$\begin{vmatrix} 1 & 2 & 3 & \cdots & n \\ 1 & 3-x & 3 & \cdots & n \\ 1 & 2 & 5-x & \cdots & n \\ \vdots & \vdots & \vdots & & \vdots \\ 1 & 2 & 3 & \cdots & 2n-1-x \end{vmatrix}=0.$$

12. 计算下列行列式

(1) $\begin{vmatrix} 5 & -2 & 1 & 3 \\ 0 & 0 & 4 & 0 \\ -3 & -1 & 6 & 2 \\ 1 & 0 & 7 & 0 \end{vmatrix}$；

(2) $\begin{vmatrix} 2 & -3 & 4 & 1 \\ 4 & 2 & 3 & 2 \\ 1 & 0 & 2 & 0 \\ 3 & -1 & 4 & 0 \end{vmatrix}$;

(3) $\begin{vmatrix} 1 & 27 & 8 & 64 \\ 1 & 9 & 4 & 16 \\ 1 & 3 & 2 & 4 \\ 1 & 1 & 1 & 1 \end{vmatrix}$;

(4) $\begin{vmatrix} 1 & 1 & 1 & 1 \\ a & b & c & d \\ a^2 & b^2 & c^2 & d^2 \\ a^4 & b^4 & c^4 & d^4 \end{vmatrix}$.

13. 计算下列 n 阶行列式.

(1) $\begin{vmatrix} x & y & 0 & \cdots & 0 & 0 \\ 0 & x & y & \cdots & 0 & 0 \\ \vdots & \vdots & \vdots & & \vdots & \vdots \\ 0 & 0 & 0 & \cdots & x & y \\ y & 0 & 0 & \cdots & 0 & x \end{vmatrix}$;

(2) $\begin{vmatrix} a_0 & -1 & 0 & \cdots & 0 & 0 \\ a_1 & x & -1 & \cdots & 0 & 0 \\ \vdots & \vdots & \vdots & & \vdots & \vdots \\ a_{n-2} & 0 & 0 & \cdots & x & -1 \\ a_{n-1} & 0 & 0 & \cdots & 0 & x \end{vmatrix}$;

(3) $\begin{vmatrix} 2 & -1 & 0 & \cdots & 0 & 0 \\ -1 & 2 & -1 & \cdots & 0 & 0 \\ 0 & -1 & 2 & \cdots & 0 & 0 \\ \vdots & \vdots & \vdots & & \vdots & \vdots \\ 0 & 0 & 0 & \cdots & -1 & 2 \end{vmatrix}$;

(4) $\begin{vmatrix} 1+a & 1 & \cdots & 1 \\ 2 & 2+a & \cdots & 2 \\ \vdots & \vdots & & \vdots \\ n & n & \cdots & n+a \end{vmatrix}$;

(5) $\begin{vmatrix} x_1-m & x_2 & \cdots & x_n \\ x_1 & x_2-m & \cdots & x_n \\ \vdots & \vdots & & \vdots \\ x_1 & x_2 & \cdots & x_n-m \end{vmatrix}$;

(6) $\begin{vmatrix} a_1+\lambda_1 & a_2 & \cdots & a_n \\ a_1 & a_2+\lambda_2 & \cdots & a_n \\ \vdots & \vdots & & \vdots \\ a_1 & a_2 & \cdots & a_n+\lambda_n \end{vmatrix}$.

14. 设多项式 $f(x)=\begin{vmatrix} 2 & 0 & x & 1 \\ -1 & 3 & 4 & 0 \\ 1 & 2 & x^3 & 1 \\ 0 & -2 & x^2 & 4 \end{vmatrix}$,求 $f(x)$ 各项的系数及常数项.

15. 用克拉默法则求解下列方程组.

(1) $\begin{cases} x_1+x_2+x_3=1, \\ x_1+2x_2-x_3=0, \\ 3x_1+5x_2+x_3=3. \end{cases}$

(2) $\begin{cases} ax_1+ax_2+bx_3=1, \\ ax_1+bx_2+ax_3=1, \\ bx_1+ax_2+ax_3=1. \end{cases}$ 其中,$a\neq b,-\dfrac{b}{2}$.

(3) $\begin{cases} 2x_1+x_2-5x_3+x_4=8, \\ x_1-3x_2-6x_4=9, \\ 2x_2-x_3+2x_4=-5, \\ x_1+4x_2-7x_3+6x_4=0. \end{cases}$

16. 讨论 λ 为何值时,线性方程组

$\begin{cases} \lambda x_1+x_2+x_3=1, \\ x_1+\lambda x_2+x_3=\lambda, \\ x_1+x_2+\lambda x_3=\lambda^2 \end{cases}$ 有唯一解,并求出其解.

17. 当 k 取何值时,下面的方程组有非零解?

(1) $\begin{cases} 3x+2y-z=0, \\ kx+7y-2z=0, \\ 2x-y+3z=0; \end{cases}$

(2) $\begin{cases} kx+y+z=0, \\ x+ky-z=0, \\ 2x-y+z=0. \end{cases}$

18. 对于三次多项式 $f(x)$,已知 $f(0)=0,f(1)=-1,f(2)=4,f(-1)=1$,求 $f(x)$.

第2章 矩阵

本章基本要求

1. 理解矩阵的定义,同时掌握矩阵各种运算的定义、性质和运算法则;

2. 掌握逆矩阵的求法,以及 $\boldsymbol{A}^*$ 的结构和其关键性质;

3. 掌握初等变换和初等矩阵的定义以及二者的关系,理解初等变换的意义;

4. 清楚矩阵分块的意义和分块矩阵的运算;

5. 掌握矩阵的秩的定义以及求法,明确矩阵间的运算对秩的影响.

矩阵实际上是从很多问题中抽象出来的数学概念,是一张数表,如学校里的成绩统计表、工厂里的进度表、车站里的时刻表等.通过矩阵可以把表面上没有任何联系,性质完全不同的问题归结为同类问题,这使其成为数学中最重要的概念之一,并成为线性代数的主要研究对象. 本章将通过引入矩阵的概念,深入讨论矩阵的运算,矩阵变换以及矩阵的秩等内在特征,为后续研究线性变换,线性方程组,二次型等问题奠定基础.

2.1 矩阵的基本概念与运算

2.1.1 矩阵概念

1. 引例

例 2.1 已知向量 $\overrightarrow{OP}=(1,2)$,如果把 $\overrightarrow{OP}$ 的坐标排成一列,可简记为 $\begin{pmatrix}1\\2\end{pmatrix}$;

例 2.2 2008 年北京奥运会奖牌榜前三位成绩如下表：

国家	奖项		
	金牌	银牌	铜牌
中国	51	21	28
美国	36	38	36
俄罗斯	23	21	28

我们可将上表奖牌数简记为：$\begin{pmatrix} 51 & 21 & 28 \\ 36 & 38 & 36 \\ 23 & 21 & 28 \end{pmatrix}$；

例 2.3 将方程组 $\begin{cases} 2x+3y+mz=1, \\ 3x-2y+4z=2, \\ 4x+\ \ y-nz=4. \end{cases}$ 中未知数 x,y,z 的系数按原来的次序排列，可简记为

$$\begin{pmatrix} 2 & 3 & m \\ 3 & -2 & 4 \\ 4 & 1 & -n \end{pmatrix},$$

若将常数项增加进去，则可简记为

$$\begin{pmatrix} 2 & 3 & m & 1 \\ 3 & -2 & 4 & 2 \\ 4 & 1 & -n & 4 \end{pmatrix}.$$

上述形如

$$\begin{pmatrix} 1 \\ 2 \end{pmatrix}, \begin{pmatrix} 51 & 21 & 28 \\ 36 & 38 & 36 \\ 23 & 21 & 28 \end{pmatrix}, \begin{pmatrix} 2 & 3 & m \\ 3 & -2 & 4 \\ 4 & 1 & -n \end{pmatrix}, \begin{pmatrix} 2 & 3 & m & 1 \\ 3 & -2 & 4 & 2 \\ 4 & 1 & -n & 4 \end{pmatrix}$$

的矩形数表叫作矩阵.

2. 矩阵定义

定义 2.1 由 $m \times n$ 个数 $a_{ij}(i=1,2,\cdots,m, j=1,2,\cdots,n)$ 排成的 m 行 n 列的数表

$$\begin{pmatrix} a_{11} & a_{12} & \cdots & a_{1n} \\ a_{21} & a_{22} & \cdots & a_{2n} \\ \vdots & \vdots & & \vdots \\ a_{m1} & a_{m2} & \cdots & a_{mn} \end{pmatrix},$$

称为 m 行 n 列矩阵，简称 $m \times n$ 阶矩阵，记为 $\boldsymbol{A}=(a_{ij})_{m \times n}$，一般用黑体大写字母 $\boldsymbol{A},\boldsymbol{B},\cdots$表示矩阵，其中每一横排和竖排分别称为矩阵的行与列，a_{ij}称为矩阵的第 i 行第 j 列的元素，元素全是实数的矩阵称为实矩阵，元素中有复数的矩阵称为复矩阵. 本书中矩阵除特别说明外均指实矩阵.

定义 2.2 若两个矩阵 $\boldsymbol{A},\boldsymbol{B}$ 的行数与列数分别对应相等,则称它们为同型(同阶)矩阵.

定义 2.3 如果两个同型 $m\times n$ 阶矩阵 $\boldsymbol{A}=(a_{ij})$ 与 $\boldsymbol{B}=(b_{ij})$ 满足

$$a_{ij}=b_{ij}(i=1,2,\cdots,m;\ j=1,2,\cdots,n),$$

则称它们相等,记作 $\boldsymbol{A}=\boldsymbol{B}$.

例 2.4 已知矩阵

$$\boldsymbol{A}=\begin{pmatrix}2 & -x\\ 2x & a+2b\end{pmatrix},\boldsymbol{B}=\begin{pmatrix}x-y & b-2a\\ y & x+y^2\end{pmatrix}$$

且 $\boldsymbol{A}=\boldsymbol{B}$,求 a,b 的值及矩阵 $\boldsymbol{A}$.

解 由题意知 $\begin{cases}x-y=2,\\ 2x=y,\end{cases}$ 解得 $\begin{cases}x=-2,\\ y=-4.\end{cases}$

又由

$$\begin{cases}b-2a=-x=2,\\ a+2b=x+y^2=14,\end{cases}$$

解得

$$\begin{cases}a=2,\\ b=6,\end{cases}\text{从而有 }\boldsymbol{A}=\begin{pmatrix}2 & 2\\ -4 & 14\end{pmatrix}.$$

3. 特殊类型矩阵

零矩阵:如果矩阵的所有元素都等于 0,那么称其为零矩阵,记作 $\boldsymbol{O}$ 或者 $\boldsymbol{O}_{m\times n}$.

n 阶方阵:当矩阵的行数与列数相等时,矩阵 $\boldsymbol{A}_{n\times n}$ 称为 n 阶方阵.

注 n 阶方阵是 n^2 个数排成的 n 行 n 列的数表,是一张表格,而 n 阶行列式是由 n^2 个数按一定的运算规则确定的数值,是一个常数.

方阵 $\boldsymbol{A}=(a_{ij})_{n\times n}$ 的元素 $a_{ii}(i=1,2,\cdots,n)$ 也称为它的主对角元素,其余元素称为非对角元素,主对角元素组成方阵的主对角线.

对角矩阵:非对角元素都等于零的方阵称为对角阵. 主对角元素依次为 $a_1,a_2,\cdots,a_n$ 的对角阵简记为 $\boldsymbol{\Lambda}=\mathbf{diag}(a_1,a_2,\cdots,a_n)$.

$$\boldsymbol{\Lambda}=\begin{pmatrix}a_1 & 0 & \cdots & 0\\ 0 & a_2 & \cdots & 0\\ \vdots & \vdots & & \vdots\\ 0 & 0 & \cdots & a_n\end{pmatrix}.$$

单位矩阵:主对角元素都等于 1 的 n 阶对角矩阵称为 n 阶单位阵,记作 $\boldsymbol{E}$ 或者 $\boldsymbol{I}$.

$$E=\begin{pmatrix}1&0&\cdots&0\\0&1&\cdots&0\\\vdots&\vdots&&\vdots\\0&0&\cdots&1\end{pmatrix}.$$

方阵 $A=(a_{ij})_{n\times n}$的元素满足下列关系时，有

上三角矩阵：$a_{ij}=0(\forall i>j)$，a_{ij}不全为零$(\forall i\leqslant j)$

$$A=\begin{pmatrix}a_{11}&a_{12}&\cdots&a_{1n}\\0&a_{22}&\cdots&a_{2n}\\\vdots&\vdots&&\vdots\\0&0&\cdots&a_{nn}\end{pmatrix};$$

下三角矩阵：$a_{ij}=0(\forall i<j)$，a_{ij}不全为零$(\forall i\geqslant j)$

$$A=\begin{pmatrix}a_{11}&0&\cdots&0\\a_{21}&a_{22}&\cdots&0\\\vdots&\vdots&&\vdots\\a_{n1}&a_{n2}&\cdots&a_{nn}\end{pmatrix};$$

数量矩阵：对角矩阵 $a_{ij}=0(\forall i\neq j)$且 $a_{ii}=a(\forall i)$，$(a\neq 0)$

$$A=\begin{pmatrix}a&0&\cdots&0\\0&a&\cdots&0\\\vdots&\vdots&&\vdots\\0&0&\cdots&a\end{pmatrix};$$

对称矩阵：$a_{ij}=a_{ji}(\forall i,j)$

$$A=\begin{pmatrix}a_{11}&a_{12}&\cdots&a_{1n}\\a_{12}&a_{22}&\cdots&a_{2n}\\\vdots&\vdots&&\vdots\\a_{1n}&a_{2n}&\cdots&a_{nn}\end{pmatrix};$$

反对称矩阵：$a_{ij}=-a_{ji}(\forall i,j)$

$$A=\begin{pmatrix}0&a_{12}&\cdots&a_{1n}\\-a_{12}&0&\cdots&a_{2n}\\\vdots&\vdots&&\vdots\\-a_{1n}&-a_{2n}&\cdots&0\end{pmatrix}.$$

负矩阵：设矩阵 $A=(a_{ij})$，则将其所有元素变号得到的矩阵称为 A 的负矩阵，记作 $-A=(-a_{ij})$.

行(列)矩阵：只有一行(列)的矩阵称为行(列)矩阵，又称为行

(列)向量,一般用小写的英文字母 $\boldsymbol{x},\boldsymbol{y}$ 或小写的希腊字母 $\boldsymbol{\alpha},\boldsymbol{\beta}$ 表示行(列)矩阵.

$$(a_{11},a_{12},\cdots,a_{1n})\text{为行矩阵},\begin{pmatrix}a_{11}\\a_{21}\\\vdots\\a_{m1}\end{pmatrix}\text{为列矩阵}.$$

2.1.2 矩阵的运算

1. 矩阵的线性运算

定义 2.4 设 $\boldsymbol{A}=(a_{ij})$ 与 $\boldsymbol{B}=(b_{ij})$ 是同型矩阵,则矩阵 $\boldsymbol{C}=(c_{ij})=(a_{ij}+b_{ij})$ 称为矩阵 $\boldsymbol{A},\boldsymbol{B}$ 的和,记作 $\boldsymbol{C}=\boldsymbol{A}+\boldsymbol{B}$,即

$$\boldsymbol{A}+\boldsymbol{B}=\begin{pmatrix}a_{11}+b_{11} & a_{12}+b_{12} & \cdots & a_{1n}+b_{1n}\\a_{21}+b_{21} & a_{22}+b_{22} & \cdots & a_{2n}+b_{2n}\\\vdots & \vdots & & \vdots\\a_{m1}+b_{m1} & a_{m2}+b_{m2} & \cdots & a_{mn}+b_{mn}\end{pmatrix}.$$

由负矩阵的定义,$\boldsymbol{A}-\boldsymbol{B}=\boldsymbol{A}+(-\boldsymbol{B})$,显然有 $\boldsymbol{A}+(-\boldsymbol{A})=\boldsymbol{O}$.

注 只有同型矩阵才可以相加减,即前一个矩阵的每个元素加减后一个矩阵的对应位置的元素.

例 2.5 设矩阵

$$\boldsymbol{A}=\begin{pmatrix}3 & 0 & -4\\-2 & 5 & -1\end{pmatrix},\boldsymbol{B}=\begin{pmatrix}-2 & 3 & 4\\0 & -3 & 1\end{pmatrix},$$

求:$\boldsymbol{A}+\boldsymbol{B},\boldsymbol{A}-\boldsymbol{B}$.

解

$$\begin{aligned}\boldsymbol{A}+\boldsymbol{B}&=\begin{pmatrix}3 & 0 & -4\\-2 & 5 & -1\end{pmatrix}+\begin{pmatrix}-2 & 3 & 4\\0 & -3 & 1\end{pmatrix}\\&=\begin{pmatrix}3+(-2) & 0+3 & -4+4\\-2+0 & 5+(-3) & -1+1\end{pmatrix}=\begin{pmatrix}1 & 3 & 0\\-2 & 2 & 0\end{pmatrix}.\end{aligned}$$

$$\begin{aligned}\boldsymbol{A}-\boldsymbol{B}&=\begin{pmatrix}3 & 0 & -4\\-2 & 5 & -1\end{pmatrix}-\begin{pmatrix}-2 & 3 & 4\\0 & -3 & 1\end{pmatrix}\\&=\begin{pmatrix}3-(-2) & 0-3 & -4-4\\-2-0 & 5-(-3) & -1-1\end{pmatrix}=\begin{pmatrix}5 & -3 & -8\\-2 & 8 & -2\end{pmatrix}.\end{aligned}$$

矩阵的加法满足下列运算律:

设 $\boldsymbol{A},\boldsymbol{B},\boldsymbol{C},\boldsymbol{O}$ 是同型矩阵,则有

(1)交换律:$\boldsymbol{A}+\boldsymbol{B}=\boldsymbol{B}+\boldsymbol{A}$;

(2)结合律:$\boldsymbol{A}+(\boldsymbol{B}+\boldsymbol{C})=(\boldsymbol{A}+\boldsymbol{B})+\boldsymbol{C}$;

(3) $\boldsymbol{A}+\boldsymbol{O}=\boldsymbol{A}$;

(4) $\boldsymbol{A}+(-\boldsymbol{A})=\boldsymbol{O}$.

定义 2.5 设 $\boldsymbol{A}=(a_{ij})$ 是一个矩阵，k 是一个常数，则矩阵 $\boldsymbol{C}=(c_{ij})=(ka_{ij})$ 称为数 k 与矩阵 $\boldsymbol{A}$ 的乘积，简称为矩阵的数乘运算，记作 $\boldsymbol{C}=k\boldsymbol{A}=\boldsymbol{A}k$，即

$$k\boldsymbol{A}=\begin{pmatrix} ka_{11} & ka_{12} & \cdots & ka_{1n} \\ ka_{21} & ka_{22} & \cdots & ka_{2n} \\ \vdots & \vdots & & \vdots \\ ka_{m1} & ka_{m2} & \cdots & ka_{mn} \end{pmatrix}.$$

矩阵的数乘满足下列运算律：

设 $\boldsymbol{A},\boldsymbol{B},\boldsymbol{O}$ 是同型矩阵，h,k 是常数，则有

(1) 结合律：$h(k\boldsymbol{A})=(hk)\boldsymbol{A}$;

(2) 分配律 1：$(h+k)\boldsymbol{A}=h\boldsymbol{A}+k\boldsymbol{A}$;

(3) 分配律 2：$k(\boldsymbol{A}+\boldsymbol{B})=k\boldsymbol{A}+k\boldsymbol{B}$;

(4) $1\boldsymbol{A}=\boldsymbol{A}$, $(-1)\boldsymbol{A}=-\boldsymbol{A}$, $0\boldsymbol{A}=\boldsymbol{O}$;

(5) $k\boldsymbol{O}=\boldsymbol{O}$;

(6) 如果 $k\boldsymbol{A}=\boldsymbol{O}$，则 $k=0$ 或 $\boldsymbol{A}=\boldsymbol{O}$.

注 数乘矩阵，即用该数乘以矩阵的每个元素，而数乘行列式只是对其中的某一行或某一列元素进行数乘运算，两者是完全不同的.

矩阵的加法和数乘运算统称为矩阵的线性运算.

例 2.6

设矩阵 $\boldsymbol{A}=\begin{pmatrix} -1 & 2 & 3 & 1 \\ 0 & 3 & -2 & 1 \\ 4 & 0 & 3 & 2 \end{pmatrix}$，

$\boldsymbol{B}=\begin{pmatrix} 4 & 2 & 2 & -1 \\ 5 & -3 & 0 & 1 \\ 1 & 2 & -5 & 0 \end{pmatrix}$，求：$3\boldsymbol{A}-2\boldsymbol{B}$.

解

$$3\boldsymbol{A}-2\boldsymbol{B}=3\begin{pmatrix} -1 & 2 & 3 & 1 \\ 0 & 3 & -2 & 1 \\ 4 & 0 & 3 & 2 \end{pmatrix}-2\begin{pmatrix} 4 & 2 & 2 & -1 \\ 5 & -3 & 0 & 1 \\ 1 & 2 & -5 & 0 \end{pmatrix}$$

$$=\begin{pmatrix} -3 & 6 & 9 & 3 \\ 0 & 9 & -6 & 3 \\ 12 & 0 & 9 & 6 \end{pmatrix}-\begin{pmatrix} 8 & 4 & 4 & -2 \\ 10 & -6 & 0 & 2 \\ 2 & 4 & -10 & 0 \end{pmatrix}$$

$$=\begin{pmatrix} -11 & 2 & 5 & 5 \\ -10 & 15 & -6 & 1 \\ 10 & -4 & 19 & 6 \end{pmatrix}.$$

2. 矩阵的乘法运算

引例 某地区有四个工厂Ⅰ、Ⅱ、Ⅲ、Ⅳ，生产甲、乙、丙三种产

品,矩阵 $\boldsymbol{A}$ 表示一年内各工厂生产各种产品的数量,矩阵 $\boldsymbol{B}$ 表示各种产品的单位价格(元)以及单位利润(元),矩阵 $\boldsymbol{C}$ 表示各工厂的总收入及总利润:

$$\boldsymbol{A}=\underset{\text{甲}\quad\text{乙}\quad\text{丙}}{\begin{pmatrix} a_{11} & a_{12} & a_{13} \\ a_{21} & a_{22} & a_{23} \\ a_{31} & a_{32} & a_{33} \\ a_{41} & a_{42} & a_{43} \end{pmatrix}}\begin{matrix}\text{I}\\ \text{II}\\ \text{III}\\ \text{IV}\end{matrix},\boldsymbol{B}=\underset{\substack{\text{单位}\quad\text{单位}\\ \text{价格}\quad\text{利润}}}{\begin{pmatrix} b_{11} & b_{12} \\ b_{21} & b_{22} \\ b_{31} & b_{32} \end{pmatrix}}\begin{matrix}\text{甲}\\ \text{乙}\\ \text{丙}\end{matrix},\boldsymbol{C}=\underset{\text{总收入}\quad\text{总利润}}{\begin{pmatrix} c_{11} & c_{12} \\ c_{21} & c_{22} \\ c_{31} & c_{32} \\ c_{41} & c_{42} \end{pmatrix}}\begin{matrix}\text{I}\\ \text{II}\\ \text{III}\\ \text{IV}\end{matrix},$$

其中 $a_{ik}(i=1,\ 2,\ 2,\ 4;\ k=1,\ 2,\ 3)$是第 i 个工厂生产第 k 种产品的数量,b_{k1},b_{k2}分别表示第 k 种产品的单位价格及单位利润,c_{i1},c_{i2} $(i=1,2,3,4)$分别是第 i 个工厂生产三种产品的总收入及总利润.

如果称矩阵 $\boldsymbol{C}$ 是 $\boldsymbol{A}$,$\boldsymbol{B}$ 的乘积,从经济意义上讲是极为自然的,并且有关系:

$$\begin{pmatrix} a_{11} & a_{12} & a_{13} \\ a_{21} & a_{22} & a_{23} \\ a_{31} & a_{32} & a_{33} \\ a_{41} & a_{42} & a_{43} \end{pmatrix}_{4\times3}\begin{pmatrix} b_{11} & b_{12} \\ b_{21} & b_{22} \\ b_{31} & b_{32} \end{pmatrix}_{3\times2}$$

$$=\begin{pmatrix} a_{11}b_{11}+a_{12}b_{21}+a_{13}b_{31} & a_{11}b_{12}+a_{12}b_{22}+a_{13}b_{32} \\ a_{21}b_{11}+a_{22}b_{21}+a_{23}b_{31} & a_{21}b_{12}+a_{22}b_{22}+a_{23}b_{32} \\ a_{31}b_{11}+a_{32}b_{21}+a_{33}b_{31} & a_{31}b_{12}+a_{32}b_{22}+a_{33}b_{32} \\ a_{41}b_{11}+a_{42}b_{21}+a_{43}b_{31} & a_{41}b_{12}+a_{42}b_{22}+a_{43}b_{32} \end{pmatrix}_{4\times2}$$

$$=\begin{pmatrix} c_{11} & c_{12} \\ c_{21} & c_{22} \\ c_{31} & c_{32} \\ c_{41} & c_{42} \end{pmatrix}_{4\times2},$$

其中矩阵 $\boldsymbol{C}$ 的元素 c_{ij} 等于 $\boldsymbol{A}$ 的第 i 行的元素与 $\boldsymbol{B}$ 的第 j 列的元素的乘积之和.

于是引进矩阵乘积的定义.

定义 2.6 设矩阵 $\boldsymbol{A}=(a_{ik})_{m\times s}$,$\boldsymbol{B}=(b_{kj})_{s\times n}$,令

$$c_{ij}=a_{i1}b_{1j}+a_{i2}b_{2j}+\cdots+a_{is}b_{sj},i=1,2,\cdots,m;\ j=1,2,\cdots,n,$$

则矩阵 $\boldsymbol{C}=(c_{ij})_{m\times n}$ 称为矩阵 $\boldsymbol{A}$ 与 $\boldsymbol{B}$ 的积,记作 $\boldsymbol{C}=\boldsymbol{AB}$,即

$$\boldsymbol{AB}=\boldsymbol{C}=\begin{pmatrix} c_{11} & c_{12} & \cdots & c_{1n} \\ c_{21} & c_{22} & \cdots & c_{2n} \\ \vdots & \vdots & & \vdots \\ c_{m1} & c_{m2} & \cdots & c_{mn} \end{pmatrix}$$

注 (1)只有第一个矩阵的列数等于第二个矩阵的行数时,才可以相乘.

(2)相乘时,第一个矩阵第 i 行的每个元素与第二个矩阵第 j 列的对应元素相乘,再求和,得到乘积矩阵的第 i 行、第 j 列的元素.

(3) 乘积矩阵的行数等于左矩阵的行数,乘积矩阵的列数等于右矩阵的列数.

按此定义,一个 $1\times s$ 行矩阵与一个 $s\times 1$ 列矩阵的乘积是一个一阶方阵,也就是一个数.

即

$$(a_{i1},a_{i2},\cdots,a_{is})\begin{pmatrix} b_{1j} \\ b_{2j} \\ \vdots \\ b_{sj} \end{pmatrix}=a_{i1}b_{1j}+a_{i2}b_{2j}+\cdots+a_{is}b_{sj}=\sum_{k=1}^{s}a_{ik}b_{kj}=c_{ij}.$$

例 2.7 求下列矩阵乘积 $\boldsymbol{AB}$,$\boldsymbol{BA}$.

$$\boldsymbol{A}=\begin{pmatrix} 1 & 1 \\ -1 & -1 \end{pmatrix},\boldsymbol{B}=\begin{pmatrix} 1 & -1 \\ -1 & 1 \end{pmatrix}.$$

解 $$\boldsymbol{AB}=\begin{pmatrix} 1 & 1 \\ -1 & -1 \end{pmatrix}\begin{pmatrix} 1 & -1 \\ -1 & 1 \end{pmatrix}=\begin{pmatrix} 0 & 0 \\ 0 & 0 \end{pmatrix},$$

$$\boldsymbol{BA}=\begin{pmatrix} 1 & -1 \\ -1 & 1 \end{pmatrix}\begin{pmatrix} 1 & 1 \\ -1 & -1 \end{pmatrix}=\begin{pmatrix} 2 & 2 \\ -2 & -2 \end{pmatrix}.$$

注 (1)矩阵的乘法一般不满足交换律.

矩阵的乘法不满足交换律是指一般情形的,但对个别矩阵,也可能出现 $\boldsymbol{AB}=\boldsymbol{BA}$,例如

$$\begin{pmatrix} 2 & 1 \\ 3 & 4 \end{pmatrix}\begin{pmatrix} 5 & 0 \\ 0 & 5 \end{pmatrix}=\begin{pmatrix} 10 & 5 \\ 15 & 20 \end{pmatrix}=\begin{pmatrix} 5 & 0 \\ 0 & 5 \end{pmatrix}\begin{pmatrix} 2 & 1 \\ 3 & 4 \end{pmatrix}.$$

如果两个矩阵 $\boldsymbol{A}$ 与 $\boldsymbol{B}$ 满足 $\boldsymbol{AB}=\boldsymbol{BA}$,则称矩阵 $\boldsymbol{A}$ 与 $\boldsymbol{B}$ 是可交换的.

(2)$\boldsymbol{A}\neq\boldsymbol{O}$,$\boldsymbol{B}\neq\boldsymbol{O}$,然而 $\boldsymbol{AB}=\boldsymbol{O}$.

即两个非零矩阵的乘积可能是零矩阵,这是与数的乘法不同的地方.

例如

$$\begin{pmatrix} 2 & 4 \\ -3 & 6 \end{pmatrix}\begin{pmatrix} -2 & 4 \\ 1 & -2 \end{pmatrix}=\begin{pmatrix} 0 & 0 \\ 0 & 0 \end{pmatrix}.$$

(3)若 $\boldsymbol{AC}=\boldsymbol{BC}$,且 $\boldsymbol{C}\neq\boldsymbol{O}$,一般推不出 $\boldsymbol{A}=\boldsymbol{B}$.(因为矩阵的乘法不满足消去律).

例如,不难验证

$$\begin{pmatrix} 3 & 1 \\ 4 & 6 \end{pmatrix}\begin{pmatrix} 0 & 0 \\ 1 & 1 \end{pmatrix}=\begin{pmatrix} 2 & 1 \\ 4 & 6 \end{pmatrix}\begin{pmatrix} 0 & 0 \\ 1 & 1 \end{pmatrix},$$

但是

$$\begin{pmatrix} 3 & 1 \\ 4 & 6 \end{pmatrix}\neq\begin{pmatrix} 2 & 1 \\ 4 & 6 \end{pmatrix}.$$

矩阵乘法满足下面的运算律.

(1)结合律:$\boldsymbol{A}(\boldsymbol{BC})=(\boldsymbol{AB})\boldsymbol{C}$;

(2)分配律:$\boldsymbol{A}(\boldsymbol{B}+\boldsymbol{C})=\boldsymbol{AB}+\boldsymbol{AC}$,$(\boldsymbol{A}+\boldsymbol{B})\boldsymbol{C}=\boldsymbol{AC}+\boldsymbol{BC}$;

(3)数乘矩阵:$(k\boldsymbol{A})\boldsymbol{B}=\boldsymbol{A}(k\boldsymbol{B})=k(\boldsymbol{AB})$;

(4)设 $\boldsymbol{A}=(a_{ij})_{m\times n}$,则 $\boldsymbol{E}_m\boldsymbol{A}=\boldsymbol{AE}_n=\boldsymbol{A}$.

注 在矩阵乘法中,单位阵 $\boldsymbol{E}$ 的作用类似于数量乘法中的 1,单位阵的名称即由此而来.

例 2.8

设矩阵 $\boldsymbol{A}=\begin{pmatrix} 2 & -2 \\ -3 & 1 \\ 0 & 2 \end{pmatrix}$,$\boldsymbol{B}=\begin{pmatrix} 2 & 1 \\ -1 & 3 \end{pmatrix}$,求:$\boldsymbol{AB}$.

解

$$\boldsymbol{AB}=\begin{pmatrix} 2 & -2 \\ -3 & 1 \\ 0 & 2 \end{pmatrix}\begin{pmatrix} 2 & 1 \\ -1 & 3 \end{pmatrix}=\begin{pmatrix} 4+2 & 2-6 \\ -6-1 & -3+3 \\ 0-2 & 0+6 \end{pmatrix}=\begin{pmatrix} 6 & -4 \\ -7 & 0 \\ -2 & 6 \end{pmatrix}.$$

例 2.9

设方阵 $\boldsymbol{A}=\begin{pmatrix} 0 & 1 \\ 1 & 0 \end{pmatrix}$,求所有满足 $\boldsymbol{AB}=\boldsymbol{BA}$ 的二阶方阵 $\boldsymbol{B}$.

解 设 $\boldsymbol{B}=\begin{pmatrix} a & b \\ c & d \end{pmatrix}$,则

$$\boldsymbol{AB}=\begin{pmatrix} 0 & 1 \\ 1 & 0 \end{pmatrix}\begin{pmatrix} a & b \\ c & d \end{pmatrix}=\begin{pmatrix} c & d \\ a & b \end{pmatrix},\boldsymbol{BA}=\begin{pmatrix} a & b \\ c & d \end{pmatrix}\begin{pmatrix} 0 & 1 \\ 1 & 0 \end{pmatrix}=\begin{pmatrix} b & a \\ d & c \end{pmatrix}.$$

由矩阵方程 $\boldsymbol{AB}=\boldsymbol{BA}$,得四个数量方程 $c=b,d=a,a=d,b=c$. 这个数量方程组有解:$c=b$,$d=a$. 因此,满足条件的所有二阶方阵形

如$\begin{pmatrix} a & b \\ b & a \end{pmatrix}$,其中,$a$,$b$ 是任意数.

例 2.10 试用矩阵乘法表示线性方程组

$$\begin{cases} 2x+3y+mz=1, \\ 3x-2y+4z=2, \\ 4x+y-nz=4. \end{cases}$$

解 令

$$\boldsymbol{A}=\begin{pmatrix} 2 & 3 & m \\ 3 & -2 & 4 \\ 4 & 1 & -n \end{pmatrix}, \boldsymbol{X}=\begin{pmatrix} x \\ y \\ z \end{pmatrix}, \boldsymbol{B}=\begin{pmatrix} 1 \\ 2 \\ 4 \end{pmatrix}.$$

则方程组可表示为 $\boldsymbol{AX}=\boldsymbol{B}$.

定义 2.7 设 $\boldsymbol{A}$ 是方阵,定义 $\boldsymbol{A}$ 的正整数幂为:

$$\boldsymbol{A}^0=\boldsymbol{E}, \boldsymbol{A}^1=\boldsymbol{A}, \underbrace{\boldsymbol{AA}\cdots\boldsymbol{A}}_{k}=\boldsymbol{A}^k.$$

显然 $\boldsymbol{A}^p\boldsymbol{A}^q=\boldsymbol{A}^{p+q}$,$(\boldsymbol{A}^p)^q=\boldsymbol{A}^{pq}$,其中,$p$,$q$ 是自然数.

例 2.11 设 $\boldsymbol{A}$,$\boldsymbol{B}$ 是 n 阶方阵,求证:等式$(\boldsymbol{A}+\boldsymbol{B})^2=\boldsymbol{A}^2+2\boldsymbol{AB}+\boldsymbol{B}^2$ 成立的充分必要条件为 $\boldsymbol{AB}=\boldsymbol{BA}$.

证明 $(\boldsymbol{A}+\boldsymbol{B})^2=(\boldsymbol{A}+\boldsymbol{B})(\boldsymbol{A}+\boldsymbol{B})=\boldsymbol{A}^2+\boldsymbol{AB}+\boldsymbol{BA}+\boldsymbol{B}^2$.

因此,如果 $\boldsymbol{AB}=\boldsymbol{BA}$, 那么有$(\boldsymbol{A}+\boldsymbol{B})^2=\boldsymbol{A}^2+2\boldsymbol{AB}+\boldsymbol{B}^2$.

如果$(\boldsymbol{A}+\boldsymbol{B})^2=\boldsymbol{A}^2+2\boldsymbol{AB}+\boldsymbol{B}^2$,那么有 $\boldsymbol{AB}=\boldsymbol{BA}$.

注 因为矩阵乘法一般不满足交换律,数的乘法公式一般需要附加条件才能对矩阵成立. 一般情况下,$(\boldsymbol{AB})^p\neq\boldsymbol{A}^p\boldsymbol{B}^p$,除非方阵 $\boldsymbol{A}$,$\boldsymbol{B}$ 满足 $\boldsymbol{AB}=\boldsymbol{BA}$.

例 2.12 设 $\boldsymbol{A}=\begin{pmatrix} 1 & 1 \\ 0 & 1 \end{pmatrix}$,求证:$\boldsymbol{A}^n=\begin{pmatrix} 1 & n \\ 0 & 1 \end{pmatrix}$.

解 用数学归纳法. 当 $n=1$ 时,有恒等式$\begin{pmatrix} 1 & 1 \\ 0 & 1 \end{pmatrix}^1=\begin{pmatrix} 1 & 1 \\ 0 & 1 \end{pmatrix}$.

假设当 $n=k$ 时,等式成立,即有

$$\begin{pmatrix} 1 & 1 \\ 0 & 1 \end{pmatrix}^k=\begin{pmatrix} 1 & k \\ 0 & 1 \end{pmatrix}.$$

当 $n=k+1$ 时,有

$$\begin{pmatrix} 1 & 1 \\ 0 & 1 \end{pmatrix}^{k+1}=\begin{pmatrix} 1 & 1 \\ 0 & 1 \end{pmatrix}^k\begin{pmatrix} 1 & 1 \\ 0 & 1 \end{pmatrix}=\begin{pmatrix} 1 & k \\ 0 & 1 \end{pmatrix}\begin{pmatrix} 1 & 1 \\ 0 & 1 \end{pmatrix}=\begin{pmatrix} 1 & k+1 \\ 0 & 1 \end{pmatrix},$$

即当 $n=k+1$ 时,等式成立. 根据数学归纳法原理,等式对于任意

正整数 n 成立.

定义 2.8 设 x 的 m 次多项式 $f(x)=a_0x^m+a_1x^{m-1}+\cdots+a_{m-1}x+a_m$,则定义 $f(\boldsymbol{A})=a_0\boldsymbol{A}^m+a_1\boldsymbol{A}^{m-1}+\cdots+a_{m-1}\boldsymbol{A}+a_m\boldsymbol{E}$ 是 n 阶方阵 $\boldsymbol{A}$ 的 m 次多项式.

3. 矩阵的转置运算

定义 2.9 设 $m\times n$ 阶矩阵 $\boldsymbol{A}=\begin{pmatrix} a_{11} & a_{12} & \cdots & a_{1n} \\ a_{21} & a_{22} & \cdots & a_{2n} \\ \vdots & \vdots & & \vdots \\ a_{m1} & a_{m2} & \cdots & a_{mn} \end{pmatrix}$,则将其行与列互换得到的 $n\times m$ 阶矩阵 $\begin{pmatrix} a_{11} & a_{21} & \cdots & a_{m1} \\ a_{12} & a_{22} & \cdots & a_{m2} \\ \vdots & \vdots & & \vdots \\ a_{1n} & a_{2n} & \cdots & a_{mn} \end{pmatrix}$ 称为矩阵 $\boldsymbol{A}$ 的转置. 记作 $\boldsymbol{A}^{\mathrm{T}}$(或者 $\boldsymbol{A}'$).

注 转置 $\boldsymbol{A}^{\mathrm{T}}$ 是将矩阵 $\boldsymbol{A}$ 的每行变成对应列(同时每列变成对应行)所得到的矩阵.

矩阵的转置满足下面的运算律:

(1)自反律:$(\boldsymbol{A}^{\mathrm{T}})^{\mathrm{T}}=\boldsymbol{A}$;

(2)加法:$(\boldsymbol{A}+\boldsymbol{B})^{\mathrm{T}}=\boldsymbol{A}^{\mathrm{T}}+\boldsymbol{B}^{\mathrm{T}}$;

(3)数乘:$(k\boldsymbol{A})^{\mathrm{T}}=k\boldsymbol{A}^{\mathrm{T}}$;

(4)乘法:$(\boldsymbol{AB})^{\mathrm{T}}=\boldsymbol{B}^{\mathrm{T}}\boldsymbol{A}^{\mathrm{T}}$.

例 2.13 设矩阵 $\boldsymbol{A}=\begin{pmatrix} 1 & 0 & -1 \\ 2 & 1 & -2 \end{pmatrix}$, $\boldsymbol{B}=\begin{pmatrix} 1 & 4 & 2 \\ -3 & 0 & 2 \\ 1 & -2 & 3 \end{pmatrix}$,求:$(\boldsymbol{AB})^{\mathrm{T}}$.

解 1 先做乘法,得

$$\boldsymbol{AB}=\begin{pmatrix} 1 & 0 & -1 \\ 2 & 1 & -2 \end{pmatrix}\begin{pmatrix} 1 & 4 & 2 \\ -3 & 0 & 2 \\ 1 & -2 & 3 \end{pmatrix}=\begin{pmatrix} 0 & 6 & -1 \\ -3 & 12 & 0 \end{pmatrix}.$$

再取转置,得

$$(\boldsymbol{AB})^{\mathrm{T}}=\begin{pmatrix} 0 & -3 \\ 6 & 12 \\ -1 & 0 \end{pmatrix}.$$

解 2 先取转置，得

$$A^{\mathrm{T}}=\begin{pmatrix}1&2\\0&1\\-1&-2\end{pmatrix},B^{\mathrm{T}}=\begin{pmatrix}1&-3&1\\4&0&-2\\2&2&3\end{pmatrix}.$$

再由运算律得

$$(AB)^{\mathrm{T}}=B^{\mathrm{T}}A^{\mathrm{T}}=\begin{pmatrix}1&-3&1\\4&0&-2\\2&2&3\end{pmatrix}\begin{pmatrix}1&2\\0&1\\-1&-2\end{pmatrix}=\begin{pmatrix}0&-3\\6&12\\-1&0\end{pmatrix}.$$

例 2.14 设 $\boldsymbol{A}$ 是实矩阵，且 $\boldsymbol{A}^{\mathrm{T}}\boldsymbol{A}=\boldsymbol{O}$，求证：$\boldsymbol{A}=\boldsymbol{O}$.

证明 设 $\boldsymbol{A}=(a_{ij})_{m\times n}$，$\boldsymbol{B}=(b_{ij})=\boldsymbol{A}^{\mathrm{T}}\boldsymbol{A}=\boldsymbol{O}$，则 $b_{11}=a_{11}^2+a_{21}^2+\cdots+a_{n1}^2=0$. 已知 $\boldsymbol{A}$ 是实矩阵，因此，有 $a_{11}=a_{21}=\cdots=a_{n1}=0$，即矩阵 $\boldsymbol{A}$ 的第一列元素都等于 0.

同理可证 $\boldsymbol{A}$ 的其他元素等于 0，于是 $\boldsymbol{A}=\boldsymbol{O}$.

定义 2.10 设 $\boldsymbol{A}$ 是 n 阶方阵，若 $\boldsymbol{A}^{\mathrm{T}}=\boldsymbol{A}$，则称其为对称阵. 若 $\boldsymbol{A}^{\mathrm{T}}=-\boldsymbol{A}$，则称其为反对称阵.

例 2.15 设 $\boldsymbol{A}$ 是方阵，求证：$\boldsymbol{A}+\boldsymbol{A}^{\mathrm{T}}$ 与 $\boldsymbol{A}\boldsymbol{A}^{\mathrm{T}}$ 是对称阵.

证明 $(\boldsymbol{A}+\boldsymbol{A}^{\mathrm{T}})^{\mathrm{T}}=\boldsymbol{A}^{\mathrm{T}}+(\boldsymbol{A}^{\mathrm{T}})^{\mathrm{T}}=\boldsymbol{A}^{\mathrm{T}}+\boldsymbol{A}=\boldsymbol{A}+\boldsymbol{A}^{\mathrm{T}}$，即 $\boldsymbol{A}+\boldsymbol{A}^{\mathrm{T}}$ 为对称阵；

$$(\boldsymbol{A}\boldsymbol{A}^{\mathrm{T}})^{\mathrm{T}}=(\boldsymbol{A}^{\mathrm{T}})^{\mathrm{T}}\boldsymbol{A}^{\mathrm{T}}=\boldsymbol{A}\boldsymbol{A}^{\mathrm{T}}$$，即 $\boldsymbol{A}\boldsymbol{A}^{\mathrm{T}}$ 为对称阵.

4. 方阵的行列式运算

定义 2.11 设方阵 $\boldsymbol{A}=\begin{pmatrix}a_{11}&a_{12}&\cdots&a_{1n}\\a_{21}&a_{22}&\cdots&a_{2n}\\\vdots&\vdots&&\vdots\\a_{n1}&a_{n2}&\cdots&a_{nn}\end{pmatrix}$，则将方阵 $\boldsymbol{A}$ 的元素保持位置不变构成的行列式称为方阵 $\boldsymbol{A}$ 的行列式，记为 $|\boldsymbol{A}|$ 或者 $\det\boldsymbol{A}$，即

$$|\boldsymbol{A}|=\begin{vmatrix}a_{11}&a_{12}&\cdots&a_{1n}\\a_{21}&a_{22}&\cdots&a_{2n}\\\vdots&\vdots&&\vdots\\a_{n1}&a_{n2}&\cdots&a_{nn}\end{vmatrix}.$$

行列式等于 0 的方阵称为奇异阵.

方阵行列式的性质

设 $\boldsymbol{A},\boldsymbol{B}$ 是 n 阶方阵，k 是数，则

(1) 数乘：$|k\boldsymbol{A}|=k^n|\boldsymbol{A}|$；

(2)乘积：$|AB| = |A||B|$；

(3)转置：$|A^{\mathrm{T}}| = |A|$；

(4)幂：$|A^m| = |A|^m$.

例 2.16 设 A 是三阶方阵，且 $|A| = -3$，求：$|A^2|$ 和 $|3A|$.

解 由上述性质有

$$|A^2| = |AA| = |A||A| = (-3)(-3) = 9,$$

$$|3A| = 3^3|A| = 27 \times (-3) = -81.$$

练习 2.1

1. 填空题

(1) 设 $A = \begin{pmatrix} 1 & -1 & 1 \\ 1 & 1 & -1 \end{pmatrix}$，$B = \begin{pmatrix} 1 & 2 & 3 \\ -1 & -2 & 4 \end{pmatrix}$.

则 $A + 2B =$ ________.

(2) 若 A, B 为同阶方阵，则 $(A+B)(A-B) = A^2 - B^2$ 的充分必要条件是________.

(3) 设 $A = \begin{pmatrix} 1 \\ 2 \\ 3 \end{pmatrix}$，则 $AA^{\mathrm{T}} =$ ________.

(4) 设 $A = \begin{pmatrix} a & 0 & 0 \\ 0 & b & 0 \\ 0 & 0 & c \end{pmatrix}$，则 $A^n =$ ______.

(5) 设 $A = \begin{pmatrix} 1 & 2 & -2 \\ 4 & a & 1 \\ 3 & -1 & 1 \end{pmatrix}$，$B$ 为三阶非零矩阵，

且 $AB = O$，则 $a =$ ________.

(6) $\begin{pmatrix} 1 & 1 \\ 2 & 2 \end{pmatrix}^n =$ ________.

2. 计算题

(1) $\begin{pmatrix} 2 \\ 1 \\ 3 \end{pmatrix}(-1, 2)$；

(2) $\begin{pmatrix} 2 & 1 & 4 & 0 \\ 1 & -1 & 3 & 4 \end{pmatrix}\begin{pmatrix} 1 & 3 & 1 \\ 0 & -1 & 2 \\ 1 & -3 & 1 \\ 4 & 0 & -2 \end{pmatrix}$；

(3) $\begin{pmatrix} 1 & 2 & 1 & 0 \\ 0 & 1 & 0 & 1 \\ 0 & 0 & 2 & 1 \\ 0 & 0 & 0 & 3 \end{pmatrix}\begin{pmatrix} 1 & 0 & 3 & 1 \\ 0 & 1 & 2 & -1 \\ 0 & 0 & -2 & 3 \\ 0 & 0 & 0 & -3 \end{pmatrix}$.

3. 已知 $A = \begin{pmatrix} 2 & 0 & -1 \\ 1 & 3 & 2 \end{pmatrix}$，$B = \begin{pmatrix} 1 & 7 & -1 \\ 4 & 2 & 3 \\ 2 & 0 & 1 \end{pmatrix}$，求：$(AB)^{\mathrm{T}}$.

4. 设矩阵 $A = \begin{pmatrix} 1 & 1 & 0 \\ 0 & 1 & 1 \\ 0 & 0 & 1 \end{pmatrix}$，求 A^n.

5. 设 $A = \begin{pmatrix} 3 & -1 & 2 \\ 1 & 5 & 7 \\ 5 & 4 & -3 \end{pmatrix}$，$B = \begin{pmatrix} 7 & 5 & -4 \\ 5 & 1 & 9 \\ 3 & -2 & 1 \end{pmatrix}$，

且 $A + 2X = B$，求：X.

6. 设 $f(x) = x^2 + x - 2$，$A = \begin{pmatrix} -1 & 0 \\ 1 & 1 \end{pmatrix}$，求 $f(A)$.

7. 设 A 是三阶方阵，且 $|A| = 2$，求：$|A^2|$ 和 $|4A|$.

2.2 逆矩阵

2.2.1 逆矩阵概念

由于矩阵的乘法不满足交换律，所以不可能定义分式形式的除

法. 不过对于某些特殊的方阵，存在另一个方阵，这两个方阵之间的关系和数 p 与其倒数 p^{-1} 之间的关系类似. 在数量代数中，倒数满足条件 $p^{-1}p=pp^{-1}=1$. 而在矩阵乘法中，单位阵 $\boldsymbol{E}$ 的作用类似于数量代数中的 1.

定义 2.12　设 $\boldsymbol{A}$ 是 n 阶方阵，如果存在 n 阶方阵 $\boldsymbol{B}$，使得 $\boldsymbol{AB}=\boldsymbol{BA}=\boldsymbol{E}$，则称方阵 $\boldsymbol{A}$ 为可逆矩阵，而称方阵 $\boldsymbol{B}$ 是方阵 $\boldsymbol{A}$ 的逆矩阵，记作 $\boldsymbol{B}=\boldsymbol{A}^{-1}$.

注　由于矩阵乘法的限制，长方形的矩阵不可能定义这样的逆矩阵.

方阵一定存在逆矩阵吗？

不一定，例如 $\boldsymbol{A}=\begin{pmatrix}1&0\\0&0\end{pmatrix}$，对于任意二阶方阵 $\boldsymbol{B}=\begin{pmatrix}a&b\\c&d\end{pmatrix}$，$\boldsymbol{AB}=\begin{pmatrix}a&b\\0&0\end{pmatrix}\neq\boldsymbol{E}$，故不存在逆矩阵.

满足什么条件才能存在逆矩阵呢？

定义 2.13　设 n 阶方阵

$$\boldsymbol{A}=\begin{pmatrix}a_{11}&a_{12}&\cdots&a_{1n}\\a_{21}&a_{22}&\cdots&a_{2n}\\\vdots&\vdots&&\vdots\\a_{n1}&a_{n2}&\cdots&a_{nn}\end{pmatrix},$$

则由矩阵 $\boldsymbol{A}$ 的行列式 $|\boldsymbol{A}|$ 的元素 $a_{ij}(i,j=1,2,\cdots,n)$ 的代数余子式 A_{ij} 构成的 n 阶方阵

$$\boldsymbol{A}^*=\begin{pmatrix}A_{11}&A_{21}&\cdots&A_{n1}\\A_{12}&A_{22}&\cdots&A_{n2}\\\vdots&\vdots&&\vdots\\A_{1n}&A_{2n}&\cdots&A_{nn}\end{pmatrix}$$

称为方阵 $\boldsymbol{A}$ 的伴随矩阵，记为 $\boldsymbol{A}^*$.

注　方阵 $\boldsymbol{A}$ 行列式的位于第 i 行第 j 列的元素 a_{ij} 的代数余子

式 A_{ij} 位于伴随阵 $\boldsymbol{A}^*$ 的第 j 行第 i 列.

定理 2.1 方阵 $\boldsymbol{A}$ 有逆矩阵的充分必要条件为它的行列式 $|\boldsymbol{A}|\neq 0$,且方阵 $\boldsymbol{A}$ 的逆矩阵为 $\boldsymbol{A}^{-1}=\frac{1}{|\boldsymbol{A}|}\boldsymbol{A}^*$.

证明 必要性:设方阵 $\boldsymbol{A}$ 有逆矩阵 $\boldsymbol{B}$,则 $\boldsymbol{AB}=\boldsymbol{E}$,取行列式,有 $|\boldsymbol{A}||\boldsymbol{B}|=1$. 于是,有 $|\boldsymbol{A}|\neq 0$.

充分性: 若 $|\boldsymbol{A}|\neq 0$,则有

$$\boldsymbol{AA}^*=\begin{pmatrix} a_{11} & a_{12} & \cdots & a_{1n} \\ a_{21} & a_{22} & \cdots & a_{2n} \\ \vdots & \vdots & & \vdots \\ a_{n1} & a_{n2} & \cdots & a_{nn} \end{pmatrix}\begin{pmatrix} A_{11} & A_{21} & \cdots & A_{n1} \\ A_{12} & A_{22} & \cdots & A_{n2} \\ \vdots & \vdots & & \vdots \\ A_{1n} & A_{2n} & \cdots & A_{nn} \end{pmatrix}$$

$$=\begin{pmatrix} |\boldsymbol{A}| & 0 & \cdots & 0 \\ 0 & |\boldsymbol{A}| & \cdots & 0 \\ \vdots & \vdots & & \vdots \\ 0 & 0 & \cdots & |\boldsymbol{A}| \end{pmatrix}=|\boldsymbol{A}|\boldsymbol{E}.$$

则 $\boldsymbol{A}\left(\frac{1}{|\boldsymbol{A}|}\boldsymbol{A}^*\right)=\boldsymbol{E}$. 同理可证 $\left(\frac{1}{|\boldsymbol{A}|}\boldsymbol{A}^*\right)\boldsymbol{A}=\boldsymbol{E}$,则方阵 $\boldsymbol{A}$ 可逆,其逆矩阵为 $\boldsymbol{A}^{-1}=\frac{1}{|\boldsymbol{A}|}\boldsymbol{A}^*$.

推论 2.1 设 $\boldsymbol{A}$ 是方阵,如果存在同阶方阵 $\boldsymbol{B}$,使得 $\boldsymbol{AB}=\boldsymbol{E}$(或者 $\boldsymbol{BA}=\boldsymbol{E}$),则 $\boldsymbol{A}$ 是可逆矩阵,且 $\boldsymbol{B}$ 是 $\boldsymbol{A}$ 的逆矩阵.

证明 已知 $\boldsymbol{AB}=\boldsymbol{E}$,取行列式得 $|\boldsymbol{A}|\neq 0$,则方阵 $\boldsymbol{A}$ 可逆.

用 $\boldsymbol{A}$ 的逆矩阵左乘等式 $\boldsymbol{AB}=\boldsymbol{E}$,得 $\boldsymbol{A}^{-1}(\boldsymbol{AB})=\boldsymbol{A}^{-1}\boldsymbol{E}$,由矩阵乘法的结合律,有 $(\boldsymbol{A}^{-1}\boldsymbol{A})\boldsymbol{B}=\boldsymbol{A}^{-1}$,即 $\boldsymbol{B}=\boldsymbol{A}^{-1}$.(同理可证 $\boldsymbol{BA}=\boldsymbol{E}$ 的情形)

注 如果用逆矩阵的定义,必须分别验证 $\boldsymbol{AB}=\boldsymbol{E}$ 与 $\boldsymbol{BA}=\boldsymbol{E}$,才能确定 $\boldsymbol{B}$ 是 $\boldsymbol{A}$ 的逆矩阵,如果用推论 2.1,则只需验证其中之一即可.

如果方阵存在逆矩阵,那么逆矩阵唯一吗?

定理 2.2 如果方阵 $\boldsymbol{A}$ 有逆矩阵,那么 $\boldsymbol{A}$ 的逆矩阵是唯一的.

证明 设方阵 $\boldsymbol{B},\boldsymbol{C}$ 都是方阵 $\boldsymbol{A}$ 的逆矩阵,用矩阵乘法的结合律,有

$$\boldsymbol{B}=\boldsymbol{BE}=\boldsymbol{B}(\boldsymbol{AC})=(\boldsymbol{BA})\boldsymbol{C}=\boldsymbol{EC}=\boldsymbol{C},$$

即方阵 $\boldsymbol{A}$ 的任意两个逆矩阵相等，即它仅有唯一一个逆矩阵.

例 2.17　设对角阵的主对角元素都不等于 0，求证：它是可逆矩阵.

证明　设 $\boldsymbol{A}=\mathbf{diag}(a_1, a_2, \cdots, a_n)$，且 $a_i\neq 0(i=1, 2, \cdots, n)$.

令 $\boldsymbol{B}=\mathbf{diag}(a_1^{-1}, a_2^{-1}, \cdots, a_n^{-1})$，根据对角阵的乘法，有 $\boldsymbol{AB}=\boldsymbol{BA}=\boldsymbol{E}$.

例 2.18

求方阵 $\boldsymbol{A}=\begin{pmatrix}1&0&1\\2&1&0\\-3&2&-5\end{pmatrix}$ 的逆矩阵.

解　计算行列式 $|\boldsymbol{A}|=2$. 计算伴随阵

$$\boldsymbol{A}^*=\begin{pmatrix}-5&2&-1\\10&-2&2\\7&-2&1\end{pmatrix}.$$

于是

$$\boldsymbol{A}^{-1}=\begin{pmatrix}-\frac{5}{2}&1&-\frac{1}{2}\\5&-1&1\\\frac{7}{2}&-1&\frac{1}{2}\end{pmatrix}.$$

例 2.19　设方阵 $\boldsymbol{A}$ 满足 $\boldsymbol{A}^3+\boldsymbol{A}^2+\boldsymbol{A}-\boldsymbol{E}=\boldsymbol{O}$，求证：方阵 $\boldsymbol{A}$ 可逆，并求它的逆矩阵.

证明　已知方阵 $\boldsymbol{A}$ 满足 $\boldsymbol{A}^3+\boldsymbol{A}^2+\boldsymbol{A}-\boldsymbol{E}=\boldsymbol{O}$，即 $\boldsymbol{A}^3+\boldsymbol{A}^2+\boldsymbol{A}=\boldsymbol{E}$. 根据矩阵乘法的分配律 $\boldsymbol{A}(\boldsymbol{A}^2+\boldsymbol{A}+\boldsymbol{E})=\boldsymbol{E}$，由推论 2.1 可知方阵 $\boldsymbol{A}$ 可逆，且它的逆矩阵为 $\boldsymbol{A}^2+\boldsymbol{A}+\boldsymbol{E}$.

例 2.20　证明：设 $\boldsymbol{A}$ 是可逆阵，且 $\boldsymbol{AB}=\boldsymbol{AC}$，则 $\boldsymbol{B}=\boldsymbol{C}$.

证明　用 $\boldsymbol{A}$ 的逆矩阵左乘等式 $\boldsymbol{AB}=\boldsymbol{AC}$，得 $\boldsymbol{A}^{-1}(\boldsymbol{AB})=\boldsymbol{A}^{-1}(\boldsymbol{AC})$，由矩阵乘法的结合律，有 $(\boldsymbol{A}^{-1}\boldsymbol{A})\boldsymbol{B}=(\boldsymbol{A}^{-1}\boldsymbol{A})\boldsymbol{C}$，即 $\boldsymbol{B}=\boldsymbol{C}$.

例 2.21　设 n 阶方阵 $\boldsymbol{A}$ 可逆，求 $|\boldsymbol{A}^*|$.

解　对等式 $\boldsymbol{AA}^*=|\boldsymbol{A}|\boldsymbol{E}$ 取行列式，有 $|\boldsymbol{A}||\boldsymbol{A}^*|=|\boldsymbol{A}|^n$. 已知 $\boldsymbol{A}$ 可逆，有 $|\boldsymbol{A}|\neq 0$. 于是，有 $|\boldsymbol{A}^*|=|\boldsymbol{A}|^{n-1}$.

例 2.22　求解下列矩阵方程

$$\begin{pmatrix}2&1\\1&2\end{pmatrix}\boldsymbol{X}=\begin{pmatrix}1&2\\-1&4\end{pmatrix}.$$

解　因为 $\begin{vmatrix}2&1\\1&2\end{vmatrix}=3\neq 0$，所以 $\begin{pmatrix}2&1\\1&2\end{pmatrix}$ 可逆，且

$$\begin{pmatrix}2&1\\1&2\end{pmatrix}^{-1}=\frac{1}{3}\begin{pmatrix}2&-1\\-1&2\end{pmatrix},$$

从而

$$X=\begin{pmatrix}2&1\\1&2\end{pmatrix}^{-1}\begin{pmatrix}1&2\\-1&4\end{pmatrix}=\frac{1}{3}\begin{pmatrix}2&-1\\-1&2\end{pmatrix}\begin{pmatrix}1&2\\-1&4\end{pmatrix}=\begin{pmatrix}1&0\\-1&2\end{pmatrix}.$$

2.2.2 逆矩阵的性质

设 $\boldsymbol{A},\boldsymbol{B}$ 是可逆阵,数 $k\neq0$,则有

(1)逆阵:$(\boldsymbol{A}^{-1})^{-1}=\boldsymbol{A}$;

(2)数乘:$(k\boldsymbol{A})^{-1}=\frac{1}{k}\boldsymbol{A}^{-1}$;

(3)乘积:$(\boldsymbol{AB})^{-1}=\boldsymbol{B}^{-1}\boldsymbol{A}^{-1}$;

可推广到两个以上矩阵的乘积,设 $\boldsymbol{A}_1,\boldsymbol{A}_2,\cdots,\boldsymbol{A}_S$ 都是同阶可逆方阵,则

$$(\boldsymbol{A}_1\boldsymbol{A}_2\cdots\boldsymbol{A}_S)^{-1}=\boldsymbol{A}_S^{-1}\cdots\boldsymbol{A}_2^{-1}\boldsymbol{A}_1^{-1}.$$

(4)转置:$(\boldsymbol{A}^{\mathrm{T}})^{-1}=(\boldsymbol{A}^{-1})^{\mathrm{T}}$;

(5)行列式:$|\boldsymbol{A}^{-1}|=\frac{1}{|\boldsymbol{A}|}$.

练习 2.2

1. 填空题

(1)已知 $\boldsymbol{P}^{-1}\boldsymbol{AP}=\boldsymbol{B}$,且 $|\boldsymbol{B}|\neq0$,则 $\frac{|\boldsymbol{A}|}{|\boldsymbol{B}|}=$________.

(2)设 $\boldsymbol{A}$ 为 2 阶方阵,且 $|\boldsymbol{A}|=\frac{1}{2}$,则 $|2\boldsymbol{A}^*|=$________.

(3)设三阶方阵 $\boldsymbol{A}$ 的行列式 $\det(\boldsymbol{A})=3$,则 $\boldsymbol{A}$ 的伴随矩阵 $\boldsymbol{A}^*$ 的行列式 $\det(\boldsymbol{A}^*)=$________.

(4)设 $\boldsymbol{A}=\begin{pmatrix}a&b\\c&d\end{pmatrix}$,且 $\det(\boldsymbol{A})=ad-bc\neq0$,则 $\boldsymbol{A}^{-1}=$________.

(5)$\begin{pmatrix}2&1\\1&2\end{pmatrix}\boldsymbol{X}=\begin{pmatrix}1&2\\1&4\end{pmatrix}$,则 $\boldsymbol{X}=$______.

(6)$|\boldsymbol{A}|=4$,则 $|\boldsymbol{A}^{-1}|=$________.

(7)$\boldsymbol{A},\boldsymbol{B},\boldsymbol{C}$ 均为同阶可逆阵,则 $(\boldsymbol{ABC})^{-1}=$________.

(8)若 $\boldsymbol{A}^2-\boldsymbol{A}-3\boldsymbol{I}=\boldsymbol{O}$,则 $\boldsymbol{A}^{-1}=$________.

2. 求下列矩阵的逆矩阵

(1)$\boldsymbol{A}=\begin{pmatrix}1&2\\3&4\end{pmatrix}$;

(2)$\boldsymbol{A}=\begin{pmatrix}0&2&-1\\1&1&2\\-1&-1&-1\end{pmatrix}$;

(3)$\boldsymbol{A}=\begin{pmatrix}1&0&2\\-1&1&3\\3&1&0\end{pmatrix}$.

3. 证明下列各题

(1)若 $\boldsymbol{A},\boldsymbol{B}$ 都是同阶可逆矩阵,则 $(\boldsymbol{AB})^*=\boldsymbol{B}^*\boldsymbol{A}^*$;

(2)若 $\boldsymbol{A}$ 可逆,则 $\boldsymbol{A}^*$ 也可逆,且 $(\boldsymbol{A}^*)^{-1}=(\boldsymbol{A}^{-1})^*$;

(3)若 $\boldsymbol{AA}^{\mathrm{T}}=\boldsymbol{E}$,则 $(\boldsymbol{A}^*)^{\mathrm{T}}=(\boldsymbol{A}^*)^{-1}$;

(4)若 $\boldsymbol{A}$ 可逆,$n\geqslant2$,则 $(\boldsymbol{A}^*)^*=|\boldsymbol{A}|^{n-2}\cdot\boldsymbol{A}$;

(5)若 $\boldsymbol{A}$ 可逆,则 $(\boldsymbol{A}^*)^{\mathrm{T}}=(\boldsymbol{A}^{\mathrm{T}})^*$.

4. 设 $\boldsymbol{A}=\begin{pmatrix}0&1&0\\-1&1&1\\-1&0&-1\end{pmatrix}$,$\boldsymbol{B}=\begin{pmatrix}1&-1\\2&0\\5&-3\end{pmatrix}$,矩阵 $\boldsymbol{X}$

满足 $X=AX+B$,求:矩阵 X.

5. 设 $A=\begin{pmatrix}2&3&3\\1&-1&0\\-1&2&1\end{pmatrix}$, $B=\begin{pmatrix}2&1\\5&3\end{pmatrix}$, $C=\begin{pmatrix}1&3\\2&0\\3&1\end{pmatrix}$,求矩阵 X 使满足 $AXB=C$.

6. 设方阵 A 满足 $5A^3-2A^2+3A-2E=O$,求证:方阵 A 可逆,并求它的逆矩阵.

2.3 分块矩阵

2.3.1 矩阵的分块

对于行数和列数较多的大型矩阵,为了简化运算,经常采用将矩阵分块的方法使高阶矩阵的运算化成若干低阶矩阵间的运算,同时也使原矩阵的结构显得简单而清晰.

定义 2.14 用若干条贯穿整个矩阵的横线和竖线将矩阵 A 分成许多部分,每个部分称为 A 的一个子块. 将子块看作元素,构成形式上的矩阵,称为 A 的分块矩阵. 仍然记作 A. 分块取定后,同行(列)子块有相同的行(列)数.

注 矩阵 A 的分块矩阵只是 A 的简单写法. 实际上,它与 A 是同一个矩阵,因此仍然记作矩阵 A.

同一个矩阵可以根据需要有不同的分块方法,从而产生不同的分块矩阵. 下面,用例子予以说明.

例 2.23 设 $A=\begin{pmatrix}1&0&3&-1\\0&-1&4&6\\0&0&1&0\\0&0&0&1\end{pmatrix}$,对其进行分块.

$$(1)A=\left(\begin{array}{ccc:c}1&0&3&-1\\0&-1&4&6\\0&0&1&0\\\hdashline 0&0&0&1\end{array}\right)=\begin{pmatrix}A_{11}&A_{12}\\A_{21}&A_{22}\end{pmatrix},$$

其中,$A_{11}=\begin{pmatrix}1&0&3\\0&-1&4\\0&0&1\end{pmatrix}$,等.

这种分块方法的特点是:方阵的行与列的分块方法相同. 因此位于分块矩阵的主对角线上的子块 A_{11} 与 A_{22} 是正方形数表. 这样的子块称为对角块,其他的子块称为非对角块. 这里将方阵分成 4 块,还可能分成9块,16块等.

$$(2)\boldsymbol{A}=\left(\begin{array}{c:c:c:c}1 & 0 & 3 & -1\\0 & -1 & 4 & 6\\0 & 0 & 1 & 0\\0 & 0 & 0 & 1\end{array}\right)=(\boldsymbol{A}_{11},\boldsymbol{A}_{12},\boldsymbol{A}_{13},\boldsymbol{A}_{14}),\text{其中}\boldsymbol{A}_{11}=\begin{pmatrix}1\\0\\0\\0\end{pmatrix},\text{等.}$$

这种分块方法的特点是:矩阵的每一列作为一个子块. 为了区分它的子块,有时用逗号将它们隔开. (还可以把每一行作为一个子块).

2.3.2 分块矩阵的运算

分块矩阵的运算与普通矩阵运算规则相似,在分块时要注意,运算的两矩阵按块能运算(外部),并且参与运算的子块间(内部)也能运算,内外都能运算.

1. 加法:设 $\boldsymbol{A},\boldsymbol{B}$ 是同型矩阵,且按照相同方法分块. 如果将它们的和 $\boldsymbol{A}+\boldsymbol{B}$ 也按照相同方法分块,则 $\boldsymbol{A}+\boldsymbol{B}$ 的一个子块等于 $\boldsymbol{A},\boldsymbol{B}$ 的对应子块的和. 即

$$\boldsymbol{A}=\begin{pmatrix}\boldsymbol{A}_{11} & \cdots & \boldsymbol{A}_{1t}\\\vdots & & \vdots\\\boldsymbol{A}_{s1} & \cdots & \boldsymbol{A}_{st}\end{pmatrix},\boldsymbol{B}=\begin{pmatrix}\boldsymbol{B}_{11} & \cdots & \boldsymbol{B}_{1t}\\\vdots & & \vdots\\\boldsymbol{B}_{s1} & \cdots & \boldsymbol{B}_{st}\end{pmatrix},$$

其中 $\boldsymbol{A}_{ij}$ 与 $\boldsymbol{B}_{ij}$ 的行数相同、列数相同,则

$$\boldsymbol{A}+\boldsymbol{B}=\begin{pmatrix}\boldsymbol{A}_{11}+\boldsymbol{B}_{11} & \cdots & \boldsymbol{A}_{1t}+\boldsymbol{B}_{1t}\\\vdots & & \vdots\\\boldsymbol{A}_{s1}+\boldsymbol{B}_{s1} & \cdots & \boldsymbol{A}_{st}+\boldsymbol{B}_{st}\end{pmatrix}.$$

2. 数乘:设 $\boldsymbol{A}$ 是一个矩阵,按照任意方法分块,又设 k 是一个数,如果将数与矩阵的积 $k\boldsymbol{A}$ 按照 $\boldsymbol{A}$ 的方法分块,则 $k\boldsymbol{A}$ 的一个子块等于数 k 乘以矩阵 $\boldsymbol{A}$ 的对应子块. 即

$$\boldsymbol{A}=\begin{pmatrix}\boldsymbol{A}_{11} & \cdots & \boldsymbol{A}_{1t}\\\vdots & & \vdots\\\boldsymbol{A}_{s1} & \cdots & \boldsymbol{A}_{st}\end{pmatrix}.$$

k 为数,则

$$k\boldsymbol{A}=\begin{pmatrix}k\boldsymbol{A}_{11} & \cdots & k\boldsymbol{A}_{1t}\\\vdots & & \vdots\\k\boldsymbol{A}_{s1} & \cdots & k\boldsymbol{A}_{st}\end{pmatrix}.$$

3. 乘法:设 $\boldsymbol{A}$ 是 $m\times l$ 矩阵,$\boldsymbol{B}$ 是 $l\times n$ 矩阵,且矩阵 $\boldsymbol{A}$ 的列的分块方法与矩阵 $\boldsymbol{B}$ 的行的分块方法相同. 如果将 $\boldsymbol{A},\boldsymbol{B}$ 的乘积 $\boldsymbol{C}=\boldsymbol{AB}$ 的行按照矩阵 $\boldsymbol{A}$ 的行的分块方法,而列按照矩阵 $\boldsymbol{B}$ 的列的分块方法,则 $\boldsymbol{C}=\boldsymbol{AB}$ 的一个子块 $\boldsymbol{C}_{ij}$ 等于 $\boldsymbol{A}$ 的分块矩阵的第 i 行与 $\boldsymbol{B}$ 的分块矩阵的第 j 列上对应子块的乘积的和. 即 $\boldsymbol{A}$ 和 $\boldsymbol{B}$ 为分块成

$$\boldsymbol{A}=\begin{pmatrix}\boldsymbol{A}_{11} & \cdots & \boldsymbol{A}_{1t}\\ \vdots & & \vdots\\ \boldsymbol{A}_{s1} & \cdots & \boldsymbol{A}_{st}\end{pmatrix},\boldsymbol{B}=\begin{pmatrix}\boldsymbol{B}_{11} & \cdots & \boldsymbol{B}_{1r}\\ \vdots & & \vdots\\ \boldsymbol{B}_{t1} & \cdots & \boldsymbol{B}_{tr}\end{pmatrix},$$

其中 $\boldsymbol{A}_{p1},\boldsymbol{A}_{p2},\cdots,\boldsymbol{A}_{pt}$ 的列数分别等于 $\boldsymbol{B}_{1q},\boldsymbol{B}_{2q},\cdots,\boldsymbol{B}_{tq}$ 的行数,则

$$\boldsymbol{AB}=\begin{pmatrix}\boldsymbol{C}_{11} & \cdots & \boldsymbol{C}_{1r}\\ \vdots & & \vdots\\ \boldsymbol{C}_{s1} & \cdots & \boldsymbol{C}_{sr}\end{pmatrix},$$

其中 $\boldsymbol{C}_{pq}=\sum\limits_{k=1}^{t}\boldsymbol{A}_{pk}\boldsymbol{B}_{kq}(p=1,2,\cdots,s;q=1,2,\cdots,r)$.

4. 转置:设 $\boldsymbol{A}$ 是一个矩阵,按照任意方法分块. 如果将它的转置 $\boldsymbol{A}^{\mathrm{T}}$ 的行按照矩阵 $\boldsymbol{A}$ 的列的方法分块,而将它的列按照 $\boldsymbol{A}$ 的行的方法分块,则 $\boldsymbol{A}^{\mathrm{T}}$ 的一个子块 $\boldsymbol{A}_{ij}^{\mathrm{T}}$ 等于 $\boldsymbol{A}$ 的子块 $\boldsymbol{A}_{ji}$ 的转置. 即

$$\boldsymbol{A}=\begin{pmatrix}\boldsymbol{A}_{11} & \cdots & \boldsymbol{A}_{1t}\\ \vdots & & \vdots\\ \boldsymbol{A}_{s1} & \cdots & \boldsymbol{A}_{st}\end{pmatrix},$$

则

$$\boldsymbol{A}^{\mathrm{T}}=\begin{pmatrix}\boldsymbol{A}_{11}^{\mathrm{T}} & \cdots & \boldsymbol{A}_{s1}^{\mathrm{T}}\\ \vdots & & \vdots\\ \boldsymbol{A}_{1t}^{\mathrm{T}} & \cdots & \boldsymbol{A}_{st}^{\mathrm{T}}\end{pmatrix}.$$

注　只要分块方法适当,在分块矩阵运算时,可以将子块看作元素,使用矩阵运算法则. 而在子块与子块运算时,将子块看作矩阵,使用矩阵运算法则.

例 2.24　设矩阵

$$\boldsymbol{A}=\begin{pmatrix}1 & 0 & 1 & 3\\ 0 & 1 & 2 & 4\\ 0 & 0 & -1 & 0\\ 0 & 0 & 0 & -1\end{pmatrix},\boldsymbol{B}=\begin{pmatrix}1 & 2 & 0 & 0\\ 2 & 0 & 0 & 0\\ 6 & 3 & 1 & 0\\ 0 & -2 & 0 & 1\end{pmatrix},$$

用分块矩阵计算 $kA, A+B$.

解 将矩阵 A,B 分块如下：

$$A=\begin{pmatrix}1&0&1&3\\0&1&2&4\\0&0&-1&0\\0&0&0&-1\end{pmatrix}=\begin{pmatrix}E&C\\O&-E\end{pmatrix},B=\begin{pmatrix}1&2&0&0\\2&0&0&0\\6&3&1&0\\0&-2&0&1\end{pmatrix}=\begin{pmatrix}D&O\\F&E\end{pmatrix},$$

则

$$kA=k\begin{pmatrix}E&C\\O&-E\end{pmatrix}=\begin{pmatrix}kE&kC\\O&-kE\end{pmatrix}=\begin{pmatrix}k&0&k&3k\\0&k&2k&4k\\0&0&-k&0\\0&0&0&-k\end{pmatrix}$$

$$A+B=\begin{pmatrix}E&C\\O&-E\end{pmatrix}+\begin{pmatrix}D&O\\F&E\end{pmatrix}=\begin{pmatrix}E+D&C\\F&O\end{pmatrix}=\begin{pmatrix}2&2&1&3\\2&1&2&4\\6&3&0&0\\0&-2&0&0\end{pmatrix}.$$

例 2.25 设矩阵

$$A=\begin{pmatrix}1&0&-1&2\\0&1&1&1\\0&0&-1&0\\0&0&0&-1\end{pmatrix},B=\begin{pmatrix}1&0&1\\-1&2&0\\-1&0&0\\2&0&0\end{pmatrix},$$

用分块矩阵计算 AB.

解 令分块矩阵 $A=\begin{pmatrix}E&X\\O&-E\end{pmatrix}$,其中,$X=\begin{pmatrix}-1&2\\1&1\end{pmatrix}$.

令分块矩阵

$$B=\begin{pmatrix}Y&Z\\W&O\end{pmatrix},$$

其中

$$Y=\begin{pmatrix}1\\-1\end{pmatrix},Z=\begin{pmatrix}0&1\\2&0\end{pmatrix},W=\begin{pmatrix}-1\\2\end{pmatrix},$$

则

$$Y+XW=\begin{pmatrix}6\\0\end{pmatrix}.$$

于是,有

$$AB = \begin{pmatrix} E & X \\ O & -E \end{pmatrix}\begin{pmatrix} Y & Z \\ W & O \end{pmatrix} = \begin{pmatrix} Y+XW & Z \\ -W & O \end{pmatrix} = \begin{pmatrix} 6 & 0 & 1 \\ 0 & 2 & 0 \\ 1 & 0 & 0 \\ -2 & 0 & 0 \end{pmatrix}.$$

因为子块之间的运算使用矩阵的运算法则,所以有时将子块称为(子)矩阵. 其实,前面已经将子块书写成矩阵的形式了. 矩阵的分块可以将一个规模较大的矩阵的等式分离成若干个规模较小的矩阵的等式,以便于计算.

例 2.26 设方阵 $\boldsymbol{D} = \begin{pmatrix} \boldsymbol{A} & \boldsymbol{C} \\ \boldsymbol{O} & \boldsymbol{B} \end{pmatrix}$,其中 $\boldsymbol{A},\boldsymbol{B}$ 是可逆阵,$\boldsymbol{O}$ 是零矩阵,求:$\boldsymbol{D}^{-1}$.

解 按照方阵 $\boldsymbol{D}$ 的分块方法,设 $\boldsymbol{D}^{-1} = \begin{pmatrix} \boldsymbol{X} & \boldsymbol{Z} \\ \boldsymbol{W} & \boldsymbol{Y} \end{pmatrix}$. 根据逆阵定义,有

$$\begin{pmatrix} A & C \\ O & B \end{pmatrix}\begin{pmatrix} X & Z \\ W & Y \end{pmatrix} = \begin{pmatrix} AX+CW & AZ+CY \\ BW & BY \end{pmatrix} = \begin{pmatrix} E & O \\ O & E \end{pmatrix}.$$

比较对应的子块,得

$$AX+CW=E, AZ+CY=O, BW=O, BY=E.$$

已知 $\boldsymbol{B}$ 可逆,从后两式解得 $\boldsymbol{W}=\boldsymbol{O}, \boldsymbol{Y}=\boldsymbol{B}^{-1}$. 代入前两式,得 $\boldsymbol{X}=\boldsymbol{A}^{-1}, \boldsymbol{Z}=-\boldsymbol{A}^{-1}\boldsymbol{C}\boldsymbol{B}^{-1}$. 于是,有

$$D^{-1} = \begin{pmatrix} A^{-1} & -A^{-1}CB^{-1} \\ O & B^{-1} \end{pmatrix}.$$

2.3.3 常用分块矩阵及其性质

1. 按行(列)分块

矩阵按行(列)分块是最常见的一种分块方法. 一般地,$m \times n$ 矩阵 $\boldsymbol{A}$ 有 m 行,称为矩阵 $\boldsymbol{A}$ 的 m 个行向量,若记第 i 行为

$$\boldsymbol{\alpha}_i^{\mathrm{T}} = (a_{i1}, a_{i2}, \cdots, a_{in}),$$

则矩阵 $\boldsymbol{A}$ 就可表示为

$$\boldsymbol{A} = \begin{pmatrix} \boldsymbol{\alpha}_1^{\mathrm{T}} \\ \boldsymbol{\alpha}_2^{\mathrm{T}} \\ \vdots \\ \boldsymbol{\alpha}_m^{\mathrm{T}} \end{pmatrix}.$$

$m \times n$ 矩阵 $\boldsymbol{A}$ 有 n 列,称为矩阵 $\boldsymbol{A}$ 的 n 个列向量,若第 j 列记作

$$\boldsymbol{\alpha}_j = \begin{pmatrix} a_{1j} \\ a_{2j} \\ \vdots \\ a_{mj} \end{pmatrix},$$

则 $\boldsymbol{A}=(\boldsymbol{\alpha}_1,\boldsymbol{\alpha}_2,\cdots,\boldsymbol{\alpha}_n)$.

2. 准对角矩阵(分块对角矩阵)

定义 2.15 设 $\boldsymbol{A}$ 是方阵,且它的行与列的分块方法相同. 如果它的非对角块都是零矩阵,那么称 $\boldsymbol{A}$ 为准对角阵或分块对角矩阵.

$$\boldsymbol{A} = \begin{pmatrix} \boldsymbol{A}_1 & & & \boldsymbol{O} \\ & \boldsymbol{A}_2 & & \\ & & \ddots & \\ \boldsymbol{O} & & & \boldsymbol{A}_s \end{pmatrix}.$$

准对角阵 $\boldsymbol{A}$ 具有下述性质:

(1)$\boldsymbol{A}$ 的行列式等于各对角块的行列式的乘积;

若 $|\boldsymbol{A}_i|\neq 0\,(i=1,2,\cdots,s)$,则 $|\boldsymbol{A}|\neq 0$,且 $|\boldsymbol{A}|=|\boldsymbol{A}_1||\boldsymbol{A}_2|\cdots|\boldsymbol{A}_s|$;

(2)如果 $\boldsymbol{A}$ 的对角块都是可逆矩阵,则 $\boldsymbol{A}$ 也是可逆矩阵. 将逆矩阵 $\boldsymbol{A}^{-1}$ 按照 $\boldsymbol{A}$ 的方法分块,则它的一个对角块等于 $\boldsymbol{A}$ 的对应子块的逆矩阵,而非对角块都是零矩阵.

$$\boldsymbol{A}^{-1} = \begin{pmatrix} \boldsymbol{A}_1^{-1} & & & \boldsymbol{O} \\ & \boldsymbol{A}_2^{-1} & & \\ & & \ddots & \\ \boldsymbol{O} & & & \boldsymbol{A}_s^{-1} \end{pmatrix}.$$

(3)同结构的对角分块矩阵的和、差、积、数乘及逆仍是对角分块矩阵. 且运算表现为对应子块的运算.

例 2.27 求准对角阵 $\boldsymbol{A}=\begin{pmatrix}5&-3&0&0&0\\-3&2&0&0&0\\0&0&9&0&0\\0&0&0&8&3\\0&0&0&5&2\end{pmatrix}$的行列式与逆矩阵.

解　准对角阵 $\boldsymbol{A}$ 有三个对角块,则

$$|\boldsymbol{A}|=\begin{vmatrix}5&-3\\-3&2\end{vmatrix}|9|\begin{vmatrix}8&3\\5&2\end{vmatrix}=9.$$

计算对角块的逆阵,得

$$\begin{pmatrix}5&-3\\-3&2\end{pmatrix}^{-1}=\begin{pmatrix}2&3\\3&5\end{pmatrix},(9)^{-1}=\left(\frac{1}{9}\right),\begin{pmatrix}8&3\\5&2\end{pmatrix}^{-1}=\begin{pmatrix}2&-3\\-5&8\end{pmatrix}.$$

则

$$\boldsymbol{A}^{-1}=\begin{pmatrix}2&3&0&0&0\\3&5&0&0&0\\0&0&\frac{1}{9}&0&0\\0&0&0&2&-3\\0&0&0&-5&8\end{pmatrix}.$$

3. 分块三角矩阵

形如

$$\begin{pmatrix}\boldsymbol{A}_{11}&\boldsymbol{A}_{12}&\cdots&\boldsymbol{A}_{1s}\\\boldsymbol{O}&\boldsymbol{A}_{22}&\cdots&\boldsymbol{A}_{2s}\\\vdots&\vdots&&\vdots\\\boldsymbol{O}&\boldsymbol{O}&\cdots&\boldsymbol{A}_{ss}\end{pmatrix}\text{或}\begin{pmatrix}\boldsymbol{A}_{11}&\boldsymbol{O}&\cdots&\boldsymbol{O}\\\boldsymbol{A}_{21}&\boldsymbol{A}_{22}&\cdots&\boldsymbol{O}\\\vdots&\vdots&&\vdots\\\boldsymbol{A}_{s1}&\boldsymbol{A}_{s2}&\cdots&\boldsymbol{A}_{ss}\end{pmatrix}$$

的分块矩阵,分别称为**上三角分块矩阵**或**下三角分块矩阵**,其中 $\boldsymbol{A}_{pp}$ $(p=1,2,\cdots,s)$是方阵.

同结构的上(下)三角分块矩阵的和、差、积、数乘及逆仍是上(下)三角分块矩阵.

练习 2.3

1. 设 $\boldsymbol{A}=\begin{pmatrix}1&0&0&0\\0&1&0&0\\-1&3&1&0\end{pmatrix}$, $\boldsymbol{B}=\begin{pmatrix}4&1&0\\3&4&1\\0&-1&3\\1&0&-1\end{pmatrix}$, 利用分块矩阵求 $\boldsymbol{AB}$.

2. 试判断矩阵 $A=\begin{pmatrix}3&0&0&0\\0&1&2&0\\0&1&3&0\\0&0&0&5\end{pmatrix}$ 是否可逆？若可逆，求出 A^{-1}，并计算 A^2.

3. 设 $A=\begin{pmatrix}3&4&0&0\\4&-3&0&0\\0&0&2&0\\0&0&2&2\end{pmatrix}$，求：$|A^8|$ 及 A^4

4. 设有三阶方阵 A，$|A|=-2$，把 A 按列分块为 $A=(A_1,A_2,A_3)$，其中 $A_j(j=1,2,3)$ 为 A 的第 j 列. 求：

(1) $|A_1,2A_2,A_3|$；(2) $|A_3-2A_1,3A_2,A_1|$.

2.4 矩阵的初等变换

2.4.1 矩阵的初等变换

矩阵的初等变换是矩阵的一种十分重要的运算，它在解线性方程组、求逆矩阵及矩阵理论的研究中都起着重要的作用. 本节通过引进矩阵的初等变换及初等矩阵的概念，来分析矩阵的化简过程，为后续求解线性方程组奠定基础.

定义 2.16 对矩阵的行施以下面三种变换，称为矩阵的初等行变换：

(1) 对换变换：两行互换（互换 i,j 行，记作 $\xrightarrow{r_i\leftrightarrow r_j}$）；

(2) 数乘变换：以数 $k\neq0$ 乘（除）某一行的所有元素（第 i 行乘（除以）k，记作 $\xrightarrow{k\cdot r_i}$（$\xrightarrow{r_i/k}$））；

(3) 倍加变换：把某一行所有元素的 k 倍加到另一行对应的元素上（第 j 行的 k 倍加到第 i 行上，记作 $\xrightarrow{r_i+k\cdot r_j}$）.

把定义中的“行”，换成“列”，即得矩阵的初等列变换的定义（所用记号是把“r”换成“c”，如互换 i,j 列，记作 $\xrightarrow{c_i\leftrightarrow c_j}$ 等）.

矩阵的初等行变换和初等列变换统称为矩阵的初等变换.

不难发现，初等变换的过程可逆，并且逆变换仍是同类型的初等变换.

如果矩阵 A 经过有限次的初等行（列）变换变成矩阵 B，就称它们行（列）等价，记作 $A\xrightarrow[c]{r}B$.

如果矩阵 A 经过有限次的初等变换变成矩阵 B，那么就称它们等价，记为“$A\to B$”或 $A\sim B$.

注 矩阵在经过初等变换后在形式上与原矩阵是不同的，因此它们之间不使用等号,注意矩阵与行列式的区别.

初等变换的性质:

(1)反身性:$\boldsymbol{A}\to\boldsymbol{A}$;

(2)对称性:若 $\boldsymbol{A}\to\boldsymbol{B}$,则 $\boldsymbol{B}\to\boldsymbol{A}$;

(3)传递性: 若 $\boldsymbol{A}\to\boldsymbol{B},\boldsymbol{B}\to\boldsymbol{C}$ 则 $\boldsymbol{A}\to\boldsymbol{C}$.

定义 2.17 如果矩阵 $\boldsymbol{A}$ 满足如下两个条件:

(1)零行(元素全为零的行)位于矩阵的下方;

(2)各非零行的首非零元(从左至右第一个不为零的元素)的列标随着行标的增加而严格增大,

则称矩阵 $\boldsymbol{A}$ 为行阶梯形矩阵.

$$例如\boldsymbol{A}=\begin{pmatrix}1&1&-2&1&4\\0&1&-1&1&0\\0&0&0&2&-6\\0&0&0&0&-3\end{pmatrix}.$$

定义 2.18 如果行阶梯形矩阵 $\boldsymbol{A}$ 满足如下两个条件,则称矩阵 $\boldsymbol{A}$ 为行简化阶梯形矩阵.

(1)首非零元都是1;

(2)首非零元所在列的其余元素全为0.

$$例如\boldsymbol{A}=\begin{pmatrix}1&3&0&0&4\\0&0&1&0&-1\\0&0&0&1&2\\0&0&0&0&0\end{pmatrix}.$$

例 2.28 对下面矩阵施以初等行变换,将其变换为行简化阶梯形矩阵.

$$\boldsymbol{A}=\begin{pmatrix}2&-1&-1&1&2\\1&1&-2&1&4\\4&-6&2&-2&4\\3&6&-9&7&9\end{pmatrix}\xrightarrow[r_3\cdot\frac{1}{2}]{r_1\leftrightarrow r_2}\begin{pmatrix}1&1&-2&1&4\\2&-1&-1&1&2\\2&-3&1&-1&2\\3&6&-9&7&9\end{pmatrix}$$

$$\xrightarrow[\substack{r_3-2r_1\\r_4-3r_1}]{r_2-r_3}\begin{pmatrix}1&1&-2&1&4\\0&2&-2&2&0\\0&-5&5&-3&-6\\0&3&-3&4&-3\end{pmatrix}\xrightarrow[\substack{r_3+5r_2\\r_4-3r_2}]{r_2/2}\begin{pmatrix}1&1&-2&1&4\\0&1&-1&1&0\\0&0&0&2&-6\\0&0&0&1&-3\end{pmatrix}$$

$$\xrightarrow[r_4-2r_3]{r_3\leftrightarrow r_4}\begin{pmatrix}1&1&-2&1&4\\0&1&-1&1&0\\0&0&0&1&-3\\0&0&0&0&0\end{pmatrix},$$

得到行阶梯形矩阵,进一步施以行变换

$$\begin{pmatrix}1&1&-2&1&4\\0&1&-1&1&0\\0&0&0&1&-3\\0&0&0&0&0\end{pmatrix}\xrightarrow[r_2-r_3]{r_1-r_2}\begin{pmatrix}1&0&-1&0&4\\0&1&-1&0&3\\0&0&0&1&-3\\0&0&0&0&0\end{pmatrix}$$

得到行简化阶梯形矩阵.

对行简化阶梯形矩阵再施以初等列变换,可化为形状更简单的矩阵,称为标准形.

例如

$$\boldsymbol{B}_S=\begin{pmatrix}1&0&-1&0&4\\0&1&-1&0&3\\0&0&0&1&-3\\0&0&0&0&0\end{pmatrix}\xrightarrow[\substack{c_4+c_1+c_2\\c_5-4c_1-3c_2+3c_3}]{c_3\leftrightarrow c_4}\begin{pmatrix}1&0&0&0&0\\0&1&0&0&0\\0&0&1&0&0\\0&0&0&0&0\end{pmatrix}=\boldsymbol{F}.$$

矩阵 $\boldsymbol{F}$ 称为矩阵 $\boldsymbol{A}$ 的标准形,其特点是:$\boldsymbol{F}$ 的左上角是一个单位矩阵,其余元素全为0.

定理 2.3 对于 $\boldsymbol{A}_{m\times n}$矩阵,总可以经过初等变换化为标准形:$\boldsymbol{F}=\begin{pmatrix}\boldsymbol{E}_r&\boldsymbol{O}\\\boldsymbol{O}&\boldsymbol{O}\end{pmatrix}_{m\times n}$,其中 r 是行阶梯形矩阵中非零行的行数,即矩阵 $\boldsymbol{A}_{m\times n}$与标准型等价.

推论 2.2 对于任何矩阵 $\boldsymbol{A}_{m\times n}$,都可以经过有限次初等行变换化为行阶梯形和行简化阶梯形矩阵.

推论 2.3 n 阶方阵 $\boldsymbol{A}$ 可逆的充分必要条件是 $\boldsymbol{A}$ 与单位矩阵 $\boldsymbol{E}_n$ 等价,即 $\boldsymbol{A}\to\boldsymbol{E}_n$.

2.4.2 初等矩阵

定义 2.19 由单位阵 $\boldsymbol{E}$ 经过一次初等变换得到的矩阵称为初等矩阵.

三种初等变换对应着如下三种初等矩阵：

1. 对换两行或对换两列

把单位阵中第 i,j 两行对换（或第 i,j 两列对换），得初等矩阵

$$
\boldsymbol{E}(i,j)=\begin{pmatrix}1 &&&&&&&& \\ &\ddots &&&&&&& \\ && 0 && \cdots && 1 && \\ &&& 1 &&&&& \\ && \vdots && \ddots && \vdots && \\ &&&&& 1 &&& \\ && 1 && \cdots && 0 && \\ &&&&&&& 1 & \\ &&&&&&&& \ddots \\ &&&&&&&&& 1\end{pmatrix}\begin{matrix} \\ \\ \leftarrow 第\, i\, 行 \\ \\ \\ \\ \leftarrow 第\, j\, 行 \\ \\ \\ \\ \end{matrix}
$$

2. 以数 $k\neq 0$ 乘某行或某列

以数 $k\neq 0$ 乘单位阵的第 i 行（列），得初等矩阵

$$
\boldsymbol{E}(i(k))=\begin{pmatrix}1 &&&&&& \\ & \ddots &&&&& \\ && 1 &&&& \\ &&& k &&& \\ &&&& 1 && \\ &&&&& \ddots & \\ &&&&&& 1\end{pmatrix}\begin{matrix} \\ \\ \\ \leftarrow 第\, i\, 行 \\ \\ \\ \\ \end{matrix}
$$

3. 以数 k 乘某一行（列）加到另一行（列）上去

以 k 乘 $\boldsymbol{E}$ 的第 j 行加到第 i 行上或以 k 乘 $\boldsymbol{E}$ 的第 i 列加到第 j 列上，得初等矩阵

$$
\boldsymbol{E}(i,j(k))=\begin{pmatrix}1 &&&&&& \\ & \ddots &&&&& \\ && 1 & \cdots & k && \\ &&& \ddots & \vdots && \\ &&&& 1 && \\ &&&&& \ddots & \\ &&&&&& 1\end{pmatrix}\begin{matrix} \\ \\ \leftarrow 第\, i\, 行 \\ \\ \leftarrow 第\, j\, 行 \\ \\ \\ \end{matrix}
$$

初等矩阵行列式的值为：$|\boldsymbol{E}(i,j)|=-1$，$|\boldsymbol{E}(i(k))|=k$，

$|\boldsymbol{E}(i,j(k))|=1$，故均可逆，其逆矩阵分别为：

$$(\boldsymbol{E}(i,j))^{-1}=\boldsymbol{E}(i,j),(\boldsymbol{E}(i(k)))^{-1}=\boldsymbol{E}(i(1/k)),$$
$$(\boldsymbol{E}(i,j(k)))^{-1}=\boldsymbol{E}(i,j(-k)).$$

定理 2.4 设 $\boldsymbol{A}_{m\times n}$ 矩阵，对其施行一次初等行变换，相当于在 $\boldsymbol{A}_{m\times n}$ 的左边乘以相应的 m 阶初等矩阵；对 $\boldsymbol{A}_{m\times n}$ 施行一次初等列变换，相当于在 $\boldsymbol{A}_{m\times n}$ 的右边乘以相应的 n 阶初等矩阵.

推论 2.4 $\boldsymbol{A}_{m\times n}$ 矩阵与 $\boldsymbol{B}_{m\times n}$ 行(列)等价的充分必要条件是存在 m 阶可逆矩阵 $\boldsymbol{P}$(或 n 阶可逆矩阵 $\boldsymbol{Q}$)使 $\boldsymbol{PA}=\boldsymbol{B}$(或 $\boldsymbol{AQ}=\boldsymbol{B}$).

推论 2.5 $\boldsymbol{A}_{m\times n}$ 矩阵与 $\boldsymbol{B}_{m\times n}$ 等价的充分必要条件是存在 m 阶可逆矩阵 $\boldsymbol{P}$ 及 n 阶可逆矩阵 $\boldsymbol{Q}$，使 $\boldsymbol{PAQ}=\boldsymbol{B}$.

2.4.3 初等变换的应用

定理 2.5 方阵 $\boldsymbol{A}$ 可逆的充分必要条件是 $\boldsymbol{A}$ 可以表示为有限个初等矩阵的乘积，即存在有限个初等矩阵 $\boldsymbol{P}_1,\boldsymbol{P}_2,\cdots,\boldsymbol{P}_l$，使

$$\boldsymbol{A}=\boldsymbol{P}_1\boldsymbol{P}_2\cdots\boldsymbol{P}_l.$$

证明 充分性：$\boldsymbol{A}$ 可以表示为有限个初等矩阵的乘积，由于初等矩阵可逆，且有限个可逆矩阵的乘积仍然可逆，故 $\boldsymbol{A}$ 可逆.

必要性：设 n 阶方阵 $\boldsymbol{A}$ 可逆，则存在 $\boldsymbol{P}_1,\boldsymbol{P}_2,\cdots,\boldsymbol{P}_s$ 和 $\boldsymbol{Q}_1,\boldsymbol{Q}_2,\cdots,\boldsymbol{Q}_t$，使得

$$\boldsymbol{P}_s\cdots\boldsymbol{P}_2\boldsymbol{P}_1\boldsymbol{A}\boldsymbol{Q}_1\boldsymbol{Q}_2\cdots\boldsymbol{Q}_t=\boldsymbol{E},$$

则

$$\begin{aligned}\boldsymbol{A}&=\boldsymbol{P}_1^{-1}\boldsymbol{P}_2^{-1}\cdots\boldsymbol{P}_{s-1}^{-1}\boldsymbol{P}_s^{-1}\boldsymbol{E}\boldsymbol{Q}_t^{-1}\boldsymbol{Q}_{t-1}^{-1}\cdots\boldsymbol{Q}_2^{-1}\boldsymbol{Q}_1^{-1}\\&=\boldsymbol{P}_1^{-1}\boldsymbol{P}_2^{-1}\cdots\boldsymbol{P}_{s-1}^{-1}\boldsymbol{P}_s^{-1}\boldsymbol{Q}_t^{-1}\boldsymbol{Q}_{t-1}^{-1}\cdots\boldsymbol{Q}_2^{-1}\boldsymbol{Q}_1^{-1}.\end{aligned}$$

因为初等矩阵的逆矩阵仍是初等矩阵，故 $\boldsymbol{A}$ 可以表示为有限个初等矩阵的乘积.

下面我们介绍利用初等变换法来解矩阵方程以及求矩阵的逆矩阵的方法：

设有 n 阶可逆矩阵 $\boldsymbol{A}$，及 $n\times s$ 矩阵 $\boldsymbol{B}$，求矩阵 $\boldsymbol{X}$ 使 $\boldsymbol{AX}=\boldsymbol{B}$，则 $\boldsymbol{X}=\boldsymbol{A}^{-1}\boldsymbol{B}$. 由于 $\boldsymbol{A}$ 可逆时，则有初等矩阵 $\boldsymbol{P}_1,\boldsymbol{P}_2,\cdots,\boldsymbol{P}_l$，使 $\boldsymbol{A}=\boldsymbol{P}_1\boldsymbol{P}_2\cdots\boldsymbol{P}_l$，从而 $\boldsymbol{A}^{-1}=\boldsymbol{P}_l^{-1}\cdots\boldsymbol{P}_1^{-1}$ 记 $\boldsymbol{P}_k^{-1}=\boldsymbol{Q}_k$，则 $\boldsymbol{Q}_k$ 也是初等矩阵. 于是

$$Q_l\cdots Q_1A = E,$$
$$Q_l\cdots Q_1B = A^{-1}B,$$

如用分块矩阵表示上面两式，则合并为

$$Q_l\cdots Q_1(A,B) = (E,A^{-1}B),$$

左乘初等方阵相当于施以同种初等行变换，也就是说构造(A,B)，对其施以初等行变换将矩阵A化为单位矩阵，则上述初等行变换同时也将其中的矩阵B化为$A^{-1}B$. 即

$$(A,B)\xrightarrow{r}(E,A^{-1}B),$$

这样就给出了用初等变换求解矩阵方程$AX=B$的方法.

特别地，当$B=E$时，

$$(A,E)\xrightarrow{r}(E,A^{-1}),$$

即得到了用初等变换求逆矩阵的方法.

例 2.29 设$A=\begin{pmatrix}0&-2&1\\3&0&-2\\-2&3&0\end{pmatrix}$，利用初等变换法求$A^{-1}$.

解 $(A,E)=$

$$\begin{pmatrix}0&-2&1&1&0&0\\3&0&-2&0&1&0\\-2&3&0&0&0&1\end{pmatrix}\xrightarrow[r_1\leftrightarrow r_2]{\substack{r_3\times 3\\ r_3+2r_2}}\begin{pmatrix}3&0&-2&0&1&0\\0&-2&1&1&0&0\\0&9&-4&0&2&3\end{pmatrix}$$

$$\xrightarrow[r_3+9r_2]{r_3\times 2}\begin{pmatrix}3&0&-2&0&1&0\\0&-2&1&1&0&0\\0&0&1&9&4&6\end{pmatrix}\xrightarrow[r_2-r_3]{r_1+2r_3}\begin{pmatrix}3&0&0&18&9&12\\0&-2&0&-8&-4&-6\\0&0&1&9&4&6\end{pmatrix}$$

$$\xrightarrow[r_2/(-2)]{r_1/3}\begin{pmatrix}1&0&0&6&3&4\\0&1&0&4&2&3\\0&0&1&9&4&6\end{pmatrix}=(E,A^{-1})，则A^{-1}=\begin{pmatrix}6&3&4\\4&2&3\\9&4&6\end{pmatrix}.$$

例 2.30 设$A=\begin{pmatrix}2&1&-3\\1&2&-2\\-1&3&2\end{pmatrix}$，$b_1=\begin{pmatrix}1\\2\\-2\end{pmatrix}$，$b_2=\begin{pmatrix}-1\\0\\5\end{pmatrix}$，求线性方程组$AX_1=b_1$和$AX_2=b_2$的解.

解 记$X=(X_1,X_2)$，$b=(b_1,b_2)$，则上两个线性方程组可合并为一个矩阵方程$AX=b$，

$$(A,b)=\begin{pmatrix}2&1&-3&1&-1\\1&2&-2&2&0\\-1&3&2&-2&5\end{pmatrix}\xrightarrow[r_3+r_1]{\substack{r_1\leftrightarrow r_2\\ r_2-2r_1}}\begin{pmatrix}1&2&-2&2&0\\0&-3&1&-3&-1\\0&5&0&0&5\end{pmatrix}$$

$$\xrightarrow[r_3+3r_2]{\substack{r_3\leftrightarrow r_2\\ r_2/5}}\begin{pmatrix}1 & 2 & -2 & 2 & 0\\ 0 & 1 & 0 & 0 & 1\\ 0 & 0 & 1 & -3 & 2\end{pmatrix}\xrightarrow{r_1-2r_2+2r_3}\begin{pmatrix}1 & 0 & 0 & -4 & 2\\ 0 & 1 & 0 & 0 & 1\\ 0 & 0 & 1 & -3 & 2\end{pmatrix}.$$

可见,$\boldsymbol{A}$ 化为单位阵的同时,$\boldsymbol{b}$ 化为

$$\boldsymbol{X}=\boldsymbol{A}^{-1}\boldsymbol{b}=\begin{pmatrix}-4 & 2\\ 0 & 1\\ 3 & 2\end{pmatrix},$$

于是原来两个线性方程组的解分别为:

$$\boldsymbol{X}_1=\begin{pmatrix}-4\\ 0\\ 3\end{pmatrix},\boldsymbol{X}_2=\begin{pmatrix}2\\ 1\\ 2\end{pmatrix}.$$

例 2.31

求解矩阵方程 $\boldsymbol{AX}=\boldsymbol{A}+\boldsymbol{X}$,其中 $\boldsymbol{A}=\begin{pmatrix}2 & 2 & 0\\ 2 & 1 & 3\\ 0 & 1 & 0\end{pmatrix}$.

解 把方程变形为$(\boldsymbol{A}-\boldsymbol{E})\boldsymbol{X}=\boldsymbol{A}$,

$$(\boldsymbol{A}-\boldsymbol{E},\boldsymbol{A})=\begin{pmatrix}1 & 2 & 0 & 2 & 2 & 0\\ 2 & 0 & 3 & 2 & 1 & 3\\ 0 & 1 & -1 & 0 & 1 & 0\end{pmatrix}\xrightarrow[r_2\leftrightarrow r_3]{r_2-2r_1}\begin{pmatrix}1 & 2 & 0 & 2 & 2 & 0\\ 0 & 1 & -1 & 0 & 1 & 0\\ 0 & -4 & 3 & -2 & -3 & 3\end{pmatrix}$$

$$\xrightarrow[r_3\div(-1)]{r_3+4r_2}\begin{pmatrix}1 & 2 & 0 & 2 & 2 & 0\\ 0 & 1 & -1 & 0 & 1 & 0\\ 0 & 0 & 1 & 2 & -1 & -3\end{pmatrix}$$

$$\xrightarrow[r_1-2r_2]{r_2+r_3}\begin{pmatrix}1 & 0 & 0 & -2 & 2 & 6\\ 0 & 1 & 0 & 2 & 0 & -3\\ 0 & 0 & 1 & 2 & -1 & -3\end{pmatrix}.$$

由于 $\boldsymbol{A}-\boldsymbol{E}$ 化为单位阵,因此 $\boldsymbol{A}-\boldsymbol{E}$ 可逆,则

$$\boldsymbol{X}=(\boldsymbol{A}-\boldsymbol{E})^{-1}\boldsymbol{A}=\begin{pmatrix}-2 & 2 & 6\\ 2 & 0 & -3\\ 2 & -1 & -3\end{pmatrix}.$$

练习 2.4

1. 把下列矩阵化为行最简形矩阵：

(1) $\begin{pmatrix} 1 & 0 & 2 & -1 \\ 2 & 0 & 3 & 1 \\ 3 & 0 & 4 & -3 \end{pmatrix}$;

(2) $\begin{pmatrix} 0 & 2 & -3 & 1 \\ 0 & 3 & -4 & 3 \\ 0 & 4 & -7 & -1 \end{pmatrix}$;

(3) $\begin{pmatrix} 1 & -1 & 3 & -4 & 3 \\ 3 & -3 & 5 & -4 & 1 \\ 2 & -2 & 3 & -2 & 0 \\ 3 & -3 & 4 & -2 & -1 \end{pmatrix}$;

(4) $\begin{pmatrix} 2 & 3 & 1 & -3 & -7 \\ 1 & 2 & 0 & -2 & -4 \\ 3 & -2 & 8 & 3 & 0 \\ 2 & -3 & 7 & 4 & 3 \end{pmatrix}$.

2. 已知 $\boldsymbol{A}=\begin{pmatrix} 4 & 2 & 3 \\ 3 & 1 & 2 \\ 2 & 1 & 1 \end{pmatrix}$，用初等行变换求 $\boldsymbol{A}^{-1}$.

3. 已知 $\boldsymbol{A}=\begin{pmatrix} 1 & 1 & 0 & 0 \\ 1 & 2 & 0 & 0 \\ 3 & 7 & 2 & 3 \\ 2 & 5 & 1 & 2 \end{pmatrix}$，用初等行变换求 $\boldsymbol{A}^{-1}$.

4. 已知 $\boldsymbol{A}=\begin{pmatrix} 0 & 1 & -1 \\ 1 & 1 & 2 \\ 0 & -1 & 0 \end{pmatrix}$，$\boldsymbol{B}=\begin{pmatrix} -2 & 0 \\ -3 & 2 \\ 3 & -1 \end{pmatrix}$，求矩阵方程 $\boldsymbol{AX}=\boldsymbol{B}$ 的解.

5. 设 $\boldsymbol{A}=\begin{pmatrix} 1 & -1 & 0 \\ 0 & 1 & -1 \\ -1 & 0 & 1 \end{pmatrix}$，$\boldsymbol{AX}=2\boldsymbol{X}+\boldsymbol{A}$，求 $\boldsymbol{X}$.

2.5 矩阵的秩

矩阵的秩是线性代数中非常重要的概念，是讨论线性相关性和方程组解的结构等问题重要的工具. 我们首先利用行列式来定义矩阵的秩，然后给出利用初等变换来求矩阵秩的方法.

定义 2.20 设 $\boldsymbol{A}$ 是一个 $m\times n$ 阶矩阵，任取它的 k 行与 k 列（$k\leqslant \min(m,n)$），位于这些行列交叉处的 k^2 个元素，不改变它们在 $\boldsymbol{A}$ 中的位置次序而得到的 k 阶行列式，称为矩阵 $\boldsymbol{A}$ 的 k 阶子式，这样的子式共有 $\mathrm{C}_m^k\cdot\mathrm{C}_n^k$ 个.

例如，设矩阵 $\boldsymbol{A}=\begin{pmatrix} 1 & 2 & 3 & 4 \\ -1 & 0 & 2 & 1 \\ 0 & 1 & 0 & 1 \end{pmatrix}$，

从 $\boldsymbol{A}$ 中取出第 1，2 行，第 1，2 列，则对应的 2 阶子式为 $\begin{vmatrix} 1 & 2 \\ -1 & 0 \end{vmatrix}$，取出第 1，2，3 行，第 1，2，4 列，则对应的 3 阶子式为 $\begin{vmatrix} 1 & 2 & 4 \\ -1 & 0 & 1 \\ 0 & 1 & 1 \end{vmatrix}$.

定义 2.21 矩阵 $\boldsymbol{A}$ 的非零子式的最高阶数称为矩阵 $\boldsymbol{A}$ 的秩，记作rank($\boldsymbol{A}$)，简记为 $r(\boldsymbol{A})$ 或 $R(\boldsymbol{A})$.

注

(1)若矩阵 $\boldsymbol{A}=\boldsymbol{O}$，则 $R(\boldsymbol{A})=0$；若 $\boldsymbol{A}\neq\boldsymbol{O}$，则 $R(\boldsymbol{A})\geqslant 1$；

(2)若 $R(\boldsymbol{A})=r$，则 $\boldsymbol{A}$ 中存在 r 阶子式不为零，而任何 $r+1$ 阶子式(若存在)全为零；

(3)若 $R(\boldsymbol{A})=r$，则 A 中 $r-1$ 阶子式不全为零；

当 $R(\boldsymbol{A})=r$ 时，$\boldsymbol{A}$ 中至少有一个 r 阶子式不为零，这个 r 阶子式可展开成 r 个 $r-1$ 阶子式，若所有 $r-1$ 阶子式全为零，则这个 r 阶子式为零，产生矛盾.

(4)$0\leqslant R(\boldsymbol{A}_{m\times n})\leqslant\min\{m,n\}$；

(5)对于 n 阶方阵 $\boldsymbol{A}$，有$\begin{cases}|\boldsymbol{A}|\neq 0\Leftrightarrow R(\boldsymbol{A})=n,\\|\boldsymbol{A}|=0\Leftrightarrow R(\boldsymbol{A})<n.\end{cases}$

若 $R(\boldsymbol{A})=$ 矩阵 $\boldsymbol{A}$ 的行(列)数，称 $\boldsymbol{A}$ 为行(列)满秩矩阵. n 阶可逆矩阵 $\boldsymbol{A}$ 的秩等于矩阵的阶数 n，因此可逆矩阵又称满秩矩阵.

例 2.32 求矩阵 $\boldsymbol{A},\boldsymbol{B}$ 的秩，其中

$$\boldsymbol{A}=\begin{pmatrix}1&2&3\\2&3&-5\\4&7&1\end{pmatrix},\boldsymbol{B}=\begin{pmatrix}2&-1&0&3&-2\\0&3&1&-2&5\\0&0&0&4&-3\\0&0&0&0&0\end{pmatrix}.$$

解 $\boldsymbol{A}$ 的 3 阶子式只有一个，经计算知 $|\boldsymbol{A}|=0$，但有一个 2 阶子式 $\begin{vmatrix}1&2\\2&3\end{vmatrix}\neq 0$，因此 $\operatorname{rank}(\boldsymbol{A})=2$. $\boldsymbol{B}$ 是一个阶梯形矩阵，有 3 个非零行，它的 4 阶子式全为零. 而它有 3 阶子式

$$\begin{vmatrix}2&-1&3\\0&3&-2\\0&0&4\end{vmatrix}=24\neq 0,$$

故 $\operatorname{rank}(\boldsymbol{B})=3$.

对一般的矩阵，当行数与列数较高时，按定义求秩很烦琐，但对于行阶梯形矩阵，它的秩就等于非零行的行数，因此自然想到用初等行变换把矩阵化为行阶梯形矩阵，但两个等价矩阵的秩是否相等呢?

定理 2.6 初等变换不改变矩阵的秩(等价矩阵具有相同的秩).

根据这一定理，求矩阵的秩，仅需将矩阵用初等行变换变成行

阶梯形,其非零行的行数即该矩阵的秩.

例 2.33 设 $A=\begin{pmatrix}3&2&0&5&0\\3&-2&3&6&-1\\2&0&1&5&-3\\1&6&-4&-1&4\end{pmatrix}$,求矩阵 A 的秩.

解 对 A 作初等行变换化为阶梯形矩阵:

$$A=\begin{pmatrix}3&2&0&5&0\\3&-2&3&6&-1\\2&0&1&5&-3\\1&6&-4&-1&4\end{pmatrix}\xrightarrow[\substack{r_3-2r_1\\r_4-3r_1}]{\substack{r_1\leftrightarrow r_4\\r_2-r_4}}\begin{pmatrix}1&6&-4&-1&4\\0&-4&3&1&-1\\0&-12&9&7&-11\\0&-16&12&8&-12\end{pmatrix}$$

$$\xrightarrow[r_4-4r_2]{r_3-3r_2}\begin{pmatrix}1&6&-4&-1&4\\0&-4&3&1&-1\\0&0&0&4&-8\\0&0&0&4&-8\end{pmatrix}\xrightarrow{r_4-r_3}\begin{pmatrix}1&6&-4&-1&4\\0&-4&3&1&-1\\0&0&0&4&-8\\0&0&0&0&0\end{pmatrix}.$$

因为阶梯形矩阵有 3 个非零行,所以 $R(A)=3$.

例 2.34 设 $A=\begin{pmatrix}1&-1&1&2\\3&\lambda&-1&2\\5&3&\mu&6\end{pmatrix}$,已知 $R(A)=2$,求 λ 与 μ 的值.

解 $A\xrightarrow{\substack{r_2-3r_1\\r_3-5r_1}}\begin{pmatrix}1&-1&1&2\\0&\lambda+3&-4&-4\\0&8&\mu-5&-4\end{pmatrix}\xrightarrow{r_3-r_2}\begin{pmatrix}1&-1&1&2\\0&\lambda+3&-4&-4\\0&5-\lambda&\mu-1&0\end{pmatrix}$,

因 $R(A)=2$,故

$$\begin{cases}5-\lambda=0,\\\mu-1=0,\end{cases}\text{即}\begin{cases}\lambda=5,\\\mu=1.\end{cases}$$

矩阵秩的性质:

(1) $R(A)=R(A^{\mathrm{T}})$;

(2) $R(kA)=\begin{cases}0, & k=0,\\R(A), & k\neq 0;\end{cases}$

(3) $\max\{R(A),R(B)\}\leqslant R(A,B)\leqslant R(A)+R(B)$;

(4) $R(A+B)\leqslant R(A)+R(B)$;

(5) 若 P、Q 可逆,则 $R(PAQ)=R(A)$;

(6) 若 $A_{m\times n}B_{n\times l}=O$,则 $R(A)+R(B)\leqslant n$;

(7) $R(AB)\leqslant\min\{R(A),R(B)\}$.

练习 2.5

1. 填空题

(1) 设 $m\times n$ 矩阵 $\boldsymbol{A}$，且 $R(\boldsymbol{A})=r$，D 为 $\boldsymbol{A}$ 的一个 $r+1$ 阶子式，则 $D=$________.

(2) 若 $\boldsymbol{A}=\begin{pmatrix}1 & 2 & 4\\ 2 & \lambda & 1\\ 1 & 1 & 0\end{pmatrix}$，为使矩阵 $\boldsymbol{A}$ 的秩最小，则 λ 应为________.

(3) $\boldsymbol{A}=\begin{pmatrix}1 & -1 & 1 & 2\\ 2 & 3 & 3 & 2\\ 1 & 1 & 2 & 1\end{pmatrix}$，则 $r(\boldsymbol{A})=$________.

(4) 已知 $\boldsymbol{A}=\begin{pmatrix}1 & 1 & -6 & 10\\ 2 & 5 & k & -1\\ 1 & 2 & -1 & k\end{pmatrix}$，且其秩为 2，则 $k=$________.

2. 设 $\boldsymbol{A}=\begin{pmatrix}1 & -5 & 6 & -2\\ 2 & -1 & 3 & -2\\ -1 & -4 & 3 & 0\end{pmatrix}$，计算 $\boldsymbol{A}$ 的全部三阶子式，并求 $r(\boldsymbol{A})$.

3. 设 $\boldsymbol{A}$ 为 $m\times n$ 矩阵，$\boldsymbol{b}$ 为 $m\times 1$ 矩阵，试说明 $r(\boldsymbol{A})$ 与 $r(\boldsymbol{Ab})$ 的大小关系.

4. 在秩为 r 的矩阵中，有没有等于 0 的 $r-1$ 阶子式？有没有等于 0 的 r 阶子式？

5. 在矩阵 $\boldsymbol{A}$ 中划去一行得到矩阵 $\boldsymbol{B}$，问 $\boldsymbol{A}$，$\boldsymbol{B}$ 的秩的关系怎样？

6. 求下列矩阵的秩

(1) $\begin{pmatrix}1 & 1 & 2 & -1\\ 2 & 1 & 1 & -1\\ 2 & 2 & 1 & 2\end{pmatrix}$；

(2) $\begin{pmatrix}1 & 2 & 1 & -1\\ 3 & 6 & -1 & -3\\ 5 & 10 & 1 & -5\end{pmatrix}$；

(3) $\begin{pmatrix}2 & 3 & -1 & 5\\ 3 & 1 & 2 & -7\\ 4 & 1 & -3 & 6\\ 1 & -2 & 4 & -7\end{pmatrix}$；

(4) $\begin{pmatrix}3 & 4 & -5 & 7\\ 2 & -3 & 3 & -2\\ 4 & 11 & -13 & 16\\ 7 & -2 & 1 & 3\end{pmatrix}$.

2.6 数学实验应用实例

矩阵的输入与矩阵的运算

实验目的：

1. 学习在 MATLAB 中矩阵的输入方法以及矩阵元素的相关运算和一些常见特殊矩阵的生成方法.

2. 学习在 MATLAB 中矩阵的代数运算和特征参数的运算.

3. 学习在 MATLAB 中利用矩阵求解线性方程组.

相关的实验命令：

1. 矩阵的输入

MATLAB 是以矩阵为基本变量单元的，因此矩阵的输入非常方便. 输入时，矩阵的元素用方括号括起来，行内元素用逗号分隔或空格分隔，各行之间用分号分隔或直接回车.

如要在 MATLAB 中输入一个矩阵 $\boldsymbol{A}=\begin{pmatrix}1&2&3\\4&5&6\\7&8&9\end{pmatrix}$，可在 MATLAB提示符“ >> ”后面键入：

```
>> A=[1 2 3
      4 5 6
      7 8 9]
```

按回车键屏幕显示：

```
A =

     1     2     3
     4     5     6
     7     8     9
```

也可以键入：

```
>>A=[1,2,3;4,5,6;7,8,9]
```

或

```
>>A=[1 2 3;4 5 6;7 8 9]
```

按回车键，屏幕显示同上，变量 $\boldsymbol{A}$ 在程序中就代表所输入的矩阵.

2. 矩阵的结构操作

输入矩阵后，可以对矩阵进行的主要操作包括矩阵的扩充，矩阵元素的提取，矩阵元素的部分删除等. 下面对其作简单的介绍.

(1)矩阵的扩充

已知矩阵 $\boldsymbol{A}=\begin{pmatrix}1&1&2\\-1&0&3\\4&-5&6\end{pmatrix}$

例如，用下述命令可以在上述矩阵 $\boldsymbol{A}$ 下面再加上一个行向量：

```
>> A(4,:)=[1 3 2]
A =
     1     1     2
    -1     0     3
     4    -5     6
     1     3     2
```

下述命令可以在上述矩阵 $\boldsymbol{A}$ 右边再加上一个列向量：

```
>>A(:,4)=[-1 0 3 2]
```

```
A =
  1      1   2    -1
 -1      0   3     0
  4     -5   6     3
  1      3   2     2
```

(2)矩阵元素的提取

可以用下述命令提取上述矩阵 **A** 的第 3 行第 1 列的元素;

```
> > A(3,1)
ans =
    4
```

可以用下述命令提取上述矩阵 **A** 的第 1 列和第 3 列的元素;

```
> > A( : ,[1,3])
ans =
      1    2
     -1    3
      4    6
      1    2
```

可以用下述命令提取矩阵的上三角和下三角部分和对角线元素

(3)矩阵元素的删除

已知 $\boldsymbol{A}=\begin{pmatrix}1 & 1\\ 4 & 4\\ 4 & -5\\ 1 & 3\end{pmatrix}$

可以用下述命令删除上述矩阵 **A** 的第 2 行的元素;

```
> >A(2, :) = [ ]
ans =1     1
     4    -5
     1     3
```

3. 特殊矩阵的生成

某些特殊矩阵可以直接调用相应的函数得到,见表 2.1.

表 2.1

zeros(m,n)	生成一个 m 行 n 列的零矩阵
zeros(n)	生成一个 n 阶零矩阵
ones(m,n)	生成一个 m 行 n 列元素都是 1 的矩阵
ones(n)	生成一个 n 阶全 1 矩阵
eye(m,n)	生成一个 $m\times n$ 阶主对角线为 1,其余为 0 的矩阵
eye(n)	生成一个 n 阶的单位矩阵
rand(m,n)	生成一个 m 行 n 列的随机矩阵
rand(n)	生成一个 n 阶随机矩阵
diag(c)	生成对角矩阵

例如:

```
>> eye(3,4)
ans =
      1     0     0     0
      0     1     0     0
      0     0     1     0
>> rand(6,7)
ans =
    0.1365    0.2844    0.5155    0.5298    0.4611
0.4154    0.9901
    0.0118    0.4692    0.3340    0.6405    0.5678
0.3050    0.7889
    0.8939    0.0648    0.4329    0.2091    0.7942
0.8744    0.4387
    0.1991    0.9883    0.2259    0.3798    0.0592
0.0150    0.4983
    0.2987    0.5828    0.5798    0.7833    0.6029
0.7680    0.2140
    0.6614    0.4235    0.7604    0.6808    0.0503
0.9708    0.6435
>> A = rand(3)
A =
       0.9501    0.4860    0.4565
       0.2311    0.8913    0.0185
       0.6068    0.7621    0.8214

>>c =[ 1    2    3    4    5]
```

```
>> diag(c)
  ans =

     1     0     0     0     0
     0     2     0     0     0
     0     0     3     0     0
     0     0     0     4     0
     0     0     0     0     5
```

C=[A B]表示把A和B合并成一个矩阵(%号后面为注释语句,在程序中不运行)

例如

```
>>A=eye(3);        %语句后面打分号,表示不显示结果,
>> B=ones(3,4);
>>C=[A B]
C =
     1     0     0     1     1     1     1
     0     1     0     1     1     1     1
     0     0     1     1     1     1     1
```

4. 矩阵的代数运算

如果已经输入矩阵A和B,则可由下述命令对其进行运算(见表2.2)

表 2.2

A+B	加法
A-B	减法
k*A	数k乘A
A*B	乘法
A'	A的转置
A^x	A的x次方
inv(A)	A的逆阵
A\B	左除 $A^{-1}B$
A/B	右除 BA^{-1}

例1 设 $\boldsymbol{A}=\begin{pmatrix}1&2&-1\\0&1&2\\-3&6&4\end{pmatrix}$, $\boldsymbol{B}=\begin{pmatrix}-1&0&1\\0&2&2\\3&5&1\end{pmatrix}$, 求 $\boldsymbol{A}^{\mathrm{T}}$, $\boldsymbol{A}+\boldsymbol{B}$, $\boldsymbol{AB}$, $\boldsymbol{A}^2$, $\boldsymbol{A}^{-1}\boldsymbol{B}$.

程序设计结果如下:

```
>>A=[1 2 -1;0 1 2;-3 6 4]
A =
```

```
     1     2    -1
     0     1     2
    -3     6     4
>> B=[-1 0 1;0 2 2;3 5 1]
B =
    -1     0     1
     0     2     2
     3     5     1
>> A'
ans =
     1     0    -3
     2     1     6
    -1     2     4
>> A+B
ans =
     0     2     0
     0     3     4
     0    11     5
>> A*B
ans =
    -4    -1     4
     6    12     4
    15    32    13
>> A^2
ans =
     4    -2    -1
    -6    13    10
   -15    24    31
>> inv(A)*B
ans =
   -1.0000    0.1304    1.3478
         0    0.3478    0.2609
         0    0.8261    0.8696
```

例 2 解下列方程组:

$$\begin{cases} x_1 + x_2 + x_3 + x_4 = 4, \\ x_1 + 2x_2 - x_3 + 4x_4 = 6, \\ 2x_1 - 3x_2 - x_3 - 5x_4 = -7, \\ 3x_1 + x_2 + 2x_3 + 11x_4 = 17. \end{cases}$$

程序设计结果如下:

```
>> A=[1,1,1,1;1,2,-1,4;2,-3,-1,-5;3,1,2,11]
A =
     1     1     1     1
     1     2    -1     4
     2    -3    -1    -5
     3     1     2    11
>> b=[4,6,-7,17]'
b =
      4
      6
     -7
     17
>> x=inv(A)*b
x =

    1.0000
    1.0000
    1.0000
    1.0000
```

例 3 求解矩阵方程

$$\begin{pmatrix} 1 & 3 & 2 \\ 3 & -4 & 1 \\ -3 & 6 & 7 \end{pmatrix} \boldsymbol{X} \begin{pmatrix} 3 & 4 & -1 \\ 2 & -3 & 6 \\ 3 & 0 & 2 \end{pmatrix} = \begin{pmatrix} 156 & -91 & 281 \\ -162 & 44 & -228 \\ 324 & -100 & 494 \end{pmatrix}.$$

程序设计结果如下:

```
>>A=[1,3,2;3,-4,1;-3,6,7];
>>B=[3,4,-1;2,-3,6;3,0,2];
>>C=[156,-91,281;-162,44,-228;324,-100,494];
>>X=inv(A)*C*inv(B)
```

```
X =
  -2.0000    3.0000    1.0000
   3.0000   12.0000    4.0000
   2.0000    3.0000   -1.0000
```

例 4

设矩阵 $\boldsymbol{A}$ 满足 $\boldsymbol{AX}+\boldsymbol{E}=3\boldsymbol{A}^2+2\boldsymbol{X}$，其中，$\boldsymbol{A}=\begin{pmatrix}1&0&1\\0&2&6\\1&6&1\end{pmatrix}$求 $\boldsymbol{X}$.

程序设计结果如下：

```
>>A=[1 0 1;0 2 6;1 6 1];
>>X=inv(A-2*eye(3))*(3*A*A-eye(3))
  X =

    -2.0000    1.8333    3.0000
     1.8333   12.0000   19.8333
     3.0000   19.8333    9.0000
```

5. rank(A)　　A 的秩

size(A)　　输出 A 的行数和列数

rref(A)　　A 的行简化阶梯形矩阵

程序运行结果如下：

```
>>A=[-10,4,-6,8;4,-1,6,-2;5,7,9,-6;0,9,6,-2];
>> rank(A)
ans =
   3
```

例 5

将矩阵 $\boldsymbol{A}=\begin{pmatrix}7&1&-1&10&1\\4&8&-2&4&3\\12&1&-1&-1&5\end{pmatrix}$化为行简化阶梯形矩阵.

程序运行结果如下：

```
>> A=[7 1 -1 10 1;4 8 -2 4 3;12 1 -1 -1 5];
>> rref(A)
ans =
     1.0000         0         0   -2.2000    0.8000
          0    1.0000         0   -6.3333    1.5000
          0         0    1.0000  -31.7333    6.1000
```

实验题目

1. 输入矩阵 $\boldsymbol{A}=\begin{pmatrix}3 & -7 & 8 & 15 & 67\\ 0 & 5 & 8 & -10 & 11\\ 5 & -7 & 6 & 18 & 29\end{pmatrix}$,并提取矩阵 $\boldsymbol{A}$ 的第3列和第2行元素.

2. 生成一个 10×12 阶的随机矩阵.

3. 用 MATLAB 软件生成以下矩阵

(1)$\boldsymbol{A}=\begin{pmatrix}1 & 0 & 0\\ 0 & 1 & 0\\ 0 & 0 & 1\end{pmatrix}$;　(2) $\boldsymbol{B}=\begin{pmatrix}0 & 0\\ 0 & 0\end{pmatrix}$;

(3)$\boldsymbol{C}=\begin{pmatrix}1 & 1 & 1 & 1\\ 1 & 1 & 1 & 1\\ 1 & 1 & 1 & 1\\ 1 & 1 & 1 & 1\end{pmatrix}$.

4. 设 $\boldsymbol{A}=\begin{pmatrix}10 & 5 & -1\\ 0 & 1 & 2\\ -6 & 8 & 15\end{pmatrix}$,$\boldsymbol{B}=\begin{pmatrix}1 & 0 & 7\\ -5 & 2 & 4\\ 3 & 12 & -9\end{pmatrix}$,求:$\boldsymbol{A}^{\mathrm{T}}$,$\boldsymbol{A}+\boldsymbol{B}$,$\boldsymbol{AB}$,$\boldsymbol{A}^2$,$\boldsymbol{A}^{-1}\boldsymbol{B}$.

5. 给出一个随机的3阶矩阵,求矩阵的逆.

6. 将矩阵 $\boldsymbol{A}=\begin{pmatrix}2 & 1 & -1 & 1 & 1\\ 4 & 2 & -2 & 1 & 2\\ 2 & 1 & -1 & -1 & 1\end{pmatrix}$ 化为行简化阶梯形矩阵.

综合练习题 2

一、填空题

1. 已知 $\boldsymbol{A}=\begin{pmatrix}3 & 0 & 0\\ 1 & 4 & 0\\ 0 & 0 & 3\end{pmatrix}$,$(\boldsymbol{A}-2\boldsymbol{E})^{-1}=$______.

2. 已知 $\boldsymbol{A}=\begin{pmatrix}1 & -2 & 0\\ 2 & 1 & 0\\ 0 & 0 & 2\end{pmatrix}$,满足 $\boldsymbol{AB}-\boldsymbol{B}=\boldsymbol{A}$,则 $\boldsymbol{B}=$________.

3. 设三阶矩阵 $\boldsymbol{A}$ 的行列式 $|\boldsymbol{A}|=3$,则 $|3\boldsymbol{A}^{-1}-2\boldsymbol{A}^*|=$________.

4. 设 n 阶矩阵 $\boldsymbol{A}$ 的行列式 $|\boldsymbol{A}|=5$,则 $|(5\boldsymbol{A}^*)^{-1}|=$________.

5. 设 n 阶矩阵 $\boldsymbol{A},\boldsymbol{B},\boldsymbol{C}$,且 $\boldsymbol{AB}=\boldsymbol{BC}=\boldsymbol{CA}=\boldsymbol{E}$,则 $\boldsymbol{A}^2+\boldsymbol{B}^2+\boldsymbol{C}^2=$________.

二、选择题

1. 设 n 阶矩阵 $\boldsymbol{A}=(a_{ij})$,$\boldsymbol{D}=\begin{pmatrix}\lambda_1 & & \\ & \ddots & \\ & & \lambda_n\end{pmatrix}$ 且 $\lambda_i\neq\lambda_j(i\neq j)$,则 $\boldsymbol{AD}=$(　　).

(A)$(\lambda_i a_{ij})$　　(B)$(a_{ij}\lambda_j)$

(C)$(\lambda_{i+1}a_{ij})$　　(D)以上都不对

2. 设 $\boldsymbol{A},\boldsymbol{B}$ 均为 n 阶矩阵,下列命题正确的是(　　).

(A)$\boldsymbol{AB}=\boldsymbol{O}\Rightarrow\boldsymbol{A}=\boldsymbol{O}$ 或 $\boldsymbol{B}=\boldsymbol{O}$

(B)$\boldsymbol{AB}\neq\boldsymbol{O}\Leftrightarrow\boldsymbol{A}\neq\boldsymbol{O}$ 且 $\boldsymbol{B}\neq\boldsymbol{O}$

(C)$\boldsymbol{AB}=\boldsymbol{O}\Rightarrow|\boldsymbol{A}|=0$ 或 $|\boldsymbol{B}|=0$

(D)$\boldsymbol{AB}\neq\boldsymbol{O}\Rightarrow|\boldsymbol{A}|\neq0$ 或 $|\boldsymbol{B}|\neq0$

3. 设 n 阶矩阵满足 $\boldsymbol{ABC}=\boldsymbol{E}$,则有(　　).

(A) $ACB=E$　　(B) $CBA=E$

(C) $BAC=E$　　(D) $BCA=E$

4. 设 $A=\begin{pmatrix}0&3&-4\\1&0&0\\0&2&1\end{pmatrix}$，$|kA|=$(　　).

(A) $-11k^3$　　(B) $11k^3$

(C) $-11k$　　(D) $11k$

5. 下列命题正确的是(　　).

(A)若 A 是 n 阶矩阵，且 $A\neq O$，则 A 可逆

(B)若 A、B 是 n 阶可逆矩阵，则 $A+B$ 也可逆

(C)若 n 阶矩阵 A 不可逆，则必有 $A=O$

(D)若 A 是 n 阶矩阵，则 A 可逆 $\Rightarrow A^{\mathrm{T}}$ 可逆

6. 设 A 是 n 阶矩阵，且有 $A^2=A$，则结论正确的是(　　).

(A) $A=O$

(B) $A=E$

(C)若 A 不可逆，则 $A\neq O$

(D)若 A 可逆，则 $A^2=E$

7. 已知 $A=\begin{pmatrix}a_{11}&a_{12}\\a_{21}&a_{22}\end{pmatrix}$，$B=\begin{pmatrix}a_{11}&x\\a_{21}&y\end{pmatrix}$，且 $|A|=1$，$|B|=1$，则 $|A+B|=$(　　).

(A)2　　(B)3　　(C)4　　(D)5

8. 设 A，B，C 为可逆矩阵，则 $(ACB^{\mathrm{T}})^{-1}=$(　　).

(A) $(B^{\mathrm{T}})^{-1}A^{-1}C^{-1}$

(B) $B^{\mathrm{T}}C^{-1}A^{-1}$

(C) $A^{-1}C^{-1}(B^{\mathrm{T}})^{-1}$

(D) $(B^{-1})^{\mathrm{T}}C^{-1}A^{-1}$

9. 设 A 是 n 阶矩阵，A^* 是其伴随矩阵，则 $|kA^*|=$(　　).

(A) $k^n|A|$　　(B) $k|A|^n$

(C) $k^n|A|^{n-1}$　(D) $k^{n-1}|A|^n$

三、计算题

1. 设某企业生产 4 种产品，各种产品的季度产值(单位：万元)如表 2.3 所示：

表　2.3

季度	产品			
	A_1	A_2	A_3	A_4
1	80	58	75	78
2	75	69	70	86
3	90	55	79	88
4	83	62	80	92

试用矩阵数表来表示产值矩阵.

2. 写出线性方程组的未知数系数及常数项组成的矩阵.

$$\begin{cases}x_1+5x_2-x_3-x_4=-1,\\x_1+3x_2-x_4=6,\\2x_1+4x_3+x_4=1,\\x_1-x_2-x_3+x_4=0.\end{cases}$$

3. 有 6 名选手参加乒乓球赛，成绩如下：选手 1 胜选手 2,4,5,6，负于 3；选手 2 胜 4,5,6，负于 1,3；选手 3 胜 1,2,4，负于 5,6；选手 4 胜 5,6，负于 1,2,3；选手 5 胜 3,6，负于 1,2,4；若胜一场得 1 分，负一场得零分，试用矩阵表示输赢状况，并排序.

4. 设矩阵 $A=\begin{pmatrix}2&4&1\\0&3&2\end{pmatrix}$，$B=\begin{pmatrix}1&-1&0\\3&5&0\end{pmatrix}$，$C=\begin{pmatrix}0&2&0\\0&-1&1\end{pmatrix}$，求：$A+B$，$B-C$，$2A-3C$.

5. 设矩阵 $A=\begin{pmatrix}3&1&0\\-1&2&1\\3&4&2\end{pmatrix}$，$B=\begin{pmatrix}1&0&2\\-1&1&1\\2&1&1\end{pmatrix}$，求：矩阵 X，使得其满足矩阵方程 $3A-2X=B$.

6. 设矩阵 $A=\begin{pmatrix}x&0\\7&y\end{pmatrix}$，$B=\begin{pmatrix}u&v\\y&2\end{pmatrix}$，$C=\begin{pmatrix}3&-4\\x&v\end{pmatrix}$，且满足 $A+2B-C=O$，求：x,y,u,v.

7. 计算：

(1) $\begin{pmatrix}4&3&1\\1&-2&3\\5&7&0\end{pmatrix}\begin{pmatrix}7\\2\\1\end{pmatrix}$；

(2) $\begin{pmatrix}1&2&3\\2&4&6\\3&6&9\end{pmatrix}\begin{pmatrix}-1&-2&-4\\-1&-2&-4\\1&2&4\end{pmatrix}$；

(3) $(1,2,3)\begin{pmatrix}3\\2\\1\end{pmatrix}$；

(4) $\begin{pmatrix}3\\2\\1\end{pmatrix}(1,2,3)$;

(5) $(x_1,x_2,x_3)\begin{pmatrix}a_{11}&a_{12}&a_{13}\\a_{21}&a_{22}&a_{23}\\a_{31}&a_{32}&a_{33}\end{pmatrix}\begin{pmatrix}x_1\\x_2\\x_3\end{pmatrix}$.

8. 设 $\boldsymbol{A}=\begin{pmatrix}1&1&1\\1&1&-1\\1&-1&1\end{pmatrix}$，$\boldsymbol{B}=\begin{pmatrix}1&2&3\\-1&-2&4\\0&5&1\end{pmatrix}$，求：$3\boldsymbol{AB}-2\boldsymbol{A}$，$\boldsymbol{A}^{\mathrm{T}}\boldsymbol{B}$.

9. 已知两个线性变换

$$\begin{cases}x_1=2y_1+y_3,\\x_2=-2y_1+3y_2+2y_3,\\x_3=4y_1+y_2+5y_3,\end{cases}\quad\begin{cases}y_1=-3z_1+z_2,\\y_2=2z_1+z_3,\\y_3=-z_2+3z_3.\end{cases}$$

求：从 z_1,z_2,z_3 到 x_1,x_2,x_3 的线性变换.

10. 设有四个工厂均能生产甲、乙、丙三种产品，其单位成本如表 2.4 所示. 现要生产产品甲 600 件，产品乙 500 件，产品丙 200 件，问由哪个工厂生产成本最低（见表 2.4）？

表 2.4

工厂	产品		
	甲	乙	丙
A_1	3	5	6
A_2	2	4	8
A_3	4	5	5
A_4	4	3	7

11. 求与 $\boldsymbol{A}=\begin{pmatrix}0&1&0\\0&0&1\\0&0&0\end{pmatrix}$ 矩阵可交换的所有矩阵.

12. 计算下列矩阵（其中，n 为正整数）

(1) $\begin{pmatrix}1&1\\0&0\end{pmatrix}^n$；　(2) $\begin{pmatrix}1&0\\\lambda&1\end{pmatrix}^n$；

(3) $\begin{pmatrix}a&0&0\\0&b&0\\0&0&c\end{pmatrix}^n$；　(4) $\begin{pmatrix}\lambda&1&0\\0&\lambda&1\\0&0&\lambda\end{pmatrix}^n$.

13. 设矩阵 $\boldsymbol{A}$ 为三阶矩阵，且已知 $|\boldsymbol{A}|=m$，求 $|-m\boldsymbol{A}|$.

14. 设 $f(x)=x^2-x+1$，$\boldsymbol{A}=\begin{pmatrix}2&1&1\\3&1&2\\1&-1&0\end{pmatrix}$，求矩阵多项式 $f(\boldsymbol{A})$.

15. 求下列矩阵的逆矩阵.

(1) $\begin{pmatrix}1&2\\2&5\end{pmatrix}$；　(2) $\begin{pmatrix}1&2&-1\\3&4&-2\\5&-4&1\end{pmatrix}$；

(3) $\begin{pmatrix}1&2&3&4\\0&1&2&3\\0&0&1&2\\0&0&0&1\end{pmatrix}$.

16. 用逆矩阵解下列矩阵方程.

(1) $\begin{pmatrix}2&5\\1&3\end{pmatrix}\boldsymbol{X}=\begin{pmatrix}4&-6\\2&1\end{pmatrix}$；

(2) $\begin{pmatrix}1&4\\-1&2\end{pmatrix}\boldsymbol{X}\begin{pmatrix}2&0\\-1&1\end{pmatrix}=\begin{pmatrix}3&1\\0&-1\end{pmatrix}$；

(3) $\begin{pmatrix}0&1&0\\1&0&0\\0&0&1\end{pmatrix}\boldsymbol{X}\begin{pmatrix}1&0&0\\0&0&1\\0&1&0\end{pmatrix}=\begin{pmatrix}1&-4&3\\2&0&1\\1&-2&0\end{pmatrix}$.

17. 利用逆矩阵解下列线性方程组：

(1) $\begin{cases}x_1+2x_2+3x_3=1,\\2x_1+2x_2+5x_3=2,\\3x_1+5x_2+x_3=3;\end{cases}$

(2) $\begin{cases}x_1-x_2-x_3=2,\\2x_1-x_2-3x_3=1,\\3x_1+2x_2-5x_3=0.\end{cases}$

18. 设 $\boldsymbol{A}=\begin{pmatrix}1&0&1\\0&2&0\\1&0&1\end{pmatrix}$，$\boldsymbol{AB}+\boldsymbol{E}=\boldsymbol{A}^2+\boldsymbol{B}$，求 $\boldsymbol{B}$.

19. 按指定分块的方法，用分块矩阵乘法求下列矩阵的乘积：

(1) $\left(\begin{array}{ccc}2&1&-1\\\hline 3&0&2\\\hline 1&-1&1\end{array}\right)\left(\begin{array}{c|c|c}1&1&0\\0&0&-1\\-1&2&1\end{array}\right)$；

(2) $\left(\begin{array}{cc|cc}a&0&0&0\\0&a&0&0\\\hline 1&0&b&0\\0&1&0&b\end{array}\right)\left(\begin{array}{cc|cc}1&0&c&0\\0&1&0&c\\\hline 0&0&d&0\\0&0&0&d\end{array}\right)$.

20. 计算：$\begin{pmatrix}1&2&1&0\\0&1&0&1\\0&0&2&1\\0&0&0&3\end{pmatrix}\begin{pmatrix}1&0&3&0\\0&1&2&-1\\0&0&-2&3\\0&0&0&-3\end{pmatrix}$.

21. 设 n 阶矩阵 $\boldsymbol{A}$ 及 s 阶矩阵 $\boldsymbol{B}$ 都可逆，求：$\begin{pmatrix}\boldsymbol{O}&\boldsymbol{A}\\\boldsymbol{B}&\boldsymbol{O}\end{pmatrix}^{-1}$.

22. 用矩阵的分块求下列矩阵的逆矩阵：

(1) $\begin{pmatrix}0&0&2\\1&2&0\\3&4&0\end{pmatrix}$；　(2) $\begin{pmatrix}5&2&0&0\\2&1&0&0\\0&0&8&3\\0&0&5&2\end{pmatrix}$；

(3) $\begin{pmatrix}0&a_1&0&\cdots&0\\0&0&a_2&\cdots&0\\\vdots&\vdots&\vdots&&\vdots\\0&0&0&\cdots&a_{n-1}\\a_n&0&0&\cdots&0\end{pmatrix}$.

23. 设 $\boldsymbol{A}=\begin{pmatrix}3&4&0&0\\4&-3&0&0\\0&0&2&0\\0&0&2&2\end{pmatrix}$，求：$|\boldsymbol{A}^8|$ 及 $\boldsymbol{A}^4$.

24. 设 $\boldsymbol{A}$ 为三阶方阵，$|\boldsymbol{A}|=-2$，把 $\boldsymbol{A}$ 分块为 $\boldsymbol{A}=(\boldsymbol{A}_1,\boldsymbol{A}_2,\boldsymbol{A}_3)$，其中 $\boldsymbol{A}_j(j=1,2,3)$ 为 $\boldsymbol{A}$ 的第 j 列. 求：

(1) $|\boldsymbol{A}_1,2\boldsymbol{A}_2,\boldsymbol{A}_3|$；

(2) $|\boldsymbol{A}_3-2\boldsymbol{A}_1,3\boldsymbol{A}_2,\boldsymbol{A}_1|$.

25. 设 $\boldsymbol{A}$ 为 n 阶方阵，$\boldsymbol{\beta}_1,\boldsymbol{\beta}_2,\cdots,\boldsymbol{\beta}_n$ 为 $\boldsymbol{A}$ 的列子块，试用 $\boldsymbol{\beta}_1,\boldsymbol{\beta}_2,\cdots,\boldsymbol{\beta}_n$ 表示 $\boldsymbol{A}^{\mathrm{T}}\boldsymbol{A}$.

26. 利用矩阵的初等变换，将下列矩阵化为标准型矩阵 $\boldsymbol{D}=\begin{pmatrix}\boldsymbol{E}_r&\boldsymbol{O}\\\boldsymbol{O}&\boldsymbol{O}\end{pmatrix}$.

(1) $\begin{pmatrix}-5&6&-3\\3&1&11\\4&-2&8\end{pmatrix}$；　(2) $\begin{pmatrix}1&-1&2\\3&2&1\\1&-2&0\end{pmatrix}$；

(3) $\begin{pmatrix}1&2&-1&4\\2&4&3&5\\-1&-2&6&7\end{pmatrix}$；

(4) $\begin{pmatrix}1&-1&2&1&0\\2&-2&4&2&0\\3&0&6&-1&10\\0&3&0&0&1\end{pmatrix}$.

27. 利用矩阵的初等变换，求下列矩阵的逆矩阵.

(1) $\begin{pmatrix}1&-1&2\\-2&-1&-2\\4&3&3\end{pmatrix}$；

(2) $\begin{pmatrix}3&2&1\\3&1&5\\3&2&3\end{pmatrix}$；

(3) $\begin{pmatrix}1&2&3&4\\2&3&1&2\\1&1&1&-1\\1&0&-2&-6\end{pmatrix}$；

(4) $\begin{pmatrix}1&0&0&0\\\lambda&1&0&0\\0&\lambda&1&0\\0&0&\lambda&1\end{pmatrix}$.

28. 解下列矩阵方程

(1) 设 $\boldsymbol{A}=\begin{pmatrix}4&1&-2\\2&2&1\\3&1&-1\end{pmatrix}$，$\boldsymbol{B}=\begin{pmatrix}1&-3\\2&2\\3&-1\end{pmatrix}$，求：$\boldsymbol{X}$ 使 $\boldsymbol{AX}=\boldsymbol{B}$；

(2) 设 $\boldsymbol{A}=\begin{pmatrix}0&2&1\\2&-1&3\\-3&3&-4\end{pmatrix}$，$\boldsymbol{B}=\begin{pmatrix}1&2&3\\2&-3&1\end{pmatrix}$，求：$\boldsymbol{X}$ 使 $\boldsymbol{XA}=\boldsymbol{B}$；

(3) 设 $\begin{pmatrix}0&1&0\\1&0&0\\0&0&1\end{pmatrix}\boldsymbol{X}\begin{pmatrix}1&0&0\\-2&1&0\\0&0&1\end{pmatrix}=\begin{pmatrix}1&-4&3\\2&0&-1\\0&-2&1\end{pmatrix}$，求 $\boldsymbol{X}$.

29. 设矩阵 $\boldsymbol{A}=\begin{pmatrix}1&-5&6&-2\\2&-1&3&-2\\-1&-4&3&0\end{pmatrix}$，试计算 $\boldsymbol{A}$ 的全部三阶子式，并求 $r(\boldsymbol{A})$.

30. 在秩为 r 的矩阵中，有没有等于零的 $r-1$ 阶子式？有没有等于零的 r 阶子式？

31. 求下列矩阵的秩，并求一个最高阶非零子式.

(1) $\begin{pmatrix}3&1&0&2\\1&-1&2&-1\\1&3&-4&4\end{pmatrix}$；

(2) $\begin{pmatrix} 3 & 2 & -1 & -3 & -2 \\ 2 & -1 & 3 & 1 & -3 \\ 7 & 0 & 5 & -1 & -8 \end{pmatrix}$;

(3) $\begin{pmatrix} 1 & -1 & 2 & 1 & 0 \\ 2 & -2 & 4 & 2 & 0 \\ 3 & 0 & 6 & -1 & 1 \\ 0 & 3 & 0 & 0 & 1 \end{pmatrix}$.

四、证明题

1. 设$\boldsymbol{A}$、$\boldsymbol{B}$都是n阶对称矩阵,证明:$\boldsymbol{AB}$是对称矩阵的充分必要条件是$\boldsymbol{AB}=\boldsymbol{BA}$.

2. 证明:对任意$m\times n$矩阵,$\boldsymbol{A}^{\mathrm{T}}\boldsymbol{A}$及$\boldsymbol{AA}^{\mathrm{T}}$都是对称矩阵.

3. 若$\boldsymbol{A}^k=\boldsymbol{O}$($k$是正整数),求证:

$$(\boldsymbol{E}-\boldsymbol{A})^{-1}=\boldsymbol{E}+\boldsymbol{A}+\boldsymbol{A}^2+\cdots+\boldsymbol{A}^{k-1}.$$

4. 设$\boldsymbol{A}$是n阶方阵,且$\boldsymbol{A}^*$是$\boldsymbol{A}$的伴随矩阵,证明:

(1)如果$\boldsymbol{A}$可逆,那么$\boldsymbol{A}^*$也可逆,且$(\boldsymbol{A}^*)^{-1}=\dfrac{1}{|\boldsymbol{A}|}\boldsymbol{A}$;

(2)$|\boldsymbol{A}^*|=|\boldsymbol{A}|^{n-1}$;

(3)如果$\boldsymbol{A}$可逆,那么$\boldsymbol{A}^k$也可逆,且$(\boldsymbol{A}^k)^{-1}=(\boldsymbol{A}^{-1})^k$.

5. 设$\boldsymbol{A},\boldsymbol{B},\boldsymbol{C}$为$n$阶矩阵,且$\boldsymbol{C}$为可逆矩阵,满足$\boldsymbol{C}^{-1}\boldsymbol{AC}=\boldsymbol{B}$,证明:$\boldsymbol{C}^{-1}\boldsymbol{A}^m\boldsymbol{C}=\boldsymbol{B}^m$.

6. 设$\boldsymbol{A}$是一个n阶上三角形矩阵,主对角线元素$a_{ii}\neq 0(i=1,2,\cdots,n)$,证明:$\boldsymbol{A}$可逆,且$\boldsymbol{A}^{-1}$也是上三角形矩阵.

7. 设$\boldsymbol{A}$为n阶矩阵,且满足$2\boldsymbol{B}^{-1}\boldsymbol{A}=\boldsymbol{A}-4\boldsymbol{E}$,其中,$\boldsymbol{E}$为$n$阶单位矩阵,

(1)证明:$\boldsymbol{B}-2\boldsymbol{E}$为可逆矩阵,并求$(\boldsymbol{B}-2\boldsymbol{E})^{-1}$;

(2)已知$\boldsymbol{A}=\begin{pmatrix} 1 & -2 & 0 \\ 1 & 2 & 0 \\ 0 & 0 & 2 \end{pmatrix}$,求矩阵$\boldsymbol{B}$.

8. 设矩阵$\boldsymbol{A}$为$m\times n$矩阵,$\boldsymbol{P}_{m\times m}$,$\boldsymbol{Q}_{n\times n}$为可逆矩阵,试证:

$$r(\boldsymbol{A})=r(\boldsymbol{PA})=r(\boldsymbol{AQ}).$$

第3章 线性方程组和向量的线性关系

本章基本要求

1. 掌握 n 维向量的概念以及向量的线性运算；
2. 掌握向量组线性相关与线性无关的概念和判断方法；
3. 掌握向量组的极大无关组及向量组秩的概念；
4. 掌握向量组线性相关性的一些性质和定理；
5. 了解线性方程组的各种表达形式以及相关的矩阵工具；
6. 强化对初等变换、矩阵秩和极大无关组的认知，理解它们之间的相互关系；
7. 掌握线性方程组的理论和解法，掌握齐次方程组基础解系的概念，能求出齐次与非齐次线性方程组的一般解，掌握方程组的解的结构式.

在工程技术领域和经济管理领域中，有许多问题的讨论往往都可以归结为求解线性方程组，因此研究一般的线性方程组在什么条件下有解，在有解时如何求出它全部的解，以及无穷多个解之间的关系如何等，无论在进行理论研究还是在解决实际问题时都是十分重要的问题.

研究一般的线性方程组的求解问题，是线性代数的主要内容之一. 在本章我们将借助矩阵这个工具对一般线性方程组是否有解的充分必要条件和求解的方法进行讨论；为了在理论上深入地研究与此相关的问题，我们还将引入向量和向量空间的基本概念，介绍向量的线性运算，讨论向量间的线性关系、向量组等价、极大线性无关组等有关概念和性质，并在此基础上研究线性方程组解的性质和解的结构等问题.

3.1 线性方程组的消元解法

克拉默法则只能用于求解未知量的个数等于方程的个数，并且系数行列式不等于零的线性方程组. 然而,许多线性方程组并不能同时满足这两个条件. 为此,必须讨论一般情况下线性方程组的求解方法和解的各种情况. 而消元法为我们提供了解决这些问题的一种较为简便的方法和求解的形式.

对于 m 个方程 n 个未知量的 n 元线性方程组

$$\begin{cases} a_{11}x_1 + a_{12}x_2 + \cdots + a_{1n}x_n = b_1, \\ a_{21}x_1 + a_{22}x_2 + \cdots + a_{2n}x_n = b_2, \\ \quad\vdots \\ a_{m1}x_1 + a_{m2}x_2 + \cdots + a_{mn}x_n = b_m. \end{cases} \tag{3.1}$$

如果存在 n 个数 $c_1, c_2, \cdots, c_n$,当 $x_1 = c_1, x_2 = c_2, \cdots, x_n = c_n$ 时可使上述方程组的 m 个等式都成立,则称 $x_1 = c_1, x_2 = c_2, \cdots, x_n = c_n$ 为该方程组的一个**解**,并称方程组的全体解为方程组的**解集**.

有两个 n 元线性方程组(Ⅰ)和(Ⅱ),如果方程组(Ⅰ)的每个解都是方程组(Ⅱ)的解,同时方程组(Ⅱ)的每个解也都是方程组(Ⅰ)的解,则称方程组(Ⅰ)和(Ⅱ)**同解**.

对于一般的 n 元线性方程组,需要解决以下三个问题:

(1)如何判断方程组是否有解?

(2)如果方程组有解,那么它有多少个解?

(3)如何求出方程组的全部解?

在中学代数中,我们已经学过用消元法解二元或是三元线性方程组. 这种方法也适用于求解含有更多未知量的线性方程组.

3.1.1 消元法解方程组

例 3.1 解线性方程组

$$\begin{cases} x_1 + 3x_2 - 2x_3 = 4, \\ 3x_1 + 2x_2 - 5x_3 = 11, \\ 2x_1 + x_2 + x_3 = 3, \\ -2x_1 + x_2 + 3x_3 = -7. \end{cases} \tag{3.2}$$

解 分别将第一个方程乘以(-3),(-2)和 2 加到第二、第三和第四个方程上,可以消去这三个方程中的未知量 x_1,得到

$$\begin{cases} x_1 + 3x_2 - 2x_3 = 4, \\ \quad -7x_2 + x_3 = -1, \\ \quad -5x_2 + 5x_3 = -5, \\ \quad 7x_2 - x_3 = 1. \end{cases}$$

将此方程组的第二个方程加到第四个方程上,使该方程两边全

为零，说明第四个方程为方程组的多余方程；并将第三个方程两边同时乘以$\left(-\frac{1}{5}\right)$，得

$$\begin{cases} x_1 + 3x_2 - 2x_3 = 4, \\ -7x_2 + x_3 = -1, \\ x_2 - x_3 = 1. \end{cases}$$

交换第二、三个方程，得

$$\begin{cases} x_1 + 3x_2 - 2x_3 = 4, \\ x_2 - x_3 = 1, \\ -7x_2 + x_3 = -1. \end{cases}$$

再将第二个方程乘以 7 加到第三个方程上，消去第三个方程中的未知量 x_2，得到

$$\begin{cases} x_1 + 3x_2 - 2x_3 = 4, \\ x_2 - x_3 = 1, \\ -6x_3 = 6. \end{cases} \tag{3.3}$$

形如式(3.3)的方程组称为**阶梯形方程组**，并且方程组(3.3)与原方程组(3.2)同解. 将原方程组化为阶梯形方程组的过程，称为**消元过程**. 在此基础上，再从后一个方程依次求出未知量 x_3，x_2，x_1，称为**回代过程**. 即将式(3.3)的第三个方程两边乘以$\left(-\frac{1}{6}\right)$，得

$$\begin{cases} x_1 + 3x_2 - 2x_3 = 4, \\ x_2 - x_3 = 1, \\ x_3 = -1. \end{cases}$$

将第三个方程加到第二个方程；将第三个方程乘以 2 加到第一个方程，得

$$\begin{cases} x_1 + 3x_2 = 2, \\ x_2 = 0, \\ x_3 = -1. \end{cases}$$

最后，将第二个方程的乘以(-3)加到第一个方程上，得到

$$\begin{cases} x_1 = 2, \\ x_2 = 0, \\ x_3 = -1. \end{cases} \tag{3.4}$$

显然方程组(3.3)与方程组(3.4)同解. 形如式(3.4)的方程组称为**简化阶梯形方程组**.

通过上面的过程得到方程组的解为

$$\begin{cases} x_1 = 2, \\ x_2 = 0, \\ x_3 = -1. \end{cases}$$

在上述的求解过程中，我们对方程反复进行了以下三种变换：

(1)交换两个方程的位置；

(2)用一个非零的常数乘以某个方程的两边；

(3)将一个方程乘以相应的常数加到另一个方程上.

这三种变换均称为线性方程组的初等变换. 由于这三种变换都可以逆向进行，所以方程组的初等变换把方程组化为**同解方程组**. 因此，这一过程也被称为方程组的**同解变形**.

3.1.2 增广矩阵法解方程组

通过对上面消元法解方程组的过程进行观察可以看出，我们只是对各方程的系数和常数项进行了运算，如要消去某个未知量，就是将这个未知量的系数化为零. 事实上，消元和回代的过程都是针对方程组的系数和常数项组成的矩阵进行的，就相当于对由方程组的系数和常数项组成的矩阵进行初等变换的过程. 由初等变换的定义可知，方程组的同解变形恰为对增广矩阵的初等行变换.

我们把线性方程组的系数构成的矩阵用$\boldsymbol{A}$表示，常数项用$\boldsymbol{\beta}$表示，把$\boldsymbol{\beta}$放在系数矩阵$\boldsymbol{A}$的右侧构造一个新的矩阵，称之为该方程组的**增广矩阵**，记作$\overline{\boldsymbol{A}}$，即$\overline{\boldsymbol{A}}=(\boldsymbol{A}\,|\,\boldsymbol{\beta})$或是$\overline{\boldsymbol{A}}=(\boldsymbol{A},\boldsymbol{\beta})$. 如例 3.1 中方程组的系数矩阵$\boldsymbol{A}$和增广矩阵$\overline{\boldsymbol{A}}$分别为

$$\boldsymbol{A}=\begin{pmatrix} 1 & 3 & -2 \\ 3 & 2 & -5 \\ 2 & 1 & 1 \\ -2 & 1 & 3 \end{pmatrix}, \quad \overline{\boldsymbol{A}}=\begin{pmatrix} 1 & 3 & -2 & 4 \\ 3 & 2 & -5 & 11 \\ 2 & 1 & 1 & 3 \\ -2 & 1 & 3 & -7 \end{pmatrix}.$$

而消元和回代的过程正是对增广矩阵$\overline{\boldsymbol{A}}$进行初等变换的过程，即

$$\overline{\boldsymbol{A}}=\left(\begin{array}{ccc:c} 1 & 3 & -2 & 4 \\ 3 & 2 & -5 & 11 \\ 2 & 1 & 1 & 3 \\ -2 & 1 & 3 & -7 \end{array}\right) \xrightarrow[\text{④}+2\times\text{①}]{\substack{\text{②}+(-3)\times\text{①} \\ \text{③}+(-2)\times\text{①}}} \left(\begin{array}{ccc:c} 1 & 3 & -2 & 4 \\ 0 & -7 & 1 & -1 \\ 0 & -5 & 5 & -5 \\ 0 & 7 & -1 & 1 \end{array}\right)$$

$$\xrightarrow[(-\frac{1}{5})\times\text{③}]{\text{④}+\text{②}} \left(\begin{array}{ccc:c} 1 & 3 & -2 & 4 \\ 0 & -7 & 1 & -1 \\ 0 & 1 & -1 & 1 \\ 0 & 0 & 0 & 0 \end{array}\right) \xrightarrow{(\text{②},\text{③})} \left(\begin{array}{ccc:c} 1 & 3 & -2 & 4 \\ 0 & 1 & -1 & 1 \\ 0 & -7 & 1 & -1 \\ 0 & 0 & 0 & 0 \end{array}\right)$$

$$\xrightarrow{③+7\times②}\left(\begin{array}{ccc:c}1&3&-2&4\\0&1&-1&1\\0&0&-6&6\\0&0&0&0\end{array}\right)\xrightarrow{(-\frac{1}{6})\times③}\left(\begin{array}{ccc:c}1&3&-2&4\\0&1&-1&1\\0&0&1&-1\\0&0&0&0\end{array}\right)$$

$$\xrightarrow[①+2\times③]{②+③}\left(\begin{array}{ccc:c}1&3&0&2\\0&1&0&0\\0&0&1&-1\\0&0&0&0\end{array}\right)\xrightarrow{①+(-3)\times②}\left(\begin{array}{ccc:c}1&0&0&2\\0&1&0&0\\0&0&1&-1\\0&0&0&0\end{array}\right)$$

通过对增广矩阵做若干次的初等变换后,得到的阶梯形矩阵称为**简化阶梯形矩阵**. 这些初等变换的过程与方程组做消元和回代过程一一对应. 前四个矩阵初等变换的过程就是用消元法把方程组化成阶梯形方程组的过程,后面的矩阵初等变换是方程组回代求解,最终得到简化阶梯形方程组及其对应的简化阶梯形矩阵,从而得到方程组的解.

下面用上述方法求解另外几个线性方程组,看看求解过程中可能出现的其他情况.

例 3.2 将例 3.1 中的第四个方程的常数项改为 −6,其余方程不变,解方程组

$$\begin{cases}x_1+3x_2-2x_3=4,\\3x_1+2x_2-5x_3=11,\\2x_1+x_2+x_3=3,\\-2x_1+x_2+3x_3=-6.\end{cases}$$

解

$$\overline{A}=\left(\begin{array}{ccc:c}1&3&-2&4\\3&2&-5&11\\2&1&1&3\\-2&1&3&-6\end{array}\right)\longrightarrow\left(\begin{array}{ccc:c}1&3&-2&4\\0&-7&1&1\\0&-5&5&-5\\0&7&-1&2\end{array}\right)$$

$$\longrightarrow\left(\begin{array}{ccc:c}1&3&-2&4\\0&-7&1&-1\\0&1&-1&1\\0&0&0&1\end{array}\right)\longrightarrow\left(\begin{array}{ccc:c}1&3&-2&4\\0&1&-1&1\\0&0&-6&6\\0&0&0&1\end{array}\right)$$

将上述初等变换后的增广矩阵(阶梯形矩阵还原成相应的阶梯形方程组),得

$$\begin{cases}x_1 + 3x_2 - 2x_3 = 4,\\ x_2 - x_3 = 1,\\ -6x_3 = 6,\\ 0x_3 = 1.\end{cases}$$

这是一个矛盾的方程组,无解. 从而原方程无解.

例 3.3 将例 3.1 中的第三个方程换成 $x_1-4x_2-x_3=3$,有

$$\begin{cases}x_1 + 3x_2 - 2x_3 = 4,\\ 3x_1 + 2x_2 - 5x_3 = 11,\\ x_1 - 4x_2 - x_3 = 3,\\ -2x_1 + x_2 + 3x_3 = -7.\end{cases}$$

解

$$\overline{A} = \left(\begin{array}{ccc:c}1 & 3 & -2 & 4\\ 3 & 2 & -5 & 11\\ 1 & -4 & -1 & 3\\ -2 & 1 & 3 & -6\end{array}\right) \longrightarrow \left(\begin{array}{ccc:c}1 & 3 & -2 & 4\\ 0 & -7 & 1 & -1\\ 0 & -7 & 1 & -1\\ 0 & 7 & -1 & 1\end{array}\right)$$

$$\longrightarrow \left(\begin{array}{ccc:c}1 & 3 & -2 & 4\\ 0 & -7 & 1 & -1\\ 0 & 0 & 0 & 0\\ 0 & 0 & 0 & 0\end{array}\right)$$

最后得到的阶梯形矩阵对应的阶梯形方程组为

$$\begin{cases}x_1 + 3x_2 - 2x_3 = 4,\\ -7x_2 + x_3 = -1.\end{cases}$$

其中原来的第三、第四个方程均化为“0 = 0”,说明这两个方程为原方程组中的“多余”方程,不再写出. 如按照消元法将上述方程组改写为

$$\begin{cases}x_1 + 3x_2 - 2x_3 = 4,\\ -7x_2 + x_3 = -1,\\ 0x_3 = 0.\end{cases} \quad 或 \quad \begin{cases}x_1 + 3x_2 = 4 + 2x_3,\\ -7x_2 = -1 - x_3.\end{cases}$$

从上面的方程组中可以看出:x_3 取任何实数都能满足方程组,所以,只要任意给定 x_3 一个值,就能唯一确定 x_1,x_2 的值,从而得到原方程组的一个解,因此,原方程组有无穷多个解. 这时,称未知量 x_3 为**自由未知量**,x_1,x_2 为**非自由未知量**. 为了使非自由未知量 x_1,x_2 更易于用 x_3 表示,可以将上面已得到的阶梯形矩阵进一步化简为简化阶梯形矩阵,即

$$\overline{A} \longrightarrow \left(\begin{array}{ccc:c} 1 & 3 & -2 & 4 \\ 0 & -7 & 1 & -1 \\ 0 & 0 & 0 & 0 \\ 0 & 0 & 0 & 0 \end{array}\right) \longrightarrow \left(\begin{array}{ccc:c} 1 & 3 & -2 & 4 \\ 0 & 1 & -\frac{1}{7} & \frac{1}{7} \\ 0 & 0 & 0 & 0 \\ 0 & 0 & 0 & 0 \end{array}\right) \longrightarrow$$

$$\left(\begin{array}{ccc:c} 1 & 0 & -\frac{11}{7} & \frac{25}{7} \\ 0 & 1 & -\frac{1}{7} & \frac{1}{7} \\ 0 & 0 & 0 & 0 \\ 0 & 0 & 0 & 0 \end{array}\right)$$

得到方程的一般解为

$$\begin{cases} x_1 = \dfrac{25}{7} + \dfrac{11}{7}x_3, \\ x_2 = \dfrac{1}{7} + \dfrac{1}{7}x_3, \end{cases} \quad (x_3 \text{ 为自由未知量})$$

令 $x_3 = c$，则原方程组的解为

$$\begin{cases} x_1 = \dfrac{25}{7} + \dfrac{11}{7}c, \\ x_2 = \dfrac{1}{7} + \dfrac{1}{7}c, \\ x_3 = c. \end{cases} \quad (c \text{ 为任意实数})$$

例 3.1 ~ 例 3.3 所给出的方程组反映出方程组可能出现的解的所有情形，即有唯一解、有无穷多解和无解.

3.1.3 线性方程组解存在的判定定理

对于一般的由 m 个方程 n 个未知量形成的 n 元线性方程组，解的情形有唯一解、有无穷多解和无解三种.

定理 3.1　n 元线性方程组

$$\boldsymbol{A}\boldsymbol{x} = \boldsymbol{\beta}. \tag{3.5}$$

其系数矩阵的秩记为 $r(\boldsymbol{A})$，增广矩阵的秩记为 $r(\overline{\boldsymbol{A}})$，方程组有解的充分必要条件是 $r(\boldsymbol{A}) = r(\overline{\boldsymbol{A}})$.

即方程组在有解的情况下，令 $r(\boldsymbol{A}) = r(\overline{\boldsymbol{A}}) = r$. 如果 $r = n$，则方程组有唯一解；如果 $r < n$，则方程组有无穷多解，此时，方程组的一般解中有 $n - r$ 个自由未知量. 其中，

$$\boldsymbol{A}=\begin{pmatrix} a_{11} & a_{12} & \cdots & a_{1n} \\ a_{21} & a_{22} & \cdots & a_{2n} \\ \vdots & \vdots & & \vdots \\ a_{m1} & a_{m2} & \cdots & a_{mn} \end{pmatrix}_{m\times n},\quad \overline{\boldsymbol{A}}=\left(\begin{array}{cccc:c} a_{11} & a_{12} & \cdots & a_{1n} & b_1 \\ a_{21} & a_{22} & \cdots & a_{2n} & b_2 \\ \vdots & \vdots & & \vdots & \vdots \\ a_{m1} & a_{m2} & \cdots & a_{mn} & b_m \end{array}\right)_{m\times(n+1)},$$

$$\boldsymbol{x}=(x_1,x_2,\cdots,x_n)^{\mathrm{T}},\qquad \boldsymbol{\beta}=(b_1,b_2,\cdots,b_m)^{\mathrm{T}}.$$

定理3.1也称为线性方程组解存在的判定定理.

证明 由于$r(\boldsymbol{A})=r(\overline{\boldsymbol{A}})=r$,故不妨设$\boldsymbol{A}$的左上角的$r$阶子式不为零. 由于方程组(3.5)为$n$元线性方程组,故方程组的增广矩阵$\overline{\boldsymbol{A}}$的第一列元必不全为零,不妨设$a_{11}\neq 0$(如果$a_{11}=0$,这时只要交换$\overline{\boldsymbol{A}}$的第一行与第$i$行,即可将$a_{i1}$换至左上角位置),将$\overline{\boldsymbol{A}}$第一行乘$\left(-\dfrac{a_{i1}}{a_{11}}\right)$再加到第$i$行上$(i=2,3,\cdots,m)$,将$\overline{\boldsymbol{A}}$化成为

$$\overline{\boldsymbol{A}}\to\left(\begin{array}{cccc:c} a_{11} & a_{12} & \cdots & a_{1n} & b_1 \\ 0 & a'_{22} & \cdots & a'_{2n} & b'_2 \\ \vdots & \vdots & & \vdots & \vdots \\ 0 & a'_{m2} & \cdots & a'_{mn} & b'_m \end{array}\right)_{m\times(n+1)}.$$

对这个矩阵的第二行到第m行、第二列到第n列重复以上步骤进行初等变换,如果有必要,可以重新安排方程中未知量的次序,最后可以得到如下形状的阶梯形矩阵.

$$\overline{\boldsymbol{A}}\to\cdots\to\left(\begin{array}{ccccccc:c} a'_{11} & a'_{12} & \cdots & a'_{1r} & a'_{1,r+1} & \cdots & a'_{1n} & b'_1 \\ 0 & a'_{22} & \cdots & a'_{2r} & a'_{2,r+1} & \cdots & a'_{2n} & b'_2 \\ \vdots & \vdots & & \vdots & \vdots & & \vdots & \vdots \\ 0 & 0 & \cdots & a'_{rr} & a'_{r,r+1} & \cdots & a'_{rn} & b'_r \\ 0 & 0 & & 0 & 0 & & 0 & b'_{r+1} \\ 0 & 0 & \cdots & 0 & 0 & \cdots & 0 & 0 \\ \vdots & \vdots & & \vdots & \vdots & & \vdots & \vdots \\ 0 & 0 & \cdots & 0 & 0 & \cdots & 0 & 0 \end{array}\right),\tag{3.6}$$

其中$a'_{ii}\neq 0\quad(i=1,2,\cdots,r)$.

此阶梯形矩阵相对应的阶梯形方程组为

$$\begin{cases} a'_{11}x_1+a'_{12}x_2+\cdots+a'_{1r}x_r+a'_{1,r+1}x_{r+1}+\cdots+a'_{1n}x_n=b'_1, \\ \qquad a'_{22}x_2+\cdots+a'_{2r}x_r+a'_{2,r+1}x_{r+1}+\cdots+a'_{2n}x_n=b'_2, \\ \qquad\qquad \vdots \\ \qquad\qquad a'_{rr}x_r+a'_{r,r+1}x_{r+1}+\cdots+a'_{rn}x_n=b'_r, \\ \qquad\qquad\qquad 0=b'_{r+1}, \\ \qquad\qquad\qquad 0=0, \\ \qquad\qquad\qquad \vdots \\ \qquad\qquad\qquad 0=0. \end{cases}\tag{3.7}$$

其中 $a'_{ii} \neq 0 \quad (i = 1,2,\cdots,r)$.

从上面讨论易知,方程组(3.6)与方程组(3.7)是同解方程组.

由式(3.6)可见,化为"$0 = 0$"形式的方程是多余的方程,去掉它们不影响方程组的解.

我们只需讨论阶梯形方程组(3.7)的解的各种情形,便可知道原方程组(3.5)的解的情形.

(1)如果当 $b'_{r+1} \neq 0$ 时,则满足前 r 个方程的任何一组数都不能满足"$0 = b'_{r+1}$"这个方程,这个方程组有矛盾方程"$0 = b'_{r+1}$",即 $r(\boldsymbol{A}) = r$,而 $r(\overline{\boldsymbol{A}}) = r+1$,有 $r(\boldsymbol{A}) \neq r(\overline{\boldsymbol{A}})$,所以方程组无解.

(2)如果当 $b'_{r+1} = 0$ 时,即 $r(\boldsymbol{A}) = r(\overline{\boldsymbol{A}}) = r$ 时,方程组有解,有以下两种情况.

(i)当 $r(\boldsymbol{A}) = r(\overline{\boldsymbol{A}}) = r = n$,则方程组可写成

$$\begin{cases} a'_{11}x_1 + a'_{12}x_2 + \cdots + a'_{1r}x_r + a'_{1,r+1}x_{r+1} + \cdots + a'_{1n}x_n = b'_1, \\ \qquad\quad a'_{22}x_2 + \cdots + a'_{2r}x_r + a'_{2,r+1}x_{r+1} + \cdots + a'_{2n}x_n = b'_2, \\ \qquad\qquad\qquad\qquad\qquad\qquad\qquad\qquad\qquad\qquad \vdots \\ \qquad\qquad\qquad\qquad\qquad\qquad\qquad\qquad\qquad a'_{nn}x_n = b'_n. \end{cases} \tag{3.8}$$

由于主元 a'_{ii}都不为零,故可以将方程组对应的阶梯形矩阵进一步经初等变换化为简化阶梯型矩阵

$$\begin{pmatrix} 1 & 0 & \cdots & 0 & d_1 \\ 0 & 1 & \cdots & 0 & d_2 \\ \vdots & \vdots & & \vdots & \vdots \\ 0 & 0 & \cdots & 1 & d_n \\ 0 & 0 & \cdots & 0 & 0 \\ \vdots & \vdots & & \vdots & \vdots \\ 0 & 0 & \cdots & 0 & 0 \end{pmatrix}_{m\times(n+1)}.$$

因为阶梯元非零,所以根据克拉默法则,方程组有唯一解

$$\begin{cases} x_1 = d_1, \\ x_2 = d_2, \\ \vdots \\ x_n = d_n. \end{cases}$$

(ii)若 $r(\boldsymbol{A}) = r(\overline{\boldsymbol{A}}) = r < n$,改写保留方程组,将含 x_{r+1}, $x_{r+2},\cdots,x_n$ 的项移到方程的右边,有

$$\begin{cases} a'_{11}x_1 + a'_{12}x_2 + \cdots + a'_{1r}x_r = b'_1 - a'_{1,r+1}x_{r+1} - \cdots - a'_{1n}x_n, \\ \qquad a'_{22}x_2 + \cdots + a'_{2r}x_r = b'_2 - a'_{2,r+1}x_{r+1} - \cdots - a'_{2n}x_n, \\ \qquad \vdots \\ \qquad a'_{rr}x_r = b'_r - a'_{r,r+1}x_{r+1} - \cdots - a'_{rn}x_n. \end{cases} \tag{3.9}$$

任取 $x_{r+1},x_{r+2},\cdots,x_n$ 一组值 $c_{r+1},c_{r+2},\cdots,c_n$，回代入式(3.9)右端，经计算得 $d'_1,d'_2,\cdots,d'_r$，于是式(3.9)化为

$$\begin{cases} a_{11}x_1 + a_{12}x_2 + \cdots + a_{1r}x_r = d'_1, \\ \qquad a'_{22}x_2 + \cdots + a'_{2r}x_r = d'_2, \\ \qquad \vdots \\ \qquad a''_{rr}x_r = d'_r. \end{cases} \tag{3.10}$$

根据克拉默法则，则方程组(3.10)有唯一解. 若设为 $x_1=c_1,\cdots,x_r=c_r$，将 $x_1=c_1,\cdots,x_r=c_r$ 与 $x_{r+1}=c_{r+1},\cdots,x_n=c_n$ 合为一组，则得方程组的一组解. 由 $c_{r+1},\cdots,c_n$ 的任意性，可知方程组有无穷多解，其中 $x_{r+1},\cdots,x_n$ 称为自由未知量，$x_1,\cdots,x_r$ 为非自由未知量.

特别需要指出的是，在解具体的方程组时，一般只施行初等行变换才能和消元法一一对应.

由以上的讨论可知，求解线性方程组的一般步骤如下：

(1)利用初等变换将方程组的增广矩阵 $\overline{\boldsymbol{A}}$ 化为阶梯形矩阵；

(2)由阶梯形矩阵确定系数矩阵的秩 $r(\boldsymbol{A})$ 和增广矩阵的秩 $r(\overline{\boldsymbol{A}})$，若 $r(\boldsymbol{A})=r<r(\overline{\boldsymbol{A}})=r+1$(即方程出现 $0=b'_{r+1}\neq 0$ 的情况)，则方程组无解；若 $r(\boldsymbol{A})=r(\overline{\boldsymbol{A}})=r\leqslant n$，方程组有解；

(3)若 $r(\boldsymbol{A})=r(\overline{\boldsymbol{A}})=r=n$，则方程组有唯一解；若 $r(\boldsymbol{A})=r(\overline{\boldsymbol{A}})=r<n$，方程组有无穷多个解；

(4)将增广矩阵的阶梯形矩阵继续做初等变换，化为简化阶梯形矩阵，得到方程组的唯一解(3.8)或是方程组的一般解(3.10).

例 3.4 已知方程组

$$\begin{cases} x_1 + x_3 = 2, \\ x_1 + 2x_2 - x_3 = 0, \\ 2x_1 - x_2 - ax_3 = b. \end{cases}$$

(1)确定当 a,b 为何值时，方程组无解，有唯一解，有无穷多解？

(2)求方程组的解.

解

(1)

$$\overline{A}=\left(\begin{array}{ccc:c}1&0&1&2\\1&2&-1&0\\2&1&-a&b\end{array}\right)\longrightarrow\left(\begin{array}{ccc:c}1&0&1&2\\0&2&-2&-2\\0&1&-a-2&b-4\end{array}\right)$$

$$\rightarrow\left(\begin{array}{ccc:c}1&0&1&2\\0&1&-1&-1\\0&1&-a-2&b-4\end{array}\right)\rightarrow\left(\begin{array}{ccc:c}1&0&1&2\\0&1&-1&-1\\0&0&-a-1&b-3\end{array}\right)$$

由此可知,当 $a=-1$ 且 $b\neq3$ 时,$r(\boldsymbol{A})=2$ 而 $r(\overline{\boldsymbol{A}})=3$,故方程组无解;

当 $a\neq-1$ 时,$r(\boldsymbol{A})=r(\overline{\boldsymbol{A}})=3=n$,方程组有唯一解;

当 $a=-1$ 且 $b=3$ 时,$r(\boldsymbol{A})=r(\overline{\boldsymbol{A}})=2<3$,方程组有无穷多个解.

(2)当 $a\neq-1$ 时,有

$$\overline{A}\rightarrow\left(\begin{array}{ccc:c}1&0&1&2\\0&1&-1&-1\\0&0&1&\dfrac{3-b}{a+1}\end{array}\right)\rightarrow\left(\begin{array}{ccc:c}1&0&0&\dfrac{2a+b-1}{a+1}\\0&1&0&\dfrac{2-a-b}{a+1}\\0&0&1&\dfrac{3-b}{a+1}\end{array}\right)$$

则方程组唯一解为
$$\begin{cases}x_1=\dfrac{2a+b-1}{a+1},\\x_2=\dfrac{2-a-b}{a+1},\\x_3=\dfrac{3-b}{a+1}.\end{cases}$$

当 $a=-1$ 且 $b=3$ 时,

$$\overline{A}\rightarrow\left(\begin{array}{ccc:c}1&0&1&2\\0&1&-1&-1\\0&0&0&0\end{array}\right)$$

得到一般解

$$\begin{cases}x_1=2-x_3,\\x_2=-1+x_3.\end{cases}\quad(x_3\text{ 为自由未知量})$$

故方程组的解为

$$\begin{cases}x_1=2-c,\\x_2=-1+c,\\x_3=c.\end{cases}\quad(c\text{ 为任意实数})$$

例 3.5 k 为何值时,线性方程组

$$\begin{cases} x_1+x_2+kx_3=4, \\ -x_1+kx_2+x_3=k^2, \\ x_1-x_2+2x_3=-4 \end{cases}$$

有唯一解,有无穷多个解及无解?

解 由于该方程组中方程的个数和未知量的个数相等,所以,我们可以先试试用克拉默法则讨论唯一解的情况. 方程组的系数行列式

$$D=\begin{vmatrix} 1 & 1 & k \\ -1 & k & 1 \\ 1 & -1 & 2 \end{vmatrix}=(k+1)(4-k).$$

当 $k\neq-1$ 且 $k\neq4$ 时,$D\neq0$,由克拉默法则可知,方程组有唯一解.

(1)当 $k=-1$ 时,方程组的增广矩阵为

$$\overline{A}=\left(\begin{array}{ccc:c} 1 & 1 & -1 & 4 \\ -1 & -1 & 1 & 1 \\ 1 & -1 & 2 & -4 \end{array}\right)\rightarrow\left(\begin{array}{ccc:c} 1 & 1 & -1 & 4 \\ 0 & -2 & 3 & -8 \\ 0 & 0 & 0 & 5 \end{array}\right)$$

由此可见,$r(\boldsymbol{A})=2$, $r(\overline{\boldsymbol{A}})=3$, $r(\boldsymbol{A})\neq r(\overline{\boldsymbol{A}})$,所以,方程组无解.

(2)当 $k=4$ 时,方程组的增广矩阵为

$$\overline{\boldsymbol{A}}=\left(\begin{array}{ccc:c} 1 & 1 & 4 & 4 \\ -1 & 4 & 1 & 16 \\ 1 & -1 & 2 & -4 \end{array}\right)\rightarrow\left(\begin{array}{ccc:c} 1 & 1 & 4 & 4 \\ 0 & 1 & 1 & 4 \\ 0 & 0 & 0 & 0 \end{array}\right)$$

由此可见,$r(\boldsymbol{A})=2=r(\overline{\boldsymbol{A}})$,所以,方程组有无穷多个解.

3.1.4 齐次线性方程组解的判断

在线性方程组(3.1)中,如果它的常数项 $b_1,b_2,\cdots,b_m$ 不全为零,那么这种线性方程组就称为非齐次线性方程组. 如果它的常数项 $b_1,b_2,\cdots,b_m$ 全为零,那么这种线性方程组就称为齐次线性方程组.

齐次线性方程组的一般形式为

$$\begin{cases} a_{11}x_1+a_{12}x_2+\cdots+a_{1n}x_n=0, \\ a_{21}x_1+a_{22}x_2+\cdots+a_{2n}x_n=0, \\ \qquad\vdots \\ a_{m1}x_1+a_{m2}x_2+\cdots+a_{mn}x_n=0. \end{cases} \tag{3.11}$$

矩阵形式为 $\boldsymbol{Ax}=\boldsymbol{0}.$

由于齐次线性方程组(3.11)的增广矩阵$\overline{\boldsymbol{A}}$最后一列全为零,所

以，任何一个齐次线性方程组均满足 $r(\boldsymbol{A})=r(\overline{\boldsymbol{A}})$，因此，齐次线性方程组(3.11)恒有解，因为它至少有零解，即 $x_1=x_2=\cdots=x_m=0$。又因为 $r(\boldsymbol{A})=r(\overline{\boldsymbol{A}})$，所以解齐次方程组时只需讨论方程组的系数矩阵即可.

将定理 3.1 应用到齐次线性方程组，有下面的定理.

定理 3.2　设 n 元齐次线性方程组(3.11)的系数矩阵和增广矩阵分别为 $\boldsymbol{A}$、$\overline{\boldsymbol{A}}$，则

(1) 当 $r(\boldsymbol{A})$(或 $r(\overline{\boldsymbol{A}})$) $=n$ 时，则方程组(3.11)只有零解；

(2) 当 $r(\boldsymbol{A})$(或 $r(\overline{\boldsymbol{A}})$) $<n$ 时，则方程组(3.11)有无穷多个解，即有非零解.

推论 3.1　对于齐次线性方程组(3.11)，如果方程的个数少于未知量的个数，即 $m<n$，则齐次线性方程组(3.11)必有非零解.

证明　对于 $m\times n$ 阶矩阵 $\boldsymbol{A}$，当 $m<n$ 时，都有 $r(\boldsymbol{A})\leqslant\min\{m,n\}=m<n$，由定理 3.1 得证.

特别地，当齐次线性方程组(3.11)的方程的个数等于未知量的个数，即

$$\begin{cases}a_{11}x_1+a_{12}x_2+\cdots+a_{1n}x_n=0,\\a_{21}x_1+a_{22}x_2+\cdots+a_{2n}x_n=0,\\\quad\vdots\\a_{n1}x_1+a_{n2}x_2+\cdots+a_{nn}x_n=0.\end{cases}\tag{3.12}$$

此时其系数矩阵 $\boldsymbol{A}$ 就是一个 n 阶矩阵. 由克拉默法则和定理 3.2 可以得到下面的定理.

定理 3.3　含有 n 个方程 n 个未知量的方程组(3.12)有非零解的充分必要条件是其系数行列式 $|\boldsymbol{A}|=0$.

例 3.6　解方程组

$$\begin{cases}x_1+2x_2-x_3+x_4=0,\\-3x_1-x_2-x_3-x_4=0,\\4x_1+3x_2+2x_4=0,\\-7x_1-4x_2-x_3-3x_4=0.\end{cases}$$

解

$$\boldsymbol{A}=\begin{pmatrix}1&2&-1&1\\-3&-1&-1&-1\\4&3&0&2\\-7&-4&-1&-3\end{pmatrix}\to\begin{pmatrix}1&2&-1&1\\0&5&-4&2\\0&-5&4&-2\\0&10&-8&4\end{pmatrix}$$

$$\rightarrow\begin{pmatrix}1&2&-1&1\\0&5&-4&2\\0&0&0&0\\0&0&0&0\end{pmatrix}\rightarrow\begin{pmatrix}1&2&-1&1\\0&1&-\frac{4}{5}&\frac{2}{5}\\0&0&0&0\\0&0&0&0\end{pmatrix}\rightarrow\begin{pmatrix}1&0&\frac{3}{5}&\frac{1}{5}\\0&1&-\frac{4}{5}&\frac{2}{5}\\0&0&0&0\\0&0&0&0\end{pmatrix}.$$

因为 $r(\boldsymbol{A})=2<4$,所以方程组有无穷多解,即有非零解,其一般解为

$$\begin{cases}x_1=-\frac{3}{5}x_3-\frac{1}{5}x_4,\\x_2=\frac{4}{5}x_3-\frac{2}{5}x_4.\end{cases}\quad(\text{其中},x_3,x_4\text{ 为自由未知量})$$

例 3.7 已知齐次线性方程组

$$\begin{cases}kx_1+x_2+x_3=0,\\x_1+kx_2-x_3=0,\\2x_1-x_2+x_3=0,\end{cases}$$

确定当 k 取何值时方程有非零解,并求其一般解.

解

$$|\boldsymbol{A}|=\begin{vmatrix}k&1&1\\1&k&-1\\2&-1&1\end{vmatrix}=(k+1)(k-4).$$

令 $|\boldsymbol{A}|=0$,即当 $(k+1)(k-4)=0$,$k=-1$ 或 $k=4$ 时方程组有非零解.

(1)把 $k=-1$ 代入系数矩阵 $\boldsymbol{A}$,

$$\boldsymbol{A}=\begin{pmatrix}-1&1&1\\1&-1&-1\\2&-1&1\end{pmatrix}\rightarrow\begin{pmatrix}1&0&2\\0&1&3\\0&0&0\end{pmatrix}$$

由此得方程组的一般解为

$$\begin{cases}x_1=-2x_3,\\x_2=-3x_3.\end{cases}\quad(x_3\text{ 为自由未知量})$$

(2)把 $k=4$ 代入系数矩阵 $\boldsymbol{A}$,

$$\boldsymbol{A}=\begin{pmatrix}4&1&1\\1&4&-1\\2&-1&1\end{pmatrix}\rightarrow\begin{pmatrix}1&0&\frac{1}{3}\\0&1&-\frac{1}{3}\\0&0&0\end{pmatrix}$$

由此得方程组的一般解为

$$\begin{cases}x_1=-\frac{1}{3}x_3,\\x_2=\frac{1}{3}x_3.\end{cases}\quad(x_3\text{ 为自由未知量})$$

练习 3.1

1. 填空题

(1) $A_{m\times n}$ 是齐次线性方程组 $Ax=0$ 的系数矩阵，方程组仅有零解的充分必要条件是系数矩阵的秩 $r(A)=$ ________.

(2) 方阵 $A_{n\times n}$ 是齐次线性方程组 $Ax=0$ 的系数矩阵，根据克拉默法则，方程组存在非零解的充要条件是________.

(3) A 是 $m\times n$ 阶矩阵，非齐次线性方程组 $Ax=b$ 的导出组为 $Ax=0$，非齐次方程组有唯一解时，$m,n,r(A),r(\overline{A})$ 大小关系是________.

(4) 若非齐次线性方程组有无穷多解，则其所对应的齐次线性方程组的解的情况是________.

(5) 已知 A 是 5×6 阶矩阵，秩 $r(A)=5$，则 $Ax=0$ 的解的情况是________，$Ax=b$ 的解的情况是________.

2. 用消元法解下列齐次线性方程组.

(1) $\begin{cases} x_1+2x_2-x_3=0,\\ 2x_1+4x_2+3x_3=0;\end{cases}$

(2) $\begin{cases} x_1+2x_2-3x_3=0,\\ 2x_1+5x_2+2x_3=0,\\ 3x_1-x_2-4x_3=0,\\ 7x_1+8x_2-8x_3=0;\end{cases}$

(3) $\begin{cases} x_1-x_2+x_3-x_4=0,\\ 2x_1-2x_2+2x_3-2x_4=0,\\ 3x_1-3x_2+3x_3-3x_4=0.\end{cases}$

3. 用消元法解下列非齐次线性方程组

(1) $\begin{cases} 2x_1+3x_2+x_3=4,\\ x_1-2x_2+4x_3=-5,\\ 3x_1+8x_2-2x_3=13,\\ 4x_1-x_2+9x_3=-6;\end{cases}$

(2) $\begin{cases} 2x_1+x_2-x_3+x_4=1,\\ 4x_1+2x_2-2x_3+x_4=2,\\ 2x_1+x_2-x_3-x_4=1.\end{cases}$

(3) $\begin{cases} 4x_1+2x_2-x_3=2,\\ 3x_1-x_2+2x_3=10,\\ 11x_1+3x_2=8.\end{cases}$

4. 三个化工厂分别有 3t、2t 和 1t 原料要送到两个化肥厂，两个化肥厂能生产出产品 4t 和 2t，用 x_{ij} 表示从第 i 个化工厂送到第 j 个化肥厂的产品数（$i=1,2,3;j=1,2$），试列出 x_{ij} 所满足的关系式，并求由此得到的线性方程组的解.

$$\begin{cases} x_{11}+x_{12}=3,\\ x_{21}+x_{22}=2,\\ x_{31}+x_{32}=1,\\ x_{11}+x_{21}+x_{31}=4,\\ x_{12}+x_{22}+x_{32}=2,\\ x_{11}+x_{12}+x_{21}+x_{22}+x_{31}+x_{32}=6.\end{cases}$$

5. 确定 a 的值使下列齐次线性方程组有非零解，并在有非零解时求其全部解.

(1) $\begin{cases} ax_1+x_2+x_3=0,\\ x_1+ax_2+x_3=0,\\ x_1+x_2+ax_3=0;\end{cases}$

(2) $\begin{cases} 2x_1-x_2+3x_3=0,\\ 3x_1-4x_2+7x_3=0,\\ x_1-2x_2+ax_3=0.\end{cases}$

6. 确定 a,b 的值使下列非齐次线性方程组有解，并求其全部解.

(1) $\begin{cases} 2x_1-x_2+x_3+x_4=1,\\ x_1+2x_2-x_3+4x_4=2,\\ x_1+7x_2-4x_3+11x_4=a;\end{cases}$

(2) $\begin{cases} x_1+2x_2-2x_3+2x_4=2,\\ x_2-x_3-x_4=1,\\ x_1+x_2-x_3+3x_4=a,\\ x_1-x_2+x_3+5x_4=b.\end{cases}$

3.2　n 维向量

为了深入讨论线性方程组的问题，我们将引入 n 维向量的概念和运算,便于以后深入讨论线性方程组解的结构,并对方程组进行求解. 为此,我们还要讨论向量的线性关系,即线性组合、线性相关、线性无关,以及向量组秩的概念.

3.2.1 n 维向量的概念

定义 3.1 数域 F 上的 n 个数 $a_1,a_2,\cdots,a_n$ 构成的一个有序数组$(a_1,a_2,\cdots,a_n)$称为数域 F 上一个 n **维向量**,记作 $\boldsymbol{\alpha}=(a_1,a_2,\cdots,a_n)^{\mathrm{T}}$,或

$$\boldsymbol{\alpha}=\begin{pmatrix}a_1\\a_2\\\vdots\\a_n\end{pmatrix}$$

其中 a_i 叫作向量 $\boldsymbol{\alpha}$ 的第 i 维分量$(i=1,2,\cdots,n)$.

通常用小写的黑体希腊字母 $\boldsymbol{\alpha},\boldsymbol{\beta},\boldsymbol{\gamma}\cdots$表示向量,而用带有下标的小写拉丁字母 a_i,b_i 或 c_i等表示向量的分量. 分量全是实数的向量称为实向量,分量有复数的向量称为复向量. 除特殊说明外,本书只讨论实向量.

n 维向量既可以写成一行,也可以写成一列,分别称为行向量与列向量. n 维行向量也就是 $1\times n$ 阶行矩阵,n 维列向量也就是 $n\times1$阶列矩阵. 显然行(列)向量的转置即为列(行)向量. 因此,也可以将矩阵的有关概念和运算平移到向量上.

在本书中,为讨论问题方便,一般都将向量表示为列向量.

定义 3.2 所有分量都是零的向量称为**零向量**. 零向量记作 $\mathbf{0}=(0,0,\cdots,0)^{\mathrm{T}}$.

n 维列向量 $\boldsymbol{\alpha}=(a_1,a_2,\cdots,a_n)^{\mathrm{T}}$ 的各分量都取其相反数组成的向量,称为 α 的**负向量**,记作

$$-\boldsymbol{\alpha}=(-a_1,-a_2,\cdots,-a_n)^{\mathrm{T}}.$$

在解析几何中,把既有大小又有方向的量称为**向量**. 例如在平面坐标系中,以坐标原点 O 为起点、以点 $P(x,y)$为终点的有向线段$\overrightarrow{OP}$称为二维向量,见图 3.1,该向量可表示为(x,y).

同样,在空间坐标系中,以坐标原点 O 为起点、以点 $P(x,y,z)$为终点的有向线段$\overrightarrow{OP}$称为三维向量,该向量可表示为(x,y,z). 因此,当 $n\leqslant3$ 时,n 维向量可以把有向线段作为其几何形象. 当 $n>3$

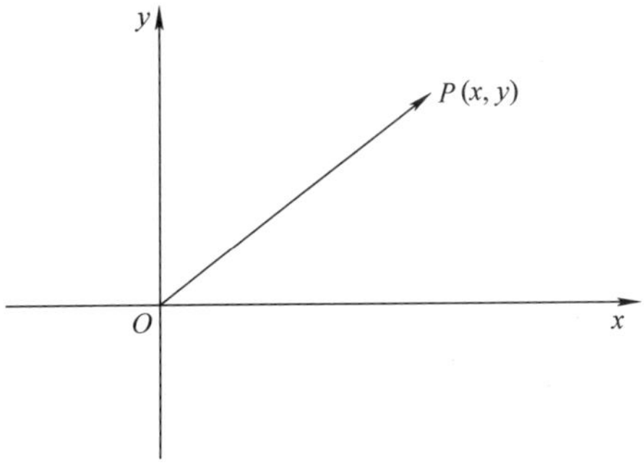

图 3.1　二维向量

时,n 维向量没有直观的几何形象.

在空间解析几何中,“空间”通常作为点的集合,称为点空间. 因为空间中的点 $P(x,y,z)$ 与三维向量 $\boldsymbol{\alpha}=(x,y,z)^{\mathrm{T}}$ 之间有一一对应关系,故又把三维向量的全体所组成的集合 $\mathbf{R}^3=\{\boldsymbol{\alpha}=(x,y,z)^{\mathrm{T}} \mid x,y,z\in\mathbf{R}\}$ 称为**三维向量空间**. 类似地,n 维向量的全体组成的集合 $\mathbf{R}^n=\{\boldsymbol{x}=(x_1,x_2,\cdots,x_n)^{\mathrm{T}} \mid x_1,x_2,\cdots,x_n\in\mathbf{R}\}$ 称为 **n 维向量空间**.

若干个同维数的列向量(或行向量)所组成的集合称为向量组.

例如,一个 $m\times n$ 矩阵

$$\boldsymbol{A}=\begin{pmatrix} a_{11} & a_{12} & \cdots & a_{1n} \\ a_{21} & a_{22} & \cdots & a_{2n} \\ \vdots & \vdots & & \vdots \\ a_{m1} & a_{m2} & \cdots & a_{mn} \end{pmatrix} \text{的每一列 } \boldsymbol{\alpha}_j=\begin{pmatrix} a_{1j} \\ a_{2j} \\ \vdots \\ a_{mj} \end{pmatrix} \quad (j=1,2,\cdots,n)$$

组成的向量组 $\boldsymbol{\alpha}_1,\boldsymbol{\alpha}_2,\cdots,\boldsymbol{\alpha}_n$ 称为矩阵 $\boldsymbol{A}$ 的**列向量组**,而由矩阵 $\boldsymbol{A}$ 的每一行

$$\boldsymbol{\beta}_i=(\alpha_{i1},\alpha_{i2},\cdots,\alpha_{in})\ (i=1,2,\cdots,m)$$

组成的向量组 $\boldsymbol{\beta}_1,\boldsymbol{\beta}_2,\cdots,\boldsymbol{\beta}_m$ 称为矩阵 $\boldsymbol{A}$ 的**行向量组**.

根据上述讨论,矩阵 $\boldsymbol{A}$ 可记为

$$\boldsymbol{A}=(\boldsymbol{\alpha}_1,\boldsymbol{\alpha}_2,\cdots,\boldsymbol{\alpha}_n)\text{或}$$

$$\boldsymbol{A}=\begin{pmatrix} \boldsymbol{\beta}_1 \\ \boldsymbol{\beta}_2 \\ \vdots \\ \boldsymbol{\beta}_m \end{pmatrix}$$

这样,矩阵 $\boldsymbol{A}$ 就与其列向量组或行向量组之间建立了一一对应关系.

矩阵的列向量组和行向量组都是只含有有限个向量的向量组,而线性方程组

$$\boldsymbol{Ax}=\boldsymbol{0}$$

的解当 $r(A)<n$ 时是一个含有无穷多个 n 维列向量的向量组.

3.2.2 n 维向量的线性运算

向量是德国数学家格拉斯曼1844年引入的,n 维向量是一个与四则运算的"数系"不相同的数学结构. 研究表明,可以定义向量的加法、减法和数乘向量的运算,运算结果构成向量空间(也叫作线性空间).

定义 3.3 如果 n 维列向量 $\boldsymbol{\alpha}=(a_1,a_2,\cdots,a_n)^{\mathrm{T}}$ 与 $\boldsymbol{\beta}=(b_1,b_2,\cdots,b_n)^{\mathrm{T}}$ 的对应分量全相等,即 $a_i=b_i(i=1,2,\cdots,n)$,则称向量 $\boldsymbol{\alpha}$ 与 $\boldsymbol{\beta}$ **相等**,记作 $\boldsymbol{\alpha}=\boldsymbol{\beta}$.

定义 3.4(向量的加法) 设两个 n 维列向量 $\boldsymbol{\alpha}=(a_1,a_2,\cdots,a_n)^{\mathrm{T}}$ 与 $\boldsymbol{\beta}=(b_1,b_2,\cdots,b_n)^{\mathrm{T}}$,其对应分量之和构成的 n 维向量,称为 $\boldsymbol{\alpha}$ 与 $\boldsymbol{\beta}$ **的和**,记为 $\boldsymbol{\alpha}+\boldsymbol{\beta}$,

即
$$\boldsymbol{\alpha}+\boldsymbol{\beta}=(a_1+b_1,a_2+b_2,\cdots,a_n+b_n)^{\mathrm{T}}.$$

利用负向量的概念,可以定义向量的减法,即

$$\boldsymbol{\alpha}-\boldsymbol{\beta}=\boldsymbol{\alpha}+(-\boldsymbol{\beta})=(a_1-b_1,a_2-b_2,\cdots,a_n-b_n)^{\mathrm{T}}$$

定义 3.5(数与向量的乘法) 设 $\boldsymbol{\alpha}=(a_1,a_2,\cdots,a_n)^{\mathrm{T}}$ 为数域 F 上的一个 n 维向量,$k\in F$,则数 k 与 $\boldsymbol{\alpha}$ 的乘积称为**数乘向量**,简称为数乘,记为 $k\boldsymbol{\alpha}$,且

$$k\boldsymbol{\alpha}=(ka_1,ka_2,\cdots,ka_n)^{\mathrm{T}}$$

显然,$k\cdot\boldsymbol{0}=\boldsymbol{0}$ 及 $0\cdot\boldsymbol{\alpha}=\boldsymbol{0}$.

向量的加法和数乘运算,统称为**向量的线性运算**. 显然,数域 F 上的向量经线性运算后,仍为数域 F 上的向量.

根据向量的线性运算的定义,不难验证向量的线性运算满足下面的运算律.

设 $\boldsymbol{\alpha},\boldsymbol{\beta},\boldsymbol{\gamma}$ 是 n 维向量,$\boldsymbol{0}$ 是 n 维零向量,k、l 是实数域 $\mathbf{R}$ 中的数,则

(1)$\boldsymbol{\alpha}+\boldsymbol{\beta}=\boldsymbol{\beta}+\boldsymbol{\alpha}$(交换律)

(2)$\boldsymbol{\alpha}+(\boldsymbol{\beta}+\boldsymbol{\gamma})=(\boldsymbol{\alpha}+\boldsymbol{\beta})+\boldsymbol{\gamma}$(结合律)

(3)$\boldsymbol{\alpha}+\boldsymbol{0}=\boldsymbol{0}+\boldsymbol{\alpha}$(有零元)

(4)$\boldsymbol{\alpha}+(-\boldsymbol{\alpha})=\boldsymbol{0}$(有负元)

(5) $(k+l)\boldsymbol{\alpha}=k\boldsymbol{\alpha}+l\boldsymbol{\alpha}$（向量对数的分配律）

(6) $k(\boldsymbol{\alpha}+\boldsymbol{\beta})=k\boldsymbol{\alpha}+k\boldsymbol{\beta}$（数对向量的分配律）

(7) $(kl)\boldsymbol{\alpha}=k(l\boldsymbol{\alpha})=l(k\boldsymbol{\alpha})$（结合律）

(8) $1\cdot\boldsymbol{\alpha}=\boldsymbol{\alpha}$（有单位元）

例 3.8　已知向量

$\boldsymbol{\alpha}_1=(2,-1,0,3)$，$\boldsymbol{\alpha}_2=(0,3,-2,4)$，$\boldsymbol{\alpha}_3=(-1,4,5,0)$，求满足 $2(\boldsymbol{\alpha}_1-\boldsymbol{x})+3(\boldsymbol{\alpha}_2+\boldsymbol{x})+(\boldsymbol{\alpha}_3+\boldsymbol{x})=\boldsymbol{0}$ 的向量 $\boldsymbol{x}$.

解　根据向量线性运算及运算律，得

$$2\boldsymbol{\alpha}_1-2\boldsymbol{x}+3\boldsymbol{\alpha}_2+3\boldsymbol{x}+\boldsymbol{\alpha}_3+\boldsymbol{x}=\boldsymbol{0},$$

$$2\boldsymbol{x}=-2\boldsymbol{\alpha}_1-3\boldsymbol{\alpha}_2-\boldsymbol{\alpha}_3,$$

$$\boldsymbol{x}=-\boldsymbol{\alpha}_1-\frac{3}{2}\boldsymbol{\alpha}_2-\frac{1}{2}\boldsymbol{\alpha}_3,$$

将 $\boldsymbol{\alpha}_1,\boldsymbol{\alpha}_2,\boldsymbol{\alpha}_3$ 代入上式，得

$$\boldsymbol{x}=\left(-\frac{3}{2},-\frac{11}{2},\frac{1}{2},-9\right).$$

3.2.3　向量线性运算的几何意义

根据向量加法的运算法则，两个向量的加运算结果就是对应分量相加形成的向量. 以二维向量 $\boldsymbol{c}=\boldsymbol{a}+\boldsymbol{b}$ 为例，它的几何意义通过平行四边形法则（见图 3.2）和三角形法则（见图 3.3）可以得到.

数乘的几何解释就是在原向量的直线上向量长度的伸长或是缩短. 两向量的线性运算的几何解释就是依照平行四边形法则或是三角形法则对向量进行合并. 当然，n 维向量的加法也遵循同样的运算法则.

向量的所谓的平行四边形法则和三角形法则不是人们凭空想当然的数学规定，而是从客观的物理世界中抽象出来的运算法则，它正确地描述了大量客观现象，指导实践应用.

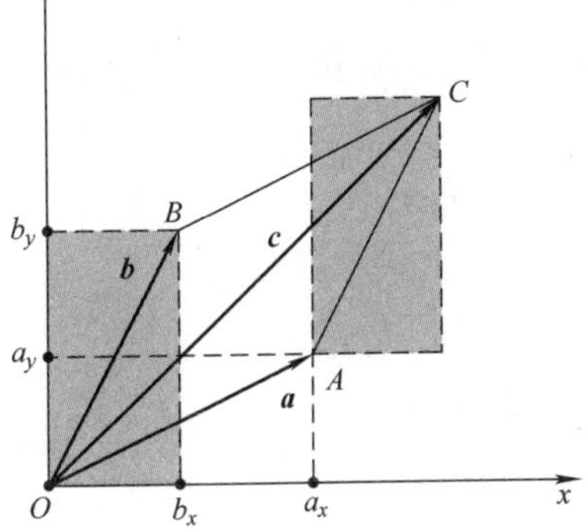

图 3.2　向量加法的平行四边形法则

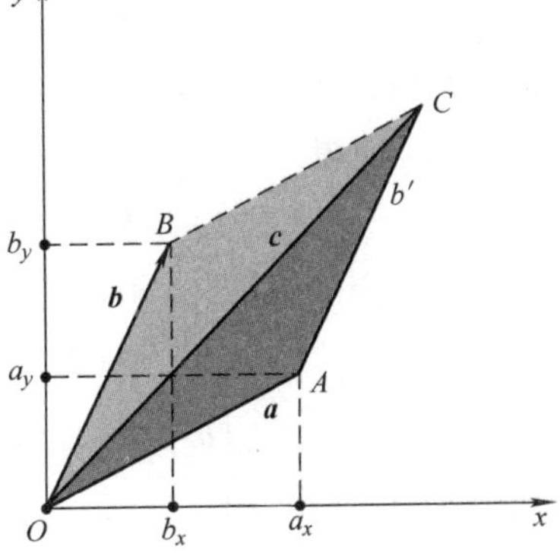

图 3.3　向量加法的三角形法则

练习 3.2

1. 设向量 $\boldsymbol{\alpha}_1=(2,-1,1)$, $\boldsymbol{\alpha}_2=(0,1,-2)$, $\boldsymbol{\alpha}_3=(-1,3,4)$,求 $\boldsymbol{\alpha}_1-\boldsymbol{\alpha}_2$ 及 $3\boldsymbol{\alpha}_1+2\boldsymbol{\alpha}_2-\boldsymbol{\alpha}_3$.

3.3 向量间的线性关系

3.3.1 线性组合

两个以上的同维向量形成一个向量组. 两个向量之间最简单的关系就是成比例,即存在一个实数 k,使得

$$\boldsymbol{\beta}=k\boldsymbol{\alpha},$$

而多个向量之间的成比例关系就表现为线性组合.

一般地,有下面的定义,

定义 3.6 给定向量组 $\boldsymbol{\alpha}_1,\boldsymbol{\alpha}_2,\cdots,\boldsymbol{\alpha}_s$ 及向量 $\boldsymbol{\beta}$,如果存在一组数 $k_1,k_2,\cdots,k_s$,使得 $\boldsymbol{\beta}=k_1\boldsymbol{\alpha}_1+k_2\boldsymbol{\alpha}_2+\cdots+k_s\boldsymbol{\alpha}_s$ 成立,则称 $\boldsymbol{\beta}$ 是 $\boldsymbol{\alpha}_1,\boldsymbol{\alpha}_2,\cdots,\boldsymbol{\alpha}_s$ 的**线性组合**,或称 $\boldsymbol{\beta}$ 可由 $\boldsymbol{\alpha}_1,\boldsymbol{\alpha}_2,\cdots,\boldsymbol{\alpha}_s$ **线性表示**,其中 $k_1,k_2,\cdots,k_s$ 则称为组合系数.

例如,设向量 $\boldsymbol{\alpha}=(1,1,0)^{\mathrm{T}}$, $\boldsymbol{\beta}=(1,-1,1)^{\mathrm{T}}$, $\boldsymbol{\gamma}=(2,0,1)^{\mathrm{T}}$,则 $\boldsymbol{\gamma}=\boldsymbol{\alpha}+\boldsymbol{\beta}$,因此向量 $\boldsymbol{\gamma}$ 是向量 $\boldsymbol{\alpha},\boldsymbol{\beta}$ 的线性组合,可以说,$\boldsymbol{\gamma}$ 可由向量 $\boldsymbol{\alpha},\boldsymbol{\beta}$ 线性表示.

另外,由定义可知,零向量是任一向量组的线性组合,因为可以取组合系数都为零.

一个向量可以由一组向量线性表示,这可以通过线性方程组的形式描述,设 n 维向量

$$\boldsymbol{\alpha}_j=\begin{pmatrix}a_{1j}\\a_{2j}\\\vdots\\a_{nj}\end{pmatrix},(j=1,2,\cdots,s),\quad \boldsymbol{\beta}=\begin{pmatrix}b_1\\b_2\\\vdots\\b_n\end{pmatrix},$$

向量 $\boldsymbol{\beta}$ 可以由向量组 $\boldsymbol{\alpha}_1,\boldsymbol{\alpha}_2,\cdots,\boldsymbol{\alpha}_s$ 线性表示,即存在一组数 $k_1,k_2,\cdots,k_s$ 使得

$$\boldsymbol{\beta}=k_1\boldsymbol{\alpha}_1+k_2\boldsymbol{\alpha}_2+\cdots+k_s\boldsymbol{\alpha}_s.$$

根据向量相等的定义,即对应分量相等,则上式可以写成

$$\begin{cases}a_{11}k_1+a_{12}k_2+\cdots+a_{1s}k_s=b_1,\\a_{21}k_1+a_{22}k_2+\cdots+a_{2s}k_s=b_2,\\\quad\vdots\\a_{n1}k_1+a_{n2}k_2+\cdots+a_{ns}k_s=b_n.\end{cases}\tag{3.13}$$

因此，向量 $\boldsymbol{\beta}$ 可以由向量组 $\boldsymbol{\alpha}_1,\boldsymbol{\alpha}_2,\cdots,\boldsymbol{\alpha}_s$ 线性表示的充分必要条件是线性方程组(3.13)有解，同时有下面的结论：

(1)若其仅有唯一解，则 $\boldsymbol{\beta}$ 可由上述向量组线性表示，且表示法唯一；

(2)若其有无穷多个解，则 $\boldsymbol{\beta}$ 可由上述向量组线性表示，且表示法不唯一；

(3)若其无解，则 $\boldsymbol{\beta}$ 不能由上述向量组线性表示.

例 3.9　给定向量组

$\boldsymbol{\alpha}_1=(2,2,1,-3)^{\mathrm{T}}$，$\boldsymbol{\alpha}_2=(-1,-1,1,2)^{\mathrm{T}}$，$\boldsymbol{\alpha}_3=(-5,-5,11,12)^{\mathrm{T}}$

及向量 $\boldsymbol{\beta}=(-1,-1,4,3)^{\mathrm{T}}$，判断向量 $\boldsymbol{\beta}$ 可否由 $\boldsymbol{\alpha}_1,\boldsymbol{\alpha}_2,\boldsymbol{\alpha}_3$ 线性表示.

解　设存在 k_1,k_2,k_3，使 $k_1\boldsymbol{\alpha}_1+k_2\boldsymbol{\alpha}_2+k_3\boldsymbol{\alpha}_3=\boldsymbol{\beta}$，即

$$k_1(2,2,1,-3)^{\mathrm{T}}+k_2(-1,-1,1,2)^{\mathrm{T}}+k_3(-5,-5,11,12)^{\mathrm{T}}$$
$$=(-1,-1,4,3)^{\mathrm{T}},$$
$$(2k_1-1k_2-5k_3)^{\mathrm{T}}+(2k_1-k_2,-5k_3)^{\mathrm{T}}+(k_1+k_2+11k_3)^{\mathrm{T}}+(-3k_1+2k_2+12k_3)^{\mathrm{T}}$$
$$=(-1,-1,4,3)^{\mathrm{T}}$$

根据向量相等的概念，有

$$\begin{cases} 2k_1-k_2-5k_3=-1, \\ 2k_1-k_2-5k_3=-1, \\ k_1+k_2+11k_3=4, \\ -3k_1+2k_2+12k_3=3, \end{cases}$$

用增广矩阵法解上述方程组

$$\overline{\boldsymbol{A}}=\left(\begin{array}{ccc:c} 2 & -1 & -5 & -1 \\ 2 & -1 & -5 & -1 \\ 1 & 1 & 11 & 4 \\ -3 & 2 & 12 & 3 \end{array}\right)\rightarrow\left(\begin{array}{ccc:c} 1 & 1 & 11 & 4 \\ 0 & -3 & -27 & -9 \\ 0 & -3 & -27 & -9 \\ 0 & 5 & 45 & 15 \end{array}\right)$$

$$\rightarrow\left(\begin{array}{ccc:c} 1 & 1 & 11 & 4 \\ 0 & 1 & 9 & 3 \\ 0 & 0 & 0 & 0 \\ 0 & 0 & 0 & 0 \end{array}\right)\rightarrow\left(\begin{array}{ccc:c} 1 & 0 & 2 & 1 \\ 0 & 1 & 9 & 3 \\ 0 & 0 & 0 & 0 \\ 0 & 0 & 0 & 0 \end{array}\right).$$

因为 $r(\boldsymbol{A})=r(\overline{\boldsymbol{A}})=2<3=n$，所以方程组有无穷多解，即存在 k_1，k_2,k_3，使 $k_1\boldsymbol{\alpha}_1+k_2\boldsymbol{\alpha}_2+k_3\boldsymbol{\alpha}_3=\boldsymbol{\beta}$ 成立，所以，向量 $\boldsymbol{\beta}$ 可由 $\boldsymbol{\alpha}_1,\boldsymbol{\alpha}_2,\boldsymbol{\alpha}_3$ 线性表示.

例 3.10　判断向量 $\boldsymbol{\beta}$ 可否由向量组 $\boldsymbol{\alpha}_1,\boldsymbol{\alpha}_2,\boldsymbol{\alpha}_3$ 线性表示. 其中，$\boldsymbol{\beta}=(0,1,2,3)^{\mathrm{T}}$，$\boldsymbol{\alpha}_1=(2,2,3,1)^{\mathrm{T}}$，$\boldsymbol{\alpha}_2=(-1,2,1,2)^{\mathrm{T}}$，

$\boldsymbol{\alpha}_3=(2,1,-1,-2)^{\mathrm{T}}$

解 令 $\overline{\boldsymbol{A}}=(\boldsymbol{A}\ \vdots\ \boldsymbol{\beta})=(\boldsymbol{\alpha}_1,\boldsymbol{\alpha}_2,\boldsymbol{\alpha}_3\ \vdots\ \boldsymbol{\beta})$，即

$$\overline{\boldsymbol{A}}=\begin{pmatrix}2&-1&2&\vdots&0\\2&2&1&\vdots&1\\3&1&-1&\vdots&2\\1&2&-2&\vdots&3\end{pmatrix}\to\begin{pmatrix}1&2&-2&\vdots&3\\0&-5&6&\vdots&-6\\0&-2&5&\vdots&-5\\0&-5&5&\vdots&-7\end{pmatrix}$$

$$\to\begin{pmatrix}1&2&-2&\vdots&3\\0&1&-9&\vdots&9\\0&0&-13&\vdots&13\\0&0&-1&\vdots&-1\end{pmatrix}\to\begin{pmatrix}1&2&-2&\vdots&3\\0&1&-9&\vdots&9\\0&0&1&\vdots&1\\0&0&0&\vdots&26\end{pmatrix}.$$

最后一个方程是矛盾方程，方程组无解，所以 $\boldsymbol{\beta}$ 不可由向量组 α_1，α_2，α_3 线性表示.

例 3.11 任何一个 n 维列向量 $\boldsymbol{\alpha}=(a_1,a_2,\cdots,a_n)^{\mathrm{T}}$ 是 n 维列向量组 $\boldsymbol{e}_1=(1,0,\cdots,0)^{\mathrm{T}},\boldsymbol{e}_2=(0,1,\cdots,0)^{\mathrm{T}},\cdots,\boldsymbol{e}_n=(0,0,\cdots,1)^{\mathrm{T}}$ 的线性组合.

因为 $\boldsymbol{\alpha}=a_1\boldsymbol{e}_1+a_2\boldsymbol{e}_2+\cdots+a_n\boldsymbol{e}_n$.

这里 $\boldsymbol{e}_1=(1,0,\cdots,0)^{\mathrm{T}}$，$\boldsymbol{e}_2=(0,1,\cdots,0)^{\mathrm{T}}$，$\cdots$，$\boldsymbol{e}_n=(0,0,\cdots,1)^{\mathrm{T}}$ 称为 n **维单位向量组**.

例 3.12 零向量是任何一组向量的线性组合.

因为 $\mathbf{0}=0\boldsymbol{\alpha}_1+0\boldsymbol{\alpha}_2+\cdots+0\boldsymbol{\alpha}_n$.

例 3.13 向量组 $\boldsymbol{\alpha}_1,\boldsymbol{\alpha}_2,\cdots,\boldsymbol{\alpha}_s$ 中任一向量 $\boldsymbol{\alpha}_j(1\leqslant j\leqslant s)$ 都是此向量组的线性组合.

因为 $\boldsymbol{\alpha}_j=0\boldsymbol{\alpha}_1+\cdots+1\boldsymbol{\alpha}_j+\cdots+0\boldsymbol{\alpha}_s$.

3.3.2 线性相关和线性无关

齐次线性方程组(3.11)可以写成零向量与系数列向量的如下的线性关系式

$$x_1\boldsymbol{\alpha}_1+x_2\boldsymbol{\alpha}_2+\cdots+x_n\boldsymbol{\alpha}_n=\mathbf{0}.$$

它称为齐次线性方程组(3.11)的向量形式. 其中，

$$\boldsymbol{\alpha}_j=\begin{pmatrix}a_{1j}\\a_{2j}\\\vdots\\a_{mj}\end{pmatrix}\quad(j=1,2,\cdots,n),\quad \mathbf{0}=\begin{pmatrix}0\\0\\\vdots\\0\end{pmatrix}$$

都是 m 维列向量. 因为零向量是任意向量的线性组合，所以齐次线性方程组一定有零解，即 $0\cdot\boldsymbol{\alpha}_1+0\cdot\boldsymbol{\alpha}_2+\cdots+0\cdot\boldsymbol{\alpha}_n=0$ 总是成立

的. 问题是齐次线性方程组除了零解外是否还有非零解，即是否存在一组不全为零的数 $k_1, k_2, \cdots, k_n$ 使关系式

$$k_1\boldsymbol{\alpha}_1 + k_2\boldsymbol{\alpha}_2 + \cdots + k_n\boldsymbol{\alpha}_n = 0$$

成立.

我们引入以下重要概念：

定义 3.7 给定向量组 $\boldsymbol{\alpha}_1, \boldsymbol{\alpha}_2, \cdots, \boldsymbol{\alpha}_s (s \geqslant 1)$，如果存在 s 个不全为零的数 $k_1, k_2, \cdots, k_s$，使等式

$$k_1\boldsymbol{\alpha}_1 + k_2\boldsymbol{\alpha}_2 + \cdots + k_s\boldsymbol{\alpha}_s = \mathbf{0} \tag{3.14}$$

成立，则称向量组 $\boldsymbol{\alpha}_1, \boldsymbol{\alpha}_2, \cdots, \boldsymbol{\alpha}_s$ **线性相关**，当且仅当 $k_1, k_2, \cdots, k_s$ 全为零时，式(3.14)才成立，则称向量组 $\boldsymbol{\alpha}_1, \boldsymbol{\alpha}_2, \cdots, \boldsymbol{\alpha}_s$ **线性无关**.

若向量组仅含有一个向量 $\boldsymbol{\alpha}$，由定义 3.7 知，当 $\boldsymbol{\alpha}$ 为零向量时是线性相关的；当 $\boldsymbol{\alpha}$ 为非零向量时是线性无关的.

若向量组仅含有两个向量 $\boldsymbol{\alpha}, \boldsymbol{\beta}$，由定义 3.7 知，$\boldsymbol{\alpha}$ 与 $\boldsymbol{\beta}$ 线性相关的充分必要条件是 $\boldsymbol{\alpha}$ 与 $\boldsymbol{\beta}$ 的对应分量成比例，即 $\boldsymbol{\alpha} = k\boldsymbol{\beta}$. 两个向量线性相关的几何意义是这两个向量共线，否则线性无关.

三个向量 $\boldsymbol{\alpha}, \boldsymbol{\beta}, \boldsymbol{\gamma}$ 线性相关的几何意义就是这三个向量共面（见图 3.4 ~ 图 3.6).

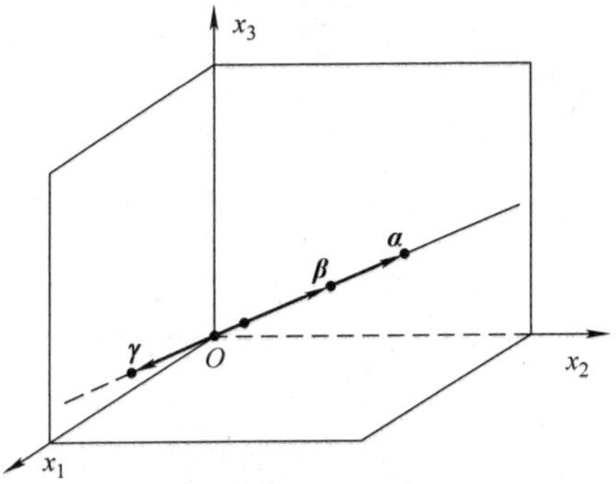

图 3.4 三条线共线

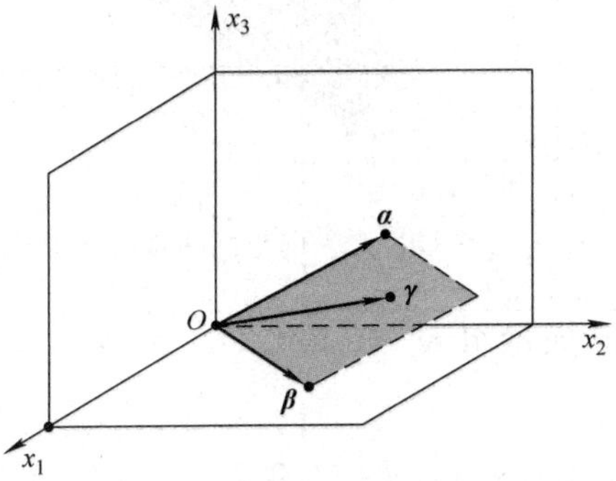

图 3.5 三条线共面(1)

三个向量 $\boldsymbol{\alpha}, \boldsymbol{\beta}, \boldsymbol{\gamma}$ 线性无关，则任意两个向量线性无关. 说明任意两个向量不在同一条直线上（见图 3.7)，即另一个向量必然在某

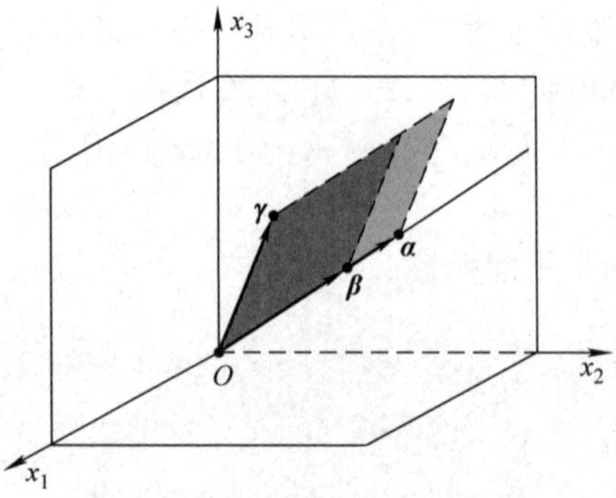

图 3.6　三条线共面(2)

一平面之外,三个向量张成三个不同的平面(见图 3.8). 如果用这三个三维向量构成一个三阶行列式(见图 1.4),那么必然张成一个平行六面体,同时行列式的值不等于零.

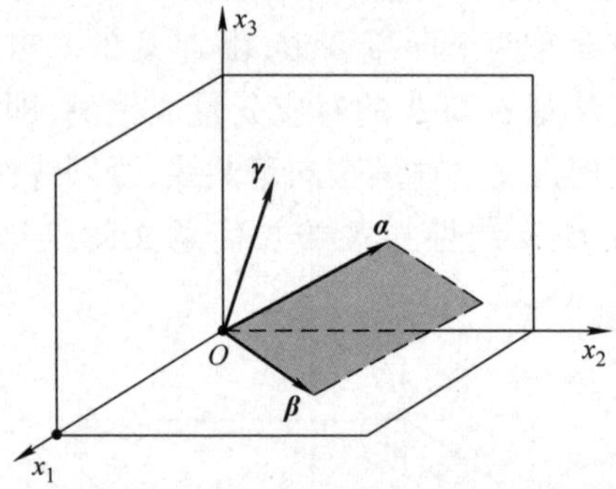

图 3.7　三维空间里三个向量线性无关

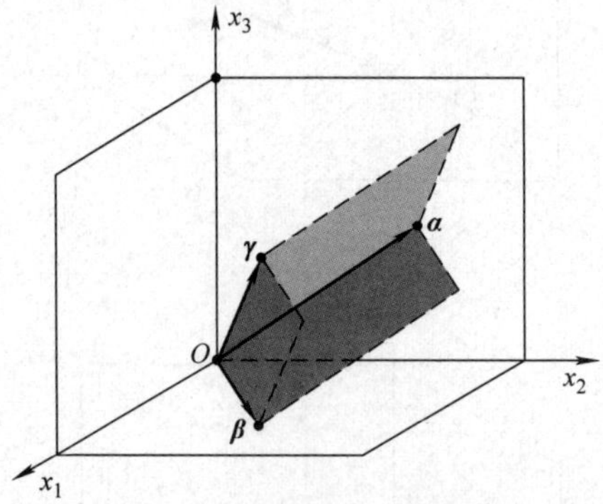

图 3.8　三个线性无关向量两两张成一个平面

例 3.14　判断向量组 $\boldsymbol{\alpha}_1=(1,0,2)^{\mathrm{T}}, \boldsymbol{\alpha}_2=(2,1,2)^{\mathrm{T}}$ 是否线性相关.

解　考察 $k_1\boldsymbol{\alpha}_1+k_2\boldsymbol{\alpha}_2=k_1(1,0,2)^{\mathrm{T}}+k_2(2,1,2)^{\mathrm{T}}=\mathbf{0}$,根据向量相等可解得 $k_1=k_2=0$,所以向量组 $\boldsymbol{\alpha}_1=(1,0,2)^{\mathrm{T}}, \boldsymbol{\alpha}_2=(2,1,2)^{\mathrm{T}}$ 线性无关. 很显然,两个向量不成比例.

例 3.15　证明：包含零向量的向量组一定线性相关.

证明　考虑 n 维向量组 $\mathbf{0},\boldsymbol{\alpha}_1,\boldsymbol{\alpha}_2,\cdots,\boldsymbol{\alpha}_s$，

$$\mathbf{0}=0\cdot\boldsymbol{\alpha}_1+0\cdot\boldsymbol{\alpha}_2+\cdots+0\cdot\boldsymbol{\alpha}_s$$

即
$$1\cdot\mathbf{0}+0\cdot\boldsymbol{\alpha}_1+0\cdot\boldsymbol{\alpha}_2+\cdots+0\cdot\boldsymbol{\alpha}_s=\mathbf{0},$$

其中 $k_1=1,k_2=k_3=\cdots=k_{s+1}=0$，系数不全为零，从而向量组 $\mathbf{0}$，$\boldsymbol{\alpha}_1,\boldsymbol{\alpha}_2,\cdots,\boldsymbol{\alpha}_s$ 线性相关.

例 3.16　试证：n 维单位向量组 $\boldsymbol{e}_1,\boldsymbol{e}_2,\cdots,\boldsymbol{e}_n$ 线性无关.

证明　令

$$k_1\boldsymbol{e}_1+k_2\boldsymbol{e}_2+\cdots+k_n\boldsymbol{e}_n=\mathbf{0},$$

即

$$k_1(1,0,\cdots,0)^{\mathrm{T}}+k_2(0,1,\cdots,0)^{\mathrm{T}}+\cdots+k_n(0,0,\cdots,1)^{\mathrm{T}}=(0,0,\cdots,0)^{\mathrm{T}}.$$

于是

$$(k_1,k_2,\cdots,k_n)^{\mathrm{T}}=(0,0,\cdots,0)^{\mathrm{T}},$$

因此

$$k_1=k_2=k_3=\cdots=k_n=0.$$

由定义 3.7 知，向量组 $\boldsymbol{e}_1,\boldsymbol{e}_2,\cdots,\boldsymbol{e}_n$ 线性无关. 证毕.

判别向量组的线性相关性，可以转化为齐次线性方程组是否有非零解的问题. 设 n 维向量组

$$\boldsymbol{\alpha}_j=\begin{pmatrix}a_{1j}\\a_{2j}\\\vdots\\a_{nj}\end{pmatrix},\quad j=1,2,\cdots,s,$$

令
$$k_1\boldsymbol{\alpha}_1+k_2\boldsymbol{\alpha}_2+\cdots+k_s\boldsymbol{\alpha}_s=\mathbf{0}$$

根据向量的对应分量相等，上式可以写成齐次线性方程组

$$\begin{cases}a_{11}x_1+a_{12}x_2+\cdots+a_{1s}x_s=0,\\a_{21}x_1+a_{22}x_2+\cdots+a_{2s}x_s=0,\\\qquad\vdots\\a_{n1}x_1+a_{n2}x_2+\cdots+a_{ns}x_s=0.\end{cases}\tag{3.15}$$

因此，向量组 $\boldsymbol{\alpha}_1,\boldsymbol{\alpha}_2,\cdots,\boldsymbol{\alpha}_s(s\geqslant1)$ 线性相关的充分必要条件是线性方程组(3.15)有非零解，向量组 $\boldsymbol{\alpha}_1,\boldsymbol{\alpha}_2,\cdots,\boldsymbol{\alpha}_s(s\geqslant1)$ 线性无关的充分必要条件是齐次线性方程组(3.15)只有零解.

特别地，当向量的个数和向量的维数相同时，即 $s=n$ 时，也就是方程的个数和未知量的个数相同，这样可以利用系数行列式是否为零来判断方程组解的情况，从而断定线性相关性. 即

若

$$\begin{vmatrix} a_{11} & a_{12} & \cdots & a_{1n} \\ a_{21} & a_{22} & \cdots & a_{2n} \\ \vdots & \vdots & & \vdots \\ a_{n1} & a_{n2} & \cdots & a_{nn} \end{vmatrix} = 0,$$

方程组有非零解，则向量组 $\boldsymbol{\alpha}_1, \boldsymbol{\alpha}_2, \cdots, \boldsymbol{\alpha}_n$ 线性相关；否则，当

$$\begin{vmatrix} a_{11} & a_{12} & \cdots & a_{1n} \\ a_{21} & a_{22} & \cdots & a_{2n} \\ \vdots & \vdots & & \vdots \\ a_{n1} & a_{n2} & \cdots & a_{nn} \end{vmatrix} \neq 0$$

时，方程组只有零解，则向量组 $\boldsymbol{\alpha}_1, \boldsymbol{\alpha}_2, \cdots, \boldsymbol{\alpha}_n$ 线性无关.

例 3.17 讨论向量组 $\boldsymbol{\alpha}_1 = (1,0,-1)^{\mathrm{T}}, \boldsymbol{\alpha}_2 = (-1,-1,2)^{\mathrm{T}}$ 与 $\boldsymbol{\beta}_1 = (2,3,-5)^{\mathrm{T}}$ 和 $\boldsymbol{\beta}_2 = (2,3,1)^{\mathrm{T}}$ 的线性相关性.

解 因为向量的个数和向量的维数相同，则

$$|\boldsymbol{\alpha}_1, \boldsymbol{\alpha}_2, \boldsymbol{\beta}_1| = \begin{vmatrix} 1 & -1 & 2 \\ 0 & -1 & 3 \\ -1 & 2 & -5 \end{vmatrix} = 0.$$

行列式为零，所以 $\boldsymbol{\alpha}_1, \boldsymbol{\alpha}_2, \boldsymbol{\beta}_1$ 线性相关；而

$$|\boldsymbol{\alpha}_1, \boldsymbol{\alpha}_2, \boldsymbol{\beta}_2| = \begin{vmatrix} 1 & -1 & 2 \\ 0 & -1 & 3 \\ -1 & 2 & 1 \end{vmatrix} = -6 \neq 0.$$

行列式不为零，所以，$\boldsymbol{\alpha}_1, \boldsymbol{\alpha}_2, \boldsymbol{\beta}_2$ 线性无关.

例 3.18 判定下列向量组是否线性相关.

$$\boldsymbol{\alpha}_1 = (2,-1,3,1,2)^{\mathrm{T}}, \boldsymbol{\alpha}_2 = (4,-2,5,4,8)^{\mathrm{T}},$$
$$\boldsymbol{\alpha}_3 = (2,-1,2,3,6)^{\mathrm{T}}, \boldsymbol{\alpha}_4 = (-3,2,-1,-2,-4)^{\mathrm{T}}$$

解 设

$$k_1\boldsymbol{\alpha}_1 + k_2\boldsymbol{\alpha}_2 + k_3\boldsymbol{\alpha}_3 + k_4\boldsymbol{\alpha}_4 = \boldsymbol{0}.$$

对应的齐次线性方程组的系数矩阵

$$\boldsymbol{A} = (\boldsymbol{\alpha}_1, \boldsymbol{\alpha}_2, \boldsymbol{\alpha}_3, \boldsymbol{\alpha}_4) = \begin{pmatrix} 2 & 4 & 2 & -3 \\ -1 & -2 & -1 & 2 \\ 3 & 5 & 2 & -1 \\ 1 & 4 & 3 & -2 \\ 2 & 8 & 6 & -4 \end{pmatrix} \to \begin{pmatrix} 1 & 2 & 1 & -2 \\ 0 & 0 & 0 & 1 \\ 0 & -1 & -1 & 5 \\ 0 & 2 & 2 & 0 \\ 0 & 0 & 0 & 0 \end{pmatrix} \to \begin{pmatrix} 1 & 2 & 1 & -2 \\ 0 & 1 & 1 & -5 \\ 0 & 0 & 0 & 1 \\ 0 & 0 & 0 & 0 \\ 0 & 0 & 0 & 0 \end{pmatrix}$$

由齐次线性方程组的解的理论可知，$r(\boldsymbol{A}) = 3 < 4$，方程组有非零

解，从而向量组 $\boldsymbol{\alpha}_1,\boldsymbol{\alpha}_2,\boldsymbol{\alpha}_3,\boldsymbol{\alpha}_4$ 线性相关.

例 3.19　证明：如果向量组 $\boldsymbol{\alpha}_1,\boldsymbol{\alpha}_2,\boldsymbol{\alpha}_3$ 线性无关，则向量组 $\boldsymbol{\alpha}_1+\boldsymbol{\alpha}_2,\boldsymbol{\alpha}_2+\boldsymbol{\alpha}_3,\boldsymbol{\alpha}_1+\boldsymbol{\alpha}_3$ 亦线性无关.

证明　设有一组数 k_1,k_2,k_3，使得

$$k_1(\boldsymbol{\alpha}_1+\boldsymbol{\alpha}_2)+k_2(\boldsymbol{\alpha}_2+\boldsymbol{\alpha}_3)+k_3(\boldsymbol{\alpha}_1+\boldsymbol{\alpha}_3)=\boldsymbol{0},$$

整理得 $$(k_1+k_3)\boldsymbol{\alpha}_1+(k_1+k_2)\boldsymbol{\alpha}_2+(k_2+k_3)\boldsymbol{\alpha}_3=\boldsymbol{0}.$$

由 $\boldsymbol{\alpha}_1,\boldsymbol{\alpha}_2,\boldsymbol{\alpha}_3$ 线性无关，得

$$\begin{cases}k_1+k_3=0,\\k_1+k_2=0,\\k_2+k_3=0,\end{cases}$$

解方程组得 $$k_1=k_2=k_3=0.$$

所以 $\boldsymbol{\alpha}_1+\boldsymbol{\alpha}_2,\boldsymbol{\alpha}_2+\boldsymbol{\alpha}_3,\boldsymbol{\alpha}_1+\boldsymbol{\alpha}_3$ 线性无关.

定理 3.4　向量组 $\boldsymbol{\alpha}_1,\boldsymbol{\alpha}_2,\cdots,\boldsymbol{\alpha}_s(s\geqslant 2)$ 线性相关的充分必要条件是向量组 $\boldsymbol{\alpha}_1,\boldsymbol{\alpha}_2,\cdots,\boldsymbol{\alpha}_s$ 中至少有一个向量可由其余 $s-1$ 个向量线性表示.

证明　必要性. 设 $\boldsymbol{\alpha}_1,\boldsymbol{\alpha}_2,\cdots,\boldsymbol{\alpha}_s$ 线性相关，由定义，存在一组不全为零的 $k_1,k_2,\cdots,k_s$，使等式

$$k_1\boldsymbol{\alpha}_1+k_2\boldsymbol{\alpha}_2+\cdots+k_s\boldsymbol{\alpha}_s=\boldsymbol{0}$$

成立. 不妨设 $k_i\neq 0$，将上式改写为

$$k_i\boldsymbol{\alpha}_i=-k_1\boldsymbol{\alpha}_1-\cdots-k_s\boldsymbol{\alpha}_s,$$

两端除以 k_i，得 $$\boldsymbol{\alpha}_i=-\frac{k_1}{k_i}\boldsymbol{\alpha}_1-\cdots-\frac{k_s}{k_i}\boldsymbol{\alpha}_s,$$

即至少有 $\boldsymbol{\alpha}_i$ 可由其余 $s-1$ 个向量线性表示.

再证充分性. 设至少有

$$\boldsymbol{\alpha}_i=k_1\boldsymbol{\alpha}_1+\cdots+k_{i-1}\boldsymbol{\alpha}_{i-1}+k_{i+1}\boldsymbol{\alpha}_{i+1}+\cdots+k_s\boldsymbol{\alpha}_s,$$

移项，得 $k_1\boldsymbol{\alpha}_1+\cdots+k_{i-1}\boldsymbol{\alpha}_{i-1}-1\cdot\boldsymbol{\alpha}_i+k_{i+1}\boldsymbol{\alpha}_{i+1}+\cdots+k_s\boldsymbol{\alpha}_s=\boldsymbol{0}$，

上式中，至少有 $-1\neq 0$，故 $\boldsymbol{\alpha}_1,\boldsymbol{\alpha}_2,\cdots,\boldsymbol{\alpha}_s$ 线性相关.

需要注意的是定理 3.4 中的“有一个”而不是“每一个”. 例如向量组 $\boldsymbol{\alpha}_1=(1,0)^{\mathrm{T}},\boldsymbol{\alpha}_2=(0,1)^{\mathrm{T}},\boldsymbol{\alpha}_3=(2,0)^{\mathrm{T}}$ 显然线性相关，有 $\boldsymbol{\alpha}_3=2\boldsymbol{\alpha}_1+0\boldsymbol{\alpha}_2$，但 $\boldsymbol{\alpha}_2$ 不能表示为 $\boldsymbol{\alpha}_1,\boldsymbol{\alpha}_3$ 的线性组合.

推论 3.2　向量组 $\boldsymbol{\alpha}_1,\boldsymbol{\alpha}_2,\cdots,\boldsymbol{\alpha}_s(s\geqslant 2)$ 线性无关的充分必要条件是向量组 $\boldsymbol{\alpha}_1,\boldsymbol{\alpha}_2,\cdots,\boldsymbol{\alpha}_s$ 中每一个向量均不能由其余向量线性表示.

定理 3.5 如果向量组 $\boldsymbol{\alpha}_1,\boldsymbol{\alpha}_2,\cdots,\boldsymbol{\alpha}_s$ 线性无关,而 $\boldsymbol{\beta},\boldsymbol{\alpha}_1,\boldsymbol{\alpha}_2,\cdots,\boldsymbol{\alpha}_s$ 线性相关,则向量 $\boldsymbol{\beta}$ 可由 $\boldsymbol{\alpha}_1,\boldsymbol{\alpha}_2,\cdots,\boldsymbol{\alpha}_s$ 线性表示,且表示式是唯一的.

证明 因为向量组 $\boldsymbol{\beta},\boldsymbol{\alpha}_1,\boldsymbol{\alpha}_2,\cdots,\boldsymbol{\alpha}_s$ 线性相关,所以存在不全为零的数 $k,k_1,k_2,\cdots,k_s$ 使得

$$k\boldsymbol{\beta}+k_1\boldsymbol{\alpha}_1+k_2\boldsymbol{\alpha}_2+\cdots+k_s\boldsymbol{\alpha}_s=\mathbf{0}.$$

上式中 k 必不为零,否则上式可变为

$$k_1\boldsymbol{\alpha}_1+k_2\boldsymbol{\alpha}_2+\cdots+k_s\boldsymbol{\alpha}_s=\mathbf{0},$$

其中 $k_1,k_2,\cdots,k_s$ 不全为零,这与已知 $\boldsymbol{\alpha}_1,\boldsymbol{\alpha}_2,\cdots,\boldsymbol{\alpha}_s$ 线性无关矛盾. 因此,$k\neq 0$,于是有

$$\boldsymbol{\beta}=-\frac{k_1}{k}\boldsymbol{\alpha}_1-\frac{k_2}{k}\boldsymbol{\alpha}_2-\cdots-\frac{k_s}{k}\boldsymbol{\alpha}_s,$$

即 $\boldsymbol{\beta}$ 可由 $\boldsymbol{\alpha}_1,\boldsymbol{\alpha}_2,\cdots,\boldsymbol{\alpha}_s$ 线性表示. 下面证明表示式是唯一的.

设

$$\boldsymbol{\beta}=k_1\boldsymbol{\alpha}_1+k_2\boldsymbol{\alpha}_2+\cdots+k_s\boldsymbol{\alpha}_s,$$

又

$$\boldsymbol{\beta}=l_1\boldsymbol{\alpha}_1+l_2\boldsymbol{\alpha}_2+\cdots+l_s\boldsymbol{\alpha}_s,$$

两式相减,得

$$(k_1-l_1)\boldsymbol{\alpha}_1+(k_2-l_2)\boldsymbol{\alpha}_2+\cdots+(k_s-l_s)\boldsymbol{\alpha}_s=\mathbf{0},$$

已知 $\boldsymbol{\alpha}_1,\boldsymbol{\alpha}_2,\cdots,\boldsymbol{\alpha}_s$ 线性无关,所以

$$k_1-l_1=0,k_2-l_2=0,\cdots,k_s-l_s=0,$$

从而

$$k_1=l_1,k_2=l_2,\cdots,k_s=l_s,$$

即向量 $\boldsymbol{\beta}$ 可由 $\boldsymbol{\alpha}_1,\boldsymbol{\alpha}_2,\cdots,\boldsymbol{\alpha}_s$ 唯一线性表示.

3.3.3 线性相关性的其他性质

下面给出向量组线性相关和线性无关的一些性质,这些性质在题目的计算和证明中可以直接使用.

性质 1 向量组若有一部分组线性相关,则整个向量组线性相关.

证明 不妨设 $\boldsymbol{\alpha}_1,\boldsymbol{\alpha}_2,\cdots,\boldsymbol{\alpha}_t(t<s)$ 为向量组 $\boldsymbol{\alpha}_1,\boldsymbol{\alpha}_2,\cdots,\boldsymbol{\alpha}_s$ 中一个部分组,且它们线性相关. 于是,存在一组不全为零的数 k_1,$k_2,\cdots,k_t$ 使得

$$k_1\boldsymbol{\alpha}_1+k_2\boldsymbol{\alpha}_2+\cdots+k_t\boldsymbol{\alpha}_t=\mathbf{0},$$

从而,

$$k_1\boldsymbol{\alpha}_1+k_2\boldsymbol{\alpha}_2+\cdots+k_t\boldsymbol{\alpha}_t+0\boldsymbol{\alpha}_{t+1}+\cdots+0\boldsymbol{\alpha}_s=\mathbf{0},$$

因为 $k_1,k_2,\cdots,k_t,0,\cdots,0$ 不全为零，所以 $\boldsymbol{\alpha}_1,\boldsymbol{\alpha}_2,\cdots,\boldsymbol{\alpha}_s$ 线性相关. 证毕.

推论 3.3　若向量组线性无关，则它的任意一个部分组都线性无关.

性质 2　若向量组

$$\boldsymbol{\alpha}_j=(a_{1j},a_{2j},\cdots,a_{nj})^{\mathrm{T}}\quad(j=1,2,\cdots,m)$$

线性相关，则去掉最后 r 个分量 $(1\leqslant r<n)$ 后所得到的缩短向量组

$$\boldsymbol{\beta}_j=(a_{1j},a_{2j},\cdots,a_{n-r,j})^{\mathrm{T}}\quad(j=1,2,\cdots,m)$$

也线性相关.

证明　由于 $\boldsymbol{\alpha}_1,\boldsymbol{\alpha}_2,\cdots,\boldsymbol{\alpha}_m$ 线性相关，故存在一组不全为零的数 $k_1,k_2,\cdots,k_m$，使得

$$k_1\boldsymbol{\alpha}_1+k_2\boldsymbol{\alpha}_2+\cdots+k_m\boldsymbol{\alpha}_m=\mathbf{0},$$

写成分量形式为

$$\begin{cases}k_1a_{11}+k_2a_{12}+\cdots+k_ma_{1m}=0,\\ k_1a_{21}+k_2a_{22}+\cdots+k_ma_{2m}=0,\\ \qquad\vdots\\ k_1a_{n-r,1}+k_2a_{n-r,2}+\cdots+k_ma_{n-r,m}=0,\\ \qquad\vdots\\ k_1a_{n1}+k_2a_{n2}+\cdots+k_ma_{nm}=0.\end{cases}$$

取上述方程组的前 $n-r$ 个方程得到方程组

$$\begin{cases}k_1a_{11}+k_2a_{12}+\cdots+k_ma_{1m}=0,\\ k_1a_{21}+k_2a_{22}+\cdots+k_ma_{2m}=0,\\ \qquad\vdots\\ k_1a_{n-r,1}+k_2a_{n-r,2}+\cdots+k_ma_{n-r,m}=0,\end{cases}$$

即存在一组不全为零的数 $k_1,k_2,\cdots,k_m$，使得

$$k_1\boldsymbol{\beta}_1+k_2\boldsymbol{\beta}_2+\cdots+k_m\boldsymbol{\beta}_m=\mathbf{0},$$

于是向量组 $\boldsymbol{\beta}_1,\boldsymbol{\beta}_2,\cdots,\boldsymbol{\beta}_m$ 线性相关. 证毕.

推论 3.4 若向量组

$$\boldsymbol{\alpha}_j=(a_{1j},a_{2j},\cdots,a_{nj})^{\mathrm{T}}\quad(j=1,2,\cdots,m)$$

线性无关,则在每个向量上任意增加 r 个分量后所得到的加长向量组

$$\boldsymbol{\beta}_j=(a_{1j},a_{2j},\cdots,a_{nj},a_{n+1,j},\cdots,a_{n+r,j})^{\mathrm{T}}\quad(j=1,2,\cdots,m)$$

也线性无关.

下面性质的特点是把向量组的线性相关性与矩阵的秩联系起来,说明它们之间的一些关系.

设向量组

$$\boldsymbol{\alpha}_i=(a_{i1},a_{i2},\cdots,a_{in})\quad(i=1,2,\cdots,m)$$

以它们为行(列)可确定一个矩阵

$$\boldsymbol{A}=\begin{pmatrix}\boldsymbol{\alpha}_1\\ \boldsymbol{\alpha}_2\\ \vdots\\ \boldsymbol{\alpha}_m\end{pmatrix}=\begin{pmatrix}a_{11}&a_{12}&\cdots&a_{1n}\\ a_{21}&a_{22}&\cdots&a_{2n}\\ \vdots&\vdots&&\vdots\\ a_{m1}&a_{m2}&\cdots&a_{mn}\end{pmatrix}.\tag{3.16}$$

反之,若把矩阵 $\boldsymbol{A}$ 的每一行(或列)看作一个向量,则可确定一个向量组.

性质 3 向量组 $\boldsymbol{\alpha}_1,\boldsymbol{\alpha}_2,\cdots,\boldsymbol{\alpha}_m$ 线性相关的充分必要条件是$r(\boldsymbol{A})<m$.

性质 3 的结论对列向量也是成立的.

设向量组

$$\boldsymbol{\beta}_1=\begin{pmatrix}a_{11}\\ a_{21}\\ \vdots\\ a_{m1}\end{pmatrix},\boldsymbol{\beta}_2=\begin{pmatrix}a_{12}\\ a_{22}\\ \vdots\\ a_{m2}\end{pmatrix},\cdots,\boldsymbol{\beta}_n=\begin{pmatrix}a_{1n}\\ a_{2n}\\ \vdots\\ a_{mn}\end{pmatrix},$$

则矩阵(3.16)可以写成

$$\boldsymbol{B}=(\boldsymbol{\beta}_1,\boldsymbol{\beta}_2,\cdots,\boldsymbol{\beta}_n)=\begin{pmatrix}a_{11}&a_{12}&\cdots&a_{1n}\\ a_{21}&a_{22}&\cdots&a_{2n}\\ \vdots&\vdots&&\vdots\\ a_{m1}&a_{m2}&\cdots&a_{mn}\end{pmatrix}.\tag{3.17}$$

性质 4 向量组 $\boldsymbol{\beta}_1,\boldsymbol{\beta}_2,\cdots,\boldsymbol{\beta}_n$ 线性相关的充分必要条件是$r(\boldsymbol{B})<n$.

由于性质 3 和性质 4 的证明较复杂,这里从略.

性质 5　$m\times n$ 阶矩阵 $\boldsymbol{A}$ 的 m 个行向量线性无关的充分必要条件是 $r(\boldsymbol{A})=m$；$m\times n$ 阶矩阵 $\boldsymbol{A}$ 的 n 个列向量线性无关的充分必要条件是 $r(\boldsymbol{A})=n$.

性质 6　如果一个向量组中向量的个数 m 大于向量的维数 n，则该向量组线性相关. 特别地，任意 $n+1$ 个 n 维行向量的向量组必定是线性相关的.

证明　以 m 个向量作为行向量构成 $m\times n$ 阶矩阵 $\boldsymbol{A}$，则

$$r(\boldsymbol{A})\leqslant n<m.$$

由性质 3 知，这 m 个向量线性相关. 证毕.

性质 7　设 $\boldsymbol{\alpha}_i=(a_{i1},a_{i2},\cdots,a_{in})(i=1,2,\cdots,n)$，则

(1) n 个 n 维向量线性无关的充分必要条件是

$$\begin{vmatrix} a_{11} & a_{12} & \cdots & a_{1n} \\ a_{21} & a_{22} & \cdots & a_{2n} \\ \vdots & \vdots & & \vdots \\ a_{n1} & a_{n2} & \cdots & a_{nn} \end{vmatrix}\neq 0;$$

(2) n 个 n 维向量线性相关的充分必要条件是

$$\begin{vmatrix} a_{11} & a_{12} & \cdots & a_{1n} \\ a_{21} & a_{22} & \cdots & a_{2n} \\ \vdots & \vdots & & \vdots \\ a_{n1} & a_{n2} & \cdots & a_{nn} \end{vmatrix}=0.$$

练习 3.3

1. 填空题

(1) 向量组 $(1,2,3)$，$(0,1,0)$，$(2,-1,0)$，$(8,2,4)$ 线性________(填相关或是无关).

(2) 向量组 $(1,0,0,0)$，$(0,2,0,0)$，$(0,0,0,3)$，$(0,0,0,0)$ 线性________(填相关或是无关).

(3) 设 $r(\boldsymbol{\alpha}_1,\boldsymbol{\alpha}_2,\boldsymbol{\alpha}_3)=3$，而 $r(\boldsymbol{\alpha}_1,\boldsymbol{\alpha}_2,\boldsymbol{\alpha}_3,\boldsymbol{\alpha}_4)=4$，则 $\boldsymbol{\alpha}_4$ ________用 $\boldsymbol{\alpha}_1,\boldsymbol{\alpha}_2,\boldsymbol{\alpha}_3$ 线性表示.(填能或不能)

(4) 设 $\boldsymbol{\beta}=(3,2,1)$，$\boldsymbol{\alpha}_1=(0,0,1)$，$\boldsymbol{\alpha}_2=(0,1,1)$，$\boldsymbol{\alpha}_3=(1,1,1)$，则 $\boldsymbol{\beta}$ ________(填能或不能)用 $\boldsymbol{\alpha}_1,\boldsymbol{\alpha}_2,\boldsymbol{\alpha}_3$ 线性表示，并且表达式是________.

(5) 若向量组 $\boldsymbol{\alpha}_1,\boldsymbol{\alpha}_2,\boldsymbol{\alpha}_3$ 线性无关，则 $\boldsymbol{\alpha}_3+\boldsymbol{\alpha}_2$，$\boldsymbol{\alpha}_1+\boldsymbol{\alpha}_2+\boldsymbol{\alpha}_3$ 线性________(填相关或是无关).

(6) 若 $\boldsymbol{\alpha}_1=(1,0,2)$，$\boldsymbol{\alpha}_2=(-1,2,2)$，$\boldsymbol{\alpha}_3=(6,k,16)$ 线性相关，则 $k=$________.

2. 向量组 $\boldsymbol{\beta}_1=(2,3,1,-1)$，$\boldsymbol{\beta}_2=(4,2,0,2)$，$\boldsymbol{\alpha}_1=(1,0,-1,0)$，$\boldsymbol{\alpha}_2=(2,1,1,-1)$ $\boldsymbol{\alpha}_3=(1,1,1,1)$，判断 $\boldsymbol{\beta}_1,\boldsymbol{\beta}_2$ 是否可由 $\boldsymbol{\alpha}_1,\boldsymbol{\alpha}_2,\boldsymbol{\alpha}_3$ 线性表示.

3. 把向量 $\boldsymbol{\beta}$ 表示为其他向量的线性组合.

(1) $\boldsymbol{\beta}=(6,5,11)$，$\boldsymbol{\alpha}_1=(2,-3,-1)$，$\boldsymbol{\alpha}_2=(-3,1,-2)$，$\boldsymbol{\alpha}_3=(1,2,3)$，$\boldsymbol{\alpha}_4=(5,-4,1)$；

(2) $\boldsymbol{\beta}=(5,3,1,12)^{\mathrm{T}}$, $\boldsymbol{\alpha}_1=(2,1,1,5)^{\mathrm{T}}$, $\boldsymbol{\alpha}_2=(7,3,5,18)^{\mathrm{T}}$, $\boldsymbol{\alpha}_3=(3,5,-9,4)^{\mathrm{T}}$, $\boldsymbol{\alpha}_4=(1,-2,8,5)^{\mathrm{T}}$.

4. 判断下列向量组是线性相关还是线性无关.

(1) $\boldsymbol{\alpha}_1=(1,-3,2)$, $\boldsymbol{\alpha}_2=(3,-1,5)$, $\boldsymbol{\alpha}_3=(1,-2,1)$;

(2) $\boldsymbol{\alpha}_1=(1,-1,-1,1)^{\mathrm{T}}$, $\boldsymbol{\alpha}_2=(2,-1,3,1)^{\mathrm{T}}$, $\boldsymbol{\alpha}_3=(2,0,2,0)^{\mathrm{T}}$, $\boldsymbol{\alpha}_4=(3,2,-1,-2)^{\mathrm{T}}$.

5. 设 $\boldsymbol{\alpha}_1=(2,t,1)^{\mathrm{T}}$, $\boldsymbol{\alpha}_2=(2,4,0)^{\mathrm{T}}$, $\boldsymbol{\alpha}_3=(t,3,-1)^{\mathrm{T}}$,试问 t 取何值时 $\boldsymbol{\alpha}_1,\boldsymbol{\alpha}_2,\boldsymbol{\alpha}_3$ 线性相关?

6. 设三维列向量 $\boldsymbol{\alpha}_1,\boldsymbol{\alpha}_2,\boldsymbol{\alpha}_3$ 线性无关,$\boldsymbol{A}$ 是三阶矩阵,且有

$\boldsymbol{A\alpha}_1=\boldsymbol{\alpha}_1+\boldsymbol{\alpha}_2+\boldsymbol{\alpha}_3$, $\boldsymbol{A\alpha}_2=\boldsymbol{\alpha}_2+\boldsymbol{\alpha}_3$, $\boldsymbol{A\alpha}_3=\boldsymbol{\alpha}_1-\boldsymbol{\alpha}_3$,试求 $\boldsymbol{A}$ 的行列式.

7. 证明:向量组 $\boldsymbol{\alpha}_1,\boldsymbol{\alpha}_2,\boldsymbol{\alpha}_3$ 线性无关,则向量组 $\boldsymbol{\beta}_1=\boldsymbol{\alpha}_1,\boldsymbol{\beta}_2=\boldsymbol{\alpha}_1+\boldsymbol{\alpha}_2,\boldsymbol{\beta}_3=\boldsymbol{\alpha}_1+\boldsymbol{\alpha}_3$ 线性无关.

8. 设 $\boldsymbol{\alpha}_1,\boldsymbol{\alpha}_2,\boldsymbol{\alpha}_3$ 线性无关,已知 $\boldsymbol{\beta}_1=\boldsymbol{\alpha}_1+\boldsymbol{\alpha}_2-2\boldsymbol{\alpha}_3$, $\boldsymbol{\beta}_2=\boldsymbol{\alpha}_1-\boldsymbol{\alpha}_2-\boldsymbol{\alpha}_3$, $\boldsymbol{\beta}_3=\boldsymbol{\alpha}_1+\boldsymbol{\alpha}_3$,证明:$\boldsymbol{\beta}_1,\boldsymbol{\beta}_2,\boldsymbol{\beta}_3$ 也线性无关,并把 $\boldsymbol{\beta}=2\boldsymbol{\alpha}_1-\boldsymbol{\alpha}_2+\boldsymbol{\alpha}_3$ 用 $\boldsymbol{\beta}_1,\boldsymbol{\beta}_2,\boldsymbol{\beta}_3$ 表示.

3.4 向量组的秩

3.4.1 向量组的等价

为讨论两个 n 维向量组之间的关系,设有下面的两个向量组

$$(\mathrm{I})\ \boldsymbol{\alpha}_1,\boldsymbol{\alpha}_2,\cdots,\boldsymbol{\alpha}_s;\quad (\mathrm{II})\ \boldsymbol{\beta}_1,\boldsymbol{\beta}_2,\cdots,\boldsymbol{\beta}_t.$$

定义 3.8 如果向量组(Ⅰ)中每个向量 $\boldsymbol{\alpha}_i$ 都可以由向量组(Ⅱ)线性表示,即

$$\begin{aligned}\boldsymbol{\alpha}_1&=k_{11}\boldsymbol{\beta}_1+k_{21}\boldsymbol{\beta}_2+\cdots+k_{t1}\boldsymbol{\beta}_t,\\ \boldsymbol{\alpha}_2&=k_{12}\boldsymbol{\beta}_1+k_{22}\boldsymbol{\beta}_2+\cdots+k_{t2}\boldsymbol{\beta}_t,\\ &\ \ \vdots\\ \boldsymbol{\alpha}_s&=k_{1s}\boldsymbol{\beta}_1+k_{2s}\boldsymbol{\beta}_2+\cdots+k_{ts}\boldsymbol{\beta}_t,\end{aligned}$$

称向量组(Ⅰ)可以由向量组(Ⅱ)**线性表示**. 用矩阵表示为

$$(\boldsymbol{\alpha}_1,\boldsymbol{\alpha}_2,\cdots,\boldsymbol{\alpha}_s)=(\boldsymbol{\beta}_1,\boldsymbol{\beta}_2,\cdots,\boldsymbol{\beta}_t)\begin{pmatrix}k_{11}&k_{12}&\cdots&k_{1s}\\k_{21}&k_{22}&\cdots&k_{2s}\\\vdots&\vdots&&\vdots\\k_{t1}&k_{t2}&\cdots&k_{ts}\end{pmatrix},$$

记矩阵

$$\boldsymbol{K}=\begin{pmatrix}k_{11}&k_{12}&\cdots&k_{1s}\\k_{21}&k_{22}&\cdots&k_{2s}\\\vdots&\vdots&&\vdots\\k_{t1}&k_{t2}&\cdots&k_{ts}\end{pmatrix},$$

则上式为 $$(\boldsymbol{\alpha}_1,\boldsymbol{\alpha}_2,\cdots,\boldsymbol{\alpha}_s)=(\boldsymbol{\beta}_1,\boldsymbol{\beta}_2,\cdots,\boldsymbol{\beta}_t)\boldsymbol{K},$$

称矩阵 $\boldsymbol{K}$ 为 $\boldsymbol{\alpha}_1,\boldsymbol{\alpha}_2,\cdots,\boldsymbol{\alpha}_s$ 关于 $\boldsymbol{\beta}_1,\boldsymbol{\beta}_2,\cdots,\boldsymbol{\beta}_t$ 的表示矩阵.

定义 3.9　如果向量组（Ⅰ）可以由向量组（Ⅱ）线性表示，向量组（Ⅱ）也可以由向量组（Ⅰ）线性表示，那么向量组（Ⅰ）和向量组（Ⅱ）**等价**.

由定义 3.8 不难证明，如果向量组（Ⅰ）可以由向量组（Ⅱ）线性表示，而且向量组（Ⅱ）也可以由向量组（Ⅲ）线性表示，那么向量组（Ⅰ）可以由向量组（Ⅲ）线性表示. 因此向量组之间的等价关系具有以下性质：

（1）反身性：每一个向量组与自身等价；

（2）对称性：向量组（Ⅰ）和向量组（Ⅱ）等价，那么向量组（Ⅱ）和向量组（Ⅰ）也等价；

（3）传递性：向量组（Ⅰ）与向量组（Ⅱ）等价，向量组（Ⅱ）与向量组（Ⅲ）等价，那么向量组（Ⅰ）与向量组（Ⅲ）等价.

定理 3.6　设两个 n 维向量组

$$(\text{Ⅰ})\boldsymbol{\alpha}_1,\boldsymbol{\alpha}_2,\cdots,\boldsymbol{\alpha}_s;(\text{Ⅱ})\boldsymbol{\beta}_1,\boldsymbol{\beta}_2,\cdots,\boldsymbol{\beta}_t.$$

如果

（1）如果向量组（Ⅰ）可以由向量组（Ⅱ）线性表示；

（2）$s>t$.

那么向量组（Ⅰ）线性相关.

证明　根据条件(1)，存在 $t\times s$ 矩阵 $\boldsymbol{K}$，使得

$$(\boldsymbol{\alpha}_1,\boldsymbol{\alpha}_2,\cdots,\boldsymbol{\alpha}_s)=(\boldsymbol{\beta}_1,\boldsymbol{\beta}_2,\cdots,\boldsymbol{\beta}_t)\boldsymbol{K}.$$

记 $\boldsymbol{K}$ 的各列为 $\boldsymbol{\gamma}_1,\boldsymbol{\gamma}_2,\cdots,\boldsymbol{\gamma}_s$，即 $\boldsymbol{K}=(\boldsymbol{\gamma}_1,\boldsymbol{\gamma}_2,\cdots,\boldsymbol{\gamma}_s)$. 因为 $\boldsymbol{K}$ 为 $t\times s$ 矩阵，所以 $\boldsymbol{\gamma}_1,\boldsymbol{\gamma}_2,\cdots,\boldsymbol{\gamma}_s$ 为 s 个 t 维向量. 因为 $s>t$，根据性质 6，$\boldsymbol{\gamma}_1,\boldsymbol{\gamma}_2,\cdots,\boldsymbol{\gamma}_s$线性相关，即存在不全为零的数 $k_1,k_2,\cdots,k_s$，使得

$$k_1\boldsymbol{\gamma}_1+k_2\boldsymbol{\gamma}_2+\cdots+k_s\boldsymbol{\gamma}_s=\boldsymbol{0},$$

即

$$(\boldsymbol{\gamma}_1,\boldsymbol{\gamma}_2,\cdots,\boldsymbol{\gamma}_s)\begin{pmatrix}k_1\\k_2\\\vdots\\k_s\end{pmatrix}=\boldsymbol{K}\begin{pmatrix}k_1\\k_2\\\vdots\\k_s\end{pmatrix}=\boldsymbol{0}.$$

于是考虑

$$k_1\boldsymbol{\alpha}_1+k_2\boldsymbol{\alpha}_2+\cdots+k_s\boldsymbol{\alpha}_s=(\boldsymbol{\alpha}_1,\boldsymbol{\alpha}_2,\cdots,\boldsymbol{\alpha}_s)\begin{pmatrix}k_1\\k_2\\\vdots\\k_s\end{pmatrix}=\boldsymbol{0}.$$

即

$$(\boldsymbol{\beta}_1,\boldsymbol{\beta}_2,\cdots,\boldsymbol{\beta}_t)\boldsymbol{K}\begin{pmatrix}k_1\\k_2\\\vdots\\k_s\end{pmatrix}=(\boldsymbol{\alpha}_1,\boldsymbol{\alpha}_2,\cdots,\boldsymbol{\alpha}_s)\begin{pmatrix}k_1\\k_2\\\vdots\\k_s\end{pmatrix}=k_1\boldsymbol{\alpha}_1+k_2\boldsymbol{\alpha}_2+\cdots+k_s\boldsymbol{\alpha}_s=\mathbf{0}.$$

由上面的结论可知，$k_1,k_2,\cdots,k_s$ 不全为零，所以 $\boldsymbol{\alpha}_1,\boldsymbol{\alpha}_2,\cdots,\boldsymbol{\alpha}_s$ 线性相关.

推论 3.5 设两个 n 维向量组（Ⅰ）$\boldsymbol{\alpha}_1,\boldsymbol{\alpha}_2,\cdots,\boldsymbol{\alpha}_s$；（Ⅱ）$\boldsymbol{\beta}_1,\boldsymbol{\beta}_2,\cdots,\boldsymbol{\beta}_t$，如果

(1) 向量组（Ⅰ）可以由向量组（Ⅱ）线性表示；

(2) 向量组（Ⅰ）线性无关.

那么 $s\leqslant t$.

推论 3.6 两个等价的线性无关向量组所含向量的个数相等.

证明 设 $\boldsymbol{\alpha}_1,\boldsymbol{\alpha}_2,\cdots,\boldsymbol{\alpha}_s$ 与 $\boldsymbol{\beta}_1,\boldsymbol{\beta}_2,\cdots,\boldsymbol{\beta}_t$ 为两个线性无关的向量组，且等价.

由于 $\boldsymbol{\alpha}_1,\boldsymbol{\alpha}_2,\cdots,\boldsymbol{\alpha}_s$ 可由 $\boldsymbol{\beta}_1,\boldsymbol{\beta}_2,\cdots,\boldsymbol{\beta}_t$ 线性表示，因此 $s\leqslant t$，又由于 $\boldsymbol{\beta}_1,\boldsymbol{\beta}_2,\cdots,\boldsymbol{\beta}_t$ 可由 $\boldsymbol{\alpha}_1,\boldsymbol{\alpha}_2,\cdots,\boldsymbol{\alpha}_s$ 线性表示，因此，$t\geqslant s$. 从而 $s=t$.

3.4.2 向量组的极大线性无关组

设有向量组 $\boldsymbol{\alpha}_1,\boldsymbol{\alpha}_2,\cdots,\boldsymbol{\alpha}_s$，只要组中的向量不全为零向量，即至少有一个向量不为零向量，那么它至少有一个非零向量的部分组线性无关；再考察两个向量的部分组，如果有两个向量的部分组线性无关，则往下考察三个向量的部分组；依次类推. 最后总能达到向量组中有 $r(\leqslant s)$ 个向量组的部分组线性无关，而所有多于 $r(\leqslant s)$ 个向量的部分组都线性相关，则含有 r 个向量的线性无关的部分组是最大的线性无关的部分组.

定义 3.10 如果一个 n 维向量组 $\boldsymbol{\alpha}_1,\boldsymbol{\alpha}_2,\cdots,\boldsymbol{\alpha}_s$ 的部分组 $\boldsymbol{\alpha}_1,\boldsymbol{\alpha}_2,\cdots,\boldsymbol{\alpha}_r(r\leqslant s)$ 满足以下两个条件：

(1) $\boldsymbol{\alpha}_1,\boldsymbol{\alpha}_2,\cdots,\boldsymbol{\alpha}_r$ 线性无关；

(2) 除了 $\boldsymbol{\alpha}_1,\boldsymbol{\alpha}_2,\cdots,\boldsymbol{\alpha}_r$ 这 r 个向量外，向量组中其余的（如果还有的话）任意一个向量与 $\boldsymbol{\alpha}_1,\boldsymbol{\alpha}_2,\cdots,\boldsymbol{\alpha}_r$ 都线性相关.

则称 $\boldsymbol{\alpha}_1,\boldsymbol{\alpha}_2,\cdots,\boldsymbol{\alpha}_r$ 为该向量组的一个极大线性无关组，简称为极大无关组.

例 3.20　设向量组 A 为 $\boldsymbol{\alpha}_1=(1,1,1,1)^{\mathrm{T}}$, $\boldsymbol{\alpha}_2=(1,1,-1,-1)^{\mathrm{T}}$, $\boldsymbol{\alpha}_3=(1,1,0,0)^{\mathrm{T}}$，由于 $\boldsymbol{\alpha}_1,\boldsymbol{\alpha}_2$ 线性无关，且 $\boldsymbol{\alpha}_3=\frac{1}{2}\boldsymbol{\alpha}_1+\frac{1}{2}\boldsymbol{\alpha}_2$，所以 $\boldsymbol{\alpha}_1,\boldsymbol{\alpha}_2$ 是向量组 A 的一个极大无关组. 事实上，$\boldsymbol{\alpha}_1,\boldsymbol{\alpha}_3$ 与 $\boldsymbol{\alpha}_2,\boldsymbol{\alpha}_3$ 也为向量组 A 的极大无关组.

由定义 3.10 和例题 3.20 可知，极大无关组具有“线性无关”和“极大”两个特点，且极大无关组不具有唯一性. 而且，由于一个非零向量本身线性无关，故包含非零向量的向量组一定存在极大无关组；而仅含有零向量的向量组不存在极大无关组. 特别地，如果一个向量组线性无关，则其极大无关组就是向量组本身.

由定义 3.9 和定义 3.10 可以得到定理 3.7.

定理 3.7　向量组和它的极大无关组等价.

证明　设 $\boldsymbol{\alpha}_1,\boldsymbol{\alpha}_2,\cdots,\boldsymbol{\alpha}_r$ 是向量组 $\boldsymbol{\alpha}_1,\boldsymbol{\alpha}_2,\cdots,\boldsymbol{\alpha}_s$ 的一个极大无关组.

由于 $\boldsymbol{\alpha}_1,\boldsymbol{\alpha}_2,\cdots,\boldsymbol{\alpha}_r$ 是向量组 $\boldsymbol{\alpha}_1,\boldsymbol{\alpha}_2,\cdots,\boldsymbol{\alpha}_s$ 的一部分，所以，部分组中的每一个向量都可以由 $\boldsymbol{\alpha}_1,\boldsymbol{\alpha}_2,\cdots,\boldsymbol{\alpha}_s$ 线性表示，即 $\boldsymbol{\alpha}_i=0\boldsymbol{\alpha}_1+0\boldsymbol{\alpha}_2+1\boldsymbol{\alpha}_i+\cdots+0\boldsymbol{\alpha}_s(i=1,2,\cdots,r)$.

下面证明 $\boldsymbol{\alpha}_1,\boldsymbol{\alpha}_2,\cdots,\boldsymbol{\alpha}_s$ 可以由 $\boldsymbol{\alpha}_1,\boldsymbol{\alpha}_2,\cdots,\boldsymbol{\alpha}_r$ 线性表示.

对于任意向量 $\boldsymbol{\alpha}_i(i=1,2,\cdots,s)$，当 i 是 $1,2,\cdots,r$ 中的一个数时，显然是无关组中的向量，可由本组向量线性表示；当 i 不是 $1,2,\cdots,r$ 中的数时，由极大无关组的定义可知，其余 $s-r$ 个向量的任一个向量与极大无关组 $\boldsymbol{\alpha}_1,\boldsymbol{\alpha}_2,\cdots,\boldsymbol{\alpha}_r$ 线性相关，即存在不全为零的数 $l,k_1,k_2,\cdots,k_r$，使得

$$l\boldsymbol{\alpha}_i+k_1\boldsymbol{\alpha}_1+k_2\boldsymbol{\alpha}_2+\cdots+k_r\boldsymbol{\alpha}_r=\mathbf{0}.$$

因为 $\boldsymbol{\alpha}_1,\boldsymbol{\alpha}_2,\cdots,\boldsymbol{\alpha}_r$ 线性无关，则必有 $l\neq0$. 否则，若 $l=0$，则 $k_1,k_2,\cdots,k_r$ 不全为零，就是 $\boldsymbol{\alpha}_1,\boldsymbol{\alpha}_2,\cdots,\boldsymbol{\alpha}_r$ 线性相关，这与题设矛盾. 于是

$$\boldsymbol{\alpha}_i=-\frac{k_1}{l}\boldsymbol{\alpha}_1-\frac{k_2}{l}\boldsymbol{\alpha}_2-\cdots-\frac{k_r}{l}\boldsymbol{\alpha}_r$$

就是说 $\boldsymbol{\alpha}_i$ 可以被 $\boldsymbol{\alpha}_1,\boldsymbol{\alpha}_2,\cdots,\boldsymbol{\alpha}_r$ 线性表示，从而说明了向量组 $\boldsymbol{\alpha}_1,\boldsymbol{\alpha}_2,\cdots,\boldsymbol{\alpha}_s$ 可以由 $\boldsymbol{\alpha}_1,\boldsymbol{\alpha}_2,\cdots,\boldsymbol{\alpha}_r$ 线性表示. 于是证明了向量组与它的极大无关组等价.

由上面的例子可以看出，向量组的极大无关组可能不止一个，但由于每一个极大无关组都与向量组本身等价，因此一个向量组的任意两个极大无关组都是等价的.

所以，根据定理 3.6 和推论 3.5 我们可以得到下面的定理.

定理 3.8 向量组中任意两个极大无关组所含的向量个数相同.

为此,我们得到如下定义:

定义 3.11 向量组 $\boldsymbol{\alpha}_1,\boldsymbol{\alpha}_2,\cdots,\boldsymbol{\alpha}_s$ 的极大无关组所含向量的个数,称为向量组的秩,记为 $r(\boldsymbol{\alpha}_1,\boldsymbol{\alpha}_2,\cdots,\boldsymbol{\alpha}_s)$.

规定全为零向量的向量组的秩为零.

由向量组秩的定义可知,线性无关的向量组的秩等于向量组中所包含向量的个数;若向量组的秩小于向量组中所包含的向量的个数,则该向量组必线性相关.

另外,一个向量组的极大无关组可能不唯一,但是向量组的秩是唯一的. 例题 3.20 中向量组的秩为 2,它直接反映向量组本身的性质.

定理 3.9 设向量组(Ⅰ)的秩为 r,向量组(Ⅱ)的秩为 m,如果向量组(Ⅰ)可以由向量组(Ⅱ)线性表示,那么 $r\leqslant m$.

证明 不妨假设 $\boldsymbol{\alpha}_1,\boldsymbol{\alpha}_2,\cdots,\boldsymbol{\alpha}_r$ 是向量组(Ⅰ)的极大无关组,$\boldsymbol{\beta}_1,\boldsymbol{\beta}_2,\cdots,\boldsymbol{\beta}_m$ 是向量组(Ⅱ)的极大无关组.

因为向量组(Ⅰ)可以由向量组(Ⅱ)线性表示,而向量组与极大无关组是等价的,所以,$\boldsymbol{\alpha}_1,\boldsymbol{\alpha}_2,\cdots,\boldsymbol{\alpha}_r$ 可以由 $\boldsymbol{\beta}_1,\boldsymbol{\beta}_2,\cdots,\boldsymbol{\beta}_m$ 线性表示. 又因为 $\boldsymbol{\alpha}_1,\boldsymbol{\alpha}_2,\cdots,\boldsymbol{\alpha}_r$ 线性无关,根据定理 3.6 的推论 3.5 得$r\leqslant m$.

由上面定理可以得到下面的推论.

推论 3.7 等价向量组的秩相等.

需要注意的是,若两个向量组秩相等,它们不一定等价. 例如向量组(Ⅰ)为 $\boldsymbol{\alpha}_1=(1,2)^{\mathrm{T}}$, $\boldsymbol{\alpha}_2=(2,4)^{\mathrm{T}}$,$\boldsymbol{\alpha}_1$ 是向量组(Ⅰ)的极大无关组,(Ⅰ)的秩是 1;向量组(Ⅱ)为 $\boldsymbol{\beta}_1=(0,1)^{\mathrm{T}}$, $\boldsymbol{\beta}_2=(0,2)^{\mathrm{T}}$,$\boldsymbol{\beta}_1$ 是向量组(Ⅱ)的极大无关组,(Ⅱ)的秩也是 1. 但是(Ⅰ)和(Ⅱ)是不等价的.

从几何意义上讲,在一个向量组里,如果有多个向量在一条直线上,那么直线上这些向量只要有一个就可以了,其他的同直线的向量可以被表示出来. 这个向量可以表示直线上任意一个非零向量. 同样,如果向量组里还有多个向量构成或存在于一个平面上,那么只要有两个非零非共线的向量就可以代表其他共面向量,继续,如果向量组里还有多个向量构成或存在于一个立体空间里,那么只要有三个非零非共线非共面的向量就可以表示其他的同立方体向量了,…,通过这样的筛选,所有共超立方体的向量就成为这组向量的一个极大无关组了,向量的个数就是这个向量组的秩.

3.4.3　向量组的秩和矩阵的秩的关系

对于 $m\times n$ 阶矩阵 $\boldsymbol{A}_{m\times n}$,我们可以把 $\boldsymbol{A}_{m\times n}$ 看成是 m 个行向量构成的行向量组形成的,也可以把 $\boldsymbol{A}_{m\times n}$ 看成是 n 个列向量构成的列向量组形成的. 由此,我们有下面的定义.

定义 3.12　矩阵的行秩是指矩阵行向量组的秩;矩阵的列秩是指矩阵列向量组的秩.

矩阵的行秩和列秩以及矩阵本身的秩有着下面的关系.

定理 3.10　矩阵 $\boldsymbol{A}_{m\times n}$ 的秩等于 r 的充分必要条件是矩阵 $\boldsymbol{A}_{m\times n}$ 的列(行)秩等于 r.

证明　必要性. 设 $\boldsymbol{A}_{m\times n}=(a_{ij})_{m\times n}$,如果 $r(\boldsymbol{A})=r$,则存在 $\boldsymbol{A}$ 的一个 r 阶子式不为零,不妨设

$$\begin{vmatrix} a_{11} & a_{12} & \cdots & a_{1r} \\ a_{21} & a_{22} & \cdots & a_{2r} \\ \vdots & \vdots & & \vdots \\ a_{r1} & a_{r2} & \cdots & a_{rr} \end{vmatrix} \neq 0,$$

令

$$\boldsymbol{A}_1=\begin{pmatrix} a_{11} & a_{12} & \cdots & a_{1r} \\ a_{21} & a_{22} & \cdots & a_{2r} \\ \vdots & \vdots & & \vdots \\ a_{r1} & a_{r2} & \cdots & a_{rr} \end{pmatrix}.$$

由秩的定义可知 $r(\boldsymbol{A}_1)=r$. 由性质 5 知 $\boldsymbol{A}_1$ 的 r 个列向量线性无关. 由向量组线性无关的性质,可知 $\boldsymbol{A}$ 的 r 个列向量线性无关.

下面再证明 $\boldsymbol{A}$ 的前 r 个列向量与第 r 列以后的任一个列向量 $\boldsymbol{\alpha}_j(r+1\leqslant j\leqslant n)$ 线性相关.

用反证法. 假设它们线性无关,令矩阵

$$\boldsymbol{A}_2=\begin{pmatrix} a_{11} & a_{12} & \cdots & a_{1r} & a_{1j} \\ a_{21} & a_{22} & \cdots & a_{2r} & a_{2j} \\ \vdots & \vdots & & \vdots & \vdots \\ a_{m1} & a_{m2} & \cdots & a_{mr} & a_{mj} \end{pmatrix}.$$

则 $\boldsymbol{A}_2$ 是由 $\boldsymbol{A}$ 的 $r+1$ 个线性无关的列向量组成的矩阵. 由性质5知 $r(\boldsymbol{A}_2)=r+1$. 由矩阵秩的定义知,$\boldsymbol{A}_2$ 有 $r+1$ 阶子式不为零,因此 $\boldsymbol{A}$ 就有 $r+1$ 阶子式不为零,这与 $r(\boldsymbol{A})=r$ 矛盾. 因此 $\boldsymbol{A}$ 的前 r 个列向量与第 r 列以后的任一个列向量 $\boldsymbol{\alpha}_j(r+1\leqslant j\leqslant n)$ 都线性相关. 于是知 $\boldsymbol{A}$ 的前 r 个列向量为其列向量组的一个极大无关组,从而 $\boldsymbol{A}$ 的列秩为 r.

充分性. 如果 $\boldsymbol{A}$ 的列秩为 r,不妨设 $\boldsymbol{A}$ 的前 r 列为 A 的列向量组的一个极大无关组. 令

$$\boldsymbol{A}_3=\begin{pmatrix} a_{11} & a_{12} & \cdots & a_{1r} \\ a_{21} & a_{22} & \cdots & a_{2r} \\ \vdots & \vdots & & \vdots \\ a_{m1} & a_{m2} & \cdots & a_{mr} \end{pmatrix}.$$

于是 $r(\boldsymbol{A}_3)=r$,故 $\boldsymbol{A}_3$ 中有 r 阶子式不为零,即 $\boldsymbol{A}$ 中有 r 阶子式不为零.

下面再证明 $\boldsymbol{A}$ 的任何一个 $r+1$ 阶子式都为零.

用反证法. 假设 $\boldsymbol{A}$ 中有一个 $r+1$ 阶子式不为零,不妨设

$$\begin{vmatrix} a_{11} & a_{12} & \cdots & a_{1r} & a_{1,r+1} \\ a_{21} & a_{22} & \cdots & a_{2r} & a_{2,r+1} \\ \vdots & \vdots & & \vdots & \vdots \\ a_{r+1,1} & a_{r+1,2} & \cdots & a_{r+1,r} & a_{r+1,r+1} \end{vmatrix}\neq 0.$$

令

$$\boldsymbol{A}_4=\begin{pmatrix} a_{11} & a_{12} & \cdots & a_{1,r+1} \\ a_{21} & a_{22} & \cdots & a_{2,r+1} \\ \vdots & \vdots & & \vdots \\ a_{m1} & a_{m2} & \cdots & a_{m,r+1} \end{pmatrix},$$

则 $r(\boldsymbol{A}_4)=r+1$,即 $\boldsymbol{A}_4$ 的 $r+1$ 个列向量线性无关,即 $\boldsymbol{A}$ 的前 $r+1$ 个列向量线性无关. 这与 $\boldsymbol{A}$ 的列秩为 r 矛盾,因为 A 的任何 $r+1$ 阶子式都为零,于是 $r(\boldsymbol{A})=r$.

类似的方法可以证明 $r(\boldsymbol{A})=r$ 的充分必要条件是 A 的行秩为 r.

推论 3.8 矩阵 $\boldsymbol{A}$ 的行秩与列秩相等.

设有向量组 $\boldsymbol{\alpha}_1,\boldsymbol{\alpha}_2,\cdots,\boldsymbol{\alpha}_n$ 和向量组 $\boldsymbol{\beta}_1,\boldsymbol{\beta}_2,\cdots,\boldsymbol{\beta}_n$,若存在一组数 $\lambda_1,\lambda_2,\cdots,\lambda_n$,使 $\sum\limits_{i=1}^{n}\lambda_i\boldsymbol{\alpha}_i=\boldsymbol{0}$ 时,有 $\sum\limits_{i=1}^{n}\lambda_i\boldsymbol{\beta}_i=\boldsymbol{0}$ 成立,且反之亦成立,我们说这两个向量组有相同的线性关系.

定理 3.11　$m\times n$ 阶矩阵 $\boldsymbol{A}$ 初等行变换得到 $m\times n$ 阶矩阵 $\boldsymbol{B}$，那么 $\boldsymbol{A}$ 与 $\boldsymbol{B}$ 的列向量组具有相同的线性关系.

证明　只需证明当 $\boldsymbol{A}$ 经过一次行的初等变换得到矩阵 $\boldsymbol{B}$ 时，$\boldsymbol{A}$ 与 $\boldsymbol{B}$ 的列向量组具有相同的线性关系.

(1) 假设 $\boldsymbol{A}$ 的第 j 行乘以非零实数 k 加到 $\boldsymbol{A}$ 的第 i 行上，得到矩阵 $\boldsymbol{B}$，设

$$\boldsymbol{A}=\begin{pmatrix} a_{11} & \cdots & a_{1n} \\ \vdots & & \vdots \\ a_{i1} & \cdots & a_{in} \\ \vdots & & \vdots \\ a_{j1} & \cdots & a_{jn} \\ \vdots & & \vdots \\ a_{m1} & \cdots & a_{mn} \end{pmatrix} \longrightarrow \begin{pmatrix} a_{11} & \cdots & a_{1n} \\ \vdots & & \vdots \\ a_{i1}+ka_{j1} & \cdots & a_{in}+ka_{jn} \\ \vdots & & \vdots \\ a_{j1} & \cdots & a_{jn} \\ \vdots & & \vdots \\ a_{m1} & \cdots & a_{mn} \end{pmatrix}=\boldsymbol{B}.$$

令 $\boldsymbol{A}$ 的列向量为 $\boldsymbol{\beta}_1,\boldsymbol{\beta}_2,\cdots,\boldsymbol{\beta}_n$，$\boldsymbol{B}$ 的列向量为 $\boldsymbol{\beta}'_1,\boldsymbol{\beta}'_2,\cdots,\boldsymbol{\beta}'_n$. 若 $\boldsymbol{A}$ 的列向量有线性关系

$$\lambda_1\boldsymbol{\beta}_1+\lambda_2\boldsymbol{\beta}_2+\cdots+\lambda_n\boldsymbol{\beta}_n=\boldsymbol{0}. \tag{3.18}$$

式(3.18)等价于以下等式组

$$\begin{cases} \lambda_1 a_{11}+\lambda_2 a_{12}+\cdots+\lambda_n a_{1n}=0, \\ \qquad\vdots \\ \lambda_1 a_{i1}+\lambda_2 a_{i2}+\cdots+\lambda_n a_{in}=0, (i) \\ \qquad\vdots \\ \lambda_1 a_{j1}+\lambda_2 a_{j2}+\cdots+\lambda_n a_{jn}=0, (j) \\ \qquad\vdots \\ \lambda_1 a_{m1}+\lambda_2 a_{m2}+\cdots+\lambda_n a_{mn}=0. \end{cases}$$

将第 j 个等式乘以实数 k 加到第 i 个等式上（只写出第 j 个，第 i 个等式，其他的略）有

$$\begin{cases} \qquad\vdots \\ \lambda_1(a_{i1}+ka_{j1})+\lambda_2(a_{i2}+ka_{j2})+\cdots+\lambda_n(a_{in}+ka_{jn})=0, (i) \\ \qquad\vdots \\ \lambda_1 a_{j1}+\lambda_2 a_{j2}+\cdots+\lambda_n a_{jn}=0, (j) \\ \qquad\vdots \end{cases}$$

以上等式组等价于关系式

$$\lambda_1\boldsymbol{\beta}'_1+\lambda_2\boldsymbol{\beta}'_2+\cdots+\lambda_n\boldsymbol{\beta}'_n=\boldsymbol{0}. \tag{3.19}$$

这样适合式(3.18)的 λ_i 一定适合式(3.19).

同样可证，由

$$l_1\boldsymbol{\beta}'_1+l_2\boldsymbol{\beta}'_2+\cdots+l_n\boldsymbol{\beta}'_n=\mathbf{0},$$

可推得
$$l_1\boldsymbol{\beta}_1+l_2\boldsymbol{\beta}_2+\cdots+l_n\boldsymbol{\beta}_n=\mathbf{0}.$$

所以 $\boldsymbol{A}$ 与 $\boldsymbol{B}$ 的列向量组具有相同的线性关系.

(2)对矩阵 $\boldsymbol{A}$ 施行其他两种初等行变换,得到矩阵 $\boldsymbol{B}$,$\boldsymbol{A}$ 与 $\boldsymbol{B}$ 的列向组也具有相同的线性关系,对此可用类似的方法给出证明.

类似的,可以有以下定理:

定理 3.12 $m\times n$ 阶矩阵 $\boldsymbol{A}$ 经初等列变换得到 $m\times n$ 阶矩阵 $\boldsymbol{B}$,那么 $\boldsymbol{A}$ 与 $\boldsymbol{B}$ 的行向量组具有相同的线性关系.

定理 3.13 初等变换不改变矩阵的行秩和列秩.

由此得到,求向量组的一个极大无关组的具体做法:

用已知向量组为列向量构成矩阵 $\boldsymbol{A}$,对矩阵 $\boldsymbol{A}$ 施行初等行变换化为简化阶梯形矩阵,其列向量之间的线性关系及列向量组的极大无关组可以直观地看出来. 由定理 3.11 便可得到矩阵 $\boldsymbol{A}$ 列向量组的线性关系,且可以求出相应的列向量组的一个极大无关组,从而也可确定已知向量组的线性关系,并求出一个极大无关组和其余向量可由极大无关组线性表示.

例 3.21 求向量组

$$\boldsymbol{\alpha}_1=(2,1,3,-1)^{\mathrm{T}},\boldsymbol{\alpha}_2=(3,-1,2,0)^{\mathrm{T}},$$
$$\boldsymbol{\alpha}_3=(1,3,4,-2)^{\mathrm{T}},\boldsymbol{\alpha}_4=(4,-3,1,1)^{\mathrm{T}}$$

的一个极大无关组和向量组的秩,并将其余向量表为该极大无关组的线性组合.

解 以 $\boldsymbol{\alpha}_1,\boldsymbol{\alpha}_2,\boldsymbol{\alpha}_3,\boldsymbol{\alpha}_4$ 为列向量构造矩阵 $\boldsymbol{A}$

$$\boldsymbol{A}=(\boldsymbol{\alpha}_1,\boldsymbol{\alpha}_2,\boldsymbol{\alpha}_3,\boldsymbol{\alpha}_4)=\begin{pmatrix}2&3&1&4\\1&-1&3&-3\\3&2&4&1\\-1&0&-2&1\end{pmatrix}\to\begin{pmatrix}1&-1&3&-3\\2&3&1&4\\3&2&4&1\\-1&0&-2&1\end{pmatrix}$$
$$\to\begin{pmatrix}1&-1&3&-3\\0&5&-5&10\\0&5&-5&10\\0&-1&1&-2\end{pmatrix}\to\begin{pmatrix}1&-1&3&-3\\0&1&-1&2\\0&0&0&0\\0&0&0&0\end{pmatrix}$$
$$\to\begin{pmatrix}1&0&2&-1\\0&1&-1&2\\0&0&0&0\\0&0&0&0\end{pmatrix}.$$

由于对矩阵施以初等行变换，不改变向量间的线性关系，因此由最后一个简化阶梯形矩阵可知，$r(\boldsymbol{A})=r(\boldsymbol{\alpha}_1,\boldsymbol{\alpha}_2,\boldsymbol{\alpha}_3,\boldsymbol{\alpha}_4)=2$；$\boldsymbol{\alpha}_1,\boldsymbol{\alpha}_2$ 为向量组的一个极大无关组；并且 $\boldsymbol{\alpha}_3=2\boldsymbol{\alpha}_1-\boldsymbol{\alpha}_2,\boldsymbol{\alpha}_4=-\boldsymbol{\alpha}_1+2\boldsymbol{\alpha}_2$.

例 3.22　设 $\boldsymbol{A}$ 是 n 阶矩阵，$\boldsymbol{B}$ 是 $n\times m$ 阶矩阵，$r(\boldsymbol{B})=n$，若 $\boldsymbol{AB}=\boldsymbol{O}$，证明：$\boldsymbol{A}=\boldsymbol{O}$.

证明　记 $\boldsymbol{B}$ 的列向量组为 $\boldsymbol{\beta}_1,\boldsymbol{\beta}_2,\cdots,\boldsymbol{\beta}_m$，因为 $r(\boldsymbol{B})=n$，可设 $\boldsymbol{\beta}_{i_1},\boldsymbol{\beta}_{i_2},\cdots,\boldsymbol{\beta}_{i_n}$ 为其一个极大无关组，则 n 阶矩阵 $(\boldsymbol{\beta}_{i_1},\boldsymbol{\beta}_{i_2},\cdots,\boldsymbol{\beta}_{i_n})$ 可逆.

由
$$\boldsymbol{AB}=\boldsymbol{A}(\boldsymbol{\beta}_1,\boldsymbol{\beta}_2,\cdots,\boldsymbol{\beta}_m)=(\boldsymbol{A\beta}_1,\boldsymbol{A\beta}_2,\cdots,\boldsymbol{A\beta}_m)=\boldsymbol{O}$$
得
$$\boldsymbol{A}(\boldsymbol{\beta}_{i_1},\boldsymbol{\beta}_{i_2},\cdots,\boldsymbol{\beta}_{i_n})=\boldsymbol{O},$$
所以
$$\boldsymbol{A}=\boldsymbol{O}.$$

例 3.23　设 $\boldsymbol{A}_{m\times n}$ 及 $\boldsymbol{B}_{n\times s}$ 为两个矩阵，证明：$\boldsymbol{A}$ 与 $\boldsymbol{B}$ 乘积的秩不大于 $\boldsymbol{A}$ 的秩和 $\boldsymbol{B}$ 的秩，即
$$r(\boldsymbol{AB})\leqslant\min\{r(\boldsymbol{A}),r(\boldsymbol{B})\}.$$

证明　设
$$\boldsymbol{A}_{m\times n}=(a_{ij})_{m\times n}=(\boldsymbol{\alpha}_1,\boldsymbol{\alpha}_2,\cdots,\boldsymbol{\alpha}_n),$$
$$\boldsymbol{B}_{n\times s}=(b_{ij})_{n\times s},$$
$$\boldsymbol{AB}=\boldsymbol{C}=(c_{ij})_{m\times s}=(\boldsymbol{\gamma}_1,\boldsymbol{\gamma}_2,\cdots,\boldsymbol{\gamma}_s),$$
即
$$(\boldsymbol{\gamma}_1,\boldsymbol{\gamma}_2,\cdots,\boldsymbol{\gamma}_s)=(\boldsymbol{\alpha}_1,\boldsymbol{\alpha}_2,\cdots,\boldsymbol{\alpha}_n)\begin{pmatrix}b_{11}&\cdots&b_{1j}&\cdots&b_{1s}\\b_{21}&\cdots&b_{2j}&\cdots&b_{2s}\\\vdots&&\vdots&&\vdots\\b_{n1}&\cdots&b_{nj}&\cdots&b_{ns}\end{pmatrix}.$$
因此由 $\boldsymbol{\gamma}_j=b_{1j}\boldsymbol{\alpha}_1+b_{2j}\boldsymbol{\alpha}_2+\cdots+b_{nj}\boldsymbol{\alpha}_j\ (j=1,2,\cdots,s)$，即 $\boldsymbol{AB}$ 的列向量组 $\boldsymbol{\gamma}_1,\boldsymbol{\gamma}_2,\cdots,\boldsymbol{\gamma}_s$ 可由 $\boldsymbol{A}$ 的列向量组 $\boldsymbol{\alpha}_1,\boldsymbol{\alpha}_2,\cdots,\boldsymbol{\alpha}_n$ 线性表示，根据定理 3.9 可知，$r(\boldsymbol{AB})\leqslant r(\boldsymbol{A})$.

类似的方法：设 $\boldsymbol{B}_{n\times s}=(b_{ij})_{n\times s}=\begin{pmatrix}\boldsymbol{\beta}_1\\\boldsymbol{\beta}_2\\\vdots\\\boldsymbol{\beta}_n\end{pmatrix}$，$\boldsymbol{AB}=(a_{ij})\begin{pmatrix}\boldsymbol{\beta}_1\\\boldsymbol{\beta}_2\\\vdots\\\boldsymbol{\beta}_n\end{pmatrix}$，可以证明：$r(\boldsymbol{AB})\leqslant r(\boldsymbol{B})$，

因此，$r(\boldsymbol{AB})\leqslant\min\{r(\boldsymbol{A}),r(\boldsymbol{B})\}$.

例题 3.23 的结论可以作为定理使用.

练习 3.4

1. 判断下列命题是否正确. 如果正确,请简述理由;如果不正确,请举出反例.

(1)设 $\boldsymbol{A}$ 是 n 阶矩阵,$r(\boldsymbol{A})=r<n$,则矩阵 $\boldsymbol{A}$ 的任意 r 个列向量线性无关.

(2)设向量组 $\boldsymbol{\alpha}_1,\boldsymbol{\alpha}_2,\cdots,\boldsymbol{\alpha}_s$ 线性无关,且可由向量组 $\boldsymbol{\beta}_1,\boldsymbol{\beta}_2,\cdots,\boldsymbol{\beta}_t$ 线性表示,则必有 $s<t$.

(3)设 $\boldsymbol{A}$ 是 $m\times n$ 阶矩阵,如果矩阵 $\boldsymbol{A}$ 的 n 个列向量线性无关,那么 $r(\boldsymbol{A})=n$.

(4)如果向量组 $\boldsymbol{\alpha}_1,\boldsymbol{\alpha}_2,\cdots,\boldsymbol{\alpha}_s$ 的秩是 s,那么向量组 $\boldsymbol{\alpha}_1,\boldsymbol{\alpha}_2,\cdots,\boldsymbol{\alpha}_s$ 中任一部分组都线性无关.

(5)如果向量组 $\boldsymbol{\alpha}_1,\boldsymbol{\alpha}_2,\cdots,\boldsymbol{\alpha}_s$ 的秩是 r,并且 $r<s$,那么向量组 $\boldsymbol{\alpha}_1,\boldsymbol{\alpha}_2,\cdots,\boldsymbol{\alpha}_s$ 中任一 $r+1$ 部分组都线性相关.

2. 填空题

(1)已知向量组 $\boldsymbol{\alpha}_1,\boldsymbol{\alpha}_2,\boldsymbol{\alpha}_3$ 的秩为 3,则向量组 $\boldsymbol{\alpha}_1,\boldsymbol{\alpha}_2-\boldsymbol{\alpha}_3$ 的秩为________.

(2)已知秩为 3 的向量组 $\boldsymbol{\alpha}_1,\boldsymbol{\alpha}_2,\boldsymbol{\alpha}_3,\boldsymbol{\alpha}_4$ 可由向量组 $\boldsymbol{\beta}_1,\boldsymbol{\beta}_2,\boldsymbol{\beta}_3$ 线性表示,则向量组 $\boldsymbol{\beta}_1,\boldsymbol{\beta}_2,\boldsymbol{\beta}_3$ 必定线性________,秩是________.

3. 求下列向量组的秩和一个极大无关组,并将其余向量用此极大无关组线性表示.

(1)$\boldsymbol{\alpha}_1=(1,1,1)^{\mathrm{T}},\boldsymbol{\alpha}_2=(1,1,0)^{\mathrm{T}},\boldsymbol{\alpha}_3=(1,0,0)^{\mathrm{T}},\boldsymbol{\alpha}_4=(1,2,-3)^{\mathrm{T}}$;

(2)$\boldsymbol{\alpha}_1=(2,1,1,1)^{\mathrm{T}},\boldsymbol{\alpha}_2=(-1,1,7,10)^{\mathrm{T}},\boldsymbol{\alpha}_3=(3,1,-1,-2)^{\mathrm{T}},\boldsymbol{\alpha}_4=(8,5,9,11)^{\mathrm{T}}$;

(3)$\boldsymbol{\alpha}_1=(1,2,3,4)^{\mathrm{T}},\boldsymbol{\alpha}_2=(2,3,4,5)^{\mathrm{T}},\boldsymbol{\alpha}_3=(3,4,5,6)^{\mathrm{T}},\boldsymbol{\alpha}_4=(4,5,6,7)^{\mathrm{T}}$.

4. 设向量组 $\boldsymbol{\alpha}_1=(a,3,1)^{\mathrm{T}},\boldsymbol{\alpha}_2=(2,b,3)^{\mathrm{T}},\boldsymbol{\alpha}_3=(1,2,1)^{\mathrm{T}},\boldsymbol{\alpha}_4=(2,3,1)^{\mathrm{T}}$ 的秩是 2,求 a,b.

5. 已知三阶矩阵 $\boldsymbol{A}$ 与三维列向量 $\boldsymbol{x}$ 满足 $\boldsymbol{A}^3\boldsymbol{x}=3\boldsymbol{A}\boldsymbol{x}-2\boldsymbol{A}^2\boldsymbol{x}$,且列向量 $\boldsymbol{x},\boldsymbol{A}\boldsymbol{x},\boldsymbol{A}^2\boldsymbol{x}$ 线性无关,

(1)记 $\boldsymbol{P}=(\boldsymbol{x},\boldsymbol{A}\boldsymbol{x},\boldsymbol{A}^2\boldsymbol{x})$,求三阶矩阵 $\boldsymbol{B}$,使 $\boldsymbol{AP}=\boldsymbol{PB}$;

(2)求:$|\boldsymbol{A}|$.

6. 已知向量组 A:$\boldsymbol{\alpha}_1=(0,1,1)^{\mathrm{T}},\boldsymbol{\alpha}_2=(1,1,0)^{\mathrm{T}}$ 与向量组 B:$\boldsymbol{\beta}_1=(-1,0,1)^{\mathrm{T}},\boldsymbol{\beta}_2=(1,2,1)^{\mathrm{T}},\boldsymbol{\beta}_3=(3,2,-1)^{\mathrm{T}}$,证明:向量组 A 与向量组 B 等价.

3.5 线性方程组解的结构

3.1 节介绍了线性方程组有解的判定定理. 这节将利用前面两节讨论过的向量组的线性相关性的理论,讨论线性方程组解的结构,从而完善线性方程组解的理论. 另外,本节所讨论的是线性方程组有无穷多解的情况下解与解之间的关系,也就是无穷多组解的结构问题.

3.5.1 齐次线性方程组解的结构

设 n 元齐次线性方程组

$$\begin{cases}a_{11}x_1+a_{12}x_2+\cdots+a_{1n}x_n=0,\\a_{21}x_1+a_{22}x_2+\cdots+a_{2n}x_n=0,\\\quad\vdots\\a_{m1}x_1+a_{m2}x_2+\cdots+a_{mn}x_n=0.\end{cases}\tag{3.20}$$

令

$$
\boldsymbol{A}=\begin{pmatrix} a_{11} & a_{12} & \cdots & a_{1n} \\ a_{21} & a_{22} & \cdots & a_{2n} \\ \vdots & \vdots & & \vdots \\ a_{m1} & a_{m2} & \cdots & a_{mn} \end{pmatrix}_{m\times n}, \quad \boldsymbol{x}=\begin{pmatrix} x_1 \\ x_2 \\ \vdots \\ x_n \end{pmatrix},
$$

则方程组(3.20)的矩阵形式为

$$
\boldsymbol{Ax}=\boldsymbol{0}.
$$

n 元线性方程组的一个解可以看作一个 n 维向量,方程组的解的集合称为方程组的解向量组. 齐次线性方程组(3.20)的解所组成的集合具有下列性质:

(1)如果 $\boldsymbol{\alpha}_1$ 和 $\boldsymbol{\alpha}_2$ 是齐次方程组(3.20)的两个解,则 $\boldsymbol{\alpha}_1+\boldsymbol{\alpha}_2$ 也是方程组的解.

证明　因为 $\boldsymbol{\alpha}_1$ 和 $\boldsymbol{\alpha}_2$ 是方程组(3.20)的两个解,因此

$$
\boldsymbol{A\alpha}_1=\boldsymbol{0},\ \boldsymbol{A\alpha}_2=\boldsymbol{0}.
$$

所以 $\boldsymbol{A}(\boldsymbol{\alpha}_1+\boldsymbol{\alpha}_2)=\boldsymbol{A\alpha}_1+\boldsymbol{A\alpha}_2=\boldsymbol{0}$,即 $\boldsymbol{\alpha}_1+\boldsymbol{\alpha}_2$ 也是方程组(3.20)的解.

(2)如果 $\boldsymbol{\alpha}$ 是齐次方程组(3.20)的解,则 $k\boldsymbol{\alpha}$ 也是它的解(k 为常数).

证明　因为 $\boldsymbol{\alpha}$ 是方程组(3.20)的解,则 $\boldsymbol{A\alpha}=\boldsymbol{0}$,因此

$$
\boldsymbol{A}k\boldsymbol{\alpha}=k\boldsymbol{A\alpha}=\boldsymbol{0},
$$

即 $k\boldsymbol{\alpha}$ 也是方程组(3.20)的解.

对于齐次线性方程组,综合以上两条性质可得,解的线性组合还是方程组的解,即若 $\boldsymbol{\alpha}_1,\boldsymbol{\alpha}_2,\cdots,\boldsymbol{\alpha}_t$ 是方程组(3.20)的解,则对任一组常数 $c_1,c_2,\cdots,c_t$,

$$
c_1\boldsymbol{\alpha}_1+c_2\boldsymbol{\alpha}_2+\cdots+c_t\boldsymbol{\alpha}_t
$$

也是方程组(3.20)的解.

这就启发我们考虑:当齐次方程组(3.20)有无穷多解时,能否找到有限个解,使得齐次线性方程组(3.20)的任一个解均可由这有限个解线性表示. 其中,这有限个解为解向量组的一个极大无关组,其余无穷多个解可由极大无关组线性表示,这样就可以掌握该方程组解的结构. 为此,我们引入下面的定义.

定义 3.13　如果齐次线性方程组(3.20)的有限多个解 $\boldsymbol{\eta}_1,\boldsymbol{\eta}_2,\cdots,\boldsymbol{\eta}_s$ 满足:

(1)$\boldsymbol{\eta}_1,\boldsymbol{\eta}_2,\cdots,\boldsymbol{\eta}_s$ 线性无关;

(2)方程组(3.20)的任一个解都可由 $\boldsymbol{\eta}_1,\boldsymbol{\eta}_2,\cdots,\boldsymbol{\eta}_s$ 线性表示. 则称 $\boldsymbol{\eta}_1,\boldsymbol{\eta}_2,\cdots,\boldsymbol{\eta}_s$ 是齐次线性方程组(3.20)的一个**基础解系**.

定理 3.14 如果齐次线性方程组(3.20)的系数矩阵的秩$r(\boldsymbol{A})=r<n$(n是未知量的个数),则方程组(3.20)必存在基础解系,且基础解系中解向量的个数是$n-r$.

下面给出的证明是一种构造性证明,即在证明中同时给出了一种求基础解系的方法.

证明 由已知,齐次线性方程组(3.20)的系数矩阵的秩$r(\boldsymbol{A})=r<n$,因此,用矩阵的初等行变换可将系数矩阵化为下面的行简化阶梯形矩阵

$$\boldsymbol{A}\to\cdots\to\begin{pmatrix}1&0&\cdots&0&c_{1,r+1}&c_{1,r+2}&\cdots&c_{1n}\\0&1&\cdots&0&c_{2,r+1}&c_{2,r+2}&\cdots&c_{2n}\\\vdots&\vdots&&\vdots&\vdots&\vdots&&\vdots\\0&0&\cdots&1&c_{r,r+1}&c_{r,r+2}&\cdots&c_{rn}\\0&0&\cdots&0&0&0&\cdots&0\\\vdots&\vdots&&\vdots&\vdots&\vdots&&\vdots\\0&0&\cdots&0&0&0&\cdots&0\end{pmatrix},$$

由此得到方程组的一般解

$$\begin{cases}x_1=-c_{1,r+1}x_{r+1}-c_{1,r+2}x_{r+2}-\cdots-c_{1n}x_n,\\x_2=-c_{2,r+1}x_{r+1}-c_{2,r+2}x_{r+2}-\cdots-c_{2n}x_n,\\\qquad\vdots\\x_r=-c_{r,r+1}x_{r+1}-c_{r,r+2}x_{r+2}-\cdots-c_{rn}x_n,\end{cases}\tag{3.21}$$

其中$x_{r+1},x_{r+2},\cdots,x_n$为$n-r$个自由未知量.显然,给定自由未知量$x_{r+1},x_{r+2},\cdots,x_n$一组值$k_{r+1},k_{r+2},\cdots,k_n$,即可得到方程组(3.20)的一个解;并且,方程组的任意两个解,只要它们对应的自由未知量取值相同,则这两个解就完全相同.

特别地,如果将自由未知量$x_{r+1},x_{r+2},\cdots,x_n$分别取下述$n-r$组值:

$$\begin{pmatrix}x_{r+1}\\x_{r+2}\\\vdots\\x_n\end{pmatrix}=\begin{pmatrix}1\\0\\\vdots\\0\end{pmatrix},\begin{pmatrix}0\\1\\\vdots\\0\end{pmatrix},\cdots,\begin{pmatrix}0\\0\\\vdots\\1\end{pmatrix}.$$

由式(3.21)即可得到方程组(3.20)的$n-r$个解:

$$\boldsymbol{\eta}_1=\begin{pmatrix}-c_{1,r+1}\\-c_{2,r+1}\\\vdots\\-c_{r,r+1}\\1\\0\\\vdots\\0\end{pmatrix},\ \boldsymbol{\eta}_2=\begin{pmatrix}-c_{1,r+2}\\-c_{2,r+2}\\\vdots\\-c_{r,r+2}\\0\\1\\\vdots\\0\end{pmatrix},\ \cdots,\ \boldsymbol{\eta}_{n-r}=\begin{pmatrix}-c_{1n}\\-c_{2n}\\\vdots\\-c_{rn}\\0\\0\\\vdots\\1\end{pmatrix}.$$

下面我们来证明 $\boldsymbol{\eta}_1,\boldsymbol{\eta}_2,\cdots,\boldsymbol{\eta}_{n-r}$ 就是方程组(3.20)的一个基础解系. 为此,先证明 $\boldsymbol{\eta}_1,\boldsymbol{\eta}_2,\cdots,\boldsymbol{\eta}_{n-r}$ 线性无关,然后证明方程组(3.20)的任意一个解,都可以表为 $\boldsymbol{\eta}_1,\boldsymbol{\eta}_2,\cdots,\boldsymbol{\eta}_{n-r}$ 的线性组合.

注意到 $\boldsymbol{\eta}_1,\boldsymbol{\eta}_2,\cdots,\boldsymbol{\eta}_{n-r}$ 的后 $n-r$ 个分量组成的 $n-r$ 维向量组

$$\begin{pmatrix}1\\0\\0\\\vdots\\0\end{pmatrix},\begin{pmatrix}0\\1\\0\\\vdots\\0\end{pmatrix},\cdots,\begin{pmatrix}0\\0\\0\\\vdots\\1\end{pmatrix}$$

线性无关. 而 $\boldsymbol{\eta}_1,\boldsymbol{\eta}_2,\cdots,\boldsymbol{\eta}_{n-r}$ 为这个 $n-r$ 维向量组的加长向量组,因此 $\boldsymbol{\eta}_1,\boldsymbol{\eta}_2,\cdots,\boldsymbol{\eta}_{n-r}$ 也线性无关.

设 $\boldsymbol{\eta}=(k_1,k_2,\cdots,k_n)^{\mathrm{T}}$ 是方程组(3.20)的任意一个解,则有

$$\begin{cases}k_1=-c_{1,r+1}k_{r+1}-c_{1,r+2}k_{r+2}-\cdots-c_{1n}k_n,\\k_2=-c_{2,r+1}k_{r+1}-c_{2,r+2}k_{r+2}-\cdots-c_{2n}k_n,\\\qquad\vdots\\k_r=-c_{r,r+1}k_{r+1}-c_{r,r+2}k_{r+2}-\cdots-c_{rn}k_n.\end{cases}$$

$$\boldsymbol{\eta}=\begin{pmatrix}k_1\\\vdots\\k_r\\k_{r+1}\\k_{r+2}\\\vdots\\k_n\end{pmatrix}=\begin{pmatrix}-c_{1,r+1}k_{r+1} & -c_{1,r+2}k_{r+2} & \cdots & -c_{1n}k_n\\\vdots & \vdots & & \vdots\\-c_{r,r+1}k_{r+1} & -c_{r,r+2}k_{r+2} & \cdots & -c_{rn}k_n\\k_{r+1} & & & \\ & k_{r+2} & & \\ & & \ddots & \vdots\\ & \cdots & & k_n\end{pmatrix}$$

$$=k_{r+1}\begin{pmatrix}-c_{1,r+1}\\-c_{2,r+1}\\\vdots\\-c_{r,r+1}\\1\\0\\\vdots\\0\end{pmatrix}+k_{r+2}\begin{pmatrix}-c_{1,r+2}\\-c_{2,r+2}\\\vdots\\-c_{r,r+2}\\0\\1\\\vdots\\0\end{pmatrix}+\cdots+k_n\begin{pmatrix}-c_{1n}\\-c_{2n}\\\vdots\\-c_{rn}\\0\\0\\\vdots\\1\end{pmatrix},$$

$$=k_{r+1}\boldsymbol{\eta}_1+k_{r+2}\boldsymbol{\eta}_2+\cdots+k_n\boldsymbol{\eta}_{n-r}$$

故方程组(3.20)的任一个解都能表示为 $\boldsymbol{\eta}_1,\boldsymbol{\eta}_2,\cdots,\boldsymbol{\eta}_{n-r}$ 的线性组合，于是 $\boldsymbol{\eta}_1,\boldsymbol{\eta}_2,\cdots,\boldsymbol{\eta}_{n-r}$ 是方程组(3.20)的一个基础解系.

此定理的证明过程，给我们指出了求齐次线性方程组的基础解系的一种方法.

由于 $x_{r+1},x_{r+2},\cdots,x_n$ 可以随意取值，故基础解系不是唯一的，但任意基础解系所含向量的个数都是 $n-r$ 个. 同时方程组的任意 $n-r$ 个线性无关的解都可作为方程组的一个基础解系. 当齐次线性方程组只有零解时，则该齐次方程组没有基础解系.

例 3.24 求线性方程组的一个基础解系及方程组的全部解.

$$\begin{cases}x_1+2x_2-x_4+2x_5=0,\\x_1+2x_2+x_3+x_5=0,\\2x_1+4x_2+x_3-x_4+3x_5=0,\\x_3+x_4-x_5=0.\end{cases}$$

解 $\boldsymbol{A}=\begin{pmatrix}1&2&0&-1&2\\1&2&1&0&1\\2&4&1&-1&3\\0&0&1&1&-1\end{pmatrix}\longrightarrow\begin{pmatrix}1&2&0&-1&2\\0&0&1&1&-1\\0&0&1&1&-1\\0&0&1&1&-1\end{pmatrix}$

$$\longrightarrow\begin{pmatrix}1&2&0&-1&2\\0&0&1&1&-1\\0&0&0&0&0\\0&0&0&0&0\end{pmatrix}.$$

由 $r(\boldsymbol{A})=2<5$(未知量的个数)可知，方程组有无穷多解. 其基础解系所含向量的个数为 $n-r=3$，此时对应的方程组的同解方程为

$$\begin{cases}x_1=-2x_2+x_4-2x_5,\\x_3=-x_4+x_5.\end{cases}\quad(x_2,x_4,x_5\text{ 为自由变量})$$

令自由变量$\begin{pmatrix} x_2 \\ x_4 \\ x_5 \end{pmatrix}$分别取$\begin{pmatrix} 1 \\ 0 \\ 0 \end{pmatrix}\begin{pmatrix} 0 \\ 1 \\ 0 \end{pmatrix}\begin{pmatrix} 0 \\ 0 \\ 1 \end{pmatrix}$得一个基础解系

$$\boldsymbol{\eta}_1 = \begin{pmatrix} -2 \\ 1 \\ 0 \\ 0 \\ 0 \end{pmatrix}, \quad \boldsymbol{\eta}_2 = \begin{pmatrix} 1 \\ 0 \\ -1 \\ 1 \\ 0 \end{pmatrix}, \quad \boldsymbol{\eta}_3 = \begin{pmatrix} -2 \\ 0 \\ 1 \\ 0 \\ 1 \end{pmatrix}.$$

$$\boldsymbol{\eta} = c_1\boldsymbol{\eta}_1 + c_2\boldsymbol{\eta}_2 + c_3\boldsymbol{\eta}_3 = c_1\begin{pmatrix} -2 \\ 1 \\ 0 \\ 0 \\ 0 \end{pmatrix} + c_2\begin{pmatrix} 1 \\ 0 \\ -1 \\ 1 \\ 0 \end{pmatrix} + c_3\begin{pmatrix} -2 \\ 0 \\ 1 \\ 0 \\ 1 \end{pmatrix}$$

(其中 c_1, c_2, c_3 为任意实数).

例 3.25　设方程组

$$\begin{cases} x_1 + 2x_2 - 2x_3 = 0, \\ 2x_1 - x_2 + ax_3 = 0, \\ 3x_1 + x_2 - x_3 = 0 \end{cases}$$

的系数矩阵为 $\boldsymbol{A}$,且有三阶非零矩阵 $\boldsymbol{B}$ 使得 $\boldsymbol{AB}=\boldsymbol{O}$,求 a 的值.

解　设 $\boldsymbol{B}=(\boldsymbol{\beta}_1,\boldsymbol{\beta}_2,\boldsymbol{\beta}_3)$,$\boldsymbol{\beta}_i$ 为三维列向量,由于 $\boldsymbol{AB}=\boldsymbol{O}$,则

$$\boldsymbol{AB} = \boldsymbol{A}(\boldsymbol{\beta}_1,\boldsymbol{\beta}_2,\boldsymbol{\beta}_3) = (\boldsymbol{A\beta}_1,\boldsymbol{A\beta}_2,\boldsymbol{A\beta}_3) = (0,0,0),$$

即矩阵 $\boldsymbol{B}$ 的每一列均为方程组的解,又 $\boldsymbol{B}$ 为非零矩阵,故方程组 $\boldsymbol{AX}=\boldsymbol{0}$ 有非零解,从而

$$|\boldsymbol{A}| = \begin{vmatrix} 1 & 2 & -2 \\ 2 & -1 & a \\ 3 & 1 & -1 \end{vmatrix} = 5(a-1) = 0,$$

解得　$a=1$.

例 3.26　设 $\boldsymbol{A}$ 为 $m\times n$ 矩阵,$\boldsymbol{B}$ 为 $n\times k$ 矩阵,若 $\boldsymbol{AB}=\boldsymbol{O}$,证明:

$$r(\boldsymbol{A}) + r(\boldsymbol{B}) \leqslant n.$$

证明　将 $\boldsymbol{B}$ 按列分块为 $\boldsymbol{B}=(\boldsymbol{\beta}_1,\boldsymbol{\beta}_2,\cdots,\boldsymbol{\beta}_k)$,由 $\boldsymbol{AB}=\boldsymbol{O}$,得

$$\boldsymbol{AB} = (\boldsymbol{A\beta}_1,\boldsymbol{A\beta}_2,\cdots,\boldsymbol{A\beta}_k) = (\boldsymbol{0},\boldsymbol{0},\cdots,\boldsymbol{0})$$

即有

$$\boldsymbol{A\beta}_i = \boldsymbol{0}(i=1,2,\cdots,k).$$

上式表明矩阵 $\boldsymbol{B}$ 的每一列都是齐次线性方程组 $\boldsymbol{AX}=\boldsymbol{0}$ 的解,又 $\boldsymbol{AX}=\boldsymbol{0}$ 的基础解系中含有 $n-r(\boldsymbol{A})=0$ 个解,从而

$$r(\boldsymbol{B}) = r(\boldsymbol{\beta}_1,\boldsymbol{\beta}_2,\cdots,\boldsymbol{\beta}_k) \leqslant n - r(\boldsymbol{A}),$$

即 $r(\boldsymbol{B})\leqslant n-r(\boldsymbol{A})$,或 $r(\boldsymbol{A})+r(\boldsymbol{B})\leqslant n$. 证毕.

若 $\boldsymbol{AB}=\boldsymbol{O}$,$r(\boldsymbol{A})+r(\boldsymbol{B})\leqslant n$. 这一结论可作为定理使用.

例 3.27 设 $\boldsymbol{A}$ 为 $m\times n$ 矩阵,证明:$r(\boldsymbol{A}^{\mathrm{T}}\boldsymbol{A})=r(\boldsymbol{A})$.

证明 由于 $\boldsymbol{A}^{\mathrm{T}}\boldsymbol{AX}=\boldsymbol{0}$ 与 $\boldsymbol{AX}=\boldsymbol{0}$ 均为 n 个未知量的齐次线性方程组,只需证明这两个方程组同解.

若 $\boldsymbol{\alpha}$ 是 $\boldsymbol{AX}=\boldsymbol{0}$ 的解,则 $\boldsymbol{A\alpha}=\boldsymbol{0}$,于是 $\boldsymbol{A}^{\mathrm{T}}\boldsymbol{A\alpha}=\boldsymbol{0}$,故 $\boldsymbol{\alpha}$ 是 $\boldsymbol{A}^{\mathrm{T}}\boldsymbol{AX}=\boldsymbol{0}$ 的解.

另一方面,若 $\boldsymbol{\alpha}$ 是 $\boldsymbol{A}^{\mathrm{T}}\boldsymbol{AX}=\boldsymbol{0}$ 的解,则 $\boldsymbol{A}^{\mathrm{T}}\boldsymbol{A\alpha}=\boldsymbol{0}$. 左乘 $\boldsymbol{\alpha}^{\mathrm{T}}$ 得 $\boldsymbol{\alpha}^{\mathrm{T}}\boldsymbol{A}^{\mathrm{T}}\boldsymbol{A\alpha}=\boldsymbol{0}$,即$(\boldsymbol{A\alpha})^{\mathrm{T}}\boldsymbol{A\alpha}=\boldsymbol{0}$,从而 $\boldsymbol{A\alpha}=\boldsymbol{0}$,$\boldsymbol{\alpha}$ 是 $\boldsymbol{AX}=\boldsymbol{0}$ 的解.

3.5.2 非齐次线性方程组解的结构

设非齐次线性方程组

$$\begin{cases} a_{11}x_1 + a_{12}x_2 + \cdots + a_{1n}x_n = b_1, \\ a_{21}x_1 + a_{22}x_2 + \cdots + a_{2n}x_n = b_2, \\ \qquad\vdots \\ a_{m1}x_1 + a_{m2}x_2 + \cdots + a_{mn}x_n = b_m. \end{cases} \tag{3.22}$$

其矩阵形式为

$$\boldsymbol{Ax}=\boldsymbol{\beta},$$

其中 $\boldsymbol{A}=(a_{ij})_{m\times n}$, $\boldsymbol{X}=(x_1,x_2,\cdots,x_n)^{\mathrm{T}}$, $\boldsymbol{\beta}=(b_1,b_2,\cdots,b_m)^{\mathrm{T}}$.

如果将常数项换成是 $\boldsymbol{0}$,即取 $\boldsymbol{\beta}=\boldsymbol{0}$,得到齐次线性方程组(3.20),即

$$\boldsymbol{Ax}=\boldsymbol{0},$$

称上述齐次线性方程组为非齐次线性方程组(3.22)的**导出组**.

非齐次线性方程组(3.22)与其导出组的解具有以下性质:

性质 8 如果 $\boldsymbol{\xi}$ 是非齐次线性方程组(3.22)的一个解,$\boldsymbol{\eta}$ 是其导出组的一个解,则 $\boldsymbol{\xi}+\boldsymbol{\eta}$ 是非齐次线性方程组(3.22)的解.

证明 依据方程组的矩阵形式,由于 $\boldsymbol{\xi}$ 是方程组 $\boldsymbol{Ax}=\boldsymbol{\beta}$ 的解,故 $\boldsymbol{A\xi}=\boldsymbol{\beta}$;$\boldsymbol{\eta}$ 是 $\boldsymbol{Ax}=\boldsymbol{0}$ 的解,则 $\boldsymbol{A\eta}=\boldsymbol{0}$,从而 $\boldsymbol{A}(\boldsymbol{\xi}+\boldsymbol{\eta})=\boldsymbol{A\xi}+\boldsymbol{A\eta}=\boldsymbol{\beta}+\boldsymbol{0}=\boldsymbol{\beta}$,即 $\boldsymbol{\xi}+\boldsymbol{\eta}$ 是方程组 $\boldsymbol{Ax}=\boldsymbol{\beta}$ 的解.

性质 9 如果 $\boldsymbol{\xi}_1,\boldsymbol{\xi}_2$ 均为非齐次线性方程组(3.22)的解,那么 $\boldsymbol{\xi}_1-\boldsymbol{\xi}_2$ 为其导出组的解.

证明的方法和证明性质 8 类似,将它留给读者证明.

由性质 8 和性质 9 可以得到:

定理 3.15　设非齐次线性方程组(3.22)满足 $r(\boldsymbol{A})=r(\overline{\boldsymbol{A}})=r<n$,并设 $\boldsymbol{\xi}_0$ 为其一个特解,$\boldsymbol{\eta}$ 是其导出组的全部解,

$$\boldsymbol{\eta}=c_1\boldsymbol{\eta}_1+c_2\boldsymbol{\eta}_2+\cdots+c_{n-r}\boldsymbol{\eta}_{n-r},$$

其中 $\boldsymbol{\eta}_1,\boldsymbol{\eta}_2,\cdots,\boldsymbol{\eta}_{n-r}$ 为导出组的一个基础解系,$c_1,c_2,\cdots,c_{n-r}$ 为任意常数,则方程组(3.22)的全部解 $\boldsymbol{\xi}$ 可以表为

$$\boldsymbol{\xi}=\boldsymbol{\xi}_0+\boldsymbol{\eta}=\boldsymbol{\xi}_0+c_1\boldsymbol{\eta}_1+c_2\boldsymbol{\eta}_2+\cdots+c_{n-r}\boldsymbol{\eta}_{n-r},\quad(3.23)$$

即方程组(3.22)的全部解可以表示为它的一个特解 $\boldsymbol{\xi}_0$ 加上其导出组的基础解系的线性组合,式(3.23)也称为方程组(3.22)的解的结构式.

证明　由性质 8 可知,$\boldsymbol{\xi}=\boldsymbol{\xi}_0+\boldsymbol{\eta}$ 一定是方程组(3.22)的解,下面证明方程组的任意一个解 $\boldsymbol{\xi}$ 一定具有(3.23)的形式.

由于 $\boldsymbol{\xi},\boldsymbol{\xi}_0$ 均为非齐次线性方程组(3.22)的解,由性质 9 可知,$\boldsymbol{\xi}-\boldsymbol{\xi}_0$ 为其导出组的解. 因此,$\boldsymbol{\xi}-\boldsymbol{\xi}_0$ 可由其导出组的基础解系 $\boldsymbol{\eta}_1,\boldsymbol{\eta}_2,\cdots,\boldsymbol{\eta}_{n-r}$ 线性表出,即存在常数 $k_1,k_2,\cdots,k_{n-r}$,使

$$\boldsymbol{\xi}-\boldsymbol{\xi}_0=k_1\boldsymbol{\eta}_1+k_2\boldsymbol{\eta}_2+\cdots+k_{n-r}\boldsymbol{\eta}_{n-r},$$

即

$$\boldsymbol{\xi}=\boldsymbol{\xi}_0+k_1\boldsymbol{\eta}_1+k_2\boldsymbol{\eta}_2+\cdots+k_{n-r}\boldsymbol{\eta}_{n-r}.$$

这表明方程组(3.22)的任意一个解都可以表为式(3.23)的形式.

由此可见,当非齐次线性方程组有解时,它有唯一解的充分必要条件是其导出组仅有零解,它有无穷多解的充分必要条件是其导出组有无穷多组解.

例 3.28　设线性方程组

$$\begin{cases}x_1+2x_2-x_3-2x_4=0,\\2x_1-x_2-x_3+x_4=1,\\3x_1+x_2-2x_3-x_4=a.\end{cases}$$

试确定 a 的值,使方程组有解,并求其全部解.

解

$$\overline{\boldsymbol{A}}=\left(\begin{array}{cccc:c}1&2&-1&-2&0\\2&-1&-1&1&1\\3&1&-2&-1&a\end{array}\right)\to\left(\begin{array}{cccc:c}1&2&-1&-2&0\\0&-5&1&5&1\\0&-5&1&5&a\end{array}\right)\to\left(\begin{array}{cccc:c}1&2&-1&-2&0\\0&-5&1&5&1\\0&0&0&0&a-1\end{array}\right),$$

因此,$a=1$ 时,$r(\boldsymbol{A})=r(\overline{\boldsymbol{A}})=2<4$,方程组有无穷多解.

当 $a=1$ 时,

$$\overline{\boldsymbol{A}}\to\left(\begin{array}{cccc:c}1&2&-1&-2&0\\0&-5&1&5&1\\0&0&0&0&0\end{array}\right)\to\left(\begin{array}{cccc:c}1&2&-1&-2&0\\0&1&-\frac{1}{5}&-1&-\frac{1}{5}\\0&0&0&0&0\end{array}\right)\to\left(\begin{array}{cccc:c}1&0&-\frac{3}{5}&0&\frac{2}{5}\\0&1&-\frac{1}{5}&-1&-\frac{1}{5}\\0&0&0&0&0\end{array}\right),$$

得到方程组的一般解为

$$\begin{cases} x_1 = \frac{2}{5} + \frac{3}{5}x_3, \\ x_2 = -\frac{1}{5} + \frac{1}{5}x_3 + x_4, \end{cases} \quad (x_3, x_4 \text{ 为自由变量})$$

令$\begin{pmatrix} x_3 \\ x_4 \end{pmatrix}$取$\begin{pmatrix} 0 \\ 0 \end{pmatrix}$，得方程的一个特解 $\boldsymbol{\xi}_0 = \left(\frac{2}{5}, -\frac{1}{5}, 0, 0\right)^{\mathrm{T}}$.

方程组的导出组的一般解为

$$\begin{cases} x_1 = \frac{3}{5}x_3, \\ x_2 = \frac{1}{5}x_3 + x_4, \end{cases}$$

令$\begin{pmatrix} x_3 \\ x_4 \end{pmatrix}$取$\begin{pmatrix} 1 \\ 0 \end{pmatrix}$$\begin{pmatrix} 0 \\ 1 \end{pmatrix}$，得到导出组的一个基础解系$\boldsymbol{\eta}_1 = \left(\frac{3}{5}, \frac{1}{5}, 1, 0\right)^{\mathrm{T}}$，$\boldsymbol{\eta}_2 = (0, 1, 0, 1)^{\mathrm{T}}$.

从而得到方程组的解结构式为

$$\boldsymbol{\xi} = \boldsymbol{\xi}_0 + \boldsymbol{\eta} = \left(\frac{2}{5}, -\frac{1}{5}, 0, 0\right)^{\mathrm{T}} + c_1\left(\frac{3}{5}, \frac{1}{5}, 1, 0\right)^{\mathrm{T}} + c_2(0, 1, 0, 1)^{\mathrm{T}}$$

（其中，c_1, c_2 为任意常数）.

例 3.29 已知四阶方阵 $\boldsymbol{A} = (\boldsymbol{\alpha}_1, \boldsymbol{\alpha}_2, \boldsymbol{\alpha}_3, \boldsymbol{\alpha}_4)$，$\boldsymbol{\alpha}_1, \boldsymbol{\alpha}_2, \boldsymbol{\alpha}_3, \boldsymbol{\alpha}_4$ 均为四维列向量，其中 $\boldsymbol{\alpha}_2, \boldsymbol{\alpha}_3, \boldsymbol{\alpha}_4$ 线性无关，且 $\boldsymbol{\alpha}_1 = 2\boldsymbol{\alpha}_2 - \boldsymbol{\alpha}_3$，如果 $\boldsymbol{\beta} = \boldsymbol{\alpha}_1 + \boldsymbol{\alpha}_2 + \boldsymbol{\alpha}_3 + \boldsymbol{\alpha}_4$，求线性方程组 $\boldsymbol{Ax} = \boldsymbol{\beta}$ 的解.

解 $\boldsymbol{\beta} = \boldsymbol{\alpha}_1 + \boldsymbol{\alpha}_2 + \boldsymbol{\alpha}_3 + \boldsymbol{\alpha}_4 = (\boldsymbol{\alpha}_1, \boldsymbol{\alpha}_2, \boldsymbol{\alpha}_3, \boldsymbol{\alpha}_4)\begin{pmatrix} 1 \\ 1 \\ 1 \\ 1 \end{pmatrix}$.

可见，令 $\boldsymbol{\xi}_0 = \begin{pmatrix} 1 \\ 1 \\ 1 \\ 1 \end{pmatrix}$为非齐次线性方程组 $\boldsymbol{Ax} = \boldsymbol{\beta}$ 的一个特解.

又由于 $\boldsymbol{\alpha}_2, \boldsymbol{\alpha}_3, \boldsymbol{\alpha}_4$ 线性无关，且 $\boldsymbol{\alpha}_1 = 2\boldsymbol{\alpha}_2 - \boldsymbol{\alpha}_3 + 0 \cdot \boldsymbol{\alpha}_4$，所以 $r(\boldsymbol{A}) = 3$，因此方程组 $\boldsymbol{AX} = \boldsymbol{0}$ 的基础解系只包含一个向量. 由于

$$\boldsymbol{\alpha}_1 - 2\boldsymbol{\alpha}_2 + \boldsymbol{\alpha}_3 + 0 \cdot \boldsymbol{\alpha}_4 = \boldsymbol{0},$$

可知 $\boldsymbol{\eta} = \begin{pmatrix} 1 \\ -2 \\ 1 \\ 0 \end{pmatrix}$为齐次线性方程组 $\boldsymbol{AX} = \boldsymbol{0}$ 的一个基础解系，因此 $\boldsymbol{Ax} = \boldsymbol{\beta}$ 的通解为

$$\boldsymbol{\xi}=\boldsymbol{\xi}_0+\boldsymbol{\eta}=\begin{pmatrix}1\\1\\1\\1\end{pmatrix}+c\begin{pmatrix}1\\-2\\1\\0\end{pmatrix}\quad(c\text{ 为任意实数}).$$

例 3.30　设 $\boldsymbol{A}$ 为 5×4 阶矩阵，$r(\boldsymbol{A})=3$，若 $\boldsymbol{\alpha}_1,\boldsymbol{\alpha}_2,\boldsymbol{\alpha}_3$ 是非齐次线性方程组 $\boldsymbol{Ax}=\boldsymbol{\beta}$ 的三个不同的解，且 $\boldsymbol{\alpha}_1+\boldsymbol{\alpha}_2=(2,1,0,0)^{\mathrm{T}}$，$\boldsymbol{\alpha}_2+\boldsymbol{\alpha}_3=(1,0,-2,0)^{\mathrm{T}}$，求 $\boldsymbol{Ax}=\boldsymbol{\beta}$ 通解.

解　由于 $r(\boldsymbol{A})=3$，所以导出方程组 $\boldsymbol{AX}=\boldsymbol{0}$ 的基础解系所包含的解向量的个数是 $4-r(\boldsymbol{A})=4-3=1$，且

$$\boldsymbol{\alpha}_1-\boldsymbol{\alpha}_3=(\boldsymbol{\alpha}_1+\boldsymbol{\alpha}_2)-(\boldsymbol{\alpha}_2+\boldsymbol{\alpha}_3)=(1,1,2,0)^{\mathrm{T}},$$

即 $\boldsymbol{\alpha}_1-\boldsymbol{\alpha}_3$ 是 $\boldsymbol{AX}=\boldsymbol{0}$ 的一个非零解，可取其为一个基础解系，又由

$$\boldsymbol{A}(\boldsymbol{\alpha}_1+\boldsymbol{\alpha}_2)=\boldsymbol{A\alpha}_1+\boldsymbol{A\alpha}_2=2\boldsymbol{\beta}$$

可知

$$\frac{1}{2}(\boldsymbol{\alpha}_1+\boldsymbol{\alpha}_2)=\left(1,\ \frac{1}{2},\ 0,\ 0\right)^{\mathrm{T}}$$

为 $\boldsymbol{Ax}=\boldsymbol{\beta}$ 的一个解.

所以，其通解可表示为 $\boldsymbol{\xi}=\left(1,\frac{1}{2},0,0\right)^{\mathrm{T}}+c(1,1,2,0)^{\mathrm{T}}$（$c$ 为任意常数）.

练习 3.5

1. 判断下列命题是否正确，如果正确，请简述理由；如果不正确，请举出反例.

(1) 线性方程组 $\boldsymbol{Ax}=\boldsymbol{b}$ 由 m 个方程 n 个变量 $(m\neq n)$ 组成，若 $\boldsymbol{Ax}=\boldsymbol{0}$ 仅有零解，则 $\boldsymbol{Ax}=\boldsymbol{b}$ 有唯一解.

(2) 线性方程组 $\boldsymbol{Ax}=\boldsymbol{b}$ 由 m 个方程 n 个变量 $(m\neq n)$ 组成，若 $\boldsymbol{Ax}=\boldsymbol{b}$ 有无穷多解，则 $\boldsymbol{Ax}=\boldsymbol{0}$ 有非零解.

(3) 设 n 元齐次线性方程组的系数矩阵的秩是 $n-3$，且 $\boldsymbol{\eta}_1,\boldsymbol{\eta}_2,\boldsymbol{\eta}_3$ 为此方程组的三个线性无关的解，则此方程组的一个基础解系是 $\boldsymbol{\eta}_1-\boldsymbol{\eta}_2,\boldsymbol{\eta}_2-\boldsymbol{\eta}_3,\boldsymbol{\eta}_3-\boldsymbol{\eta}_1$.

(4) 设 n 元齐次线性方程组 $\boldsymbol{Ax}=\boldsymbol{0}$ 的系数矩阵 $\boldsymbol{A}$ 的秩是 r，则方程组 $\boldsymbol{Ax}=\boldsymbol{b}$ 有无穷多解的充要条件是 $r<n$.

2. 填空题

(1) 设 $\boldsymbol{\eta}_1,\boldsymbol{\eta}_2,\boldsymbol{\eta}_3$ 及 $r_1\boldsymbol{\eta}_1,r_2\boldsymbol{\eta}_2,r_3\boldsymbol{\eta}_3$ 都是非齐次线性方程组 $\boldsymbol{Ax}=\boldsymbol{b}$ 的解，则 $r_1+r_2+r_3=$________.

(2) n 元齐次线性方程组为 $x_1+2x_2+\cdots+nx_n=0$，则它的基础解系中所含向量的个数是________.

(3) n 阶矩阵 $\boldsymbol{A}$ 的各行元素之和为零，且 $\boldsymbol{A}$ 的秩是 $r-1$，则方程组 $\boldsymbol{Ax}=\boldsymbol{0}$ 的通解是________.

(4) 已知四元线性方程组 $\boldsymbol{Ax}=\boldsymbol{b}$ 的三个解为 $\boldsymbol{x}_1,\boldsymbol{x}_2,\boldsymbol{x}_3$，并且

$\boldsymbol{x}_1=(1,2,3,4)^{\mathrm{T}}$，$\boldsymbol{x}_2+\boldsymbol{x}_3=(3,5,7,9)^{\mathrm{T}}$，$r(\boldsymbol{A})=3$，则方程组的通解是________.

3. 求下列齐次线性方程组的一个基础解系，并用此基础解系表示方程组的全部解.

$$(1)\begin{cases}2x_1-3x_2-2x_3+x_4=0,\\3x_1+5x_2+4x_3-2x_4=0,\\8x_1+7x_2+6x_3-3x_4=0;\end{cases}$$

$$(2)\begin{cases}x_1+x_3+x_5=0,\\x_2+x_4+x_6=0.\end{cases}$$

4. 判断下列非齐次线性方程组是否有解，若有

无穷多解,用齐次线性方程组的基础解系表示方程组的全部解.

(1) $\begin{cases} x_1 + x_2 = 5, \\ 2x_1 + x_2 + x_3 + 2x_4 = 1, \\ 5x_1 + 3x_2 + 2x_3 + 2x_4 = 3; \end{cases}$

(2) $\begin{cases} 6x_1 - 2x_2 + 2x_3 + 5x_4 + 7x_5 = -3, \\ 9x_1 - 3x_2 + 4x_3 + 8x_4 + 9x_5 = -4, \\ 6x_1 - 2x_2 + 6x_3 + 7x_4 + x_5 = -1, \\ 3x_1 - x_2 + 4x_3 + 4x_4 - x_5 = 0. \end{cases}$

5. 已知四元非齐次线性方程组 $\boldsymbol{Ax} = \boldsymbol{b}$ 的系数矩阵 $\boldsymbol{A}$ 的秩是 2,已知方程组的 3 个解向量为 $\boldsymbol{x}_1, \boldsymbol{x}_2, \boldsymbol{x}_3$,其中 $\boldsymbol{x}_1 = (4,3,2,1)^{\mathrm{T}}$, $\boldsymbol{x}_2 = (1,3,5,1)^{\mathrm{T}}$, $\boldsymbol{x}_3 = (-2,6,3,2)^{\mathrm{T}}$,求该方程组的通解.

6. 求当 a, b 为何值时,下列线性方程组无解、有唯一解、无穷多解?并求出有无穷多解时的全部解.

$$\begin{cases} x_1 + x_2 + x_3 + x_4 = 0, \\ x_2 + 2x_3 + 2x_4 = 1, \\ -x_2 + (a-3)x_3 - 2x_4 = b, \\ 3x_1 + 2x_2 + x_3 + ax_4 = -1. \end{cases}$$

3.6 数学实验应用实例

向量的表示和线性方程组的求解

实验目的:学习在 MATLAB 中向量的表示和线性方程组的求解.

相关的实验命令:

1. 向量的表示

在 MATLAB 中,向量的赋值可用下列方法:

>> a=[1,2,3,4,5] , >> b=[6 7 8 9 10]

两种方法是等价的. 还可以用生成的方法表示向量:

>> c=1:2:10

上面的式子生成以 1 开头,以 2 为步长,一直到小于等于 10 的最大整数

即 c=[1,3,5,7,9]

一般 ,c=a:c:b 生成向量

[a ,a+c,a+2c ,a+Nc]　　N 为整数

使得 b 在 a+Nc 与 a+(N+1)c 之间

>> c=3: -0.1:2.53

生成 [3,2.9 ,2.8 ,2.7 , 2.6 ,2.5]

例 1　求向量组 $(0,-1,2,3)^{\mathrm{T}}$, $(1,4,0,-1)^{\mathrm{T}}$, $(3,1,4,2)^{\mathrm{T}}$, $(-2,2,-2,0)^{\mathrm{T}}$ 的秩以及判定向量组之间是否线性相关.

程序如下:

```
>> A=[0 1 3 -2;-1 4 1 2;2 0 4 -2;3 -1 2 0];
>> rank(A)
ans =

      3
```

故向量组的秩为 3,即 $r(\boldsymbol{A}) = 3 < 4$,故向量组之间线性相关.

2. 线性方程组的判定

例 2

求解方程组$\begin{cases} x+2y+3z=9, \\ 2x-y+z=8, \\ 3x-z=-3. \end{cases}$

(1)键入方程矩阵

```
>> A = [1 2 3 9;2 -1 1 8;3 0 -1 3];
```

(2)化为行阶梯形矩阵

```
>> rref(A)
ans =

     1     0     0     2
     0     1     0    -1
     0     0     1     3
```

所以 $x=2$,$y=-1$, $z=3$

例 3

求解方程组$\begin{cases} x-2y+z=3, \\ 2x-3y-z=7, \\ 5x-8y-z=20. \end{cases}$

```
>> A = [1 -2 1 3;2 -3 -1 7;5 -8 -1 20];
>> rref(A)
ans =
     1     0    -5     0
     0     1    -3     0
     0     0     0     1
```

对应的方程组为$\begin{cases} x=-5, \\ y=-3, \\ 0=1. \end{cases}$显然,方程组无解.

例 4

求解方程组$\begin{cases} 3x+4y-3z=-6, \\ -x-y+2z=4, \\ 3+2y+z=2. \end{cases}$

```
>> A = [3 4 -3 -6; -1 -1 2 4;1 2 1 2];
>> rref(A)
ans =
     1     0    -5   -10
     0     1     3     6
     0     0     0     0
```

对应的方程组为$\begin{cases} x = 5z - 10, \\ y = -3z + 6, \\ z = z. \end{cases}$

z 取任意值,得到的 x,y,z 都是方程组的解,所以方程组有无穷多个解.

3. 线性方程组的求解

(1)线性方程组有唯一解的情况

线性方程组 $\boldsymbol{AX}=\boldsymbol{b}$ 的解,可以由其增广矩阵 $\boldsymbol{B}=[\boldsymbol{A}\ \boldsymbol{b}]$ 确定.

n 元线性方程组 $\boldsymbol{AX}=\boldsymbol{b}$ 有唯一解的充分必要条件是 $R(\boldsymbol{B})=R(\boldsymbol{A})=n$.

如 $\boldsymbol{A}$ 是 n 阶方阵,则 $\boldsymbol{x}=\boldsymbol{A}^{-1}\boldsymbol{b}$,键入 x = inv(A) * b 便可得到解向量 x;还可以用矩阵的除法求解,x = A\b,这种方法的解的精度与运算时间都优于用逆阵方法求解.

如 $\boldsymbol{A}$ 不是 n 阶方阵,则用 $\boldsymbol{A}$ 的广义逆矩阵求解,$\boldsymbol{A}$ 的广义逆矩阵用函数 pinv(A)得到,键入 x = pinv(A) * b 便可得到解向量 x. 还可以将 $\boldsymbol{B}$ 化为阶梯矩阵 T = rref(B),T 的最后一列前 n 行元便是解,键入 T = rref(B);X = T(1:n,n).

例 5 赋值一个方程组的增广矩阵 $\boldsymbol{B}$

```
>> B = [1    2    3    4    1
        0    2    3    5    1
        0    0    3    5    1
        0    0    0   -10  -20
        1    4    9    4   -17]
>> A = B(1:5,1:4);
>> b = B(:,5); % 将系数矩阵与常数向量分离出来
>> x1 = pinv(A) * b
>> x2 = A\b
>> T = rref(B)
>> X3 = T(1:4,5)
```

三种方法都可求得方程组的解:

```
x1 =
        2.0000
        0.0000
       -3.0000
        2.0000
```

```
x2 =
        2.0000
        0.0000
       -3.0000
        2.0000
x3 =
         2
         0
        -3
         2
```

(2)线性方程组无解的情况

线性方程组 $\boldsymbol{AX}=\boldsymbol{b}$,当 $R([\boldsymbol{A}\ \boldsymbol{b}])>R(\boldsymbol{A})$ 时方程无解,令 $\boldsymbol{e}=\boldsymbol{AX}-\boldsymbol{b}$,既不存在 $\boldsymbol{X}$ 使得 $\boldsymbol{e}=\boldsymbol{0}$. 在实际工程应用中,常常要求 X,使得误差向量 $\boldsymbol{e}$ 的模达到最小,$\boldsymbol{X}$ 被称为最小二乘解. 用语句 X = pinv(A) * b 或 X = a\b 求方程组 AX = b 的最小二乘解,两种方法的结果可能不同,但误差向量 e 的模相等.

例 6　求方程 $\boldsymbol{AX}=\boldsymbol{b}$ 的最小二乘解,

其中 $\boldsymbol{A}=\begin{pmatrix}1&2&3&4\\1&4&9&4\\1&2&3&4\end{pmatrix}$,$\boldsymbol{b}=\begin{pmatrix}1\\2\\3\end{pmatrix}$.

程序设计结果如下:

```
>> A = [1 2 3 4;1 4 9 4;1 2 3 4];
>> b = [1 2 3]';
>> x1 = pinv(A) * b
>> x2 = A\b
>> e1 = A * x1 - b
>> m1 = norm(e1)
>> e2 = A * x2 - b
>> m2 = norm(e2)
x1 =
        0.1117
        0.1006
       -0.0335
        0.4469
```

```
x2 =
          0
          0
     0.0000
     0.5000
e1 =
     1.0000
    -0.0000
    -1.0000
m1 =
     1.4142
e2 =
     1.0000
     0.0000
    -1.0000
m2 =
1.4142
```

(3)方程组有无穷多解的情况

方程组有无穷多解，n 元线性方程组 $\boldsymbol{AX}=\boldsymbol{b}$ 有无穷多解的充分必要条件是 $R(\boldsymbol{B})=R(\boldsymbol{A})<n$，方程组 $\boldsymbol{AX}=\boldsymbol{b}$ 的通解由相应的齐次方程的通解加上非齐次方程的特解组成.

在 MATLAB 函数 null(A)可得到齐次方程解的基础解系，用 y = pinv(A) * b 可求出非齐次方程的特解.

例 7　求齐次线性方程组 $\begin{cases} x_1+x_2-x_3-x_4=0, \\ 2x_1-5x_2+3x_3+2x_4=0, \\ 7x_1-7x_2+3x_3+x_4=0 \end{cases}$ 的基础解系.

程序如下：

```
>> A = [1 1 -1 -1;2 -5 3 2;7 -7 3 1];
>> c = null(A,'r')                    % 'r'表示输出结果以有理数的方式
c =
0.2857     0.4286
0.7143     0.5714
1.0000          0
     0     1.0000
```

说明：c 的两个列向量就是基础解系.

例 8

求齐次线性方程组 $\begin{cases} x_1+2x_2-x_3-2x_4=0, \\ 2x_1-x_2-x_3+x_4=0, \\ 3x_1+x_2-2x_3-x_4=0 \end{cases}$ 的基础解系及全部解.

程序如下：

```
>> A = [1 2  -1  -2;2  -1  -1 1;3 1  -2  -1];
>> null(A,'r')
ans =
      0.6000          0
      0.2000     1.0000
      1.0000          0
           0     1.0000
```

即两个基础解系分别为 $\boldsymbol{\eta}_1=\begin{pmatrix}0.6\\0.2\\1\\0\end{pmatrix}$，$\boldsymbol{\eta}_1=\begin{pmatrix}0\\1\\0\\1\end{pmatrix}$. 故原方程组的通解为 $\boldsymbol{y}=k_1\boldsymbol{\eta}_1+k_2\boldsymbol{\eta}_2$（$k_1,k_2$ 为任意常数）.

例 9

求非齐次线性方程组 $\begin{cases} x_1-x_2-x_3+x_4=0, \\ x_1-x_2+x_3-3x_4=1, \\ x_1-x_2-2x_3+3x_4=-\dfrac{1}{2} \end{cases}$ 的通解.

程序如下：

```
>> A = [1  -1  -1 1;1  -1 1  -3;1  -1  -2 3];
>> b = [0 0  -0.5]'
>> c = null(A,'r')
>> x = pinv(A) * b
>> c =
      1     1
      1     0
      0     2
      0     1
x =
     -0.0584
      0.0584
      0.0519
     -0.0455
```

由以上显示结果,可得方程组的通解为

$$x = k_1\begin{pmatrix}1\\1\\0\\1\end{pmatrix} + k_2\begin{pmatrix}1\\0\\2\\1\end{pmatrix} + \begin{pmatrix}-0.0584\\0.0584\\0.0519\\-0.0455\end{pmatrix},\text{其中 } k_1, k_2 \text{ 为任意常数.}$$

例 10 求解线性方程组 $\begin{cases} x_1 + 3x_2 - 2x_3 + 4x_4 + x_5 = 7, \\ 2x_1 + 6x_2 + 5x_4 + 2x_5 = 5, \\ 4x_1 + 11x_2 + 8x_3 + 5x_5 = 3, \\ x_1 + 3x_2 + 2x_3 + x_4 + x_5 = -2. \end{cases}$

程序如下:

```
>>B=[1 3 -2 4 1 7;2 6 0 5 2 5;4 11 8 0 5 3;1 3 2 1 1 -2];
>>rref(B)
ans =
1.0000        0        0   -9.5000    4.0000   35.5000
     0   1.0000        0    4.0000   -1.0000  -11.0000
     0        0   1.0000   -0.7500         0   -2.2500
     0        0        0         0         0         0
```

所以原方程组等价于方程组

$$\begin{cases} x_1 - 9.5x_4 + 4x_5 = 35.5, \\ x_2 + 4x_4 - x_5 = -11, \\ x_3 - 0.75x_4 = -2.25. \end{cases}$$

故方程组的通解为:

$$X = c_1\begin{pmatrix}9.5\\-4\\0.75\\1\\0\end{pmatrix} + c_2\begin{pmatrix}-4\\1\\0\\0\\1\end{pmatrix} + \begin{pmatrix}35.5\\-11\\-2.25\\0\\0\end{pmatrix},\text{ 其中}, c_1, c_2 \in \mathbf{R}$$

实验题目

1. 已知向量 $\boldsymbol{\alpha} = (1,2,3,4)$, $\boldsymbol{\beta} = (7,0,1,0)$,计算 $\boldsymbol{\alpha}^{\mathrm{T}}\boldsymbol{\beta}$.

2. 求向量组

$(0,-1,3,-4)^{\mathrm{T}}$, $(3,4,8,-1)^{\mathrm{T}}$, $(7,1,5,-4)^{\mathrm{T}}$, $(-2,12,-2,0)^{\mathrm{T}}$, $(5,-5,6,10)^{\mathrm{T}}$ 的秩.

3. 判断向量组

$\boldsymbol{\alpha}_1=(1,1,3,1)^{\mathrm{T}},\boldsymbol{\alpha}_2=(1,3,-1,-5)^{\mathrm{T}},\boldsymbol{\alpha}_3=(2,6,-2,-10)^{\mathrm{T}},$
$\boldsymbol{\alpha}_4=(3,1,15,13)^{\mathrm{T}},\boldsymbol{\alpha}_5=(1,3,3,0)^{\mathrm{T}}$的线性相关性.

4. 求齐次线性方程组$\begin{cases}x_1+2x_2+x_3-x_4=0,\\3x_1+6x_2-x_3-3x_4=0,\\5x_1+10x_2+x_3-5x_4=0\end{cases}$的基础解系和全部解.

5. 求解线性方程组$\begin{cases}x_1+x_2+x_3+x_4+x_5=7,\\3x_1+2x_2+x_3+x_4-3x_5=-2,\\x_2+2x_3+2x_4+6x_5=23,\\5x_1+4x_2+3x_3+3x_4-x_5=12.\end{cases}$

综合练习题 3

一、填空题

1. 由 m 个 n 维向量组成的向量组，当 m ________ n 时，这个向量组一定线性相关.

2. 已知向量组 $\boldsymbol{\alpha}_1=(1,2,-1,1)^{\mathrm{T}}$，$\boldsymbol{\alpha}_2=(2,0,t,0)^{\mathrm{T}}$，$\boldsymbol{\alpha}_3=(0,-4,5,-2)^{\mathrm{T}}$ 的秩是 2，则 $t=$________.

3. 设四阶矩阵 $\boldsymbol{A}=(\boldsymbol{\alpha},\boldsymbol{\gamma}_2,\boldsymbol{\gamma}_3,\boldsymbol{\gamma}_4)$，$\boldsymbol{B}=(\boldsymbol{\beta},\boldsymbol{\gamma}_2,\boldsymbol{\gamma}_3,\boldsymbol{\gamma}_4)$，其中，$|\boldsymbol{A}|=4$，$|\boldsymbol{B}|=1$，则 $|\boldsymbol{A}+\boldsymbol{B}|=$________.

4. 设三阶矩阵 $\boldsymbol{A}=\begin{pmatrix}1&2&-2\\2&1&2\\3&0&4\end{pmatrix}$，三维列向量 $\boldsymbol{\alpha}=(a,1,1)^{\mathrm{T}}$，已知 $\boldsymbol{A\alpha}$ 与 $\boldsymbol{\alpha}$ 线性相关，则 $a=$________.

5. $\boldsymbol{\alpha}_1=(-3,2,0)^{\mathrm{T}},\boldsymbol{\alpha}_2=(-1,0,-2)^{\mathrm{T}}$ 是方程组$\begin{cases}a_1x_1+a_2x_2+a_3x_3=a_4,\\x_1+2x_2-x_3=1,\\2x_1+x_2+x_3=-4\end{cases}$的两个解，则此方程组的通解为________.

6. 设 $\boldsymbol{A}$ 是 4×3 矩阵，且 $r(\boldsymbol{A})=2$，$\boldsymbol{B}=\begin{pmatrix}1&0&2\\0&3&0\\4&0&5\end{pmatrix}$，则 $r(\boldsymbol{AB})=$________.

二、选择题

1. 对于非齐次线性方程组 $\boldsymbol{AX}=\boldsymbol{b}$，则下列说法正确的是(　　).

(A)若此非齐次线性方程组的导出组只有零解，则此方程组有唯一解

(B)若此非齐次线性方程组的导出组有非零解，则此方程组有无穷多解

(C)若此非齐次线性方程组有无穷多解，则其导出组只有零解

(D)若此非齐次线性方程组有唯一解，则其导出组只有零解

2. 如果向量组 $\boldsymbol{\alpha}_1$，$\boldsymbol{\alpha}_2$，$\cdots$，$\boldsymbol{\alpha}_m$($m\geqslant2$)线性相关，那么向量组中(　　)可由其余向量线性表示.

(A)至少有一个变量

(B)最多有一个向量

(C)没有一个向量

(D)任何一个向量

3. 若方程组 $\boldsymbol{AX}=\boldsymbol{b}$ 中，方程的个数少于未知数的个数，则有(　　).

(A)$\boldsymbol{AX}=\boldsymbol{b}$ 必有无穷多解

(B)$\boldsymbol{AX}=\boldsymbol{0}$ 必有非零解

(C)$\boldsymbol{AX}=\boldsymbol{0}$ 必只有零解

(D)$\boldsymbol{AX}=\boldsymbol{0}$ 必无解

4. 设向量组 $\boldsymbol{\alpha}_1,\boldsymbol{\alpha}_2,\boldsymbol{\alpha}_3$ 线性无关，$\boldsymbol{\beta}_1$ 可由 $\boldsymbol{\alpha}_1,\boldsymbol{\alpha}_2,\boldsymbol{\alpha}_3$ 线性表示，而向量 $\boldsymbol{\beta}_2$ 不能由 $\boldsymbol{\alpha}_1,\boldsymbol{\alpha}_2,\boldsymbol{\alpha}_3$ 线性表示，则对于任意常数 k，必有(　　).

(A)$\boldsymbol{\alpha}_1,\boldsymbol{\alpha}_2,\boldsymbol{\alpha}_3,k\boldsymbol{\beta}_1+\boldsymbol{\beta}_2$ 线性无关

(B)$\boldsymbol{\alpha}_1,\boldsymbol{\alpha}_2,\boldsymbol{\alpha}_3,k\boldsymbol{\beta}_1+\boldsymbol{\beta}_2$ 线性相关

(C)$\boldsymbol{\alpha}_1,\boldsymbol{\alpha}_2,\boldsymbol{\alpha}_3,\boldsymbol{\beta}_1+k\boldsymbol{\beta}_2$ 线性无关

(D)$\boldsymbol{\alpha}_1,\boldsymbol{\alpha}_2,\boldsymbol{\alpha}_3,\boldsymbol{\beta}_1+k\boldsymbol{\beta}_2$ 线性相关

5. 设 $\boldsymbol{\alpha}_1,\boldsymbol{\alpha}_2$ 是非齐次线性方程组 $\boldsymbol{Ax}=\boldsymbol{b}$ 的解,$\boldsymbol{\beta}$ 是对应齐次方程组 $\boldsymbol{Ax}=\boldsymbol{0}$ 的解,则 $\boldsymbol{Ax}=\boldsymbol{b}$ 必有一个解是(　　).

(A)$\boldsymbol{\alpha}_1+\boldsymbol{\alpha}_2$

(B)$\boldsymbol{\alpha}_1-\boldsymbol{\alpha}_2$

(C)$\boldsymbol{\beta}+\boldsymbol{\alpha}_1+\boldsymbol{\alpha}_2$

(D)$\boldsymbol{\beta}+\frac{1}{4}\boldsymbol{\alpha}_1+\frac{3}{4}\boldsymbol{\alpha}_2$

6. 若向量组 $\boldsymbol{\alpha}_1,\boldsymbol{\alpha}_2,\cdots,\boldsymbol{\alpha}_m$ 的秩为 r,则下列结论哪个不成立(　　).

(A)$\boldsymbol{\alpha}_1,\boldsymbol{\alpha}_2,\cdots,\boldsymbol{\alpha}_m$ 中至少有一个含 r 个向量的向量组线性无关

(B)$\boldsymbol{\alpha}_1,\boldsymbol{\alpha}_2,\cdots,\boldsymbol{\alpha}_m$ 中任意 r 个线性无关的向量组与 $\boldsymbol{\alpha}_1,\boldsymbol{\alpha}_2,\cdots,\boldsymbol{\alpha}_m$ 等价

(C)$\boldsymbol{\alpha}_1,\boldsymbol{\alpha}_2,\cdots,\boldsymbol{\alpha}_m$ 中任意 r 个向量都线性无关

(D)$\boldsymbol{\alpha}_1,\boldsymbol{\alpha}_2,\cdots,\boldsymbol{\alpha}_m$ 中 $r+1$ 个向量均线性相关

7. 若向量组 $\boldsymbol{\alpha},\boldsymbol{\beta},\boldsymbol{\gamma}$ 线性无关,$\boldsymbol{\alpha},\boldsymbol{\beta},\boldsymbol{\delta}$ 线性相关,则(　　)

(A)$\boldsymbol{\alpha}$ 必可由 $\boldsymbol{\beta},\boldsymbol{\gamma},\boldsymbol{\delta}$ 线性表示

(B)$\boldsymbol{\beta}$ 必不可由 $\boldsymbol{\alpha},\boldsymbol{\gamma},\boldsymbol{\delta}$ 线性表示

(C)$\boldsymbol{\delta}$ 必可由 $\boldsymbol{\alpha},\boldsymbol{\beta},\boldsymbol{\gamma}$ 线性表示

(D)$\boldsymbol{\delta}$ 必不可由 $\boldsymbol{\alpha},\boldsymbol{\beta},\boldsymbol{\gamma}$ 线性表示

8. 设向量组(Ⅰ)$\boldsymbol{\alpha}_1,\boldsymbol{\alpha}_2,\cdots,\boldsymbol{\alpha}_r$ 可由向量组(Ⅱ)$\boldsymbol{\beta}_1,\boldsymbol{\beta}_2,\cdots,\boldsymbol{\beta}_s$ 线性表示,则(　　).

(A)当 $r<s$ 时,向量组(Ⅱ)必线性相关

(B)当 $r<s$ 时,向量组(Ⅰ)必线性相关

(C)当 $r>s$ 时,向量组(Ⅱ)必线性相关

(D)当 $r>s$ 时,向量组(Ⅰ)必线性相关

9. 设 $\boldsymbol{A}$ 是 $m\times n$ 阶矩阵,$\boldsymbol{B}$ 是 $n\times m$ 阶矩阵,则线性方程组 $(\boldsymbol{AB})\boldsymbol{x}=\boldsymbol{0}$(　　).

(A)当 $n>m$ 时仅有零解

(B)当 $n>m$ 时必有非零解

(C)当 $m>n$ 时仅有零解

(D)当 $m>n$ 时必有非零解

三、解答题

1. 试用消元法解下列线性方程组.

(1)$\begin{cases} x_1-x_2+x_3=2,\\ 3x_1+x_2-2x_3=-1,\\ x_1+2x_2+x_3=-1;\end{cases}$

(2)$\begin{cases} x_1-x_2+x_3-x_4=0,\\ 2x_1-x_2+3x_3-2x_4=-1,\\ 3x_1-2x_2-x_3+2x_4=4;\end{cases}$

(3)$\begin{cases} x_1-x_2+4x_3-2x_4=0,\\ x_1-x_2-x_3+2x_4=0,\\ 3x_1+x_2+7x_3-2x_4=0,\\ x_1-3x_2-12x_3+6x_4=0;\end{cases}$

(4)$\begin{cases} x_1-x_2+2x_3-x_4=0,\\ x_1+x_2-3x_4-x_5=0,\\ 4x_1-2x_2+6x_3+3x_4-4x_5=0,\\ 2x_1+4x_2-2x_3+4x_4-7x_5=0.\end{cases}$

2. 已知线性方程组

$$\begin{cases} kx_1+x_2+x_3=1,\\ x_1+kx_2+x_3=k,\\ x_1+x_2+kx_3=k^2,\end{cases}$$

当 k 为何值时无解? 有唯一解? 有无穷多解? 并在有解时求其解.

3. 当 k 为何值时下面方程组无解? 有解? 有解时求其解.

$$\begin{cases} x_1+2x_2+kx_3=1,\\ 2x_1+kx_2+8x_3=3.\end{cases}$$

4. 已知向量 $\boldsymbol{\alpha}=(1,-2,3)$, $\boldsymbol{\beta}=(1,3,-2)$, $\boldsymbol{\gamma}=(-1,3,-1)$,求

(1)$2\boldsymbol{\alpha}-\boldsymbol{\beta}+\boldsymbol{\gamma}$;

(2)$\frac{1}{2}(\boldsymbol{\alpha}+\boldsymbol{\beta})+\frac{1}{2}(\boldsymbol{\alpha}+\boldsymbol{\gamma})+\frac{2}{3}(\boldsymbol{\beta}+\boldsymbol{\gamma})$.

5. 判定下列各组中的向量 $\boldsymbol{\beta}$ 是否可以表示为其余向量的线性组合,若可以,试求出其表示式.

(1)$\boldsymbol{\beta}=(4,\ 5,\ 6)^{\mathrm{T}}$, $\boldsymbol{\alpha}=(3,\ -3,\ 2)^{\mathrm{T}}$, $\boldsymbol{\alpha}_2=(-2,\ 1,\ 2)^{\mathrm{T}}$, $\boldsymbol{\alpha}_3=(1,\ 2,\ -1)^{\mathrm{T}}$;

(2)$\boldsymbol{\beta}=(-1,\ 1,\ 3,\ 1)^{\mathrm{T}}$, $\boldsymbol{\alpha}_1=(1,\ 2,\ 1,\ 1)^{\mathrm{T}}$, $\boldsymbol{\alpha}_2=(1,\ 1,\ 1,\ 2)^{\mathrm{T}}$, $\boldsymbol{\alpha}_3=(-3,\ -2,\ 1,\ -3)^{\mathrm{T}}$;

(3)$\boldsymbol{\beta}=\left(1,\ 0,\ -\frac{1}{2}\right)^{\mathrm{T}}$, $\boldsymbol{\alpha}_1=(1,\ 1,\ 1)^{\mathrm{T}}$, $\boldsymbol{\alpha}_2=(1,\ -1,\ -2)^{\mathrm{T}}$, $\boldsymbol{\alpha}_3=(-1,\ 1,\ 2)^{\mathrm{T}}$.

6. 设 $\boldsymbol{\beta}=(0,\lambda,\lambda^2)^{\mathrm{T}}$, $\boldsymbol{\alpha}_1=(1+\lambda,1,1)^{\mathrm{T}}$, $\boldsymbol{\alpha}_2=(1,1+\lambda,1)^{\mathrm{T}}$, $\boldsymbol{\alpha}_3=(1,\ 1,\ 1+\lambda)^{\mathrm{T}}$. 问当 λ 为何值时

(1)$\boldsymbol{\beta}$ 不能由 $\boldsymbol{\alpha}_1,\boldsymbol{\alpha}_2,\boldsymbol{\alpha}_3$ 线性表示?

(2)$\boldsymbol{\beta}$ 可以由 $\boldsymbol{\alpha}_1,\boldsymbol{\alpha}_2,\boldsymbol{\alpha}_3$ 线性表示,并且表示法唯一?

(3)$\boldsymbol{\beta}$ 可以由 $\boldsymbol{\alpha}_1,\boldsymbol{\alpha}_2,\boldsymbol{\alpha}_3$ 线性表示，并且表示法不唯一？

7. 判定下列向量组线性相关还是线性无关？

(1)$\boldsymbol{\alpha}_1=(2,3,1)^{\mathrm{T}}$, $\boldsymbol{\alpha}_2=(3,-1,5)^{\mathrm{T}}$, $\boldsymbol{\alpha}_3=(1,-4,3)^{\mathrm{T}}$;

(2)$\boldsymbol{\alpha}_1=(1,3,-2,4)^{\mathrm{T}}$, $\boldsymbol{\alpha}_2=(2,-1,2,3)^{\mathrm{T}}$, $\boldsymbol{\alpha}_3=(0,2,4,-3)^{\mathrm{T}}$, $\boldsymbol{\alpha}_4=(1,10,-8,9)^{\mathrm{T}}$;

(3)$\boldsymbol{\alpha}_1=(1,-1,-1,1)^{\mathrm{T}}$, $\boldsymbol{\alpha}_2=(1,1,-1,-1)^{\mathrm{T}}$,$\boldsymbol{\alpha}_3=(1,3,-1,-3)^{\mathrm{T}}$;

(4)$\boldsymbol{\alpha}_1=(1,1,0,2)^{\mathrm{T}}$, $\boldsymbol{\alpha}_2=(2,-1,3,2)^{\mathrm{T}}$,$\boldsymbol{\alpha}_3=(2,0,2,-1)^{\mathrm{T}}$,$\boldsymbol{\alpha}_4=(3,2,-1,4)^{\mathrm{T}}$.

8. 设向量组(Ⅰ)$\boldsymbol{\beta}_1,\boldsymbol{\beta}_2,\boldsymbol{\beta}_3$ 可由向量组(Ⅱ)$\boldsymbol{\alpha}_1,\boldsymbol{\alpha}_2,\boldsymbol{\alpha}_3$ 线性表示为

$$\begin{cases}\boldsymbol{\beta}_1=\boldsymbol{\alpha}_1+\boldsymbol{\alpha}_2+\boldsymbol{\alpha}_3,\\ \boldsymbol{\beta}_2=\boldsymbol{\alpha}_1+2\boldsymbol{\alpha}_2+3\boldsymbol{\alpha}_3,\\ \boldsymbol{\beta}_2=\boldsymbol{\alpha}_1-\boldsymbol{\alpha}_2+\boldsymbol{\alpha}_3,\end{cases}$$

试将向量组(Ⅱ)用向量组(Ⅰ)线性表示.

9. 分别求下列各向量组的秩和一个极大无关组，并将向量组中的其余向量表示为该极大无关组的线性组合.

(1)$\boldsymbol{\alpha}_1=(1,-2,5)^{\mathrm{T}}$,$\boldsymbol{\alpha}_2=(3,2,-1)^{\mathrm{T}}$,$\boldsymbol{\alpha}_3=(3,10,-17)^{\mathrm{T}}$;

(2)$\boldsymbol{\alpha}_1=(1,3,-5,1)^{\mathrm{T}}$,$\boldsymbol{\alpha}_2=(2,6,1,4)^{\mathrm{T}}$,$\boldsymbol{\alpha}_3=(3,9,7,10)^{\mathrm{T}}$;

(3)$\boldsymbol{\alpha}_1=(1,2,3,4)^{\mathrm{T}}$,$\boldsymbol{\alpha}_2=(2,3,4,5)^{\mathrm{T}}$,$\boldsymbol{\alpha}_3=(3,4,5,6)^{\mathrm{T}}$,$\boldsymbol{\alpha}_4=(4,5,6,7)^{\mathrm{T}}$;

(4)$\boldsymbol{\alpha}_1=(1,1,3,1)^{\mathrm{T}}$,$\boldsymbol{\alpha}_2=(-1,1,-1,3)^{\mathrm{T}}$,$\boldsymbol{\alpha}_3=(5,-2,8,-9)^{\mathrm{T}}$,$\boldsymbol{\alpha}_4=(-1,3,1,7)^{\mathrm{T}}$;

(5)$\boldsymbol{\alpha}_1=(1,1,2,3)^{\mathrm{T}}$,$\boldsymbol{\alpha}_2=(1,-1,1,1)^{\mathrm{T}}$,$\boldsymbol{\alpha}_3=(1,3,3,5)^{\mathrm{T}}$,

$\boldsymbol{\alpha}_4=(4,-2,5,6)^{\mathrm{T}}$,$\boldsymbol{\alpha}_5=(-3,-1,-5,-7)^{\mathrm{T}}$.

10. 求下列齐次线性方程组的一个基础解系，并用此基础解系表示方程组的全部解.

(1)$\begin{cases}2x_1-5x_2+x_3-3x_4=0,\\ -3x_1+4x_2-2x_3+x_4=0,\\ x_1+2x_2-x_3+3x_4=0,\\ -2x_1+15x_2-6x_3+13x_4=0;\end{cases}$

(2)$\begin{cases}x_1+2x_2+3x_3+3x_4+7x_5=0,\\ 3x_1+2x_2+x_3+x_4-3x_5=0,\\ x_2+2x_3+2x_4+6x_5=0,\\ 5x_1+4x_2+3x_3+3x_4-x_5=0;\end{cases}$

(3)$\begin{cases}x_1-3x_2+5x_3-2x_4=0,\\ -2x_1+x_2-3x_3+x_4=0,\\ -x_1-7x_2+9x_3-4x_4=0;\end{cases}$

(4)$\begin{cases}x_1-2x_2-x_3-x_4=0,\\ 2x_1-4x_2+5x_3+3x_4=0,\\ 4x_1-8x_2+17x_3+11x_4=0.\end{cases}$

11. 判断下列方程组是否有解，若有解，试求其解. 若有无穷多解，用基础解系表示其全部解.

(1)$\begin{cases}2x_1-4x_2-x_3=4,\\ -x_1-2x_2-x_4=4,\\ 3x_2+x_3+2x_4=1,\\ 3x_1+x_2+3x_4=-3;\end{cases}$

(2)$\begin{cases}x_1-x_2-x_3+x_4=0,\\ x_1-x_2+x_3-3x_4=1,\\ x_1-x_2-2x_3+3x_4=-\dfrac{1}{2};\end{cases}$

(3)$\begin{cases}x_1+x_2+x_3+x_4+x_5=-1,\\ 3x_1+2x_2+x_3+x_4-3x_5=-5,\\ x_2+2x_3+2x_4+6x_5=2,\\ 5x_1+4x_2+3x_3+3x_4-x_5=-7;\end{cases}$

(4)$\begin{cases}2x_1+3x_2-x_3-5x_4=-2,\\ x_1+2x_2-x_3+x_4=-2,\\ x_1+x_2+x_3+x_4=5,\\ 3x_1+x_2+2x_3+3x_4=4.\end{cases}$

12. 已知线性方程组

$$\begin{cases}x_1+x_2-2x_3+3x_4=0,\\ 2x_1+x_2-6x_3+4x_4=-1,\\ 3x_1+2x_2+ax_3+7x_4=-1,\\ x_1-x_2-6x_3-x_4=b.\end{cases}$$

当 a,b 取何值时，方程组无解，有解？并求其解，在有无穷多解时，用基础解系表示其全部解.

13. 已知四元非齐次线性方程组的系数矩阵的秩为 3，$\boldsymbol{\alpha}_1,\boldsymbol{\alpha}_2,\boldsymbol{\alpha}_3$ 是其解，且 $\boldsymbol{\alpha}_1+\boldsymbol{\alpha}_2=(1,1,0,2)^{\mathrm{T}}$,$\boldsymbol{\alpha}_2+\boldsymbol{\alpha}_3=(1,0,1,3)^{\mathrm{T}}$,求方程组的全部解.

14. 已知 $\boldsymbol{Ax}=\boldsymbol{0}$ 的基础解系中解向量的个数是 2,又

$$\boldsymbol{A}=\begin{pmatrix}1&2&1&2\\0&1&t&t\\1&t&0&1\end{pmatrix},$$

求 $\boldsymbol{Ax}=\boldsymbol{0}$ 的全部解.

15. 求一个齐次线性方程组,使它的基础解系为

$$\boldsymbol{\eta}_1=(0,1,2,3)^{\mathrm{T}},\ \boldsymbol{\eta}_2=(3,2,1,0)^{\mathrm{T}}.$$

16. 设四元线性方程组

$$(\mathrm{I})\begin{cases}x_1+x_2=0,\\x_2-x_4=0.\end{cases}$$

又已知齐次线性方程组(Ⅱ)的通解为 $c_1(0,1,1,0)^{\mathrm{T}}+c_2(-1,2,2,1)^{\mathrm{T}}$;

(1)求方程组(Ⅰ)的基础解系;

(2)方程组(Ⅰ)与方程组(Ⅱ)是否有非零公共解?若有,求出所有的非零公共解;若没有,则说明理由.

17. 设 $\boldsymbol{A}$ 是 4×3 阶矩阵,且线性方程组 $\boldsymbol{Ax}=\boldsymbol{\beta}$,满足 $r(\boldsymbol{A})=r(\overline{\boldsymbol{A}})=2$,并且已知 $\boldsymbol{\alpha}_1=(-1,-1,0)^{\mathrm{T}}$,$\boldsymbol{\alpha}_2=(1,0,1)^{\mathrm{T}}$ 为该方程的两个解,试求出该方程组的全部解.

(提示:由于 $r(\boldsymbol{A})=r(\overline{\boldsymbol{A}})=2<3$,故三元线性方程组的全部解必可表示为 $\boldsymbol{\xi}=\boldsymbol{\xi}_0+c_1\boldsymbol{\eta}_1$,其中 $\boldsymbol{\xi}_0$ 为其一个特解,$\boldsymbol{\eta}_1$ 为其导出组 $\boldsymbol{Ax}=\boldsymbol{0}$ 的一个基础解系. 显然可取 $\boldsymbol{\xi}_0=\boldsymbol{\alpha}_1$(或 $\boldsymbol{\alpha}_2$),再由解的性质构造出 $\boldsymbol{\eta}_1$)

四、证明题

1. 设向量组 $\boldsymbol{\alpha}_1,\boldsymbol{\alpha}_2,\cdots,\boldsymbol{\alpha}_s;\boldsymbol{\beta}_1,\boldsymbol{\beta}_2,\cdots,\boldsymbol{\beta}_t;\boldsymbol{\alpha}_1,\boldsymbol{\alpha}_2,\cdots,\boldsymbol{\alpha}_s,\boldsymbol{\beta}_1,\boldsymbol{\beta}_2,\cdots,\boldsymbol{\beta}_t$ 的秩分别为 r_1,r_2,r_3,证明:$\max\{r_1,r_2\}\leqslant r_3\leqslant r_1+r_2$.

2. 设齐次线性方程组

$$\begin{cases}a_{11}x_1+a_{12}x_2+\cdots+a_{1n}x_n=0,\\a_{21}x_1+a_{22}x_2+\cdots+a_{2n}x_n=0,\\\quad\vdots\\a_{n1}x_1+a_{n2}x_2+\cdots+a_{nn}x_n=0\end{cases}$$

的系数行列式 $|\boldsymbol{A}|=0$,而 $\boldsymbol{A}$ 中的元素 a_{kl} 的代数余子式 $A_{kl}\neq0$. 试证:$\boldsymbol{\eta}_1=(A_{k1},A_{k2},\cdots,A_{kl})$ 是这个方程组的一个基础解系.

3. 如果向量组 $\boldsymbol{\alpha}_1,\boldsymbol{\alpha}_2,\cdots,\boldsymbol{\alpha}_s$ 线性无关,试证:$\boldsymbol{\alpha}_1,\boldsymbol{\alpha}_1+\boldsymbol{\alpha}_2,\cdots,\boldsymbol{\alpha}_1+\boldsymbol{\alpha}_2+\cdots+\boldsymbol{\alpha}_s$ 线性无关.

4. 设 $\boldsymbol{A}$ 是 n 阶方阵,$\boldsymbol{\alpha}$ 是 n 维列向量,若对某一自然数 m,有 $\boldsymbol{A}^{m-1}\boldsymbol{\alpha}\neq\boldsymbol{0}$,$\boldsymbol{A}^m\boldsymbol{\alpha}=\boldsymbol{0}$,证明:向量组 $\boldsymbol{\alpha}$,$\boldsymbol{A\alpha},\cdots,\boldsymbol{A}^{m-1}\boldsymbol{\alpha}$ 线性无关.

5. 设 n 维单位向量组 $\boldsymbol{e}_1,\boldsymbol{e}_2,\cdots,\boldsymbol{e}_n$ 可由 n 维向量组 $\boldsymbol{\alpha}_1,\boldsymbol{\alpha}_2,\cdots,\boldsymbol{\alpha}_n$ 线性表示,证明:$\boldsymbol{\alpha}_1,\boldsymbol{\alpha}_2,\cdots,\boldsymbol{\alpha}_n$ 线性无关.

6. 设 $\boldsymbol{A}$ 是 $n\times m$ 阶矩阵,$\boldsymbol{B}$ 是 $m\times n$ 阶矩阵,且 $n<m$,若 $\boldsymbol{AB}=\boldsymbol{E}$,证明:$\boldsymbol{B}$ 的列向量线性无关.

7. 设 $\boldsymbol{A},\boldsymbol{B}$ 都是 $m\times n$ 阶矩阵,证明:$r(\boldsymbol{A}+\boldsymbol{B})\leqslant r(\boldsymbol{A})+r(\boldsymbol{B})$.

8. 设 $\boldsymbol{A}$ 是 n 阶方阵,满足 $\boldsymbol{A}^2=\boldsymbol{E}$,试证:

$$r(\boldsymbol{E}+\boldsymbol{A})+r(\boldsymbol{E}-\boldsymbol{A})=n$$

9. 设 $\boldsymbol{A}$ 是 $m\times s$ 阶矩阵,$\boldsymbol{B}$ 是 $s\times n$ 阶矩阵,证明:

$$r(\boldsymbol{AB})\leqslant\min(r(\boldsymbol{A}),r(\boldsymbol{B})).$$

10. 设 $\boldsymbol{A}$ 是 n 阶方阵($n\geqslant2$),$\boldsymbol{A}^*$ 是 $\boldsymbol{A}$ 的伴随矩阵,试证:

$$r(\boldsymbol{A}^*)=\begin{cases}n,&r(\boldsymbol{A})=n,\\1,&r(\boldsymbol{A})=n-1,\\0,&r(\boldsymbol{A})<n-1.\end{cases}$$

11. 设 $m\times n$ 阶矩阵 $\boldsymbol{A}$ 各行的元素之和均为零,且 $r(\boldsymbol{A})=n-1$. 求齐次线性方程组 $\boldsymbol{Ax}=\boldsymbol{0}$ 的全部解.

12. 设非齐次线性方程组 $\boldsymbol{Ax}=\boldsymbol{b}$ 的系数矩阵的秩为 r,$\boldsymbol{\eta}_1,\boldsymbol{\eta}_2,\cdots,\boldsymbol{\eta}_{n-r}$ 是其导出组的一个基础解系,$\boldsymbol{\eta}$ 是 $\boldsymbol{Ax}=\boldsymbol{b}$ 的一个解,证明:

(1)$\boldsymbol{\eta},\boldsymbol{\eta}_1,\boldsymbol{\eta}_2,\cdots,\boldsymbol{\eta}_{n-r}$ 线性无关;

(2)$\boldsymbol{Ax}=\boldsymbol{b}$ 有 $n-r+1$ 个线性无关的解.

13. 设非齐次线性方程组 $\boldsymbol{Ax}=\boldsymbol{b}$ 的系数矩阵的秩为 r,$\boldsymbol{\eta}_1,\boldsymbol{\eta}_2,\cdots,\boldsymbol{\eta}_{n-r+1}$ 是 $\boldsymbol{Ax}=\boldsymbol{b}$ 的 $n-r+1$ 个线性无关的解. 证明:它的任一个解可表示为

$$\boldsymbol{\eta}=k_1\boldsymbol{\eta}_1+k_2\boldsymbol{\eta}_2+\cdots+k_{n-r+1}\boldsymbol{\eta}_{n-r+1}$$

$$(\text{其中},\sum_{i=1}^{n-r+1}k_i=1).$$

第 4 章 矩阵的特征值与特征向量

本章基本要求

本章介绍了特征值与特征向量的概念、性质以及方阵的相似对角化等内容，要求读者掌握以下内容：

1. 理解特征值、特征向量的定义、求法，以及特征值和矩阵之间的关系；
2. 掌握对应不同特征值的特征向量之间的关系；
3. 掌握一般方阵对角化的条件、方法和意义；
4. 了解对称矩阵可对角化的结论；
5. 了解矩阵的若尔当标准型的定义和有关结论.

矩阵的特征值、特征向量和相似标准型的理论是矩阵理论的重要组成部分，它们不仅在数学的各个分支，如微分方程、差分方程中有重要作用，而且在其他科学技术领域和数量经济分析等各领域也有着广泛的应用. 本章主要介绍特征值与特征向量的概念、性质以及方阵相似对角化等内容.

4.1 矩阵的特征值和特征向量

4.1.1 矩阵的特征值与特征向量

定义 4.1 设 $\boldsymbol{A}$ 为 n 阶矩阵，对于数 λ，若存在 n 维非零列向量 $\boldsymbol{\alpha}$，使得

$$\boldsymbol{A}\boldsymbol{\alpha} = \lambda\boldsymbol{\alpha}, \tag{4.1}$$

则称 λ 是矩阵 $\boldsymbol{A}$ 的一个**特征值**，n 维非零列向量 $\boldsymbol{\alpha}$ 称为矩阵 $\boldsymbol{A}$ 的属于(或对应于)特征值 λ 的**特征向量**.

在这一章，除非特别说明，我们仅讨论实数域上的特征值和特征向量问题.

下面讨论一般方阵的特征值和它所对应的特征向量的计算方法.

设$\boldsymbol{A}$是n阶矩阵,若λ_0是$\boldsymbol{A}$的特征值,$\boldsymbol{\alpha}$是$\boldsymbol{A}$的属于λ_0的特征向量,则

$$\boldsymbol{A\alpha}=\lambda_0\boldsymbol{\alpha}\Rightarrow\lambda_0\boldsymbol{\alpha}-\boldsymbol{A\alpha}=\boldsymbol{0}\Rightarrow(\lambda_0\boldsymbol{E}-\boldsymbol{A})\boldsymbol{\alpha}=\boldsymbol{0}\quad(\boldsymbol{\alpha}\neq\boldsymbol{0}).$$

$\boldsymbol{\alpha}$是非零向量,这说明$\boldsymbol{\alpha}$是齐次线性方程组

$$(\lambda_0\boldsymbol{E}-\boldsymbol{A})\boldsymbol{X}=\boldsymbol{0}\tag{4.2}$$

的非零解,而齐次线性方程组有非零解的充分必要条件是其系数矩阵$\lambda_0\boldsymbol{E}-\boldsymbol{A}$的行列式等于零,即

$$|\lambda_0\boldsymbol{E}-\boldsymbol{A}|=0.\tag{4.3}$$

而属于λ_0的特征向量就是齐次线性方程组$(\lambda_0\boldsymbol{E}-\boldsymbol{A})\boldsymbol{X}=\boldsymbol{0}$的非零解. 于是有必要引入以下定义:

定义 4.2 称矩阵$\lambda\boldsymbol{E}-\boldsymbol{A}$为$\boldsymbol{A}$的**特征矩阵**,它的行列式$|\lambda\boldsymbol{E}-\boldsymbol{A}|$称为$\boldsymbol{A}$的**特征多项式**,$|\lambda\boldsymbol{E}-\boldsymbol{A}|=0$称为$\boldsymbol{A}$的**特征方程**,其根为矩阵$\boldsymbol{A}$的特征值.

根据上面的分析,立刻可以得到:

定理 4.1 设$\boldsymbol{A}$是n阶矩阵,则λ是$\boldsymbol{A}$的特征值,$\boldsymbol{\alpha}$是$\boldsymbol{A}$的属于特征值λ的特征向量的充分必要条件是λ是$|\lambda\boldsymbol{E}-\boldsymbol{A}|=0$的根,$\boldsymbol{\alpha}$是齐次线性方程组$(\lambda\boldsymbol{E}-\boldsymbol{A})\boldsymbol{X}=\boldsymbol{0}$的非零解.

由定理 4.1 可归纳出求矩阵$\boldsymbol{A}$的特征值及特征向量的步骤:

(1)计算$|\lambda\boldsymbol{E}-\boldsymbol{A}|$;

(2)求$|\lambda\boldsymbol{E}-\boldsymbol{A}|=0$的全部根,它们就是$\boldsymbol{A}$的全部特征值;

(3)对于矩阵$\boldsymbol{A}$的每一个特征值λ_0,求出齐次线性方程组$(\lambda_0\boldsymbol{E}-\boldsymbol{A})\boldsymbol{X}=\boldsymbol{0}$的一个基础解系$\boldsymbol{\eta}_1,\boldsymbol{\eta}_2,\cdots,\boldsymbol{\eta}_{n-r}$,其中$r$为矩阵$\lambda_0\boldsymbol{E}-\boldsymbol{A}$的秩,则矩阵$\boldsymbol{A}$的属于$\lambda_0$的全部特征向量为

$$k_1\boldsymbol{\eta}_1+k_2\boldsymbol{\eta}_2+\cdots+k_{n-r}\boldsymbol{\eta}_{n-r},$$

其中,$k_1,k_2,\cdots,k_{n-r}$是不全为零的任意常数.

例 4.1

求:$\begin{pmatrix}3&1\\5&-1\end{pmatrix}$的特征值及对应的特征向量.

解 $|\lambda\boldsymbol{E}-\boldsymbol{A}|=\begin{vmatrix}\lambda-3&-1\\-5&\lambda+1\end{vmatrix}=(\lambda-4)(2+\lambda).$

令$|\lambda\boldsymbol{E}-\boldsymbol{A}|=0$得$\lambda_1=4,\lambda_2=-2.$

当$\lambda_1=4$时,解齐次线性方程组$(4\boldsymbol{E}-\boldsymbol{A})\boldsymbol{X}=\boldsymbol{0}$.

$$4E-A=\begin{pmatrix}1&-1\\-5&5\end{pmatrix}\to\begin{pmatrix}1&-1\\0&0\end{pmatrix}$$可知，$r(4E-A)=1$，取x_2为自由未知量，对应的方程为 $x_1-x_2=0$. 求得一个基础解系为$\boldsymbol{\alpha}_1=(1,1)^{\mathrm{T}}$，所以 A 的属于特征值 4 的全部特征向量为 $k_1\boldsymbol{\alpha}_1$，其中，k_1 是不为零的任意常数.

当$\lambda_2=-2$ 时，解齐次线性方程组$(-2E-A)X=\mathbf{0}$.

$$-2E-A=\begin{pmatrix}-5&-1\\-5&-1\end{pmatrix}\to\begin{pmatrix}1&\frac{1}{5}\\0&0\end{pmatrix}$$可知，$r(-2E-A)=1$，取x_2为自由未知量，对应的方程为$x_1+\frac{1}{5}x_2=0$. 求得一个基础解系为$\boldsymbol{\alpha}_2=(1,-5)^{\mathrm{T}}$，所以 A 的属于特征值 -2 的全部特征向量为 $k_2\boldsymbol{\alpha}_2$，其中 k_2是不为零的任意常数.

例 4.2　求 $A=\begin{pmatrix}0&-1&-1\\-1&0&-1\\-1&-1&0\end{pmatrix}$的特征值及对应的特征向量.

解

$$|\lambda E-A|=\begin{vmatrix}\lambda&1&1\\1&\lambda&1\\1&1&\lambda\end{vmatrix}=\begin{vmatrix}\lambda+2&1&1\\\lambda+2&\lambda&1\\\lambda+2&1&\lambda\end{vmatrix}$$

$$=(\lambda+2)\begin{vmatrix}1&1&1\\1&\lambda&1\\1&1&\lambda\end{vmatrix}$$

$$=(\lambda+2)\begin{vmatrix}1&1&1\\0&\lambda-1&0\\0&0&\lambda-1\end{vmatrix}=(\lambda+2)(\lambda-1)^2.$$

令$|\lambda E-A|=0$ 得 $\lambda_1=\lambda_2=1,\lambda_3=-2$

当 $\lambda_1=\lambda_2=1$ 时，解齐次线性方程组$(E-A)X=0$.

$$E-A=\begin{pmatrix}1&1&1\\1&1&1\\1&1&1\end{pmatrix}\to\begin{pmatrix}1&1&1\\0&0&0\\0&0&0\end{pmatrix}$$，可知 $r(E-A)=1$，取 x_2,x_3为自由未知量，对应的方程为 $x_1+x_2+x_3=0$. 求得一个基础解系为$\boldsymbol{\alpha}_1=(-1,1,0)^{\mathrm{T}}$，$\boldsymbol{\alpha}_2=(-1,0,1)^{\mathrm{T}}$，所以 A 的属于特征值 1 的全部特征向量为 $k_1\boldsymbol{\alpha}_1+k_2\boldsymbol{\alpha}_2$，其中，$k_1,k_2$ 是不全为零的任意常数.

当 $\lambda_3=-2$ 时，解齐次线性方程组$(-2E-A)X=\mathbf{0}$.

$$-2E-A=\begin{pmatrix}-2&1&1\\1&-2&1\\1&1&-2\end{pmatrix}\to\begin{pmatrix}1&1&-2\\1&-2&1\\-2&1&1\end{pmatrix}\to\begin{pmatrix}1&1&-2\\0&-3&3\\0&3&-3\end{pmatrix}\to\begin{pmatrix}1&0&-1\\0&1&-1\\0&0&0\end{pmatrix},$$

$r(-2E-A)=2$，取 x_3 为自由未知量，对应的方程组为 $\begin{cases}x_1-x_3=0,\\x_2-x_3=0,\end{cases}$ 求得它的一个基础解系为 $\boldsymbol{\alpha}_3=\begin{pmatrix}1\\1\\1\end{pmatrix}$，所以 A 的属于特征值 -2 的全部特征向量为 $k_3\boldsymbol{\alpha}_3$，其中，k_3 是不为零的任意常数.

例 4.3 求 $A=\begin{pmatrix}0&1&0\\0&0&1\\0&0&0\end{pmatrix}$ 的特征值及对应的特征向量.

解 $|\lambda E-A|=\begin{vmatrix}\lambda&-1&0\\0&\lambda&-1\\0&0&\lambda\end{vmatrix}=\lambda^3.$

令 $|\lambda E-A|=0$，解得 $\lambda_1=\lambda_2=\lambda_3=0$.

对于 $\lambda_1=\lambda_2=\lambda_3=0$，解齐次线性方程组 $(0E-A)X=\mathbf{0}$.

$-A=\begin{pmatrix}0&-1&0\\0&0&-1\\0&0&0\end{pmatrix}$，$r(-A)=2$，取 x_1 为自由未知量，对应的方程组为 $\begin{cases}x_2=0,\\x_3=0.\end{cases}$ 求得它的一个基础解系为 $\boldsymbol{\alpha}=(1,0,0)^{\mathrm{T}}$，所以 A 的属于特征值 0 的全部的特征向量为 $k\boldsymbol{\alpha}$，其中 k 是不为零的任意常数.

例 4.4 求 $A=\begin{pmatrix}1&2&2\\2&1&-2\\-2&-2&1\end{pmatrix}$ 的特征值及对应的特征向量.

解
$$|\lambda E-A|=\begin{vmatrix}\lambda-1&-2&-2\\-2&\lambda-1&2\\2&2&\lambda-1\end{vmatrix}=\begin{vmatrix}\lambda-1&-2&-2\\0&\lambda+1&\lambda+1\\2&2&\lambda-1\end{vmatrix}$$
$$=(\lambda+1)\begin{vmatrix}\lambda-1&-2&-2\\0&1&1\\2&2&\lambda-1\end{vmatrix}$$
$$=(\lambda+1)\begin{vmatrix}\lambda-1&-2&0\\0&1&0\\2&2&\lambda-3\end{vmatrix}$$
$$=(\lambda+1)(\lambda-1)(\lambda-3).$$

令 $|\lambda E-A|=0$，解得 $\lambda_1=-1,\lambda_2=1,\lambda_3=3$.

当 $\lambda_1=-1$ 时，解齐次线性方程组 $(-E-A)X=\mathbf{0}$.

$$-\boldsymbol{E}-\boldsymbol{A}=\begin{pmatrix}-2&-2&-2\\-2&-2&2\\2&2&-2\end{pmatrix}\to\begin{pmatrix}1&1&0\\0&0&1\\0&0&0\end{pmatrix},r(-\boldsymbol{E}-\boldsymbol{A})=2,$$取

x_2 为自由未知量,对应的方程组为$\begin{cases}x_1+x_2=0,\\x_3=0,\end{cases}$解得一个基础解系为 $\boldsymbol{\alpha}_1=\begin{pmatrix}-1\\1\\0\end{pmatrix}$,所以 $\boldsymbol{A}$ 的属于特征值 -1 的全部特征向量为 $k_1\boldsymbol{\alpha}_1$,其中 k_1 是不为零的任意常数.

当 $\lambda_2=1$ 时,解齐次线性方程组$(\boldsymbol{E}-\boldsymbol{A})\boldsymbol{X}=\boldsymbol{0}$.

$$\boldsymbol{E}-\boldsymbol{A}=\begin{pmatrix}0&-2&-2\\-2&0&2\\2&2&0\end{pmatrix}\to\begin{pmatrix}1&0&-1\\0&1&1\\0&0&0\end{pmatrix},r(\boldsymbol{E}-\boldsymbol{A})=2,$$取 x_3

为自由未知量,对应的方程组为$\begin{cases}x_1-x_3=0,\\x_2+x_3=0,\end{cases}$解得一个基础解系为

$\boldsymbol{\alpha}_2=\begin{pmatrix}1\\-1\\1\end{pmatrix}$,所以 $\boldsymbol{A}$ 的属于特征值 1 的全部特征向量为 $k_2\boldsymbol{\alpha}_2$,其中 k_2 是不为零的任意常数.

当 $\lambda_3=3$ 时,解齐次线性方程组$(3\boldsymbol{E}-\boldsymbol{A})\boldsymbol{X}=\boldsymbol{0}$.

$$3\boldsymbol{E}-\boldsymbol{A}=\begin{pmatrix}2&-2&-2\\-2&2&2\\2&2&2\end{pmatrix}\to\begin{pmatrix}1&0&0\\0&1&1\\0&0&0\end{pmatrix},r(3\boldsymbol{E}-\boldsymbol{A})=2,$$取 x_3

为自由未知量,对应的方程组为$\begin{cases}x_1=0,\\x_2+x_3=0,\end{cases}$解得一个基础解系为

$\boldsymbol{\alpha}_3=\begin{pmatrix}0\\-1\\1\end{pmatrix}$,所以 $\boldsymbol{A}$ 的属于特征值 3 的全部特征向量为 $k_3\boldsymbol{\alpha}_3$,其中,k_3 是不为零的任意常数.

通过上面的例题,可以看到,在一般的情况下,求 n 阶矩阵 $\boldsymbol{A}$ 的特征值是有一定难度的,特别是当 n 比较大的时候,除非矩阵是三角形的或有其他特殊性质. 虽然 3×3 矩阵的特征多项式容易笔算,但对其进行因式分解却并不容易(除非是精心选择的矩阵). 在实际计算时,大型矩阵的特征值通常需应用数值方法才能求出其近似值,目前已有许多计算软件可以完成求矩阵特征值的任务,它是计算方法课程中的内容.

例 4.5 已知矩阵$\begin{pmatrix} 20 & 30 \\ -12 & x \end{pmatrix}$有一个特征向量$\begin{pmatrix} -5 \\ 3 \end{pmatrix}$,求 x 的值.

解 由已知有

$\begin{pmatrix} 20 & 30 \\ -12 & x \end{pmatrix}\begin{pmatrix} -5 \\ 3 \end{pmatrix} = \lambda\begin{pmatrix} -5 \\ 3 \end{pmatrix}$, 得$\begin{pmatrix} -10 \\ 60+3x \end{pmatrix} = \begin{pmatrix} -5\lambda \\ 3\lambda \end{pmatrix}$, 所以有$\begin{cases} \lambda = 2, \\ x = -18. \end{cases}$

4.1.2 矩阵的特征值和特征向量的性质

性质 1 如果 $\boldsymbol{\alpha}$ 是 $\boldsymbol{A}$ 的属于特征值 λ_0 的特征向量,则 $\boldsymbol{\alpha}$ 一定是非零向量,且对于任意非零常数 k,$k\boldsymbol{\alpha}$ 也是 $\boldsymbol{A}$ 的属于特征值 λ_0 的特征向量.

性质 2 如果 $\boldsymbol{\alpha}_1,\boldsymbol{\alpha}_2$ 是 $\boldsymbol{A}$ 的属于特征值 λ_0 的特征向量,则当 $k_1\boldsymbol{\alpha}_1 + k_2\boldsymbol{\alpha}_2 \neq \boldsymbol{0}$ 时,$k_1\boldsymbol{\alpha}_1 + k_2\boldsymbol{\alpha}_2$ 也是 $\boldsymbol{A}$ 的属于特征值 λ_0 的特征向量.

证明 $\boldsymbol{A}(k_1\boldsymbol{\alpha}_1 + k_2\boldsymbol{\alpha}_2) = k_1\boldsymbol{A}\boldsymbol{\alpha}_1 + k_2\boldsymbol{A}\boldsymbol{\alpha}_2 = k_1\lambda_0\boldsymbol{\alpha}_1 + k_2\lambda_0\boldsymbol{\alpha}_2 = \lambda_0(k_1\boldsymbol{\alpha}_1 + k_2\boldsymbol{\alpha}_2)$.

性质 3 n 阶矩阵 $\boldsymbol{A}$ 与它的转置矩阵 $\boldsymbol{A}^{\mathrm{T}}$ 有相同的特征值.

证明 $|\lambda\boldsymbol{E} - \boldsymbol{A}^{\mathrm{T}}| = |(\lambda\boldsymbol{E} - \boldsymbol{A})^{\mathrm{T}}| = |\lambda\boldsymbol{E} - \boldsymbol{A}|$.

注 $\boldsymbol{A}$ 与 $\boldsymbol{A}^{\mathrm{T}}$ 对于同一特征值的特征向量不一定相同,即 $\boldsymbol{A}$ 与 $\boldsymbol{A}^{\mathrm{T}}$ 的特征矩阵不一定相同.

性质 4 设 λ 是 $\boldsymbol{A}$ 的特征值,且 $\boldsymbol{\alpha}$ 是 $\boldsymbol{A}$ 属于 λ 的特征向量,则

(a) $a\lambda$ 是 $a\boldsymbol{A}$ 的特征值,并有 $(a\boldsymbol{A})\boldsymbol{\alpha} = (a\lambda)\boldsymbol{\alpha}$.

(b) λ^k 是 $\boldsymbol{A}^k$ 的特征值,并有 $\boldsymbol{A}^k\boldsymbol{\alpha} = \lambda^k\boldsymbol{\alpha}$.

(c) 若 $\boldsymbol{A}$ 可逆,则 $\lambda \neq 0$,且 $\frac{1}{\lambda}$ 是 $\boldsymbol{A}^{-1}$ 的特征值,并有 $\boldsymbol{A}^{-1}\boldsymbol{\alpha} = \frac{1}{\lambda}\boldsymbol{\alpha}$.

证明 因为 $\boldsymbol{\alpha}$ 是 $\boldsymbol{A}$ 属于 λ 的特征向量,有 $\boldsymbol{A}\boldsymbol{\alpha} = \lambda\boldsymbol{\alpha}$,

(a) 两边同乘 a 得:$(a\boldsymbol{A})\boldsymbol{\alpha} = (a\lambda)\boldsymbol{\alpha}$,则 $a\lambda$ 是 $a\boldsymbol{A}$ 的特征值.

(b)
$$\begin{aligned}\boldsymbol{A}^k\boldsymbol{\alpha} &= \boldsymbol{A}^{k-1}(\boldsymbol{A}\boldsymbol{\alpha}) = \boldsymbol{A}^{k-1}(\lambda\boldsymbol{\alpha}) = \lambda\boldsymbol{A}^{k-2}(\boldsymbol{A}\boldsymbol{\alpha}) = \lambda\boldsymbol{A}^{k-2}(\lambda\boldsymbol{\alpha}) \\ &= \lambda^2(\boldsymbol{A}^{k-2}\boldsymbol{\alpha}) = \cdots = \lambda^{k-1}(\boldsymbol{A}\boldsymbol{\alpha}) = \lambda^k\boldsymbol{\alpha},\end{aligned}$$

则 λ^k 是 $\boldsymbol{A}^k$ 的特征值.

(c)因为 $\boldsymbol{A}$ 可逆,所以它所有的特征值都不为零,所以 $\lambda \neq 0$. 由 $\boldsymbol{A\alpha}=\lambda\boldsymbol{\alpha}$,得 $\boldsymbol{A}^{-1}(\boldsymbol{A\alpha})=\boldsymbol{A}^{-1}(\lambda\boldsymbol{\alpha})$,即 $(\boldsymbol{A}^{-1}\boldsymbol{A})\boldsymbol{\alpha}=\lambda(\boldsymbol{A}^{-1}\boldsymbol{\alpha}) \Rightarrow$ $\boldsymbol{\alpha}=\lambda(\boldsymbol{A}^{-1}\boldsymbol{\alpha})$.

再由 $\lambda \neq 0$,两边同除以 λ 得

$$\boldsymbol{A}^{-1}\boldsymbol{\alpha}=\frac{1}{\lambda}\boldsymbol{\alpha},$$

即 $\frac{1}{\lambda}$ 是 $\boldsymbol{A}^{-1}$ 的特征值.

性质 5　设 $\lambda_1,\lambda_2,\cdots,\lambda_m$ 为 n 阶矩阵 $\boldsymbol{A}$ 的不同特征值. $\boldsymbol{\alpha}_1,\boldsymbol{\alpha}_2,\cdots,\boldsymbol{\alpha}_m$ 分别是属于 $\lambda_1,\lambda_2,\cdots,\lambda_m$ 的特征向量,则 $\boldsymbol{\alpha}_1,\boldsymbol{\alpha}_2,\cdots,\boldsymbol{\alpha}_m$ 线性无关.

性质 6　设 n 阶矩阵 $\boldsymbol{A}$ 有 m 个不同特征值 $\lambda_1,\lambda_2,\cdots,\lambda_m$. 设 $\boldsymbol{\alpha}_{i1},\boldsymbol{\alpha}_{i2},\cdots,\boldsymbol{\alpha}_{is_i}$ 是矩阵 $\boldsymbol{A}$ 的属于 λ_i 的线性无关的特征向量($i=1,2,\cdots,m$),则向量组 $\boldsymbol{\alpha}_{11},\boldsymbol{\alpha}_{12},\cdots,\boldsymbol{\alpha}_{1s_1};\boldsymbol{\alpha}_{21},\boldsymbol{\alpha}_{22},\cdots,\boldsymbol{\alpha}_{2s_2};\cdots;\boldsymbol{\alpha}_{m1},\boldsymbol{\alpha}_{m2},\cdots,\boldsymbol{\alpha}_{ms_m}$ 线性无关.

特别需要注意的是,并不是每一个 n 阶方阵都有 n 个线性无关的特征向量,这是因为矩阵的一个 k 重特征值不一定有 k 个线性无关的特征向量. 因此,对于一般的 n 阶矩阵,有下面结论.

性质 7　设 λ 是 n 阶矩阵 $\boldsymbol{A}$ 的特征多项式的 k 重根,则 $\boldsymbol{A}$ 的属于特征值 λ 的线性无关的特征向量的个数最多有 k 个.

性质 8　设 $\boldsymbol{A}=(a_{ij})_{n\times n}$,则

(a) $\lambda_1+\lambda_2+\cdots+\lambda_n=a_{11}+a_{22}+\cdots+a_{nn}$;

(b) $\lambda_1\lambda_2\cdots\lambda_n=|\boldsymbol{A}|$.

推论 4.1　$\boldsymbol{A}$ 可逆的充分必要条件是 $\boldsymbol{A}$ 的所有特征值都不为零. 即

$$\lambda_1\lambda_2\cdots\lambda_n=|\boldsymbol{A}|\neq 0.$$

定义 4.3 设 $\boldsymbol{A}=(a_{ij})_{n\times n}$，把 $\boldsymbol{A}$ 的主对角线元素之和称为 $\boldsymbol{A}$ 的**迹**，记作 $\mathrm{tr}(\boldsymbol{A})$，即

$$\mathrm{tr}(\boldsymbol{A}) = a_{11} + a_{22} + \cdots + a_{nn}.$$

由此，性质 8 中的(a)可记为 $\mathrm{tr}(\boldsymbol{A})=\lambda_1+\lambda_2+\cdots+\lambda_n$.

例 4.6 已知三阶方阵 $\boldsymbol{A}$，有一个特征值是 3，且 $\mathrm{tr}(\boldsymbol{A})=|\boldsymbol{A}|=6$，求 $\boldsymbol{A}$ 的所有特征值.

解 设 $\boldsymbol{A}$ 的特征值为 $3,\lambda_2,\lambda_3$，由上述性质得

$$\lambda_2+\lambda_3+3=\mathrm{tr}(\boldsymbol{A})=6,$$

$$\lambda_2\cdot\lambda_3\cdot 3=|\boldsymbol{A}|=6,$$

由此得 $\lambda_2=1,\lambda_3=2$ 或 $\lambda_2=2,\lambda_3=1$.

例 4.7 已知三阶方阵 $\boldsymbol{A}$ 的三个特征值是 $1,-2,3$，求：

(1) $|\boldsymbol{A}|$；(2) $\boldsymbol{A}^{-1}$ 的特征值；(3) $\boldsymbol{A}^{\mathrm{T}}$ 的特征值；(4) $\boldsymbol{A}^*$ 的特征值.

解 (1) $|\boldsymbol{A}|=1\times(-2)\times 3=-6$；

(2) $\boldsymbol{A}^{-1}$ 的特征值为 $1,-\dfrac{1}{2},\dfrac{1}{3}$；

(3) $\boldsymbol{A}^{\mathrm{T}}$ 的特征值为 $1,-2,3$；

(4) $\boldsymbol{A}^*=|\boldsymbol{A}|\boldsymbol{A}^{-1}=-6\boldsymbol{A}^{-1}$，则 $\boldsymbol{A}^*$ 的特征值为：-6×1，$-6\times\left(-\dfrac{1}{2}\right)$，$-6\times\dfrac{1}{3}$

即 $-6,3,-2$.

例 4.8 已知矩阵 $\boldsymbol{A}=\begin{pmatrix}2&1&1\\1&2&1\\1&1&2\end{pmatrix}$，且向量 $\boldsymbol{\alpha}=\begin{pmatrix}1\\k\\1\end{pmatrix}$ 是逆矩阵 $\boldsymbol{A}^{-1}$ 的特征向量，试求常数 k.

解 设 λ 是 $\boldsymbol{A}$ 对于 $\boldsymbol{\alpha}$ 的特征值，所以 $\boldsymbol{A\alpha}=\lambda\boldsymbol{\alpha}$，即

$$\lambda\begin{pmatrix}1\\k\\1\end{pmatrix}=\begin{pmatrix}2&1&1\\1&2&1\\1&1&2\end{pmatrix}\begin{pmatrix}1\\k\\1\end{pmatrix}=\begin{pmatrix}3+k\\2+2k\\3+k\end{pmatrix},$$

得

$$\begin{cases}\lambda=3+k,\\k\lambda=2+2k,\end{cases}\Rightarrow\begin{cases}\lambda_1=1,\\k_1=-2,\end{cases}\text{或}\begin{cases}\lambda_2=4,\\k_2=1.\end{cases}$$

例 4.9 设 $\boldsymbol{A}$ 为 n 阶方阵，证明：$|\boldsymbol{A}|=0$ 的充要条件是 0 为矩阵 $\boldsymbol{A}$ 的一个特征值.

证明　$|\boldsymbol{A}|=0 \Leftrightarrow |0\cdot\boldsymbol{I}-\boldsymbol{A}|=0 \Leftrightarrow 0$ 为矩阵 $\boldsymbol{A}$ 的一个特征值.

例 4.10　若 $\boldsymbol{A}^2=\boldsymbol{O}$,则 $\boldsymbol{A}$ 的特征值只能是零.

证明　设 λ 是矩阵 $\boldsymbol{A}$ 的任一特征值,$\boldsymbol{\alpha}$ 是对应的特征向量,则

$$\boldsymbol{A}\boldsymbol{\alpha}=\lambda\boldsymbol{\alpha}.$$

故 $\boldsymbol{0}=\boldsymbol{A}^2\boldsymbol{\alpha}=\boldsymbol{A}(\boldsymbol{A}\boldsymbol{\alpha})=\lambda^2\boldsymbol{\alpha}$,而 $\boldsymbol{\alpha}\neq\boldsymbol{0}$,所以 $\lambda=0$.

4.1.3　矩阵的特征值和特征向量的几何意义

矩阵乘法对应了一个变换,方阵乘以一个向量的结果就是把一个向量变成同维数的另一个向量. 在这个变换的过程中,向量会发生旋转、伸缩或镜像等变化. 矩阵不同,向量变化的结果也会不同.

再回头看特征值和特征向量的定义,"$\boldsymbol{A}\boldsymbol{\alpha}=\lambda\boldsymbol{\alpha}$",这时你豁然顿悟了:$\lambda\boldsymbol{\alpha}$ 是方阵 $\boldsymbol{A}$ 对向量 $\boldsymbol{\alpha}$ 进行变换后的结果,但显然 $\lambda\boldsymbol{\alpha}$ 和 $\boldsymbol{\alpha}$ 是在一条直线上(方向相同或相反). 特征值 λ 只不过反映了特征向量 $\boldsymbol{\alpha}$ 在变换时的伸缩倍数而已.

例如,设某矩阵 $\boldsymbol{A}$ 和两个向量 $\boldsymbol{\alpha}=\begin{pmatrix}-1\\1\end{pmatrix}$,$\boldsymbol{\beta}=\begin{pmatrix}2\\1\end{pmatrix}$,那么,矩阵对两个向量的变换结果为$\boldsymbol{\alpha}'=\boldsymbol{A}\boldsymbol{\alpha}=\begin{pmatrix}-5\\-1\end{pmatrix}$和$\boldsymbol{\beta}'=\boldsymbol{A}\boldsymbol{\beta}=\begin{pmatrix}4\\2\end{pmatrix}$,几何图形如图 4.1 所示.

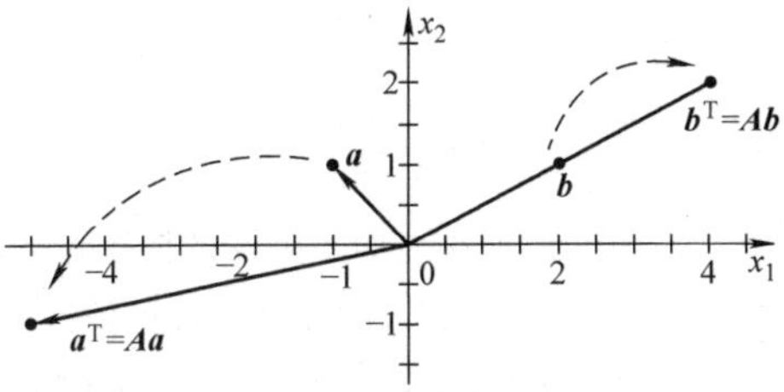

图 4.1　向量 $\boldsymbol{\beta}$ 是 $\boldsymbol{A}$ 的特征向量

显然,只有向量 $\boldsymbol{\beta}$ 被矩阵 $\boldsymbol{A}$ 同方向拉长了 2 倍,即 $\boldsymbol{A}\boldsymbol{\beta}=2\boldsymbol{\beta}$,因此向量 $\boldsymbol{\beta}$ 是矩阵 $\boldsymbol{A}$ 的特征向量,特征值为 2.

对于矩阵 $\boldsymbol{A}$,大多数向量 $\boldsymbol{\alpha}$ 不满足 $\boldsymbol{A}\boldsymbol{\alpha}=\lambda\boldsymbol{\alpha}$ 这样的一个方程. 因为当向量 $\boldsymbol{\alpha}$ 被矩阵相乘时几乎都将改变 $\boldsymbol{\alpha}$ 的方向,因此 $\boldsymbol{A}\boldsymbol{\alpha}$ 和 $\boldsymbol{\alpha}$ 常常不是倍数的关系. 这意味着只有某些特殊的数是特征值,而且只有少数特殊的向量是特征向量(有的矩阵干脆一个没有). 当然有个例外,如 $\boldsymbol{A}$ 是单位矩阵或单位矩阵的倍数,那就没有向量被改变方向,从而所有的向量都是特征向量. 因此,从矩阵的几何意义来看,矩阵 $\boldsymbol{A}$ 的特征向量 $\boldsymbol{\alpha}$ 就是经过矩阵 $\boldsymbol{A}$ 变换后与自己平行(方向相同或者相反)的非零向量,矩阵 $\boldsymbol{A}$ 的特征值 2 就是特征向量 $\boldsymbol{\alpha}$ 经

变换后的伸缩系数.

特征向量和特征值是线性代数研究中的一个重要工具,在很多领域都有着非常广泛的应用. 比如:

(1)图像处理中的 PCA 方法,选取特征值最高的 k 个特征向量来表示一个矩阵,从而达到降维分析 + 特征显示的目的. 再比如应用于人脸识别,数据流模式挖掘分析,还有图像压缩的 K - L 变换等方面.

(2)在力学中,转动惯量的特征向量定义了刚体的主轴. 转动惯量是决定刚体围绕质心转动的关键数据.

(3)在谱系图论中,一个图的特征值定义为图的邻接矩阵 $\boldsymbol{A}$ 的特征值,或者(更多的是)图的拉普拉斯算子矩阵, Google 的 PageRank算法就是一个例子.

(4)在量子力学中,特别是在原子物理和分子物理中,在 Hartree - Fock 理论下,原子轨道和分子轨道可以定义为 Fock 算子的特征向量. 相应的特征值通过 Koopmans 定理可以解释为电离势能. 在这种情况下,特征向量一词可以用于更广泛的意义.

练习 4.1

1. $\begin{pmatrix}1\\-2\\1\end{pmatrix}$是$\begin{pmatrix}3&6&7\\3&3&7\\5&6&5\end{pmatrix}$的特征向量吗? 为什么?

2. $\lambda=3$ 是$\begin{pmatrix}1&2&2\\3&-2&1\\0&1&1\end{pmatrix}$的特征值吗? 如果是,求对应的特征向量.

3. 已知 $\lambda_1=0$ 是三阶矩阵 $\boldsymbol{A}=\begin{pmatrix}1&0&1\\0&2&0\\1&0&a\end{pmatrix}$的特征值,求 a 及 $\boldsymbol{A}$ 的另外两个特征值.

4. 求下列矩阵的特征值和相应的特征向量.

(1)$\begin{pmatrix}0&-1&-1\\-1&0&-1\\-1&-1&0\end{pmatrix}$; (2)$\begin{pmatrix}0&1&0\\0&0&1\\0&0&0\end{pmatrix}$;

(3)$\begin{pmatrix}0&\frac{1}{2}&\frac{1}{2}\\1&-\frac{1}{2}&\frac{1}{2}\\1&-\frac{1}{2}&\frac{1}{2}\end{pmatrix}$.

5. 已知三阶矩阵 $\boldsymbol{A}$ 的特征值为 1, -2,3,求:

(1) $|\boldsymbol{A}|$;(2)$\boldsymbol{A}^{-1}$ 的特征值;(3)$\boldsymbol{A}$ 的伴随矩阵 $\boldsymbol{A}^*$ 的特征值;(4)$\boldsymbol{A}^2+2\boldsymbol{A}+\boldsymbol{E}$ 的特征值.

6. 设 $\boldsymbol{A}$ 为 $m\times n$ 矩阵,$\boldsymbol{B}$ 为 $n\times m\times$ 矩阵,证明: $\boldsymbol{AB}$ 与 $\boldsymbol{BA}$ 有相同的非零特征值.

4.2 相似矩阵与矩阵可对角化的条件

对角矩阵是最简单的一类矩阵,对于任一 n 阶矩阵 $\boldsymbol{A}$,是否可将它化为对角矩阵,并保持 $\boldsymbol{A}$ 的许多原有性质,在理论和应用方面都具有重要意义.

4.2.1 相似矩阵的定义

定义 4.4 设 $\boldsymbol{A},\boldsymbol{B}$ 为 n 阶矩阵，如果存在 n 阶可逆矩阵 $\boldsymbol{P}$，使得 $\boldsymbol{P}^{-1}\boldsymbol{A}\boldsymbol{P}=\boldsymbol{B}$ 成立，则称矩阵 $\boldsymbol{A}$ 与 $\boldsymbol{B}$ **相似**，记作 $\boldsymbol{A}\sim\boldsymbol{B}$.

例 4.11 已知 $\boldsymbol{A}=\begin{pmatrix}3&1\\5&-1\end{pmatrix}$，$\boldsymbol{B}=\begin{pmatrix}4&0\\0&-2\end{pmatrix}$，$\boldsymbol{P}=\begin{pmatrix}1&1\\1&-5\end{pmatrix}$，则

$\boldsymbol{P}^{-1}=\begin{pmatrix}\frac{5}{6}&\frac{1}{6}\\\frac{1}{6}&-\frac{1}{6}\end{pmatrix}$，且

$$\boldsymbol{P}^{-1}\boldsymbol{A}\boldsymbol{P}=\begin{pmatrix}\frac{5}{6}&\frac{1}{6}\\\frac{1}{6}&-\frac{1}{6}\end{pmatrix}\begin{pmatrix}3&1\\5&-1\end{pmatrix}\begin{pmatrix}1&1\\1&-5\end{pmatrix}=\begin{pmatrix}4&0\\0&-2\end{pmatrix}=\boldsymbol{B}$$

所以 $\boldsymbol{A}\sim\boldsymbol{B}$.

例 4.12 如果 n 阶矩阵 $\boldsymbol{A}$ 与 n 阶单位矩阵 $\boldsymbol{E}$ 相似，则 $\boldsymbol{A}=\boldsymbol{E}$.

解 因为 $\boldsymbol{A}\sim\boldsymbol{E}$，所以一定存在可逆阵 $\boldsymbol{P}$ 使 $\boldsymbol{P}^{-1}\boldsymbol{A}\boldsymbol{P}=\boldsymbol{E}$ 成立，由此得

$$\boldsymbol{A}=\boldsymbol{P}\boldsymbol{E}\boldsymbol{P}^{-1}=\boldsymbol{P}\boldsymbol{P}^{-1}=\boldsymbol{E}.$$

4.2.2 相似矩阵的性质

相似矩阵具有下述性质：

(1) **反身性**：对任意 n 阶方阵 $\boldsymbol{A}$，都有 $\boldsymbol{A}\sim\boldsymbol{A}$. $(\boldsymbol{A}=\boldsymbol{E}^{-1}\boldsymbol{A}\boldsymbol{E})$；

(2) **对称性**：若 $\boldsymbol{A}\sim\boldsymbol{B}$，则 $\boldsymbol{B}\sim\boldsymbol{A}$. (因 $\boldsymbol{P}^{-1}\boldsymbol{A}\boldsymbol{P}=\boldsymbol{B}\Rightarrow\boldsymbol{A}=(\boldsymbol{P}^{-1})^{-1}\boldsymbol{B}\boldsymbol{P}^{-1}$)；

(3) **传递性**：若 $\boldsymbol{A}\sim\boldsymbol{B}$，$\boldsymbol{B}\sim\boldsymbol{C}$. 则 $\boldsymbol{A}\sim\boldsymbol{C}$.

由 $\boldsymbol{P}^{-1}\boldsymbol{A}\boldsymbol{P}=\boldsymbol{B}$，$\boldsymbol{U}^{-1}\boldsymbol{B}\boldsymbol{U}=\boldsymbol{C}\Rightarrow(\boldsymbol{P}\boldsymbol{U})^{-1}\boldsymbol{A}(\boldsymbol{P}\boldsymbol{U})=\boldsymbol{C}$.

(4) 若 n 阶矩阵 $\boldsymbol{A},\boldsymbol{B}$ 相似，则它们具有相同的特征值.

证明 由已知得 $\boldsymbol{P}^{-1}\boldsymbol{A}\boldsymbol{P}=\boldsymbol{B}$.

$$\begin{aligned}|\lambda\boldsymbol{E}-\boldsymbol{B}|&=|\boldsymbol{P}^{-1}\lambda\boldsymbol{E}\boldsymbol{P}-\boldsymbol{P}^{-1}\boldsymbol{A}\boldsymbol{P}|=|\boldsymbol{P}^{-1}(\lambda\boldsymbol{E}-\boldsymbol{A})\boldsymbol{P}|\\&=|\boldsymbol{P}^{-1}|\cdot|\lambda\boldsymbol{E}-\boldsymbol{A}|\cdot|\boldsymbol{P}|=|\lambda\boldsymbol{E}-\boldsymbol{A}|.\end{aligned}$$

注 相似矩阵对于同一特征值不一定有相同的特征向量.

(5) 若 n 阶矩阵 $\boldsymbol{A},\boldsymbol{B}$ 相似，则它们具有相同的行列式.

证明 因为 $\boldsymbol{A}$ 与 $\boldsymbol{B}$ 相似，所以 $\boldsymbol{P}^{-1}\boldsymbol{A}\boldsymbol{P}=\boldsymbol{B}$. 两边求行列式得

$$|\boldsymbol{P}^{-1}\boldsymbol{A}\boldsymbol{P}|=|\boldsymbol{B}|\Rightarrow|\boldsymbol{P}^{-1}|\cdot|\boldsymbol{A}|\cdot|\boldsymbol{P}|=|\boldsymbol{B}|,$$

即得 $|\boldsymbol{A}|=|\boldsymbol{B}|$.

(6) 若 n 阶矩阵 $\boldsymbol{A},\boldsymbol{B}$ 相似，则它们具有相同的迹.

(7) 若 n 阶矩阵 $\boldsymbol{A},\boldsymbol{B}$ 相似,则它们具有相同的秩.

(8) 若 n 阶矩阵 $\boldsymbol{A},\boldsymbol{B}$ 相似,即 $\boldsymbol{P}^{-1}\boldsymbol{A}\boldsymbol{P}=\boldsymbol{B}$. 则 $\boldsymbol{A}^k\sim\boldsymbol{B}^k$($k$ 为任意非负整数)且 $\boldsymbol{P}^{-1}\boldsymbol{A}^k\boldsymbol{P}=\boldsymbol{B}^k$.

证明 当 $k=1$ 时,$\boldsymbol{P}^{-1}\boldsymbol{A}\boldsymbol{P}=\boldsymbol{B}$ 成立,(矩阵 $\boldsymbol{A},\boldsymbol{B}$ 相似)

假设 $k=m$ 时成立,即有 $\boldsymbol{P}^{-1}\boldsymbol{A}^m\boldsymbol{P}=\boldsymbol{B}^m$.

现证 $k=m+1$ 时也成立,
$$\begin{aligned}\boldsymbol{B}^{m+1}&=\boldsymbol{B}^m\boldsymbol{B}=(\boldsymbol{P}^{-1}\boldsymbol{A}^m\boldsymbol{P})(\boldsymbol{P}^{-1}\boldsymbol{A}\boldsymbol{P})\\&=\boldsymbol{P}^{-1}\boldsymbol{A}^m(\boldsymbol{P}\boldsymbol{P}^{-1})\boldsymbol{A}\boldsymbol{P}\\&=\boldsymbol{P}^{-1}\boldsymbol{A}^{m+1}\boldsymbol{P},\end{aligned}$$
则 $k=m+1$ 时也成立.

例 4.13 已知 n 阶矩阵 $\boldsymbol{A},\boldsymbol{B}$ 相似,$|\boldsymbol{A}|=5$. 求 $|\boldsymbol{B}^{\mathrm{T}}|$,$|(\boldsymbol{A}^{\mathrm{T}}\boldsymbol{B})^{-1}|$.

解 因为 $\boldsymbol{A}\sim\boldsymbol{B}$,所以有 $|\boldsymbol{A}|=|\boldsymbol{B}|$,又因 $|\boldsymbol{B}^{\mathrm{T}}|=|\boldsymbol{B}|$,得 $|\boldsymbol{B}^{\mathrm{T}}|=5$.

$$\begin{aligned}|(\boldsymbol{A}^{\mathrm{T}}\boldsymbol{B})^{-1}|&=|(\boldsymbol{A}^{\mathrm{T}}\boldsymbol{B})|^{-1}=(|\boldsymbol{A}^{\mathrm{T}}|\cdot|\boldsymbol{B}|)^{-1}\\&=(|\boldsymbol{A}|\cdot|\boldsymbol{B}|)^{-1}=\frac{1}{25}.\end{aligned}$$

例 4.14 若 $\boldsymbol{A}=\begin{pmatrix}22&31\\y&x\end{pmatrix}$ 与 $\boldsymbol{B}=\begin{pmatrix}1&2\\3&4\end{pmatrix}$ 相似,求 x,y 的值.

解 因为 $\boldsymbol{A}\sim\boldsymbol{B}$,所以 $|\boldsymbol{A}|=|\boldsymbol{B}|$,由此得 $22x-31y=-2$,

又由于 $\boldsymbol{A}\sim\boldsymbol{B}$,所以 $\mathrm{tr}(\boldsymbol{A})=\mathrm{tr}(\boldsymbol{B})$,得 $22+x=1+4$,解得 $x=-17,y=-12$.

例 4.15 如果矩阵 $\boldsymbol{A}$ 可逆,试证:$\boldsymbol{AB}$ 与 $\boldsymbol{BA}$ 的特征值相同.

证明 因为 $\boldsymbol{A}$ 可逆,所以 $\boldsymbol{A}^{-1}(\boldsymbol{AB})\boldsymbol{A}=(\boldsymbol{A}^{-1}\boldsymbol{A})\boldsymbol{BA}=\boldsymbol{BA}$.

即 $\boldsymbol{AB}$ 与 $\boldsymbol{BA}$ 相似,由性质 (4) 得 $\boldsymbol{AB}$ 与 $\boldsymbol{BA}$ 的特征值相同.

4.2.3 方阵对角化

定义 4.5 若方阵 $\boldsymbol{A}$ 可以和某个对角矩阵相似,则称矩阵 $\boldsymbol{A}$ **可对角化**.

下面的定理从特征向量的角度给出了方阵可对角化的条件.

定理 4.2 n 阶矩阵 $\boldsymbol{A}$ 相似于对角阵的充分必要条件是 $\boldsymbol{A}$ 有 n 个线性无关的特征向量.

证明 必要性.

设 $\boldsymbol{A}$ 与对角阵 $\boldsymbol{\Lambda}=\mathbf{diag}(\lambda_1,\lambda_2,\cdots,\lambda_n)$ 相似,则存在满秩矩阵 $\boldsymbol{P}$,使

$$P^{-1}AP=\Lambda=\mathrm{diag}(\lambda_1,\lambda_2,\cdots,\lambda_n)$$

设 $P=(\xi_1,\xi_2,\cdots,\xi_n)$，则由上式得

$$AP=P\Lambda,$$

即

$$A(\xi_1,\xi_2,\cdots,\xi_n)=(\xi_1,\xi_2,\cdots,\xi_n)\Lambda=(\lambda_1\xi_1,\lambda_2\xi_2,\cdots,\lambda_n\xi_n).$$

因此

$$A\xi_i=\lambda_i\xi_i\quad(i=1,2,\cdots,n).$$

所以 λ_i 是 A 的特征值，ξ_i 是 A 的属于 λ_i 的特征向量，又因 P 是满秩的，故 $(\xi_1,\xi_2,\cdots,\xi_n)$ 线性无关.

充分性. 如果 A 有 n 个线性无关的分别属于特征值 $\lambda_1,\lambda_2,\cdots,\lambda_n$ 的特征向量 $\xi_1,\xi_2,\cdots,\xi_n$，则有

$$A\xi_i=\lambda_i\xi_i(i=1,2,\cdots,n).$$

设 $P=(\xi_1,\xi_2,\cdots,\xi_n)$，则 P 是满秩的，于是

$$\begin{aligned}AP&=A(\xi_1,\xi_2,\cdots,\xi_n)=(A\xi_1,A\xi_2,\cdots,A\xi_n)=(\lambda_1\xi_1,\lambda_2\xi_2,\cdots,\lambda_n\xi_n)\\&=P\mathrm{diag}(\lambda_1,\lambda_2,\cdots,\lambda_n).\end{aligned}$$

即

$$P^{-1}AP=\mathrm{diag}(\lambda_1,\lambda_2,\cdots,\lambda_n).$$

由特征值和特征向量的性质 5 以及定理 4.2 立刻可以得到下面的推论：

推论 4.2　若 n 阶矩阵 A 有 n 个相异的特征值 $\lambda_1,\lambda_2,\cdots,\lambda_n$，则矩阵 A 一定可对角化.

应注意：上述定理的逆不成立，也就是说，可对角化的 n 阶矩阵 A 并不一定有 n 个互不相等的特征值. 例如，数量矩阵 aE 是可对角化的，但它只有特征值 a（n 重）.

在矩阵 A 的特征值中有重根的情形中，可设 A 的所有互不相同的特征值为 $\lambda_1,\lambda_2,\cdots,\lambda_m(m\leqslant n)$. 而 λ_i 是 A 的 n_i 重特征值. 于是 $n_1+n_2+n_m=n$. 如果对于每一个相异特征值 $\lambda_i(i=1,2,\cdots,m)$，特征矩阵 (λ_iE-A) 的秩等于 $n-n_i$，则齐次线性方程组 $(\lambda_iE-A)X=0$ 的基础解系一定含有 n_i 个线性无关的特征向量. 根据特征值和特征向量的性质 6，矩阵 A 就有 n 个线性无关的特征向量. 这时，矩阵 A 一定可对角化.

反之，如果矩阵 A 相似于对角矩阵 Λ，则可以证明：对于 A 的 n_i 重特征值 $\lambda_i(i=1,2,\cdots,m)$，矩阵 (λ_iE-A) 的秩恰为 $n-n_i$. 总结一下，就有：

定理 4.3 n 阶矩阵 $\boldsymbol{A}$ 与对角阵相似的充分必要条件是对于 $\boldsymbol{A}$ 的每一个 n_i 重特征值 λ_i，齐次线性方程组 $(\lambda_i\boldsymbol{E}-\boldsymbol{A})\boldsymbol{X}=\boldsymbol{0}$ 的基础解系中恰含有 n_i 个向量 $(i=1,2,\cdots,m)$.

总结如下：由定理 4.3 知，一个 n 阶方阵能否与一个 n 阶对角矩阵相似，关键在于它是否有 n 个线性无关的特征向量.

(1) 如果一个 n 阶方阵有 n 个不同的特征值，则由定理 4.2 可知，它一定有 n 个线性无关的特征向量，因此该矩阵一定相似于一个对角矩阵.

(2) 如果一个 n 阶方阵有 n 个特征值（其中有重复的），则我们可分别求出属于每个特征值的基础解系，如果每个 n_i 重特征值的基础解系含有 n_i 个线性无关的特征向量，则该矩阵与一个对角矩阵相似，否则该矩阵不能与一个对角矩阵相似.

可见，如果一个 n 阶方阵有 n 个线性无关的特征向量，则该矩阵与一个 n 阶对角矩阵相似，并且以这 n 个线性无关的特征向量作为列向量构成的满秩矩阵 $\boldsymbol{P}$，使 $\boldsymbol{P}^{-1}\boldsymbol{A}\boldsymbol{P}=\boldsymbol{\Lambda}$ 为对角矩阵，而对角线上的元素就是这些特征向量按顺序对应的特征值.

例 4.16 已知 $\boldsymbol{A}=\begin{pmatrix}1&2&2\\2&1&-2\\-2&-2&1\end{pmatrix}$，问矩阵 $\boldsymbol{A}$ 可否对角化？若可对角化求出可逆阵 $\boldsymbol{P}$ 及对角阵 $\boldsymbol{\Lambda}$.

解 $|\lambda\boldsymbol{E}-\boldsymbol{A}|=(\lambda+1)(\lambda-1)(\lambda-3)$，令 $|\lambda\boldsymbol{E}-\boldsymbol{A}|=0$，得 $\lambda_1=-1,\lambda_2=1,\lambda_3=3$. 由推论 4.2 知，矩阵 $\boldsymbol{A}$ 可对角化.

当 $\lambda_1=-1$ 时，

$$-\boldsymbol{E}-\boldsymbol{A}=\begin{pmatrix}-2&-2&-2\\-2&-2&2\\2&2&-2\end{pmatrix}\to\begin{pmatrix}1&1&0\\0&0&1\\0&0&0\end{pmatrix},$$

取 x_2 为自由未知量，对应的方程组为

$$\begin{cases}x_1+x_2=0,\\x_3=0.\end{cases}$$

解得一个基础解系为 $\boldsymbol{\alpha}_1=(-1,1,0)^{\mathrm{T}}$.

当 $\lambda_2=1$，

$$\boldsymbol{E}-\boldsymbol{A}=\begin{pmatrix}0&-2&-2\\-2&-1&2\\2&2&0\end{pmatrix}\to\begin{pmatrix}1&0&-1\\0&1&1\\0&0&0\end{pmatrix},$$

取 x_3 为自由未知量，对应的方程组为

$$\begin{cases}x_1 - x_3 = 0,\\ x_2 + x_3 = 0.\end{cases}$$

解得一个基础解系为 $\boldsymbol{\alpha}_2 = (1, -1, 1)^{\mathrm{T}}$.

当 $\lambda_3 = 3$ 时,

$$3\boldsymbol{E} - \boldsymbol{A} = \begin{pmatrix} 2 & -2 & -2 \\ -2 & 2 & 2 \\ 2 & 2 & 2 \end{pmatrix} \to \begin{pmatrix} 1 & 0 & 0 \\ 0 & 1 & 1 \\ 0 & 0 & 0 \end{pmatrix},$$

取 x_3 为自由未知量,对应的方程组为

$$\begin{cases}x_1 = 0,\\ x_2 + x_3 = 0.\end{cases}$$

解得一个基础解系为 $\boldsymbol{\alpha}_3 = (0, -1, 1)^{\mathrm{T}}$. 则由定理 4.2 知矩阵 $\boldsymbol{A}$ 可对角化,即存在可逆阵为

$$\boldsymbol{P} = (\boldsymbol{\alpha}_1, \boldsymbol{\alpha}_2, \boldsymbol{\alpha}_3) = \begin{pmatrix} -1 & 1 & 0 \\ 1 & -1 & -1 \\ 0 & 1 & 1 \end{pmatrix},$$ 对应的对角阵

$$\boldsymbol{\Lambda} = \begin{pmatrix} -1 & 0 & 0 \\ 0 & 1 & 0 \\ 0 & 0 & 3 \end{pmatrix}.$$

例 4.17 已知 $\boldsymbol{A} = \begin{pmatrix} 0 & -1 & -1 \\ -1 & 0 & -1 \\ -1 & -1 & 0 \end{pmatrix}$,问矩阵 $\boldsymbol{A}$ 可否对角化? 若可对角化求出可逆阵 $\boldsymbol{P}$ 及对角阵 $\boldsymbol{\Lambda}$.

解 $|\lambda\boldsymbol{E} - \boldsymbol{A}| = (\lambda + 2)(\lambda - 1)^2$,令 $|\lambda\boldsymbol{E} - \boldsymbol{A}| = 0$,得 $\lambda_1 = \lambda_2 = 1, \lambda_3 = -2$.

当 $\lambda_1 = \lambda_2 = 1$ 时,

$$\boldsymbol{E} - \boldsymbol{A} = \begin{pmatrix} 1 & 1 & 1 \\ 1 & 1 & 1 \\ 1 & 1 & 1 \end{pmatrix} \to \begin{pmatrix} 1 & 1 & 1 \\ 0 & 0 & 0 \\ 0 & 0 & 0 \end{pmatrix},$$

可知 $r(\boldsymbol{E} - \boldsymbol{A}) = 1 = 3(\text{阶数}) - 2(\text{重数})$,故 $\boldsymbol{A}$ 可对角化.

取 x_2, x_3 为自由未知量,对应的方程为 $x_1 + x_2 + x_3 = 0$,求得一个基础解系为 $\boldsymbol{\alpha}_1 = (-1, 1, 0)^{\mathrm{T}}, \boldsymbol{\alpha}_2 = (-1, 0, 1)^{\mathrm{T}}$.

当 $\lambda_3 = -2$ 时,

$$-2\boldsymbol{E} - \boldsymbol{A} = \begin{pmatrix} -2 & 1 & 1 \\ 1 & -2 & 1 \\ 1 & 1 & -2 \end{pmatrix} \to \begin{pmatrix} 1 & 0 & -1 \\ 0 & 1 & -1 \\ 0 & 0 & 0 \end{pmatrix}$$

取 x_3 为自由未知量,对应的方程组为

$$\begin{cases} x_1 - x_3 = 0, \\ x_2 - x_3 = 0, \end{cases}$$

求得它的一个基础解系为 $\boldsymbol{\alpha}_3 = (1,1,1)^{\mathrm{T}}$. 则由定理 4.2 知矩阵 $\boldsymbol{A}$ 可对角化. 即存在可逆阵 $\boldsymbol{P} = (\boldsymbol{\alpha}_3, \boldsymbol{\alpha}_1, \boldsymbol{\alpha}_2) = \begin{pmatrix} 1 & -1 & -1 \\ 1 & 1 & 0 \\ 1 & 0 & 1 \end{pmatrix}$,相应的对角阵 $\boldsymbol{\Lambda} = \begin{pmatrix} -2 & 0 & 0 \\ 0 & 1 & 0 \\ 0 & 0 & 1 \end{pmatrix}$.

例 4.18

已知 $\boldsymbol{A} = \begin{pmatrix} 3 & -1 & 1 \\ 2 & 0 & 1 \\ 1 & -1 & 2 \end{pmatrix}$,问矩阵 $\boldsymbol{A}$ 可否对角化? 若可对角化求出可逆阵 $\boldsymbol{P}$ 及对角阵 $\boldsymbol{\Lambda}$.

解

$$|\lambda \boldsymbol{E} - \boldsymbol{A}| = \begin{vmatrix} \lambda-3 & 1 & -1 \\ -2 & \lambda & -1 \\ -1 & 1 & \lambda-2 \end{vmatrix} = \begin{vmatrix} \lambda-1 & 1-\lambda & 0 \\ -2 & \lambda & -1 \\ -1 & 1 & \lambda-2 \end{vmatrix}$$

$$= (\lambda-1)\begin{vmatrix} 1 & -1 & 0 \\ -2 & \lambda & -1 \\ -1 & 1 & \lambda-2 \end{vmatrix}$$

$$= (\lambda-1)\begin{vmatrix} 0 & -1 & 0 \\ \lambda-2 & \lambda & -1 \\ 0 & 1 & \lambda-2 \end{vmatrix} = (\lambda-1)(\lambda-2)^2,$$

所以矩阵 $\boldsymbol{A}$ 的特征值为 $\lambda_1 = \lambda_2 = 2, \lambda_3 = 1$.

当 $\lambda_1 = \lambda_2 = 2$ 时,

$$2\boldsymbol{E} - \boldsymbol{A} = \begin{pmatrix} -1 & 1 & -1 \\ -2 & 2 & -1 \\ -1 & 1 & 0 \end{pmatrix} \to \begin{pmatrix} 1 & -1 & 1 \\ 0 & 0 & 1 \\ 0 & 0 & 0 \end{pmatrix},$$

$$r(2\boldsymbol{E} - \boldsymbol{A}) = 2 \neq 3 - 2,$$

由定理 4.3 知矩阵 $\boldsymbol{A}$ 不能对角化. 注意对重根一般有:$r(\lambda \boldsymbol{E} - \boldsymbol{A}) \geqslant n - \lambda$ 的重数.

由相似矩阵的性质 8 知,当 n 阶矩阵 $\boldsymbol{A}$、$\boldsymbol{B}$ 相似,即 $\boldsymbol{P}^{-1}\boldsymbol{A}\boldsymbol{P} = \boldsymbol{B}$ 时,有 $\boldsymbol{A}^k \sim \boldsymbol{B}^k$($k$ 为任意非负整数),且 $\boldsymbol{P}^{-1}\boldsymbol{A}^k\boldsymbol{P} = \boldsymbol{B}^k$. 由此可得 $\boldsymbol{A}^k = \boldsymbol{P}\boldsymbol{B}^k\boldsymbol{P}^{-1}$,如果 $\boldsymbol{B}$ 是对角阵 $\boldsymbol{\Lambda}$,则 $\boldsymbol{A}^k = \boldsymbol{P}\boldsymbol{\Lambda}^k\boldsymbol{P}^{-1}$.

例 4.19

已知 $\boldsymbol{A} = \begin{pmatrix} 4 & 6 & 0 \\ -3 & -5 & 0 \\ -3 & -6 & 1 \end{pmatrix}$,试计算 $\boldsymbol{A}^{10}$.

解　$|\lambda \boldsymbol{E}-\boldsymbol{A}|=\begin{vmatrix}\lambda-4 & -6 & 0\\ 3 & \lambda+5 & 0\\ 3 & 6 & \lambda-1\end{vmatrix}$

$$=(\lambda-1)\begin{vmatrix}\lambda-4 & -6\\ 3 & \lambda+5\end{vmatrix}=(\lambda+2)(\lambda-1)^2,$$

令 $|\lambda \boldsymbol{E}-\boldsymbol{A}|=0$ 得 $\lambda_1=\lambda_2=1,\lambda_3=-2$.

当 $\lambda_1=\lambda_2=1$ 时,

$$\boldsymbol{E}-\boldsymbol{A}=\begin{pmatrix}-3 & -6 & 0\\ 3 & 6 & 0\\ 3 & 6 & 0\end{pmatrix}\to\begin{pmatrix}-3 & -6 & 0\\ 0 & 0 & 0\\ 0 & 0 & 0\end{pmatrix}\to\begin{pmatrix}1 & 2 & 0\\ 0 & 0 & 0\\ 0 & 0 & 0\end{pmatrix},$$

取 x_2,x_3 为自由未知量,对应的方程为 $x_1+2x_2=0$,求得一个基础解系为 $\boldsymbol{\alpha}_1=(-2,1,0)^{\mathrm{T}},\boldsymbol{\alpha}_2=(0,0,1)^{\mathrm{T}}$.

当 $\lambda_3=-2$ 时,

$$-2\boldsymbol{E}-\boldsymbol{A}=\begin{pmatrix}-6 & -6 & 0\\ 3 & 3 & 0\\ 3 & 6 & -3\end{pmatrix}\to\begin{pmatrix}1 & 1 & 0\\ 0 & 0 & 0\\ 0 & 1 & -1\end{pmatrix}\to\begin{pmatrix}1 & 0 & 1\\ 0 & 1 & -1\\ 0 & 0 & 0\end{pmatrix},$$

取 x_3 为自由未知量,对应的方程组为

$$\begin{cases}x_1 \qquad +x_3=0,\\ \qquad x_2-x_3=0.\end{cases}$$

求得它的一个基础解系为 $\boldsymbol{\alpha}_3=(-1,1,1)^{\mathrm{T}}$.

所以存在可逆矩阵 $\boldsymbol{P}=(\boldsymbol{\alpha}_1,\boldsymbol{\alpha}_2,\boldsymbol{\alpha}_3)=\begin{pmatrix}-2 & 0 & -1\\ 1 & 0 & 1\\ 0 & 1 & 1\end{pmatrix}$,相应的对角阵 $\boldsymbol{\Lambda}=\begin{pmatrix}1 & 0 & 0\\ 0 & 1 & 0\\ 0 & 0 & -2\end{pmatrix}$.

从而 $\boldsymbol{A}^{10}=\boldsymbol{P}\boldsymbol{\Lambda}^{10}\boldsymbol{P}^{-1}=\begin{pmatrix}-2 & 0 & -1\\ 1 & 0 & 1\\ 0 & 1 & 1\end{pmatrix}\begin{pmatrix}1 & 0 & 0\\ 0 & 1 & 0\\ 0 & 0 & -2\end{pmatrix}^{10}\begin{pmatrix}-1 & -1 & 0\\ -1 & -2 & 1\\ 1 & 2 & 0\end{pmatrix}$

$$=\begin{pmatrix}-2 & 0 & -1024\\ 1 & 0 & 1024\\ 0 & 1 & 1024\end{pmatrix}\begin{pmatrix}-1 & -1 & 0\\ -1 & -2 & 1\\ 1 & 2 & 0\end{pmatrix}=\begin{pmatrix}-1022 & -2046 & 0\\ 1023 & 2047 & 0\\ 1023 & 2046 & 1\end{pmatrix}.$$

例 4.20　设方阵 $\boldsymbol{A}=\begin{pmatrix}2 & 0 & 0\\ 0 & 0 & 1\\ 0 & 1 & x\end{pmatrix}$,与 $\boldsymbol{B}=\begin{pmatrix}2 & 0 & 0\\ 0 & y & 0\\ 0 & 0 & -1\end{pmatrix}$ 相似,求 x,y 之值;并求可逆阵 $\boldsymbol{P}$,使 $\boldsymbol{P}^{-1}\boldsymbol{A}\boldsymbol{P}=\boldsymbol{B}$.

解 因为 $\boldsymbol{A}$ 与 $\boldsymbol{B}$ 相似,有 $|\boldsymbol{A}|=|\boldsymbol{B}|\Rightarrow -2=-2y\Rightarrow y=1$.

又有 $\mathrm{tr}(\boldsymbol{A})=\mathrm{tr}(\boldsymbol{B})\Rightarrow 2+x=2+y+(-1)\Rightarrow x=0$.

$\boldsymbol{A}$ 的特征值分别是 $\lambda_2=2,\lambda_2=1,\lambda_3=-1$.

而 $\lambda_1=2$ 对应的特征向量为 $k\begin{pmatrix}1\\0\\0\end{pmatrix}(k\neq 0)$,$\lambda_2=1$ 对应的特征向量为 $k\begin{pmatrix}0\\1\\1\end{pmatrix}(k\neq 0)$,$\lambda_3=-1$ 对应的特征向量为 $k\begin{pmatrix}0\\1\\-1\end{pmatrix}(k\neq 0)$,

所以 $\boldsymbol{P}=\begin{pmatrix}1&0&0\\0&1&1\\0&1&-1\end{pmatrix}$.

4.2.4 相似对角化的几何解释

舞台正前方看戏的位置最好,往往能卖出高价,而数学家喜欢把一个矩阵相似变换到另一个比较好的矩阵上去进一步研究这个线性变换.这个最好的位置就是用特征向量当坐标轴,最好的矩阵就是对角阵,其次当算若尔当阵了.实际上,这是一个常见的工程处理方法,把一个对象从一个领域变换到另外一个领域以便研究(当然要保证被研究对象的本质不能被变换掉).

举个矩阵相似的事例,比如我们开车郊游(见图 4.2),到乡野别院度假.从地点 x 驾驶到目的地 $\boldsymbol{A}\boldsymbol{x}$,走眼前的小道不太方便,那就绕个弯,先从 $\boldsymbol{x}$ 过桥到 $\boldsymbol{x}'$,从 $\boldsymbol{x}'$ 到 $\boldsymbol{B}\boldsymbol{x}'$ 的行车就很方便,可到了 $\boldsymbol{B}\boldsymbol{x}'$ 还没结束,度假目的地是 $\boldsymbol{A}\boldsymbol{x}$.那么,再过桥把 $\boldsymbol{B}\boldsymbol{x}'$ 变到 $\boldsymbol{A}\boldsymbol{x}$.确实,走笔直的马路当然比走九曲十八弯好了,这里的马路也是对角阵.数学上的对角阵看起来很好,除了对角线外其他的元素都是 0,美的东西必然简洁,观赏性较强.作为数学工具,当然计算起来就比较好用了.

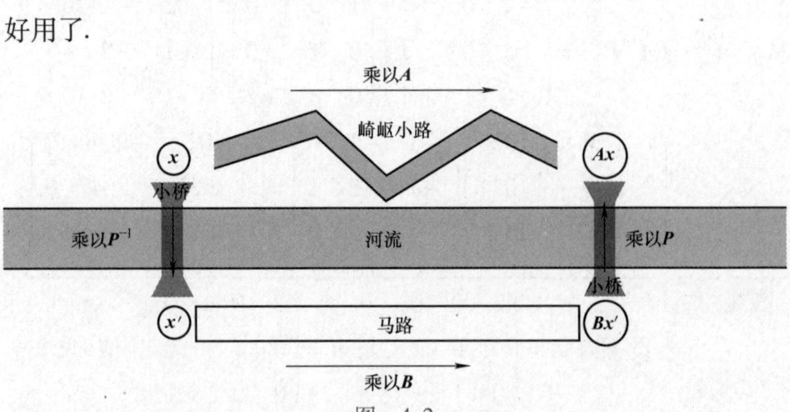

图 4.2

练习 4.2

1. 下列各组矩阵是否相似？为什么？

(1) $\begin{pmatrix}1&1&1\\2&2&2\\3&3&3\end{pmatrix}$与$\begin{pmatrix}1&0&0\\0&2&0\\0&0&0\end{pmatrix}$;

(2) $\begin{pmatrix}1&0&0\\1&2&0\\1&1&3\end{pmatrix}$与$\begin{pmatrix}1&1&1\\0&2&1\\0&0&3\end{pmatrix}$;

(3) $\begin{pmatrix}2&1&1\\1&2&1\\1&1&2\end{pmatrix}$与$\begin{pmatrix}2&0&0\\0&2&0\\0&0&2\end{pmatrix}$;

(4) $\begin{pmatrix}2&1&1\\1&2&1\\1&1&2\end{pmatrix}$与$\begin{pmatrix}1&0&0\\0&1&0\\0&0&2\end{pmatrix}$.

2. 若$\begin{pmatrix}22&31\\y&x\end{pmatrix}$与$\begin{pmatrix}1&2\\3&4\end{pmatrix}$相似，求 x 和 y 的值.

3. 设 $\boldsymbol{A}$ 为三阶矩阵，且 $\boldsymbol{A}-\boldsymbol{E},\boldsymbol{A}+2\boldsymbol{E},5\boldsymbol{A}-3\boldsymbol{E}$ 不可逆，$\boldsymbol{A}$ 可以对角化吗？若可以求与 $\boldsymbol{A}$ 相似的对角阵.

4. 已知 $\boldsymbol{A}=\begin{pmatrix}2&a&2\\5&b&3\\-1&1&-1\end{pmatrix}$有特征值 ±1，$\boldsymbol{A}$ 能否对角化？并说明理由.

5. 若四阶矩阵 $\boldsymbol{A}$ 与 $\boldsymbol{B}$ 相似，矩阵 $\boldsymbol{A}$ 的特征值为 $\frac{1}{2},\frac{1}{3},\frac{1}{4},\frac{1}{5}$，求 $\det(\boldsymbol{B}^{-1}-\boldsymbol{E})$.

6. 设矩阵 $\boldsymbol{A}=\begin{pmatrix}3&2&-2\\-k&-1&k\\4&2&-3\end{pmatrix}$，当 k 为何值时，存在可逆矩阵 $\boldsymbol{P}$，使得 $\boldsymbol{P}^{-1}\boldsymbol{A}\boldsymbol{P}$ 为对角阵？并求出 $\boldsymbol{P}$ 和相应的对角矩阵.

7. 设 $\boldsymbol{A}=\begin{pmatrix}1&4&-2\\0&-1&0\\1&2&-2\end{pmatrix}$，求 $\boldsymbol{A}^{2020}$.

8. 设 n 阶方阵 $\boldsymbol{A}$ 有 n 个互异特征值，而矩阵 $\boldsymbol{B}$ 与矩阵 $\boldsymbol{A}$ 有相同的特征值，证明：$\boldsymbol{A}$ 与 $\boldsymbol{B}$ 相似.

4.3 向量组的正交性

在第 3 章中，我们研究了向量的线性运算，并利用它讨论了向量之间的线性关系，但尚未涉及向量的度量性质. 在解析几何中，二维、三维向量的长度以及夹角等度量性质都可以用向量的内积来表示，现在我们把内积推广到 n 维向量中.

4.3.1 向量的内积

定义 4.6　设有 n 维向量

$$\boldsymbol{x}=\begin{pmatrix}x_1\\x_2\\\vdots\\x_n\end{pmatrix},\boldsymbol{y}=\begin{pmatrix}y_1\\y_2\\\vdots\\y_n\end{pmatrix},$$

令 $(\boldsymbol{x},\boldsymbol{y})=x_1y_1+x_2y_2+\cdots+x_ny_n$，$(\boldsymbol{x},\boldsymbol{y})$ 称为向量 $\boldsymbol{x}$ 与 $\boldsymbol{y}$ 的内积.

内积是向量的一种运算，用矩阵记号表示，当 $\boldsymbol{x}$ 与 $\boldsymbol{y}$ 都是列向量时，有 $(\boldsymbol{x},\boldsymbol{y})=\boldsymbol{x}^{\mathrm{T}}\boldsymbol{y}$.

内积具有下列性质(其中 $\boldsymbol{x},\boldsymbol{y},\boldsymbol{z}$ 为 n 维向量,λ 为实数):

(1) $(\boldsymbol{x},\boldsymbol{y})=(\boldsymbol{y},\boldsymbol{x})$;

(2) $(\lambda\boldsymbol{x},\boldsymbol{y})=\lambda(\boldsymbol{x},\boldsymbol{y})$;

(3) $(\boldsymbol{x}+\boldsymbol{y},\boldsymbol{z})=(\boldsymbol{x},\boldsymbol{y})+(\boldsymbol{x},\boldsymbol{z})$.

例 4.21

设有两个四维向量 $\boldsymbol{\alpha}=\begin{pmatrix}1\\2\\-1\\5\end{pmatrix},\boldsymbol{\beta}=\begin{pmatrix}-3\\0\\6\\-5\end{pmatrix}$,求:$(\boldsymbol{\alpha},\boldsymbol{\beta})$及$(\boldsymbol{\alpha},\boldsymbol{\alpha})$.

解 $(\boldsymbol{\alpha},\boldsymbol{\beta})=-3+0-6-25=-34$; $(\boldsymbol{\alpha},\boldsymbol{\alpha})=1+4+1+25=31$.

n 维向量的内积是数量积的一种推广,但 n 维向量没有三维向量那样直观的长度和夹角的概念,因此只能按数量积的直角坐标计算公式来推广. 并且反过来,利用内积来定义 n 维向量的长度和夹角:

定义 4.7 令 $\|\boldsymbol{x}\|=\sqrt{(\boldsymbol{x},\boldsymbol{x})}=\sqrt{x_1^2+x_2^2+\cdots+x_n^2}$,则 $\|\boldsymbol{x}\|$ 称为 n 维向量 $\boldsymbol{x}$ 的**长度(或范数)**.

向量的长度具有下列性质:

(1) 非负性:当 $x\neq\boldsymbol{0}$ 时,$\|\boldsymbol{x}\|>0$,当 $\boldsymbol{x}=\boldsymbol{0}$ 时,$\|\boldsymbol{x}\|=0$;

(2) 齐次性:$\|\lambda\boldsymbol{x}\|=|\lambda|\,\|\boldsymbol{x}\|$;

(3) 三角不等式:$\|\boldsymbol{x}+\boldsymbol{y}\|\leqslant\|\boldsymbol{x}\|+\|\boldsymbol{y}\|$.

长度为 1 的向量称**单位向量**. 对于任意非零向量 $\boldsymbol{\alpha}$,$\dfrac{\boldsymbol{\alpha}}{\|\boldsymbol{\alpha}\|}$必为单位向量. 这是因为

$$\left\|\frac{\boldsymbol{\alpha}}{\|\boldsymbol{\alpha}\|}\right\|=\frac{1}{\|\boldsymbol{\alpha}\|}\|\boldsymbol{\alpha}\|=1.$$

如 $\boldsymbol{\alpha}=(1,-2,2)^{\mathrm{T}}$,则$\left(\dfrac{1}{3},-\dfrac{2}{3},\dfrac{2}{3}\right)^{\mathrm{T}}$ 为单位向量.

4.3.2 正交向量组

当$(x,y)=0$ 时,称向量 $\boldsymbol{x}$ 与 $\boldsymbol{y}$ **正交**. 显然,若 $\boldsymbol{x}=\boldsymbol{0}$,则 $\boldsymbol{x}$ 与任意向量都正交.

两两正交的非零向量组称为**正交向量组**.

定理 4.4 若 n 维向量 $\boldsymbol{\alpha}_1,\boldsymbol{\alpha}_2,\cdots,\boldsymbol{\alpha}_r$ 是正交向量组,则 $\boldsymbol{\alpha}_1,\boldsymbol{\alpha}_2,\cdots,\boldsymbol{\alpha}_r$ 线性无关.

证明　设有 $\lambda_1,\lambda_2,\cdots,\lambda_r$ 使 $\lambda_1\boldsymbol{\alpha}_1+\lambda_2\boldsymbol{\alpha}_2+\cdots+\lambda_r\boldsymbol{\alpha}_r=\mathbf{0}$，以 $\boldsymbol{\alpha}_1^{\mathrm{T}}$ 左乘上式两端，得

$$\lambda_1\boldsymbol{\alpha}_1^{\mathrm{T}}\boldsymbol{\alpha}_1=0,$$

因 $\boldsymbol{\alpha}_1\neq\mathbf{0}$，故 $\boldsymbol{\alpha}_1^{\mathrm{T}}\boldsymbol{\alpha}_1=\|\boldsymbol{\alpha}\|^2\neq 0$，从而必有 $\lambda_1=0$. 类似可证 $\lambda_2=0,\cdots,\lambda_r=0$. 于是向量组 $\boldsymbol{\alpha}_1,\boldsymbol{\alpha}_2,\cdots,\boldsymbol{\alpha}_r$ 线性无关.

注　1. 该定理的逆定理不成立；

2. 这个结论说明：在 n 维向量空间中，两两正交的向量不能超过 n 个. 这个事实的几何意义是清楚的. 例如在平面上找不到三个两两垂直的非零向量；在空间中找不到四个两两垂直的非零向量.

例 4.22

已知三维向量空间 $\mathbf{R}^3$ 中两个向量 $\boldsymbol{\alpha}_1=\begin{pmatrix}1\\1\\1\end{pmatrix}$，$\boldsymbol{\alpha}_2=\begin{pmatrix}1\\-2\\1\end{pmatrix}$正交，试求一个非零向量 $\boldsymbol{\alpha}_3$，使 $\boldsymbol{\alpha}_1,\boldsymbol{\alpha}_2,\boldsymbol{\alpha}_3$ 两两正交.

解　记 $\boldsymbol{A}=\begin{pmatrix}\boldsymbol{\alpha}_1^{\mathrm{T}}\\\boldsymbol{\alpha}_2^{\mathrm{T}}\end{pmatrix}=\begin{pmatrix}1&1&1\\1&-2&1\end{pmatrix}$，$\boldsymbol{\alpha}_3$ 应满足齐次线性方程组 $\boldsymbol{Ax}=\mathbf{0}$，即

$$\begin{pmatrix}1&1&1\\1&-2&1\end{pmatrix}\begin{pmatrix}x_1\\x_2\\x_3\end{pmatrix}=\begin{pmatrix}0\\0\end{pmatrix},$$

由
$$\boldsymbol{A}\to\begin{pmatrix}1&1&1\\0&-3&0\end{pmatrix}\to\begin{pmatrix}1&0&1\\0&1&0\end{pmatrix}，得\begin{cases}x_1=-x_3,\\x_2=\ \ 0.\end{cases}$$

从而有基础解系$\begin{pmatrix}-1\\0\\1\end{pmatrix}$，取 $\boldsymbol{\alpha}_3=\begin{pmatrix}-1\\0\\1\end{pmatrix}$即为所求.

下面介绍一种算法，可把线性无关向量组 $\boldsymbol{\alpha}_1,\boldsymbol{\alpha}_2,\cdots,\boldsymbol{\alpha}_r$ 变成正交向量组 $\boldsymbol{\beta}_1,\boldsymbol{\beta}_2,\cdots,\boldsymbol{\beta}_r$，此方法称为**施密特**(Schimidt)**正交化方法**.

取　$\boldsymbol{\beta}_1=\boldsymbol{\alpha}_1$；

$$\boldsymbol{\beta}_2=\boldsymbol{\alpha}_2-\frac{(\boldsymbol{\beta}_1,\boldsymbol{\alpha}_2)}{(\boldsymbol{\beta}_1,\boldsymbol{\beta}_1)}\boldsymbol{\beta}_1;$$

$$\vdots$$

$$\boldsymbol{\beta}_r=\boldsymbol{\alpha}_r-\frac{(\boldsymbol{\beta}_1,\boldsymbol{\alpha}_r)}{(\boldsymbol{\beta}_1,\boldsymbol{\beta}_1)}\boldsymbol{\beta}_1-\frac{(\boldsymbol{\beta}_2,\boldsymbol{\alpha}_r)}{(\boldsymbol{\beta}_2,\boldsymbol{\beta}_2)}\boldsymbol{\beta}_2-\cdots-\frac{(\boldsymbol{\beta}_{r-1},\boldsymbol{\alpha}_r)}{(\boldsymbol{\beta}_{r-1},\boldsymbol{\beta}_{r-1})}\boldsymbol{\beta}_{r-1}.$$

容易验证 $\boldsymbol{\beta}_1,\boldsymbol{\beta}_2,\cdots,\boldsymbol{\beta}_r$ 两两正交，且 $\boldsymbol{\beta}_1,\boldsymbol{\beta}_2,\cdots,\boldsymbol{\beta}_r$ 与 $\boldsymbol{\alpha}_1,\boldsymbol{\alpha}_2,\cdots,\boldsymbol{\alpha}_r$

等价. 然后只要把它们单位化,即取 $\boldsymbol{\gamma}_1=\frac{\boldsymbol{\beta}_1}{\|\boldsymbol{\beta}_1\|},\boldsymbol{\gamma}_2=\frac{\boldsymbol{\beta}_2}{\|\boldsymbol{\beta}_2\|},\cdots,\boldsymbol{\gamma}_r=\frac{\boldsymbol{\beta}_r}{\|\boldsymbol{\beta}_r\|}$,就得到一组单位正交向量组或称为规范正交向量组.

例 4.23 设 $\boldsymbol{\alpha}_1=\begin{pmatrix}1\\2\\-1\end{pmatrix},\boldsymbol{\alpha}_2=\begin{pmatrix}-1\\3\\1\end{pmatrix},\boldsymbol{\alpha}_3=\begin{pmatrix}4\\-1\\0\end{pmatrix}$,试用施密特正交化方法把这组向量规范正交化.

解 取 $\boldsymbol{\beta}_1=\boldsymbol{\alpha}_1$;

$$\boldsymbol{\beta}_2=\boldsymbol{\alpha}_2-\frac{(\boldsymbol{\alpha}_2,\boldsymbol{\beta}_1)}{\|\boldsymbol{\beta}_1\|^2}\boldsymbol{\beta}_1=\begin{pmatrix}-1\\3\\1\end{pmatrix}-\frac{4}{6}\begin{pmatrix}1\\2\\-1\end{pmatrix}=\frac{5}{3}\begin{pmatrix}-1\\1\\1\end{pmatrix};$$

$$\boldsymbol{\beta}_3=\boldsymbol{\alpha}_3-\frac{(\boldsymbol{\alpha}_3,\boldsymbol{\beta}_1)}{\|\boldsymbol{\beta}_1\|^2}\boldsymbol{\beta}_1-\frac{(\boldsymbol{\alpha}_3,\boldsymbol{\beta}_2)}{\|\boldsymbol{\beta}_2\|^2}\boldsymbol{\beta}_2=2\begin{pmatrix}1\\0\\1\end{pmatrix}.$$

再把它们单位化,取

$$\boldsymbol{e}_1=\frac{1}{\sqrt{6}}\begin{pmatrix}1\\2\\-1\end{pmatrix},\boldsymbol{e}_2=\frac{1}{\sqrt{3}}\begin{pmatrix}-1\\1\\1\end{pmatrix},\boldsymbol{e}_3=\frac{1}{\sqrt{2}}\begin{pmatrix}1\\0\\1\end{pmatrix},$$

即为所求.

例 4.24 已知 $\boldsymbol{\alpha}_1=\begin{pmatrix}1\\1\\1\end{pmatrix}$,求一组非零向量 $\boldsymbol{\alpha}_2,\boldsymbol{\alpha}_3$,使 $\boldsymbol{\alpha}_1,\boldsymbol{\alpha}_2,\boldsymbol{\alpha}_3$ 两两正交.

解 $\boldsymbol{\alpha}_2,\boldsymbol{\alpha}_3$ 应满足方程 $\boldsymbol{\alpha}_1^{\mathrm{T}}\boldsymbol{x}=0$,即 $x_1+x_2+x_3=0$.

它的基础解系为

$$\boldsymbol{\xi}_1=\begin{pmatrix}1\\0\\-1\end{pmatrix},\boldsymbol{\xi}_2=\begin{pmatrix}0\\1\\-1\end{pmatrix}.$$

把基础解系正交化,即为所求. 即取

$$\boldsymbol{\alpha}_2=\boldsymbol{\xi}_1,\boldsymbol{\alpha}_3=\boldsymbol{\xi}_2-\frac{(\boldsymbol{\xi}_1,\boldsymbol{\xi}_2)}{(\boldsymbol{\xi}_1,\boldsymbol{\xi}_1)}\boldsymbol{\xi}_1,$$

于是得

$$\boldsymbol{\alpha}_2=\begin{pmatrix}1\\0\\-1\end{pmatrix},\boldsymbol{\alpha}_3=\frac{1}{2}\begin{pmatrix}-1\\2\\-1\end{pmatrix}.$$

4.3.3 正交矩阵

在平面解析几何中,坐标轴的旋转变换为

$$\begin{cases} x = x'\cos\theta - y'\sin\theta, \\ y = x'\sin\theta + y'\cos\theta. \end{cases}$$

对应的矩阵 $\boldsymbol{A} = \begin{pmatrix} \cos\theta & -\sin\theta, \\ \sin\theta & \cos\theta. \end{pmatrix}$,显然 $\boldsymbol{A}^{\mathrm{T}}\boldsymbol{A} = \begin{pmatrix} 1 & 0 \\ 0 & 1 \end{pmatrix} = \boldsymbol{E}$. 这样的矩阵称为正交矩阵.

定义 4.8　如果 n 阶矩阵 $\boldsymbol{A}$ 满足 $\boldsymbol{A}^{\mathrm{T}}\boldsymbol{A} = \boldsymbol{E}$(即 $\boldsymbol{A}^{-1} = \boldsymbol{A}^{\mathrm{T}}$),称 $\boldsymbol{A}$ 为正交矩阵.

比如:$\begin{pmatrix} 0 & 1 \\ 1 & 0 \end{pmatrix}$, $\begin{pmatrix} \frac{\sqrt{3}}{2} & -\frac{1}{2} \\ \frac{1}{2} & \frac{\sqrt{3}}{2} \end{pmatrix}$, $\begin{pmatrix} \frac{1}{2} & -\frac{1}{2} & \frac{1}{2} & -\frac{1}{2} \\ \frac{1}{2} & -\frac{1}{2} & -\frac{1}{2} & \frac{1}{2} \\ \frac{1}{\sqrt{2}} & \frac{1}{\sqrt{2}} & 0 & 0 \\ 0 & 0 & \frac{1}{\sqrt{2}} & \frac{1}{\sqrt{2}} \end{pmatrix}$ 都是正交矩阵.

正交矩阵具有如下性质:

(1)矩阵 $\boldsymbol{A}$ 为正交矩阵的充分必要条件是 $\boldsymbol{A}^{-1} = \boldsymbol{A}^{\mathrm{T}}$;

(2)正交矩阵的逆矩阵是正交矩阵;

(3)两个正交矩阵的乘积仍是正交矩阵;

(4)正交矩阵是满秩的,且 $|\boldsymbol{A}| = 1$ 或 -1.

定理 4.5　一个 n 阶矩阵为正交矩阵的充分必要条件是它的行(或列)向量组是一个单位正交向量组.

证明　设 $\boldsymbol{A} = (\boldsymbol{\alpha}_1, \boldsymbol{\alpha}_2, \cdots, \boldsymbol{\alpha}_n)$,其中,$\boldsymbol{\alpha}_1, \boldsymbol{\alpha}_2, \cdots, \boldsymbol{\alpha}_n$ 是 $\boldsymbol{A}$ 的列向量组,则 $\boldsymbol{A}^{\mathrm{T}}\boldsymbol{A} = \boldsymbol{E}$ 等价于

$$\begin{pmatrix} \boldsymbol{\alpha}_1^{\mathrm{T}} \\ \boldsymbol{\alpha}_2^{\mathrm{T}} \\ \vdots \\ \boldsymbol{\alpha}_n^{\mathrm{T}} \end{pmatrix} (\boldsymbol{\alpha}_1, \boldsymbol{\alpha}_2, \cdots, \boldsymbol{\alpha}_n) = \begin{pmatrix} \boldsymbol{\alpha}_1^{\mathrm{T}}\boldsymbol{\alpha}_1 & \boldsymbol{\alpha}_1^{\mathrm{T}}\boldsymbol{\alpha}_2 & \cdots & \boldsymbol{\alpha}_1^{\mathrm{T}}\boldsymbol{\alpha}_n \\ \boldsymbol{\alpha}_2^{\mathrm{T}}\boldsymbol{\alpha}_1 & \boldsymbol{\alpha}_2^{\mathrm{T}}\boldsymbol{\alpha}_2 & \cdots & \boldsymbol{\alpha}_2^{\mathrm{T}}\boldsymbol{\alpha}_n \\ \vdots & \vdots & & \vdots \\ \boldsymbol{\alpha}_n^{\mathrm{T}}\boldsymbol{\alpha}_1 & \boldsymbol{\alpha}_n^{\mathrm{T}}\boldsymbol{\alpha}_2 & \cdots & \boldsymbol{\alpha}_n^{\mathrm{T}}\boldsymbol{\alpha}_n \end{pmatrix},$$

即 $$\alpha_i^{\mathrm{T}}\alpha_j=\delta_{ij}=\begin{cases}1, & i=j\\0, & i\neq j\end{cases}(i,j=1,2,\cdots,n)$$

注 由$A^{\mathrm{T}}A=E$与$AA^{\mathrm{T}}=E$等价可知,定理4.5的结论对行向量也成立,即A为正交矩阵的充要条件是A的行向量组是单位正交向量组.

练习4.3

1. 令$\alpha=\begin{pmatrix}-2\\1\end{pmatrix}$, $\beta=\begin{pmatrix}-3\\1\end{pmatrix}$, 计算$\dfrac{(\alpha,\beta)}{(\alpha,\alpha)}$和$\dfrac{(\alpha,\beta)}{(\alpha,\alpha)}\alpha$.

2. 把向量组$\alpha_1=(1,1,1)^{\mathrm{T}}$,$\alpha_2=(0,1,1)^{\mathrm{T}}$,$\alpha_3=(0,0,1)^{\mathrm{T}}$规范正交化.

3. 设A为n阶对称矩阵,且满足$A^2-4A+3E=O$,证明:$A-2E$为正交矩阵.

4.4 实对称阵的特征值与特征向量

与其他主要类型的矩阵相比,对称矩阵更常出现在应用中,其理论完美,本质上依赖于4.2节的对角化和4.3节的正交性,它也是讨论下一章二次型的基础. 实数域上的对称矩阵简称为实对称矩阵,从上一节我们可以看到,并不是所有的方阵都可以对角化,但实对称矩阵却一定可以对角化,其特征值和特征向量具有一些特殊性质.

4.4.1 实对称矩阵特征值的性质

定理4.6 实对称矩阵的特征值都是实数.

证明 设A为实对称矩阵,λ为A在复数域上的任一特征值,我们只需证明$\lambda=\bar{\lambda}$,其中$\bar{\lambda}$是λ的共轭复数. $\alpha=(a_1,a_2,\cdots,a_n)^{\mathrm{T}}\neq\mathbf{0}$是属于$\lambda$的特征向量,故有$A\alpha=\lambda\alpha$,两端取共轭,有$\overline{A\alpha}=\overline{\lambda\alpha}$,由共轭复数的运算性质知$\bar{A}\bar{\alpha}=\bar{\lambda}\bar{\alpha}$. 两端取转置得$\bar{\alpha}^{\mathrm{T}}\bar{A}^{\mathrm{T}}=\bar{\lambda}\bar{\alpha}^{\mathrm{T}}$.

注意到$\bar{A}=A$和$A^{\mathrm{T}}=A$,上式成为

$$\bar{\alpha}^{\mathrm{T}}A=\bar{\lambda}\bar{\alpha}^{\mathrm{T}},$$

两端右乘α,得

$$\bar{\alpha}^{\mathrm{T}}A\alpha=\bar{\lambda}\bar{\alpha}^{\mathrm{T}}\alpha,\text{即}\bar{\alpha}^{\mathrm{T}}\lambda\alpha=\bar{\lambda}\bar{\alpha}^{\mathrm{T}}\alpha=\bar{\lambda}\bar{\alpha}^{\mathrm{T}}\alpha,$$

所以 $$(\lambda-\bar{\lambda})\bar{\alpha}^{\mathrm{T}}\alpha=0.$$

又因为$\alpha\neq\mathbf{0}$,故有

$$\overline{\boldsymbol{\alpha}}^{\mathrm{T}}\boldsymbol{\alpha}=(\overline{a}_1,\overline{a}_2,\cdots,\overline{a}_n)\begin{pmatrix}a_1\\a_2\\\vdots\\a_n\end{pmatrix}=|a_1|^2+|a_2|^2+\cdots+|a_n|^2>0,$$

从而有 $\overline{\lambda}=\lambda$，即 λ 是实数.

由于实对称矩阵的特征值都是实数，所以特征向量也都是实向量.

定理 4.7　实对称矩阵的属于不同特征值的特征向量是正交的.

证明　设 λ_1,λ_2 是 $\boldsymbol{A}$ 的不同特征值. $\boldsymbol{\alpha}_1,\boldsymbol{\alpha}_2$ 分别为 $\boldsymbol{A}$ 的属于特征值 λ_1,λ_2 的特征向量. 于是

$$\boldsymbol{A\alpha}_1=\lambda_1\boldsymbol{\alpha}_1(\boldsymbol{\alpha}_1\neq\boldsymbol{0}),\ \boldsymbol{A\alpha}_2=\lambda_2\boldsymbol{\alpha}_2(\boldsymbol{\alpha}_2\neq\boldsymbol{0}).$$

在上面第一式两边左乘 $\boldsymbol{\alpha}_2^{\mathrm{T}}$，得

$$\boldsymbol{\alpha}_2^{\mathrm{T}}\boldsymbol{A\alpha}_1=\lambda_1\boldsymbol{\alpha}_2^{\mathrm{T}}\boldsymbol{\alpha}_1,$$

注意到 $\boldsymbol{\alpha}_2^{\mathrm{T}}\boldsymbol{A\alpha}_1=(\boldsymbol{A}^{\mathrm{T}}\boldsymbol{\alpha}_2)^{\mathrm{T}}\boldsymbol{\alpha}_1=(\boldsymbol{A\alpha}_2)^{\mathrm{T}}\boldsymbol{\alpha}_1=\lambda_2\boldsymbol{\alpha}_2^{\mathrm{T}}\boldsymbol{\alpha}_1$，代入上式，有

$$(\lambda_2-\lambda_1)\boldsymbol{\alpha}_2^{\mathrm{T}}\boldsymbol{\alpha}_1=0.$$

由于 $\lambda_1\neq\lambda_2$，所以 $\boldsymbol{\alpha}_2^{\mathrm{T}}\boldsymbol{\alpha}_1=0$，即 $\boldsymbol{\alpha}_2$ 与 $\boldsymbol{\alpha}_1$ 正交.

我们还可以证明：如果实对称矩阵 $\boldsymbol{A}$ 的特征值 λ 的重数是 k，则恰好有 k 个属于特征值 λ 的线性无关的特征向量. 如果利用施密特正交化方法把这 k 个向量正交化，它们仍是矩阵 $\boldsymbol{A}$ 的属于特征值 λ 的特征向量.

定理 4.8　设 $\boldsymbol{A}$ 为 n 阶实对称矩阵，则存在 n 阶正交矩阵 $\boldsymbol{Q}$，使 $\boldsymbol{Q}^{-1}\boldsymbol{AQ}$ 为对角阵 $\boldsymbol{\Lambda}$.

证明　对矩阵 $\boldsymbol{A}$ 的阶数用数学归纳法.

当 $n=1$ 时，一阶矩阵 $\boldsymbol{A}$ 已是对角矩阵，结论显然成立.

假设对任意的 $n-1$ 阶实对称矩阵，结论成立. 下面证明：对 n 阶实对称矩阵 $\boldsymbol{A}$，结论也成立.

设 λ_1 是 $\boldsymbol{A}$ 的一个特征值，$\boldsymbol{\alpha}_1$ 是 $\boldsymbol{A}$ 的属于 λ_1 的一个实特征向量. 由于 $\dfrac{1}{\|\boldsymbol{\alpha}_1\|}\boldsymbol{\alpha}_1$ 也是 $\boldsymbol{A}$ 的属于 λ_1 的特征向量，故不妨设 $\boldsymbol{\alpha}_1$ 是单位向量. 记 $\boldsymbol{Q}_1$ 是以 $\boldsymbol{\alpha}_1$ 为第一列的任一 n 阶正交矩阵，把 $\boldsymbol{Q}_1$ 分块为 $\boldsymbol{Q}_1=(\boldsymbol{\alpha}_1,\boldsymbol{R})$，其中 $\boldsymbol{R}$ 为 $n\times(n-1)$ 矩阵，则

$$\boldsymbol{Q}_1^{-1}\boldsymbol{AQ}_1=\boldsymbol{Q}_1^{\mathrm{T}}\boldsymbol{AQ}_1=\begin{pmatrix}\boldsymbol{\alpha}_1^{\mathrm{T}}\\\boldsymbol{R}^{\mathrm{T}}\end{pmatrix}\boldsymbol{A}(\boldsymbol{\alpha}_1,\boldsymbol{R})=\begin{pmatrix}\boldsymbol{\alpha}_1^{\mathrm{T}}\boldsymbol{A\alpha}_1&\boldsymbol{\alpha}_1^{\mathrm{T}}\boldsymbol{AR}\\\boldsymbol{R}^{\mathrm{T}}\boldsymbol{A\alpha}_1&\boldsymbol{R}^{\mathrm{T}}\boldsymbol{AR}\end{pmatrix},$$

注意到 $\boldsymbol{A\alpha}_1=\lambda_1\boldsymbol{\alpha}_1,\boldsymbol{\alpha}_1{}^{\mathrm{T}}\boldsymbol{\alpha}_1=1$ 及 $\boldsymbol{\alpha}_1$ 与 $\boldsymbol{R}$ 的各列向量都正交,所以

$$\boldsymbol{Q}_1^{-1}\boldsymbol{A}\boldsymbol{Q}_1=\begin{pmatrix}\lambda_1 & \boldsymbol{0}^{\mathrm{T}}\\ \boldsymbol{0} & \boldsymbol{A}_1\end{pmatrix},$$

其中 $\boldsymbol{A}_1=\boldsymbol{R}^{\mathrm{T}}\boldsymbol{A}\boldsymbol{R}$ 为 $(n-1)$ 阶实对称矩阵. 根据归纳法假设,对于 $\boldsymbol{A}_1$,存在 $(n-1)$ 阶正交矩阵 $\boldsymbol{Q}_2$,使得

$$\boldsymbol{Q}_2^{-1}\boldsymbol{A}_1\boldsymbol{Q}_2=\begin{pmatrix}\lambda_2 & & & \\ & \lambda_3 & & \\ & & \ddots & \\ & & & \lambda_n\end{pmatrix}.$$

令 $\boldsymbol{Q}_3=\begin{pmatrix}1 & \boldsymbol{0}^{\mathrm{T}}\\ \boldsymbol{0} & \boldsymbol{Q}_2\end{pmatrix}$,不难验证 $\boldsymbol{Q}_3$ 仍是正交矩阵,并且

$$\begin{aligned}\boldsymbol{Q}_3{}^{-1}(\boldsymbol{Q}_1{}^{-1}\boldsymbol{A}\boldsymbol{Q}_1)\boldsymbol{Q}_3&=\begin{pmatrix}1 & \boldsymbol{0}^{\mathrm{T}}\\ \boldsymbol{0} & \boldsymbol{Q}_2\end{pmatrix}^{-1}\begin{pmatrix}\lambda_1 & \boldsymbol{0}^{\mathrm{T}}\\ \boldsymbol{0} & \boldsymbol{A}_1\end{pmatrix}\begin{pmatrix}1 & \boldsymbol{0}^{\mathrm{T}}\\ \boldsymbol{0} & \boldsymbol{Q}_2\end{pmatrix}\\&=\begin{pmatrix}\lambda_1 & \boldsymbol{0}^{\mathrm{T}}\\ \boldsymbol{0} & \boldsymbol{Q}_2{}^{-1}\boldsymbol{A}_1\boldsymbol{Q}_2\end{pmatrix}\\&=\begin{pmatrix}\lambda_1 & & & \\ & \lambda_2 & & \\ & & \ddots & \\ & & & \lambda_n\end{pmatrix}.\end{aligned}$$

记 $\boldsymbol{Q}=\boldsymbol{Q}_1\boldsymbol{Q}_3$,则上面的结果表明 $\boldsymbol{Q}^{-1}\boldsymbol{A}\boldsymbol{Q}$ 为对角矩阵. 由数学归纳法原理,对任意的 n 阶实对称矩阵,定理的结论成立.

4.4.2 实对称矩阵的对角化方法

假设 n 阶实对称矩阵 $\boldsymbol{A}$ 有 m 个不同特征值 $\lambda_1,\lambda_2,\cdots,\lambda_m$,其重数分别为 $k_1,k_2,\cdots,k_m,k_1+k_2+\cdots+k_m=n$. 由上述说明可知,对同一特征值 λ_i,相应有 k_i 个正交的特征向量;而不同特征值对应的特征向量也是正交的,因此 $\boldsymbol{A}$ 一定有 n 个正交的特征向量,再将这 n 个正交的特征向量单位化,记其为 $\boldsymbol{\alpha}_1,\boldsymbol{\alpha}_2,\cdots,\boldsymbol{\alpha}_n$,显然这是一个标准正交向量组,令 $\boldsymbol{Q}=(\boldsymbol{\alpha}_1,\boldsymbol{\alpha}_2,\cdots,\boldsymbol{\alpha}_n)$,则 $\boldsymbol{Q}$ 为正交矩阵,且 $\boldsymbol{Q}^{-1}\boldsymbol{A}\boldsymbol{Q}$ 为对角阵 $\boldsymbol{\Lambda}$.

总结实对称阵对角化的步骤如下:

(1)求 $|\lambda\boldsymbol{E}-\boldsymbol{A}|=0$ 全部不同的根 $\lambda_1,\lambda_2,\cdots,\lambda_m$,它们是 $\boldsymbol{A}$ 的全部不同的特征值.

(2)对于每个特征值 λ_i(k_i 重根),求齐次线性方程组 $(\lambda_i\boldsymbol{E}-\boldsymbol{A})\boldsymbol{X}=\boldsymbol{0}$ 的一个基础解系 $\boldsymbol{\eta}_{i1},\boldsymbol{\eta}_{i2},\cdots,\boldsymbol{\eta}_{ik_i}$,利用施密特正交化方法将

其正交化，再将其单位化得 $\boldsymbol{\alpha}_{i1},\boldsymbol{\alpha}_{i2},\cdots,\boldsymbol{\alpha}_{ik_i}$.

(3)在第二步中对每个特征值得到一组标准正交向量组组合为一个向量组

$$\boldsymbol{\alpha}_{11},\boldsymbol{\alpha}_{12},\cdots,\boldsymbol{\alpha}_{1k_1},\boldsymbol{\alpha}_{21},\boldsymbol{\alpha}_{22},\cdots,\boldsymbol{\alpha}_{2k_2},\cdots,\boldsymbol{\alpha}_{m1},\boldsymbol{\alpha}_{m2},\cdots,\boldsymbol{\alpha}_{mk_m},$$

共有 $k_1+k_2+\cdots+k_m=n$ 个. 它们是 n 个向量组成的标准正交向量组. 以其为列向量组的矩阵 $\boldsymbol{Q}$ 就是所求正交矩阵.

(4) $\boldsymbol{Q}^{-1}\boldsymbol{AQ}=\boldsymbol{Q}^{\mathrm{T}}\boldsymbol{AQ}$，其主对角线元素依次为:

$$\underbrace{\lambda_1,\cdots,\lambda_1}_{k_1\text{个}},\underbrace{\lambda_2,\cdots,\lambda_2}_{k_2\text{个}},\cdots,\underbrace{\lambda_m,\cdots,\lambda_m}_{k_m\text{个}}.$$

例 4.25　求正交矩阵 $\boldsymbol{Q}$，使 $\boldsymbol{Q}^{\mathrm{T}}\boldsymbol{AQ}$ 为对角阵，其中 $\boldsymbol{A}=\begin{pmatrix}2&-2&0\\-2&1&-2\\0&-2&0\end{pmatrix}$.

解　$|\lambda\boldsymbol{E}-\boldsymbol{A}|=\begin{vmatrix}\lambda-2&2&0\\2&\lambda-1&2\\0&2&\lambda\end{vmatrix}=(\lambda-1)(\lambda-4)(\lambda+2)$，

则矩阵 $\boldsymbol{A}$ 的特征值为 $\lambda_1=1,\lambda_2=4,\lambda_3=-2$. 分别求出属于 $\lambda_1,\lambda_2,\lambda_3$ 的线性无关的向量为

$$\boldsymbol{\alpha}_1=(-2,-1,2)^{\mathrm{T}},\ \boldsymbol{\alpha}_2=(2,-2,1)^{\mathrm{T}},\ \boldsymbol{\alpha}_3=(1,2,2)^{\mathrm{T}},$$

则 $\boldsymbol{\alpha}_1,\boldsymbol{\alpha}_2,\boldsymbol{\alpha}_3$ 是正交的，再将 $\boldsymbol{\alpha}_1,\boldsymbol{\alpha}_2,\boldsymbol{\alpha}_3$ 单位化，得

$$\boldsymbol{\eta}_1=\left(-\frac{2}{3},-\frac{1}{3},\frac{2}{3}\right)^{\mathrm{T}},\ \boldsymbol{\eta}_2=\left(\frac{2}{3},-\frac{2}{3},\frac{1}{3}\right)^{\mathrm{T}},\ \boldsymbol{\eta}_3=\left(\frac{1}{3},\frac{2}{3},\frac{2}{3}\right)^{\mathrm{T}}.$$

令 $\boldsymbol{Q}=(\boldsymbol{\eta}_1,\boldsymbol{\eta}_2,\boldsymbol{\eta}_3)=\frac{1}{3}\begin{pmatrix}-2&2&1\\-1&-2&2\\2&1&2\end{pmatrix}$，

则
$$\boldsymbol{Q}^{-1}\boldsymbol{AQ}=\begin{pmatrix}1&0&0\\0&4&0\\0&0&-2\end{pmatrix}.$$

例 4.26　求正交矩阵 $\boldsymbol{Q}$，使 $\boldsymbol{Q}^{\mathrm{T}}\boldsymbol{AQ}$ 为对角阵，其中 $\boldsymbol{A}=\begin{pmatrix}1&-2&2\\-2&-2&4\\2&4&-2\end{pmatrix}$.

解　$|\lambda\boldsymbol{E}-\boldsymbol{A}|=\begin{vmatrix}\lambda-1&2&-2\\2&\lambda+2&-4\\-2&-4&\lambda+2\end{vmatrix}=(\lambda+7)(\lambda-2)^2$，则

矩阵 $\boldsymbol{A}$ 的特征值为 $\lambda_1=-7,\lambda_2=\lambda_3=2$. 求出属于 $\lambda_1=-7$ 的特征向量为 $\boldsymbol{\alpha}_1=(1,2,-2)^{\mathrm{T}}$，属于 $\lambda_2=\lambda_3=2$ 的特征向量为 $\boldsymbol{\alpha}_2=$

$(-2,1,0)^{\mathrm{T}}$，$\boldsymbol{\alpha}_3=(2,0,1)^{\mathrm{T}}$，利用施密特正交化方法将 $\boldsymbol{\alpha}_2,\boldsymbol{\alpha}_3$ 正交化得

$$\boldsymbol{\beta}_2=(-2,1,0)^{\mathrm{T}},\ \boldsymbol{\beta}_3=\left(\frac{2}{5},\frac{4}{5},1\right)^{\mathrm{T}},$$

所以 $\boldsymbol{\alpha}_1,\boldsymbol{\beta}_2,\boldsymbol{\beta}_3$ 相互正交，再将其单位化得

$$\boldsymbol{\eta}_1=\left(\frac{1}{3},\frac{2}{3},-\frac{2}{3}\right)^{\mathrm{T}},\ \boldsymbol{\eta}_2=\left(-\frac{2}{\sqrt{5}},\frac{1}{\sqrt{5}},0\right)^{\mathrm{T}},\ \boldsymbol{\eta}_3=\left(\frac{2}{3\sqrt{5}},\frac{4}{3\sqrt{5}},\frac{5}{3\sqrt{5}}\right)^{\mathrm{T}}.$$

令
$$\boldsymbol{Q}=\begin{pmatrix}\frac{1}{3} & -\frac{2}{\sqrt{5}} & \frac{2}{3\sqrt{5}}\\ \frac{2}{3} & \frac{1}{\sqrt{5}} & \frac{4}{3\sqrt{5}}\\ -\frac{2}{3} & 0 & \frac{5}{3\sqrt{5}}\end{pmatrix},$$

则
$$\boldsymbol{Q}^{-1}\boldsymbol{A}\boldsymbol{Q}=\begin{pmatrix}-7 & 0 & 0\\ 0 & 2 & 0\\ 0 & 0 & 2\end{pmatrix}.$$

例 4.27 设三阶实对称矩阵 $\boldsymbol{A}$ 的特征值是 1,2,3，矩阵 $\boldsymbol{A}$ 的属于特征值 1,2 的特征向量分别为 $\boldsymbol{\alpha}_1=(-1,-1,1)^{\mathrm{T}}$，$\boldsymbol{\alpha}_2=(1,-2,-1)^{\mathrm{T}}$.（1）求 $\boldsymbol{A}$ 的属于 3 的特征向量；（2）求矩阵 $\boldsymbol{A}$.

解 （1）设 $\boldsymbol{A}$ 的属于 3 的特征向量为 $\boldsymbol{\alpha}_3=(x_1,x_2,x_3)^{\mathrm{T}}$，因为 $\boldsymbol{\alpha}_1,\boldsymbol{\alpha}_2,\boldsymbol{\alpha}_3$ 是实对称矩阵 $\boldsymbol{A}$ 的属于不同特征值的特征向量，所以 $\boldsymbol{\alpha}_1,\boldsymbol{\alpha}_2,\boldsymbol{\alpha}_3$ 两两正交，故有 $\boldsymbol{\alpha}_1^{\mathrm{T}}\boldsymbol{\alpha}_3=0$，$\boldsymbol{\alpha}_2^{\mathrm{T}}\boldsymbol{\alpha}_3=0$. 即得一线性方程组 $\begin{cases}-x_1-x_2+x_3=0,\\ x_1-2x_2-x_3=0,\end{cases}$ 解得非零解为 $\boldsymbol{\alpha}_3=(1,0,1)^{\mathrm{T}}$，则 $\boldsymbol{A}$ 的属于 3 的特征向量为 $k(1,0,1)^{\mathrm{T}}$（k 为非零常数）.

（2）将 $\boldsymbol{\alpha}_1,\boldsymbol{\alpha}_2,\boldsymbol{\alpha}_3$ 单位化得

$$\boldsymbol{\beta}_1=\left(-\frac{1}{\sqrt{3}},-\frac{1}{\sqrt{3}},\frac{1}{\sqrt{3}}\right)^{\mathrm{T}},\ \boldsymbol{\beta}_2=\left(\frac{1}{\sqrt{6}},-\frac{2}{\sqrt{6}},-\frac{1}{\sqrt{6}}\right)^{\mathrm{T}},\ \boldsymbol{\beta}_3=\left(\frac{1}{\sqrt{2}},0,\frac{1}{\sqrt{2}}\right)^{\mathrm{T}}.$$

令 $\boldsymbol{P}=(\boldsymbol{\beta}_1,\boldsymbol{\beta}_2,\boldsymbol{\beta}_3)=\begin{pmatrix}-\frac{1}{\sqrt{3}} & \frac{1}{\sqrt{6}} & \frac{1}{\sqrt{2}}\\ -\frac{1}{\sqrt{3}} & -\frac{2}{\sqrt{6}} & 0\\ \frac{1}{\sqrt{3}} & -\frac{1}{\sqrt{6}} & \frac{1}{\sqrt{2}}\end{pmatrix}$，

则有 $\boldsymbol{P}^{-1}\boldsymbol{A}\boldsymbol{P}=\boldsymbol{\Lambda}=\begin{pmatrix}1 & 0 & 0\\ 0 & 2 & 0\\ 0 & 0 & 3\end{pmatrix}$；

故 $\boldsymbol{A}=\boldsymbol{P\Lambda P}^{\mathrm{T}}=\begin{pmatrix}-\frac{1}{\sqrt{3}} & \frac{1}{\sqrt{6}} & \frac{1}{\sqrt{2}}\\ -\frac{1}{\sqrt{3}} & -\frac{2}{\sqrt{6}} & 0\\ \frac{1}{\sqrt{3}} & -\frac{1}{\sqrt{6}} & \frac{1}{\sqrt{2}}\end{pmatrix}\begin{pmatrix}1&0&0\\0&2&0\\0&0&3\end{pmatrix}\begin{pmatrix}-\frac{1}{\sqrt{3}} & -\frac{1}{\sqrt{3}} & \frac{1}{\sqrt{3}}\\ \frac{1}{\sqrt{6}} & -\frac{2}{\sqrt{6}} & -\frac{1}{\sqrt{6}}\\ \frac{1}{\sqrt{2}} & 0 & \frac{1}{\sqrt{2}}\end{pmatrix}$

$$=\frac{1}{6}\begin{pmatrix}13&-2&5\\-2&10&2\\5&2&13\end{pmatrix}.$$

练习 4.4

1. 若 $\boldsymbol{A}$ 是对称矩阵，则$\boldsymbol{A}^2$一定可以正交对角化的说法对吗？为什么？

2. 设 $\boldsymbol{A}$ 是 4 阶实对称矩阵，且$\boldsymbol{A}^2+\boldsymbol{A}=\boldsymbol{O}$，若 $r(\boldsymbol{A})=3$，则 $\boldsymbol{A}$ 的特征值是什么？

3. 设矩阵 $\boldsymbol{A}=\begin{pmatrix}1&1&a\\1&a&1\\a&1&1\end{pmatrix}$，$\boldsymbol{\beta}=\begin{pmatrix}1\\1\\-2\end{pmatrix}$，已知线性方程组 $\boldsymbol{Ax}=\boldsymbol{\beta}$ 有解但不唯一，试求

(1) a 的值；

(2) 正交矩阵 $\boldsymbol{Q}$，使$\boldsymbol{Q}^{\mathrm{T}}\boldsymbol{AQ}$ 为对角矩阵.

4. 三阶实对称矩阵 $\boldsymbol{A}$ 的特征值为$\lambda_1=\lambda_2=1$，$\lambda_3=-1$，且有特征向量 $\boldsymbol{\xi}_1=(1,1,1)^{\mathrm{T}}$，$\boldsymbol{\xi}_2=(2,2,1)^{\mathrm{T}}$，试求 $\boldsymbol{A}$.

4.5 若尔当标准型简介

矩阵的对角化用处很大，因为将矩阵对角化后，矩阵加法和乘法等运算都会简单很多，尤其在涉及特征值的方面. 但是许多时候矩阵不能对角化. 这时候相似变换的最好结果就是若尔当(Jordan)标准型的形式. 本节对若尔当形矩阵做简单介绍.

4.5.1 若尔当块和若尔当矩阵

定义 4.9　设 λ 是一个复数，矩阵

$$\begin{pmatrix}\lambda&1&0&\cdots&0&0\\0&\lambda&1&\cdots&0&0\\0&0&\lambda&\cdots&0&0\\\vdots&\vdots&\vdots&&\vdots&\vdots\\0&0&0&0&\lambda&1\\0&0&0&0&0&\lambda\end{pmatrix}_{k\times k}$$

中主对角上的元素都是 λ，紧邻主对角线上方的元素都是 1，其余位置都是零，叫作属于 λ 的一个 k **阶若尔当块**.

当 $\lambda=0$ 时，就是所谓的**幂零若尔当矩阵**.

例如

$$\begin{pmatrix} -1 & 1 \\ 0 & -1 \end{pmatrix}, \begin{pmatrix} 2 & 1 & 0 \\ 0 & 2 & 1 \\ 0 & 0 & 2 \end{pmatrix}, \begin{pmatrix} 0 & 1 & 0 & 0 \\ 0 & 0 & 1 & 0 \\ 0 & 0 & 0 & 1 \\ 0 & 0 & 0 & 0 \end{pmatrix}$$

分别是二阶、三阶、四阶若尔当块.

定义 4.10 如果准对角矩阵

$$\begin{pmatrix} \boldsymbol{J}_1 & & & 0 \\ & \boldsymbol{J}_2 & & \\ & & \ddots & \\ 0 & & & \boldsymbol{J}_m \end{pmatrix}$$

的每一个子块 $\boldsymbol{J}_i(i=1,2,\cdots,m)$ 都是若尔当块，则称分块矩阵 $\boldsymbol{J}$ 为**若尔当型矩阵**.

例如

$$\left(\begin{array}{cc:ccc} 0 & 1 & 0 & 0 & 0 \\ 0 & 0 & 0 & 0 & 0 \\ \hdashline 0 & 0 & 2 & 1 & 0 \\ 0 & 0 & 0 & 2 & 1 \\ 0 & 0 & 0 & 0 & 2 \end{array}\right), \left(\begin{array}{cc:ccc:c} -1 & 1 & 0 & 0 & 0 & 0 \\ 0 & -1 & 0 & 0 & 0 & 0 \\ \hdashline 0 & 0 & 4 & 1 & 0 & 0 \\ 0 & 0 & 0 & 4 & 1 & 0 \\ 0 & 0 & 0 & 0 & 4 & 0 \\ \hdashline 0 & 0 & 0 & 0 & 0 & 5 \end{array}\right)$$

都是若尔当型矩阵.

4.5.2 若尔当标准型

定理 4.9 任意一个 n 阶矩阵 $\boldsymbol{A}$ 都与一个 n 阶若尔当型矩阵相似. 即对任意一个 n 阶矩阵 $\boldsymbol{A}$ 都存在一个 n 阶可逆矩阵 $\boldsymbol{P}$，使得

$$\boldsymbol{P}^{-1}\boldsymbol{A}\boldsymbol{P} = \begin{pmatrix} \boldsymbol{J}_1 & & & \\ & \boldsymbol{J}_2 & & \\ & & \ddots & \\ & & & \boldsymbol{J}_m \end{pmatrix}.$$

称若尔当型矩阵

$$\begin{pmatrix} \boldsymbol{J}_1 & & & \\ & \boldsymbol{J}_2 & & \\ & & \ddots & \\ & & & \boldsymbol{J}_m \end{pmatrix}$$

为矩阵 $\boldsymbol{A}$ 的若尔当标准型.

例如　设

$$\boldsymbol{A}=\begin{pmatrix}1 & 1 & 1\\ 0 & 3 & 1\\ 0 & -1 & 1\end{pmatrix},$$

则 $\boldsymbol{A}$ 有特征值 $\lambda_1=1,\lambda_2=\lambda_3=2$. 因为对应 $\lambda=2$ 只有一个线性无关的特征向量,故 $\boldsymbol{A}$ 不可对角化. 但若取 $\boldsymbol{P}=\begin{pmatrix}1 & 0 & 1\\ 0 & 1 & 0\\ 0 & -1 & 1\end{pmatrix}$,则容易验证

$$\boldsymbol{P}^{-1}\boldsymbol{A}\boldsymbol{P}=\begin{pmatrix}1 & & \\ & 2 & 1\\ & & 2\end{pmatrix}=\begin{pmatrix}\boldsymbol{J}_1 & \\ & \boldsymbol{J}_2\end{pmatrix},$$

其中

$$\boldsymbol{J}_1=(1),\ \boldsymbol{J}_2=\begin{pmatrix}2 & 1\\ 0 & 2\end{pmatrix},$$

也即 $\boldsymbol{A}$ 与若尔当型矩阵 $\boldsymbol{J}=\begin{pmatrix}\boldsymbol{J}_1 & \\ & \boldsymbol{J}_2\end{pmatrix}$相似.

4.6　数学实验应用实例

矩阵的特征值和特征向量

实验目的:

学习在 MATLAB 中矩阵的特征值和特征向量的计算

相关的实验命令

P = Poly(A)	求 A 的特征多项式
[V,U] = eig(A)	A 的特征值与特征向量
trace(A)	A 的迹

例 1　求矩阵 $\boldsymbol{A}=\begin{pmatrix}3 & -1 & -2\\ 2 & 0 & -2\\ 2 & -1 & -1\end{pmatrix}$的特征值与特征向量.

程序设计结果如下:

```
>>A = [3  -1  -2;2 0  -2;2  -1  -1]
>>[V,D] = eig(A);
V =
     0.7276    -0.5774    0.6230
     0.4851    -0.5774   -0.2417
```

```
0.4851     -0.5774     0.7439
D =
     1.0000     0          0
     0          0          0
     0          0          1.0000
```

例 2 将矩阵 $A=\begin{pmatrix}5&0&0\\0&3&1\\0&1&3\end{pmatrix}$ 对角化.

程序运行结果如下:

```
>> A = [5 0 0;0 3 1;0 1 3];
>> [P,D] = eig(A)
>> B = inv(P) * A * P
P =
          0          0     1.0000
    -0.7071     0.7071          0
     0.7071     0.7071          0
D =
     2     0     0
     0     4     0
     0     0     5
B =
     2.0000          0          0
          0     4.0000          0
          0          0     5.0000
```

实验题目

1. 求矩阵 $A=\begin{pmatrix}-2&1&1\\2&1&2\\-1&2&1\end{pmatrix}$ 的特征值与特征向量;

2. 将矩阵 $A=\begin{pmatrix}5&1&4\\1&8&1\\4&1&3\end{pmatrix}$ 对角化.

综合练习题 4

一、填空题

1. 设 $\boldsymbol{A},\boldsymbol{B}$ 均为三阶方阵,满足 $\boldsymbol{E}+\boldsymbol{B}=\boldsymbol{AB}$,且 $\boldsymbol{A}$ 有特征值 $3,-3,0$,则 $\boldsymbol{B}$ 的特征值为________.

2. 设 $\boldsymbol{A}$ 为 n 阶阵,且 $(\boldsymbol{A}+\boldsymbol{E})^m=\boldsymbol{O}$,$m$ 为正整数,则 $|\boldsymbol{A}|=$________.

3. 设 $\boldsymbol{A},\boldsymbol{B}$ 均为 n 阶方阵,且 $\boldsymbol{A}$ 可逆,则 $\boldsymbol{AB}$ 与 $\boldsymbol{BA}$ 相似,这是因为存在可逆矩阵 $\boldsymbol{P}$,使得 $\boldsymbol{P}^{-1}\boldsymbol{ABP}=$

BA ________.

4. 若$\begin{pmatrix}1\\1\\-1\end{pmatrix}$是矩阵$\begin{pmatrix}2&-1&2\\5&a&3\\-1&b&-2\end{pmatrix}$的一个特征向量,则 $a=$________,$b=$________.

5. 设非奇异矩阵 $\boldsymbol{A}$ 的一个特征值为 $\lambda=2$,则$\left(\frac{1}{3}\boldsymbol{A}^2\right)^{-1}$的一个特征值为________.

二、选择题

1. 若矩阵 $\boldsymbol{A}$ 可逆,则 $\boldsymbol{A}$ 的特征值(　　).

(A)互不相等　　(B)全都相等

(C)不全为零　　(D)全不为零

2. 已知 $\boldsymbol{A}$ 是四阶矩阵,且 $r(3\boldsymbol{E}-\boldsymbol{A})=2$,则$\lambda=3$是 $\boldsymbol{A}$ 的(　　)特征值.

(A)一重　　(B)二重

(C)至少二重　　(D)至多二重

3. n 阶方阵 $\boldsymbol{A}$ 相似于对角阵的充分必要条件是(　　).

(A)$\boldsymbol{A}$ 有 n 个互异的特征值

(B)$\boldsymbol{A}$ 有 n 个互异的特征向量

(C)对 $\boldsymbol{A}$ 的每个 r_i 重特征值 λ_i,有 $r(\lambda_i\boldsymbol{E}-\boldsymbol{A})=r_i$

(D)对 $\boldsymbol{A}$ 的每个 r_i 重特征值 λ_i,有 r_i 个线性无关的特征向量

4. 下列矩阵中,不能与对角阵相似的是(　　).

(A)$\begin{pmatrix}1&1&0\\0&1&1\\0&0&2\end{pmatrix}$　(B)$\begin{pmatrix}1&0&1\\0&1&0\\1&0&2\end{pmatrix}$

(C)$\begin{pmatrix}1&0&1\\0&1&1\\0&0&2\end{pmatrix}$　(D)$\begin{pmatrix}1&0&0\\0&1&0\\0&2&2\end{pmatrix}$

三、解答题

1. 求下列矩阵的特征值和特征向量:

(1)$\boldsymbol{A}=\begin{pmatrix}2&-4\\-3&3\end{pmatrix}$; (2)$\boldsymbol{A}=\begin{pmatrix}3&4\\5&2\end{pmatrix}$;

(3)$\boldsymbol{A}=\begin{pmatrix}0&1&0\\-4&4&0\\-2&1&2\end{pmatrix}$;(4)$\boldsymbol{A}=\begin{pmatrix}2&1&1\\0&2&0\\0&-1&1\end{pmatrix}$;

(5)$\boldsymbol{A}=\begin{pmatrix}1&-3&3\\3&-5&3\\6&-6&4\end{pmatrix}$;(6)$\boldsymbol{A}=\begin{pmatrix}0&0&1\\0&1&0\\1&0&0\end{pmatrix}$.

2. 设矩阵$\boldsymbol{A}=\begin{pmatrix}x&0&2\\0&3&0\\2&0&2\end{pmatrix}$的一个特征值 $\lambda_1=0$,求 x 值和 $\boldsymbol{A}$ 的全部特征值.

3. 设矩阵$\boldsymbol{A}=\begin{pmatrix}x&0&y\\0&2&0\\y&0&-2\end{pmatrix}$的一个特征值为$-3$,且 $\boldsymbol{A}$ 的三个特征值之积为 -12,确定 x 和 y 的值.

4. 设矩阵$\boldsymbol{A}=\begin{pmatrix}1&-1&0\\y&x&0\\4&2&1\end{pmatrix}$的特征值为 1,2,3. 试求 x,y 的值.

5. 已知三阶矩阵 $\boldsymbol{A}$ 的特征值为 $-1,1,2$,矩阵 $\boldsymbol{B}=\boldsymbol{A}-3\boldsymbol{A}^2$,试求 $\boldsymbol{B}$ 的特征值和 $\det\boldsymbol{B}$.

6. 设 $\boldsymbol{A}$ 为三阶矩阵,$\boldsymbol{A}$ 的特征值为 1,3,5,试求:$\det(\boldsymbol{A}^*-2\boldsymbol{E})$.

7. 已知向量 $\boldsymbol{\alpha}=(1,k,1)^{\mathrm{T}}$ 是矩阵 $\boldsymbol{A}=\begin{pmatrix}2&1&1\\1&2&1\\1&1&2\end{pmatrix}$的逆矩阵 $\boldsymbol{A}^{-1}$ 的特征向量,试求常数 k 的值.

8. 设$\boldsymbol{A}=\begin{pmatrix}0&0&1\\x&1&y\\1&0&0\end{pmatrix}$有三个线性无关的特征向量(可以相似对角化),求:$x,y$ 应满足的条件.

9. 已知 $\boldsymbol{\alpha}=(1,1,-1)^{\mathrm{T}}$ 是矩阵 $\boldsymbol{A}=\begin{pmatrix}2&-1&2\\5&a&3\\-1&b&-2\end{pmatrix}$的一个特征向量. 试确定 a,b 的值和 $\boldsymbol{\alpha}$ 所对应的特征值,并判断 $\boldsymbol{A}$ 是否可对角化?

10. 下列矩阵是否可对角化?若可对角化,试求可逆矩阵 $\boldsymbol{P}$,使 $\boldsymbol{P}^{-1}\boldsymbol{A}\boldsymbol{P}$ 为对角矩阵.

(1)$\boldsymbol{A}=\begin{pmatrix}1&1\\-1&3\end{pmatrix}$;

(2) $A=\begin{pmatrix}1&-3&3\\3&-5&3\\6&-6&4\end{pmatrix}$;

(3) $A=\begin{pmatrix}1&-1&1\\2&4&-2\\-3&-3&5\end{pmatrix}$;

(4) $A=\begin{pmatrix}0&0&1\\0&1&0\\1&0&0\end{pmatrix}$.

11. 设矩阵 $D=\begin{pmatrix}2&0&0\\0&2&0\\0&0&3\end{pmatrix}$,判断下列矩阵是否与 D 相似.

(1) $A_1=\begin{pmatrix}3&0&0\\0&2&0\\0&0&2\end{pmatrix}$; (2) $A_2=\begin{pmatrix}2&1&0\\0&2&0\\0&0&3\end{pmatrix}$;

(3) $A_3=\begin{pmatrix}2&0&1\\0&2&0\\0&0&3\end{pmatrix}$; (4) $A_4=\begin{pmatrix}2&1&0\\0&2&1\\0&0&3\end{pmatrix}$.

12. 已知矩阵 $A=\begin{pmatrix}2&0&0\\0&0&1\\0&1&x\end{pmatrix}$ 与 $B=\begin{pmatrix}2&0&0\\0&y&0\\0&0&-1\end{pmatrix}$ 相似,

(1)求 x,y 的值;(2)求矩阵 P,使得 $P^{-1}AP=B$.

13. 设矩阵 $A\sim B$,其中

$$A=\begin{pmatrix}1&-1&1\\2&4&-2\\-3&-3&a\end{pmatrix},B=\begin{pmatrix}2&&\\&2&\\&&b\end{pmatrix}.$$

(1)求 a,b 的值;

(2)求可逆矩阵 P,使 $P^{-1}AP=B$.

14. 利用矩阵的对角化,求下列矩阵的 n 次幂.

(1) $A=\begin{pmatrix}-1&1&0\\-2&2&0\\4&-2&1\end{pmatrix}$;

(2) $A=\begin{pmatrix}2&1&1\\0&2&0\\0&-1&1\end{pmatrix}$.

15. 设三阶矩阵 A 的特征值为 1,2,3,对应的特征向量分别为 $\alpha_1=(1,1,1)^T$,$\alpha_2=(1,0,1)^T$,$\alpha_3=(0,1,1)^T$,求矩阵 A 和 A^3.

16. 对下列实对称矩阵 A,求正交矩阵 Q,使 $Q^{-1}AQ$ 为对角矩阵.

(1) $A=\begin{pmatrix}0&0&1\\0&0&0\\1&0&0\end{pmatrix}$; (2) $A=\begin{pmatrix}1&1&1\\1&1&1\\1&1&1\end{pmatrix}$;

(3) $A=\begin{pmatrix}1&2&0\\2&2&-2\\0&-2&3\end{pmatrix}$; (4) $A=\begin{pmatrix}1&2&4\\2&-2&2\\4&2&1\end{pmatrix}$.

17. 设三阶实对称矩阵 A 的特征值为 $\lambda_1=-1$,$\lambda_2=1$(二重),对应于 λ_1 的特征向量 $\alpha_1=(0,1,1)^T$.

(1)求 A 对应于特征值 1 的特征向量;

(2)求矩阵 A.

18. 设 A 为三阶实对称矩阵,且满足 $A^2+2A=O$. 若矩阵 A 的秩 $r(A)=2$,求与 A 相似的对角矩阵 Λ.

19. 设 A,B 均为 n 阶实对称矩阵. 证明:A 与 B 相似的充分必要条件是 A 与 B 有相同的特征多项式.

20. 若存在一个可逆矩阵 T,使矩阵 A,B 同时化为对角矩阵,则必有 $AB=BA$.

21. 设 A 是一个 n 阶矩阵,若存在正整数 m,使 $A^m=O$,则 A 的所有特征值全为零.

22. 设 A,B 均为 n 阶方阵,且 $r(A)+r(B)<n$,证明:A,B 有公共的特征向量.

23. 三阶方阵 A 有 3 个特征值 1,0,−1,对应的特征向量分别为 $\begin{pmatrix}1\\1\\0\end{pmatrix},\begin{pmatrix}1\\0\\1\end{pmatrix},\begin{pmatrix}0\\1\\1\end{pmatrix}$,又三阶矩阵 B 满足 $B=PAP^{-1}$,其中 $P=\begin{pmatrix}3&0&1\\0&1&-2\\1&4&0\end{pmatrix}$,求:$B$ 的特征值及对应的特征向量.

24. A 是三阶实对称矩阵,A 的特征值是 1,−1,0,其中属于特征值 1 与 0 的特征向量分别是 $\begin{pmatrix}1\\a\\1\end{pmatrix}$ 及

$\begin{pmatrix} a \\ a+1 \\ 1 \end{pmatrix}$，求：$\boldsymbol{A}$.

25. 设矩阵 $\boldsymbol{A}=\begin{pmatrix} 1 & 1 & a \\ 1 & a & 1 \\ a & 1 & 1 \end{pmatrix}$，$\boldsymbol{\beta}=\begin{pmatrix} 1 \\ 1 \\ -2 \end{pmatrix}$. 已知线性方程组 $\boldsymbol{Ax}=\boldsymbol{\beta}$ 有解但不唯一，

求：(1) a 的值；(2) 正交矩阵 $\boldsymbol{Q}$，使 $\boldsymbol{Q}^{-1}\boldsymbol{AQ}$ 为对角阵.

26. 设 n 阶方阵 $\boldsymbol{A}=\begin{pmatrix} 0 & 1 & 0 & \cdots & 0 \\ 0 & 0 & 1 & \cdots & 0 \\ \vdots & \vdots & \vdots & & \vdots \\ 0 & 0 & 0 & \cdots & 1 \\ 1 & 0 & 0 & \cdots & 0 \end{pmatrix}$，试计算 $\boldsymbol{A}^2, \boldsymbol{A}^3, \cdots, \boldsymbol{A}^{n-1}$，并求出 $\boldsymbol{A}$ 的全部特征值.

27. 设矩阵 $\boldsymbol{A}=\begin{pmatrix} 0 & 0 & 0 & 0 & 1 \\ 0 & 0 & 0 & 1 & 0 \\ 0 & 0 & 1 & 0 & 0 \\ 0 & 1 & 0 & 0 & 0 \\ 1 & 0 & 0 & 0 & 0 \end{pmatrix}$，

求正交矩阵 $\boldsymbol{T}$，使 $\boldsymbol{T}^{-1}\boldsymbol{AT}$ 为对角矩阵.

第 5 章 二次型与对称矩阵

本章基本要求

本章介绍了二次型与对称矩阵的基本理论和方法,要求读者掌握以下内容:

1. 了解二次型的定义及二次型的矩阵表示,给定一个二次型的展开式,能够写出它的矩阵;反过来,给出一个对称矩阵,能够写出相应的二次型的展开式.

2. 了解二次型的线性变换,以及线性变换与矩阵合同的变换关系.

3. 知道什么是二次型的标准形、规范形. 且掌握二次型化成标准形的几种方法.

4. 对于二次型与对称矩阵,知道什么是正定、半正定矩阵;了解正定矩阵的性质;知道如何判断一个对称矩阵是否为正定的.

二次型是线性代数的主要内容之一,它在工程技术领域有着广泛的应用,二次型可以通过对称矩阵表示,对二次型某些性质的研究可以转化为对与其相应的对称矩阵的研究. 本章的主要内容包括:二次型及其矩阵表示;通过变量的非退化线性替换,化二次型为标准形,正定二次型与对称正定矩阵的基本性质.

5.1 二次型及其矩阵表示

在数学中,二次型的理论起源于解析几何中化二次曲线和二次曲面方程为标准形的问题. 现在二次型的理论不仅在几何而且在数学的其他分支及物理、力学、工程技术中也常常用到.

5.1.1 二次型及其矩阵表示

定义 5.1 含有 n 个变量 $x_1, x_2, \cdots, x_n$ 的二次齐次函数

$$\begin{aligned} f(x_1, x_2, \cdots, x_n) = & a_{11}x_1^2 + a_{22}x_2^2 + \cdots + a_{nn}x_n^2 + \\ & 2a_{12}x_1x_2 + \cdots + 2a_{1n}x_1x_n + \\ & 2a_{23}x_2x_3 + \cdots + 2a_{2n}x_2x_n + \cdots + \\ & 2a_{n-1,n}x_{n-1}x_n \end{aligned} \tag{5.1}$$

称为**二次型**. 当 a_{ij} 为复数时,f 称为**复二次型**;当 a_{ij} 为实数时,f 称为**实二次型**. 在本章中只讨论实二次型.

取 $a_{ji}=a_{ij}$,则 $2a_{ij}x_1x_j=a_{ij}x_ix_j+a_{ji}x_jx_i$,于是

$$\begin{aligned}
f(x_1,x_2,\cdots,x_n) &= a_{11}x_1^2+a_{12}x_1x_2+\cdots+a_{1n}x_1x_n+\\
&\quad a_{21}x_2x_1+a_{22}x_2^2+\cdots+a_{2n}x_2x_n+\cdots+\\
&\quad a_{n1}x_nx_1+a_{n2}x_nx_2+\cdots+a_{nn}x_n^2\\
&=\sum_{i,j=1}^{n}a_{ij}x_ix_j\\
&=x_1(a_{11}x_1+a_{12}x_2+\cdots+a_{1n}x_n)+\\
&\quad x_2(a_{21}x_1+a_{22}x_2+\cdots+a_{2n}x_n)+\cdots+\\
&\quad x_n(a_{n1}x_1+a_{n2}x_2+\cdots+a_{nn}x_n)\\
&=(x_1,x_2,\cdots,x_n)\begin{pmatrix}a_{11}x_1+a_{12}x_2+\cdots+a_{1n}x_n\\ a_{21}x_1+a_{22}x_2+\cdots+a_{2n}x_n\\ \vdots \\ a_{n1}x_1+a_{n2}x_2+\cdots+a_{nn}x_n\end{pmatrix}\\
&=(x_1,x_2,\cdots,x_n)\begin{pmatrix}a_{11}&a_{12}&\cdots&a_{1n}\\ a_{21}&a_{22}&\cdots&a_{2n}\\ \vdots&\vdots&&\vdots\\ a_{n1}&a_{n2}&\cdots&a_{nn}\end{pmatrix}\begin{pmatrix}x_1\\ x_2\\ \vdots\\ x_n\end{pmatrix}\\
&=\boldsymbol{X}^{\mathrm{T}}\boldsymbol{A}\boldsymbol{X}.
\end{aligned}$$

其中

$$\boldsymbol{X}=\begin{pmatrix}x_1\\ x_2\\ \vdots\\ x_n\end{pmatrix},\quad \boldsymbol{A}=\begin{pmatrix}a_{11}&a_{12}&\cdots&a_{1n}\\ a_{21}&a_{22}&\cdots&a_{2n}\\ \vdots&\vdots&&\vdots\\ a_{n1}&a_{n2}&\cdots&a_{nn}\end{pmatrix}.$$

称 $f(x)=\boldsymbol{X}^{\mathrm{T}}\boldsymbol{A}\boldsymbol{X}$ 为**二次型的矩阵形式**. 其中实对称矩阵 $\boldsymbol{A}$ 称为该二次型的矩阵. 二次型 f 称为实对称矩阵 $\boldsymbol{A}$ 的二次型. 实对称矩阵 $\boldsymbol{A}$ 的秩称为二次型的**秩**. 于是,二次型 f 与其实对称矩阵 $\boldsymbol{A}$ 之间有一一对应关系.

例 5.1　判断下列多项式是否为二次型.

(1) $f(x,y)=x^2+4xy+5y^2$;

(2) $f(x,y,z)=2x^2+xz+y^2+yz$;

(3) $f(x,y)=x^2+y^2+5$;

(4) $f(x,y)=2x^2-y^2+2x$.

解　(1)(2)是二次型;(3)(4)不是二次型.

例 5.2 写出下列二次型相应的对称阵.

(1) $f(x,y)=x^2+3xy+y^2$;

(2) $f(x,y,z)=3x^2+2xy+\sqrt{2}xz-y^2-4yz+5z^2$;

(3) $f(x_1,x_2,x_3,x_4)=x_1^2+x_2^2+x_3^2-x_4^2$;

(4) $f(x_1,x_2,x_3,x_4)=x_1x_2+2x_1x_3-4x_1x_4+3x_2x_4$.

解 (1) $f(x,y)=x^2+3xy+y^2=x^2+\frac{3}{2}xy+\frac{3}{2}xy+y^2$,其矩阵为$\begin{pmatrix}1 & \frac{3}{2}\\ \frac{3}{2} & 1\end{pmatrix}$.

(2) $f(x,y,z)=3x^2+2xy+\sqrt{2}xz-y^2-4yz+5z^2$

$$=3x^2+xy+\frac{\sqrt{2}}{2}xz+xy-y^2-2yz+\frac{\sqrt{2}}{2}xz-2yz+5z^2.$$

相应的实对称阵为

$$\begin{pmatrix}3 & 1 & \frac{\sqrt{2}}{2}\\ 1 & -1 & -2\\ \frac{\sqrt{2}}{2} & -2 & 5\end{pmatrix}.$$

(3) $f(x_1,x_2,x_3,x_4)=x_1^2+x_2^2+x_3^2-x_4^2$,相应的实对称阵是一个对角阵:

$$\begin{pmatrix}1 & 0 & 0 & 0\\ 0 & 1 & 0 & 0\\ 0 & 0 & 1 & 0\\ 0 & 0 & 0 & -1\end{pmatrix}.$$

(4) $f(x_1,x_2,x_3,x_4)=x_1x_2+2x_1x_3-4x_1x_4+3x_2x_4$ 相应的实对称阵为

$$\begin{pmatrix}0 & \frac{1}{2} & 1 & -2\\ \frac{1}{2} & 0 & 0 & \frac{3}{2}\\ 1 & 0 & 0 & 0\\ -2 & \frac{3}{2} & 0 & 0\end{pmatrix}.$$

例 5.3 设有实对称矩阵 $A=\begin{pmatrix}-1 & 1 & 0\\ 1 & 0 & -\frac{1}{2}\\ 0 & -\frac{1}{2} & \sqrt{2}\end{pmatrix}$，求 A 对应的实二次型.

解 A 是三阶方阵，故有 3 个变量，则其相应的实二次型为

$$f(x_1,x_2,x_3)=(x_1,x_2,x_3)\begin{pmatrix}-1 & 1 & 0\\ 1 & 0 & -\frac{1}{2}\\ 0 & -\frac{1}{2} & \sqrt{2}\end{pmatrix}\begin{pmatrix}x_1\\ x_2\\ x_3\end{pmatrix}$$

$$=-x_1^2+2x_1x_2-x_2x_3+\sqrt{2}x_3^2.$$

例 5.4 求二次型 $f(x_1,x_2,x_3)=x_1^2-4x_1x_2+2x_1x_3-2x_2^2+6x_3^2$ 的秩.

解 先求二次型的矩阵.

$$f(x_1,x_2,x_3)=x_1^2-2x_1x_2+x_1x_3-2x_2x_1-2x_2^2+0x_2x_3+x_3x_1+0x_3x_2+6x_3^2$$

所以

$$A=\begin{pmatrix}1 & -2 & 1\\ -2 & -2 & 0\\ 1 & 0 & 6\end{pmatrix},$$

对 A 做初等变换

$$A\to\begin{pmatrix}1 & -2 & 1\\ 0 & -6 & 2\\ 0 & 2 & 5\end{pmatrix}\to\begin{pmatrix}1 & -2 & 1\\ 0 & 2 & 5\\ 0 & 0 & 17\end{pmatrix}$$

即 $r(A)=3$，所以二次型的秩为 3.

5.1.2　二次型的线性变换

和几何中一样，在处理许多其他问题时也常常希望通过变量的线性替换来简化二次型，例如：

$f(x_1,x_2,x_3)=x_1^2+2x_1x_2+2x_1x_3+2x_2^2+2x_2x_3+2x_3^2$ 是一个三元二次型，如果令 $\begin{cases}y_1=x_1+x_2+x_3,\\ y_2=x_2,\\ y_3=x_3.\end{cases}$

则该三元二次型就变成了 $f(y_1,y_2,y_3)=y_1^2+y_2^2+y_3^2$，其中只含平方项，不含交叉项.

定义 5.2 形如$f(x_1,x_2,\cdots,x_n)=d_1y_1^2+d_2y_2^2+\cdots+d_ry_r^2(d_i\neq 0,r\leq n)$的二次型称为**标准形**,二次型中所有平方项的系数均为 1, -1 或 0 的标准二次型称为**规范形**.

为了将二次型化成标准形与规范形,我们先引入线性变换的概念.

定义 5.3 设$x_1,x_2,\cdots,x_n,y_1,y_2,\cdots,y_n$是两组变量,系数在数域$P$中的一组关系式

$$\begin{cases}x_1=c_{11}y_1+c_{12}y_2+\cdots+c_{1n}y_n,\\x_2=c_{21}y_1+c_{22}y_2+\cdots+c_{2n}y_n,\\\qquad\vdots\\x_n=c_{n1}y_1+c_{n2}y_2+\cdots+c_{nn}y_n\end{cases}\tag{5.2}$$

称为由$x_1,x_2,\cdots,x_n$到$y_1,y_2,\cdots,y_n$的一个**线性变量替换**(简称**线性变换**).

如果系数行列式

$$\begin{vmatrix}c_{11}&c_{12}&\cdots&c_{1n}\\c_{21}&c_{22}&\cdots&c_{2n}\\\vdots&\vdots&&\vdots\\c_{n1}&c_{n2}&\cdots&c_{nn}\end{vmatrix}\neq 0,$$

则称线性变换式(5.2)是**非退化**的.

易知,若把式(5.2)代入式(5.1),那么就会得到关于$y_1,y_2,\cdots,y_n$的多项式仍然是二次齐次的.也就是说,线性变换把二次型变成二次型.

线性变换式(5.2)也可以用矩阵的乘积表示出来.令

$$\boldsymbol{C}=\begin{pmatrix}c_{11}&c_{12}&\cdots&c_{1n}\\c_{21}&c_{22}&\cdots&c_{2n}\\\vdots&\vdots&&\vdots\\c_{n1}&c_{2n}&\cdots&c_{nn}\end{pmatrix},\boldsymbol{Y}=\begin{pmatrix}y_1\\y_2\\\vdots\\y_n\end{pmatrix},$$

则线性变换式(5.2)可以写成

$$\begin{pmatrix}x_1\\x_2\\\vdots\\x_n\end{pmatrix}=\begin{pmatrix}c_{11}&c_{12}&\cdots&c_{1n}\\c_{21}&c_{22}&\cdots&c_{2n}\\\vdots&\vdots&&\vdots\\c_{n1}&c_{2n}&\cdots&c_{nn}\end{pmatrix}\begin{pmatrix}y_1\\y_2\\\vdots\\y_n\end{pmatrix}.$$

或者

$$\boldsymbol{X}=\boldsymbol{C}\boldsymbol{Y}.$$

我们知道，经过一个非退化的线性变换，二次型还是变成二次型. 现在就来看一下，替换后的二次型与原来的二次型之间有什么关系，即找出替换后的二次型的矩阵与原二次型的矩阵之间的关系.

设 $f(x_1,x_2,\cdots,x_n)=\boldsymbol{X}^{\mathrm{T}}\boldsymbol{A}\boldsymbol{X},\boldsymbol{A}=\boldsymbol{A}^{\mathrm{T}}$ 是一个二次型，作非退化线性替换

$$\boldsymbol{X}=\boldsymbol{C}\boldsymbol{Y}.$$

我们得到一个 $y_1,y_2,\cdots,y_n$ 的二次型

$$\boldsymbol{Y}^{\mathrm{T}}\boldsymbol{B}\boldsymbol{Y}$$

现在来看 $\boldsymbol{B}$ 与 $\boldsymbol{A}$ 的关系：

$$f(x_1,x_2,\cdots,x_n)=\boldsymbol{X}^{\mathrm{T}}\boldsymbol{A}\boldsymbol{X}=(\boldsymbol{C}\boldsymbol{Y})^{\mathrm{T}}\boldsymbol{A}(\boldsymbol{C}\boldsymbol{Y})=\boldsymbol{Y}^{\mathrm{T}}\boldsymbol{C}^{\mathrm{T}}\boldsymbol{A}\boldsymbol{C}\boldsymbol{Y}=\boldsymbol{Y}^{\mathrm{T}}(\boldsymbol{C}^{\mathrm{T}}\boldsymbol{A}\boldsymbol{C})\boldsymbol{Y}=\boldsymbol{Y}^{\mathrm{T}}\boldsymbol{B}\boldsymbol{Y}.$$

因为 $(\boldsymbol{C}^{\mathrm{T}}\boldsymbol{A}\boldsymbol{C})^{\mathrm{T}}=\boldsymbol{C}^{\mathrm{T}}\boldsymbol{A}^{\mathrm{T}}(\boldsymbol{C}^{\mathrm{T}})^{\mathrm{T}}=\boldsymbol{C}^{\mathrm{T}}\boldsymbol{A}\boldsymbol{C}$，所以 $\boldsymbol{C}^{\mathrm{T}}\boldsymbol{A}\boldsymbol{C}$ 也是对称矩阵. 由此，$\boldsymbol{B}=\boldsymbol{C}^{\mathrm{T}}\boldsymbol{A}\boldsymbol{C}$ 就是前后两个矩阵的关系.

于是，我们引入合同的概念.

定义 5.4　数域 P 上 $n\times n$ 矩阵 $\boldsymbol{A}$ 与 $\boldsymbol{B}$ 称为**合同的**，如果有数域 P 上可逆的 $n\times n$ 矩阵 $\boldsymbol{C}$，使

$$\boldsymbol{B}=\boldsymbol{C}^{\mathrm{T}}\boldsymbol{A}\boldsymbol{C}.$$

记为 $A\simeq B$

合同是矩阵之间的一个等价关系. 它满足

(1) 反身性：即 $A\simeq A$；

(2) 对称性：即若 $A\simeq B$，则 $B\simeq A$；

(3) 传递性：即若 $A\simeq B$，且 $B\simeq C$，则 $A\simeq C$.

定理 5.1　$\boldsymbol{A}$ 与 $\boldsymbol{B}$ 合同，则 $\boldsymbol{A}$ 与 $\boldsymbol{B}$ 秩相同.

证明　$\boldsymbol{C}^{\mathrm{T}}\boldsymbol{A}\boldsymbol{C}=\boldsymbol{B}\Rightarrow \mathrm{rank}\boldsymbol{B}=\mathrm{rank}(\boldsymbol{C}^{\mathrm{T}}\boldsymbol{A}\boldsymbol{C})\leqslant \mathrm{rank}\boldsymbol{A}$，

$(\boldsymbol{C}^{-1})^{\mathrm{T}}\boldsymbol{B}(\boldsymbol{C}^{-1})=\boldsymbol{A}\Rightarrow \mathrm{rank}\boldsymbol{A}=\mathrm{rank}[(\boldsymbol{C}^{-1})^{\mathrm{T}}\boldsymbol{B}(\boldsymbol{C}^{-1})]\leqslant \mathrm{rank}\boldsymbol{B}$，

故 $\mathrm{rank}\boldsymbol{A}=\mathrm{rank}\boldsymbol{B}$.

5.1.3　二次型的几何意义

二次型的几何图形是二次曲线或二次曲面，例如二元函数 $f(x,y)=ax^2+cy^2$ 的图形在三维空间中观看（即 $z=ax^2+cy^2$），其典型的图形是椭圆抛物面（见图 5.1a）或双曲抛物面（双曲抛物面俗称马鞍面，如图 5.1b 所示）.

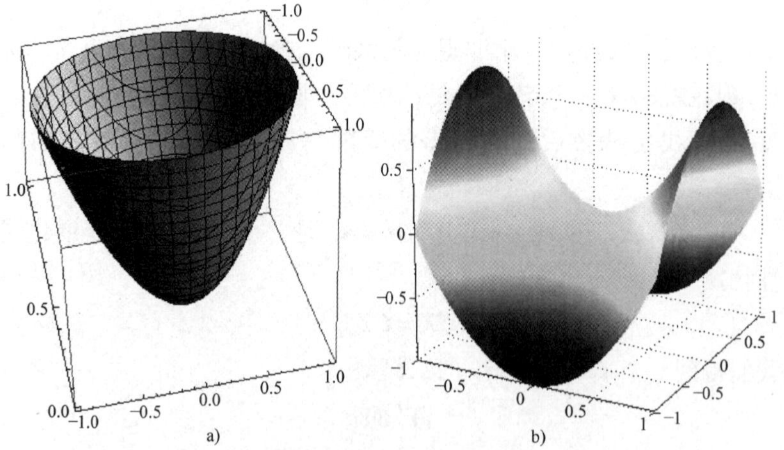

图 5.1　椭圆抛物面和双曲抛物面

多元的二次型图形是超二次曲线或曲面，这也是二次型的几何意义，不过这是解析意义而不是向量意义，它们是向量末端集合的图形. 如果在复数域上讨论向量，则可以说二次型的几何意义是向量的长度的平方，即向量在不同坐标系下长度的平方. 我们来看：

n 维向量在标准正交基下的坐标式为 $\boldsymbol{x}=(x_1,x_2,\cdots,x_n)$，那么它的长度的平方就是

$$|\boldsymbol{x}|^2=(\sqrt{x_1^2+x_2^2+\cdots+x_n^2})^2=x_1^2+x_2^2+\cdots+x_n^2.$$

这就是二次型的规范形.

这个向量如果放在一个保持单位和坐标轴正交关系都不变的新坐标系(基的正交变换)下，那么向量长度重新表示为

$$|\boldsymbol{x}|^2=x'^2_1+x'^2_2+\cdots+x'^2_n.$$

这也是二次型的规范形.

这个向量如果放在一个保持坐标轴正交关系不变但单位不同的新坐标系下，那么向量长度重新表示为

$$|\boldsymbol{x}|^2=a_1^2x'^2_1+a_2^2x'^2_2+\cdots+a_n^2x'^2_n.$$

这就是二次型的标准形.

这个向量如果放在一个任意的 n 维新坐标系下，这个新基的度量矩阵为 $\boldsymbol{S}$，那么向量长度由推广的内积定义重新表示为

$$|\boldsymbol{x}|^2=(\sqrt{\boldsymbol{x}'^{\mathrm{T}}\boldsymbol{S}\boldsymbol{x}'})^2=\boldsymbol{x}'^{\mathrm{T}}\boldsymbol{S}\boldsymbol{x}'=(x'_1,x'_2,\cdots,x'_n)\begin{pmatrix}a_{11}&a_{12}&\cdots&a_{1n}\\a_{12}&a_{22}&\cdots&a_{2n}\\\vdots&\vdots&&\vdots\\a_{1n}&a_{2n}&\cdots&a_{nn}\end{pmatrix}\begin{pmatrix}x'_1\\x'_2\\\vdots\\x'_n\end{pmatrix},$$

这就是二次型的一般形式.

总结一下，二次型是向量长度的平方，这个平方值不随坐标基

的变化而变化，是个不变量，是绝对性的，而二次型函数的数学表达式却随着坐标基的变化而变化.

因为二次型和广义内积的联系，使得我们自然而然地把它的物理意义与距离以及能量联系在一起. 实际上，上述的向量函数不是直接与距离联系在一起，而是与距离的乘积或距离的平方联系在一起的，或者说向量函数实际上是与内积的概念直接联系的. 由此可见，二次型就具有了内积所具有的物理意义，比如向量的元素都是速度的值，那么二次型就有总能量的意义. 让二次型等于一个实数，即向量运动总是保持这个值不变——能量守恒，这样的二次型的图形就是能量守恒时向量的运动轨迹. 所以我们利用圆锥曲线可以描述天体运动的规律，狭义相对论中的度规不变量是一个二次型.

如果在复向量空间里定义内积，那么二次型的对称矩阵也就完全对应于内积的度量矩阵的含义了. 其实二次型和内积都属于一种更广泛意义的双线性函数，如用双线性来理解二次型，我们才能自然地接受二次型也属于线性代数的研究范畴.

练习 5.1

一、填空题

1. 二次型 $f(x_1,x_2)=x_1^2+3x_2^2+6x_1x_2$ 的矩阵是________.

2. 二次型 $f=\boldsymbol{X}^{\mathrm{T}}\begin{pmatrix}1&1&2\\1&1&1\\0&1&1\end{pmatrix}\boldsymbol{X}$ 的秩为________.

3. 二次型 $x_1^2-2x_1x_2+3x_1x_3-2x_2^2+8x_2x_3+3x_3^2$ 的矩阵是________.

4. 二次型 $f(x_1,x_2,x_3)=(x_1+2x_2+3x_3)^2$ 的秩为________.

5. 二次型 $f(x_1,x_2,x_3)=(x_1+x_2)^2+(x_2-x_3)^2+(x_1+x_3)^2$ 的秩为________.

6. 将所有 n 阶实对称可逆矩阵按合同分类，及把彼此合同的矩阵作为一类，可以分成________类.

二、计算题

1. 求二次型 $x_1x_2-x_1x_3+2x_2x_3+x_4^2$ 的矩阵及秩.

2. 求二次型 $f=x_1^2+2x_2^2-2x_3^2-4x_1x_2-4x_2x_3$ 的矩阵及秩.

3. 求二次型 $f=x_1^2+x_2^2+x_3^2+x_4^2+2x_1x_2+2x_2x_3+2x_3x_4$ 的矩阵及秩.

5.2 二次型的标准形

我们认为，二次型中最简单的一种是只包含平方项的二次型. 本节我们将证明任意一个二次型经过适当的非退化线性变换都可以化为标准形，同时给出实现这种线性变换的几种常用方法.

5.2.1 配方法

现在我们通过举例来介绍配方法，它也是中学里学过的二次三项式配方法的推广.

例 5.5 用配方法化下列二次型为标准形，并写出所用的可逆线性变换.

(1) $f=x_1^2+2x_2^2+5x_3^2+2x_1x_2+2x_1x_3+6x_2x_3$；

(2) $f=2x_1x_2+2x_1x_3-6x_2x_3$.

解 (1)
$$\begin{aligned} f &= x_1^2+2x_2^2+5x_3^2+2x_1x_2+2x_1x_3+6x_2x_3 \\ &= x_1^2+2x_1x_2+2x_1x_3+2x_2^2+5x_3^2+6x_2x_3 \\ &= (x_1+x_2+x_3)^2-x_2^2-x_3^2-2x_2x_3+2x_2^2+5x_3^2+6x_2x_3 \\ &= (x_1+x_2+x_3)^2+x_2^2+4x_3^2+4x_2x_3 \\ &= (x_1+x_2+x_3)^2+(x_2+2x_3)^2. \end{aligned}$$

令$\begin{cases} y_1=x_1+x_2+\ \ x_3, \\ y_2=\qquad\ \ x_2+2x_3, \\ y_3=\qquad\qquad\ \ x_3, \end{cases} \Rightarrow \begin{cases} x_1=y_1-y_2+\ \ y_3 \\ x_2=\qquad\ \ y_2-2y_3 \\ x_3=\qquad\qquad\ \ y_3 \end{cases}$

$$\Leftrightarrow \begin{pmatrix} x_1 \\ x_2 \\ x_3 \end{pmatrix}=\begin{pmatrix} 1 & -1 & 1 \\ 0 & 1 & -2 \\ 0 & 0 & 1 \end{pmatrix}\begin{pmatrix} y_1 \\ y_2 \\ y_3 \end{pmatrix},$$

故 $f=x_1^2+2x_2^2+5x_3^2+2x_1x_2+2x_1x_3+6x_2x_3=y_1^2+y_2^2$.

所用的变换矩阵为

$$C=\begin{pmatrix} 1 & -1 & 1 \\ 0 & 1 & -2 \\ 0 & 0 & 1 \end{pmatrix},(|C|=1\neq 0).$$

(2) 由于所给的二次型无平方项，所以令

$$\begin{cases} x_1=y_1+y_2, \\ x_2=y_1-y_2, \\ x_3=y_3, \end{cases} \Leftrightarrow \begin{pmatrix} x_1 \\ x_2 \\ x_3 \end{pmatrix}=\begin{pmatrix} 1 & 1 & 0 \\ 1 & -1 & 0 \\ 0 & 0 & 1 \end{pmatrix}\begin{pmatrix} y_1 \\ y_2 \\ y_3 \end{pmatrix}.$$

代入 $f=2x_1x_2+2x_1x_3-6x_2x_3$，得 $f=2y_1^2-2y_2^2-4y_1y_3+8y_2y_3$.

再配方，得

$$f=2(y_1-y_3)^2-2(y_2-2y_3)^2+6y_3^2.$$

令

$$\begin{cases} z_1=y_1-y_3, \\ z_2=y_2-2y_3, \\ z_3=y_3. \end{cases} \Rightarrow \begin{cases} y_1=z_1+z_3, \\ y_2=z_2+2z_3, \\ y_3=z_3. \end{cases}$$

即

$$\begin{pmatrix} y_1 \\ y_2 \\ y_3 \end{pmatrix}=\begin{pmatrix} 1 & 0 & 1 \\ 0 & 1 & 2 \\ 0 & 0 & 1 \end{pmatrix}\begin{pmatrix} z_1 \\ z_2 \\ z_3 \end{pmatrix},$$

得

$$f=2z_1^2-2z_2^2+6z_3^2.$$

所用变换矩阵为

$$C=\begin{pmatrix}1&1&0\\1&-1&0\\0&0&1\end{pmatrix}\begin{pmatrix}1&0&1\\0&1&2\\0&0&1\end{pmatrix}.$$

$$=\begin{pmatrix}1&1&3\\1&-1&-1\\0&0&1\end{pmatrix}.\ (|C|=-2\neq 0).$$

定理 5.2　数域 P 上任意一个二次型都可以经过非退化的线性变换变成标准形

$$d_1x_1^2+d_2x_2^2+\cdots+d_nx_n^2.\qquad(5.3)$$

对定理 5.2 的证明不再写出,读者可以根据上边两个例题理解定理的正确性.

5.2.2　初等变换法

二次型(5.3)的矩阵是对角矩阵,

$$d_1x_1^2+d_2x_2^2+\cdots+d_nx_n^2=(x_1,x_2,\cdots,x_n)\begin{pmatrix}d_1&&&\\&d_2&&\\&&\ddots&\\&&&d_n\end{pmatrix}\begin{pmatrix}x_1\\x_2\\\vdots\\x_n\end{pmatrix}.$$

反之,矩阵为对角形的二次型就只含平方项. 由 5.1 节可以知道经非退化的线性变换,二次型的矩阵可以变到一个合同的矩阵,因此,定理 5.2 可以用矩阵的语言叙述为:

定理 5.3　在数域 P 上,任意一个对称矩阵都合同于一个对角矩阵. 即:对于任意一个对称矩阵 $\boldsymbol{A}$ 都可以找到一个可逆矩阵 $\boldsymbol{C}$,使 $\boldsymbol{C}^{\mathrm{T}}\boldsymbol{A}\boldsymbol{C}$ 为对角矩阵.

对定理 5.3 的证明,不再写出,读者可以根据下边的例题理解定理的正确性.

例 5.6　求一个非奇异矩阵 $\boldsymbol{C}$,使 $\boldsymbol{C}^{\mathrm{T}}\boldsymbol{A}\boldsymbol{C}$ 为对角矩阵.

$$\boldsymbol{A}=\begin{pmatrix}0&1&1\\1&0&-2\\1&-2&0\end{pmatrix}.$$

解　$\boldsymbol{A}$ 所对应的二次型为

$$f(x_1,x_2,x_3)=(x_1,x_2,x_3)\begin{pmatrix}0&1&1\\1&0&-2\\1&-2&0\end{pmatrix}\begin{pmatrix}x_1\\x_2\\x_3\end{pmatrix}$$
$$=2x_1x_2+2x_1x_3-4x_2x_3.$$

令

$$\begin{cases}x_1=y_1,\\x_2=y_1+y_2,\\x_3=y_3,\end{cases}\Leftrightarrow\begin{pmatrix}x_1\\x_2\\x_3\end{pmatrix}=\begin{pmatrix}1&0&0\\1&1&0\\0&0&1\end{pmatrix}\begin{pmatrix}y_1\\y_2\\y_3\end{pmatrix},$$

其矩阵 $$C_1=\begin{pmatrix}1&0&0\\1&1&0\\0&0&1\end{pmatrix},|C_1|=1\neq0,$$

代入上式得 $f=2y_1^2+2y_1y_2-2y_1y_3-4y_2y_3$，
再配方，得

$$\begin{cases}y_1=z_1-\frac{1}{2}z_2+2z_3,\\y_2=z_2-3z_3,\\y_3=z_3.\end{cases}$$

其矩阵 $$C_2=\begin{pmatrix}1&-\frac{1}{2}&2\\0&1&-3\\0&0&1\end{pmatrix},|C_2|=1\neq0,$$

代入上式得

$$f=2z_1^2-\frac{1}{2}z_2^2+4z_3^2.$$

因此有

$$C=C_1C_2=\begin{pmatrix}1&0&0\\1&1&0\\0&0&1\end{pmatrix}\begin{pmatrix}1&-\frac{1}{2}&2\\0&1&-3\\0&0&1\end{pmatrix}=\begin{pmatrix}1&-\frac{1}{2}&2\\1&\frac{1}{2}&-1\\0&0&1\end{pmatrix},$$

故

$$C^{\mathrm{T}}AC=\begin{pmatrix}1&1&0\\-\frac{1}{2}&\frac{1}{2}&0\\2&-1&1\end{pmatrix}\begin{pmatrix}0&1&1\\1&0&-2\\1&-2&0\end{pmatrix}\begin{pmatrix}1&-\frac{1}{2}&2\\1&\frac{1}{2}&-1\\0&0&1\end{pmatrix},$$

$$=\begin{pmatrix}2&0&0\\0&-\frac{1}{2}&0\\0&0&4\end{pmatrix}.$$

用可逆线性变换 $x = Cy$ 化二次型 $f = x^{\mathrm{T}}Ax$ 为标准形

$$f = d_1y_1^2 + dy_2^2 + \cdots + d_ny_n^2,$$

相当于对称矩阵 A 找一个可逆矩阵 C 使 $C^{\mathrm{T}}AC = D$，其中 $D = \mathbf{diag}(d_1, d_2, \cdots, d_n)$. 即 A 合同于对角矩阵 D. 由于可逆矩阵 C 可以写成若干个初等矩阵 $C_1, C_2, \cdots, C_s$ 的乘积即 $C = C_1C_2\cdots C_s$，从而有 $C_s^{\mathrm{T}}\cdots C_2^{\mathrm{T}}C_1^{\mathrm{T}}AC_1C_2\cdots C_s = D, EC_1C_2\cdots C_s = C$.

根据初等矩阵的性质，由上式即可得到初等变换法化二次型为标准形的步骤如下：

第一步：写出二次型矩阵 A，并构造 $2n \times n$ 矩阵 $\begin{pmatrix} A \\ E \end{pmatrix}$；

第二步：进行初等变换 $\begin{pmatrix} A \\ E \end{pmatrix} \xrightarrow[\text{对 } E \text{ 只进行其中的初等列变换}]{\text{对 } A \text{ 进行同样的初等行变换和初等列变换}} \begin{pmatrix} D \\ P \end{pmatrix}$

当 A 化为对角矩阵 D 时，单位矩阵 E 也相应地化为可逆矩阵 P；

第三步：可逆线性变换 $x = Cy$ 化二次型为标准形

$$f = y^{\mathrm{T}}Dy = d_1y_1^2 + dy_2^2 + \cdots + d_ny_n^2.$$

例 5.7　用初等变换化下列二次型为标准形，并写出所用的非退化的线性变换.

(1) $f(x_1, x_2, x_3) = 2x_1x_2 - 2x_1x_3 + 8x_2x_3$；

(2) $f(x_1, x_2, x_3) = 2x_1x_2 + 2x_1x_3 - 6x_2x_3$.

解　(1) 二次型的矩阵

$$A = \begin{pmatrix} 0 & 1 & -1 \\ 1 & 0 & 4 \\ -1 & 4 & 0 \end{pmatrix}.$$

$$\begin{pmatrix} A \\ E \end{pmatrix} = \begin{pmatrix} 0 & 1 & -1 \\ 1 & 0 & 4 \\ -1 & 4 & 0 \\ 1 & 0 & 0 \\ 0 & 1 & 0 \\ 0 & 0 & 1 \end{pmatrix} \xrightarrow[r_1 + r_2]{c_1 + c_2} \begin{pmatrix} 2 & 1 & 3 \\ 1 & 0 & 4 \\ 3 & 4 & 0 \\ 1 & 0 & 0 \\ 1 & 1 & 0 \\ 0 & 0 & 1 \end{pmatrix} \xrightarrow[r_2 - \frac{1}{2}r_1]{c_2 - \frac{1}{2}c_1}$$

$$\begin{pmatrix} 2 & 0 & 3 \\ 0 & -\frac{1}{2} & \frac{5}{2} \\ 3 & \frac{5}{2} & 0 \\ 1 & -\frac{1}{2} & 0 \\ 1 & \frac{1}{2} & 0 \\ 0 & 0 & 1 \end{pmatrix} \xrightarrow[r_3 - \frac{3}{2}r_1]{c_3 - \frac{3}{2}c_1} \begin{pmatrix} 2 & 0 & 0 \\ 0 & -\frac{1}{2} & \frac{5}{2} \\ 0 & \frac{5}{2} & -\frac{9}{2} \\ 1 & -\frac{1}{2} & -\frac{3}{2} \\ 1 & \frac{1}{2} & -\frac{3}{2} \\ 0 & 0 & 1 \end{pmatrix} \xrightarrow[r_3 + 5r_2]{c_3 + 5c_2} \begin{pmatrix} 2 & 0 & 0 \\ 0 & -\frac{1}{2} & 0 \\ 0 & 0 & 8 \\ 1 & -\frac{1}{2} & -4 \\ 1 & \frac{1}{2} & 1 \\ 0 & 0 & 1 \end{pmatrix},$$

二次型的标准形为

$$f=2y_1^2-\frac{1}{2}y_2^2+8y_3^2,$$

变换矩阵为

$$C=\begin{pmatrix}1 & -\frac{1}{2} & -4\\ 1 & \frac{1}{2} & 1\\ 0 & 0 & 1\end{pmatrix}.$$

（2）二次型的矩阵

$$A=\begin{pmatrix}0 & 1 & 1\\ 1 & 0 & -3\\ 1 & -3 & 0\end{pmatrix},$$

$$\begin{pmatrix}A\\ E\end{pmatrix}=\begin{pmatrix}0 & 1 & 1\\ 1 & 0 & -3\\ 1 & -3 & 0\\ \hdashline 1 & 0 & 0\\ 0 & 1 & 0\\ 0 & 0 & 1\end{pmatrix}\xrightarrow[r_1+r_2]{c_1+c_2}\begin{pmatrix}2 & 1 & -2\\ 1 & 0 & -3\\ -2 & -3 & 0\\ \hdashline 1 & 0 & 0\\ 1 & 1 & 0\\ 0 & 0 & 1\end{pmatrix}\xrightarrow[\cdots]{\cdots}\begin{pmatrix}2 & 0 & 0\\ 1 & -\frac{1}{2} & 0\\ 0 & 0 & 6\\ \hdashline 1 & -\frac{1}{2} & 3\\ 1 & \frac{1}{2} & -1\\ 0 & 0 & 1\end{pmatrix},$$

二次型的标准形为

$$f=2y_1^2-\frac{1}{2}y_2^2+6y_3^2,$$

变换矩阵为

$$C=\begin{pmatrix}1 & -\frac{1}{2} & 3\\ 1 & \frac{1}{2} & -1\\ 0 & 0 & 1\end{pmatrix}.$$

5.2.3 正交变换法

定义 5.5 若 $\boldsymbol{P}$ 为正交矩阵，则线性变换 $\boldsymbol{X}=\boldsymbol{PY}$ 称为**正交变换**.

性质 1 设 $\boldsymbol{X}=\boldsymbol{PY}$ 为线性变换，则下列命题等价：

（1）线性变换 $\boldsymbol{X}=\boldsymbol{PY}$ 为正交变换；

(2)线性变换 $\boldsymbol{X}=\boldsymbol{PY}$ 把 $\mathbf{R}^n$ 中的标准正交基变成标准正交基.

证明　读者自行证明.

由于实对称矩阵必定与对角矩阵合同,因此任何实二次型必定可以通过一个适当的正交线性变换将此实二次型化简为不含混合项的形式.

定理 5.4　任意一个实二次型 $\sum_{i=1}^{n}\sum_{j=1}^{n}a_{ij}x_ix_j$ 都可以经过正交的线性变换化成标准形 $\lambda_1y_1^2+\lambda_2y_2^2+\cdots+\lambda_ny_n^2$,其中系数 $\lambda_1,\lambda_2,\cdots,\lambda_n$ 就是矩阵 $\boldsymbol{A}$ 的特征多项式的全部的根.

对定理 5.4 的证明,不再写出,读者可以根据下边例题理解定理的正确性.

将 n 元实二次型 $f(x_1,x_2,\cdots,x_n)=\boldsymbol{x}^{\mathrm{T}}\boldsymbol{Ax}$ 用正交变换化为标准形的步骤是:

第一步:写出二次型 f 的矩阵 $\boldsymbol{A}=(a_{ij})_{n\times n}$,则 $\boldsymbol{A}$ 是实对称矩阵;

第二步:求 n 阶正交矩阵 $\boldsymbol{Q}$,使得 $\boldsymbol{Q}^{-1}\boldsymbol{AQ}=\boldsymbol{Q}^{\mathrm{T}}\boldsymbol{AQ}=\mathbf{diag}(\lambda_1,\lambda_2,\cdots,\lambda_n)$

第三步:正交变换 $\boldsymbol{x}=\boldsymbol{Qy}$ 化二次型为

$$f=\lambda_1y_1^2+\lambda y_2^2+\cdots+\lambda_ny_n^2.$$

例 5.8　用正交变换化下列二次型为标准形,并写出所用的正交变换.

(1)$f(x_1,x_2,x_3)=3x_1^2+3x_3^2+4x_1x_2+8x_1x_3+4x_2x_3$;

(2)$f(x_1,x_2,x_3)=2x_1^2+5x_2^2+5x_3^2+4x_1x_2-4x_1x_3-8x_2x_3$.

解　(1)二次型的矩阵 $\boldsymbol{A}=\begin{pmatrix}3&2&4\\2&0&2\\4&2&3\end{pmatrix}$,求出 $\boldsymbol{A}$ 的特征值.

由 $|\lambda\boldsymbol{E}-\boldsymbol{A}|=\begin{vmatrix}\lambda-3&-2&-4\\-2&\lambda&-2\\-4&-2&\lambda-3\end{vmatrix}=(\lambda+1)^2(\lambda-8)=0.$

得特征值 $\lambda_1=\lambda_2=-1,\lambda_3=8$.

其次,求属于 -1 的特征向量,把 $\lambda=-1$ 代入

$$\begin{cases}(\lambda-3)x_1-2x_2-4x_3=0,\\-2x_1+\lambda x_2-2x_3=0,\\-4x_1-2x_2+(\lambda-3)x_3=0.\end{cases}\tag{5.1}$$

求得基础解系

$$\begin{cases}\boldsymbol{\alpha}_1=\left(-\dfrac{1}{2},1,0\right),\\ \boldsymbol{\alpha}_2=(-1,0,1).\end{cases}$$

把它正交化，得

$$\begin{cases}\boldsymbol{\beta}_1=\boldsymbol{\alpha}_1=\left(-\dfrac{1}{2},1,0\right),\\ \boldsymbol{\beta}_2=\boldsymbol{\alpha}_2-\dfrac{(\boldsymbol{\alpha}_2,\boldsymbol{\beta}_1)}{(\boldsymbol{\beta}_1,\boldsymbol{\beta}_1)}\boldsymbol{\beta}_1=\left(-\dfrac{4}{5},-\dfrac{2}{5},1\right),\end{cases}$$

再单位化，得

$$\begin{cases}\boldsymbol{\eta}_1=\dfrac{\boldsymbol{\beta}_1}{|\boldsymbol{\beta}_1|}=\left(-\dfrac{1}{\sqrt{5}},\dfrac{2}{\sqrt{5}},0\right),\\ \boldsymbol{\eta}_2=\dfrac{\boldsymbol{\beta}_2}{|\boldsymbol{\beta}_2|}\left(-\dfrac{4}{\sqrt{45}},-\dfrac{2}{\sqrt{45}},\dfrac{5}{\sqrt{45}}\right).\end{cases}$$

再求属于 8 的特征向量，把 $\lambda=8$ 代入式(5.1)，求得基础解系 $\boldsymbol{\alpha}_3=(2,1,2)$.

把它单位化得

$$\boldsymbol{\eta}_3=\left(\frac{2}{3},\frac{1}{3},\frac{2}{3}\right),$$

于是正交矩阵为

$$\boldsymbol{Q}=\begin{pmatrix}-\dfrac{1}{\sqrt{5}} & -\dfrac{4}{\sqrt{45}} & \dfrac{2}{3}\\ \dfrac{2}{\sqrt{5}} & \dfrac{2}{\sqrt{45}} & \dfrac{1}{3}\\ 0 & \dfrac{5}{\sqrt{45}} & \dfrac{2}{3}\end{pmatrix},\boldsymbol{Q}^{\mathrm{T}}\boldsymbol{A}\boldsymbol{Q}=\begin{pmatrix}-1 & & \\ & -1 & \\ & & 8\end{pmatrix}.$$

做非退化线性替换 $\boldsymbol{X}=\boldsymbol{Q}\boldsymbol{Y}$，二次型的标准形为 $f(x_1,x_2,x_3)=-y_1^2-y_2^2+8y_3^2$.

(2)二次型的矩阵 $\boldsymbol{A}=\begin{pmatrix}2 & 2 & -2\\ 2 & 5 & -4\\ -2 & -4 & 5\end{pmatrix}$，求出 $\boldsymbol{A}$ 的特征值.

由 $|\lambda\boldsymbol{E}-\boldsymbol{A}|=(\lambda-1)^2(\lambda-10)=0$ 得特征值 $\lambda_1=\lambda_2=1$，$\lambda_3=10$.

其次，求属于 1 的特征向量

$$\begin{cases}\boldsymbol{\alpha}_1=(-2,1,0),\\ \boldsymbol{\alpha}_2=(2,0,1),\end{cases}$$

把它正交化，得

$$\begin{cases}\boldsymbol{\beta}_1=\boldsymbol{\alpha}_1=(-2,1,0),\\ \boldsymbol{\beta}_2=\boldsymbol{\alpha}_2-\dfrac{(\boldsymbol{\alpha}_2,\boldsymbol{\beta}_1)}{(\boldsymbol{\beta}_1,\boldsymbol{\beta}_1)}\boldsymbol{\beta}_1=\left(\dfrac{2}{5},\dfrac{4}{5},1\right),\end{cases}$$

再单位化,得

$$\begin{cases}\boldsymbol{\eta}_1=\dfrac{\boldsymbol{\beta}_1}{|\boldsymbol{\beta}_1|}=\left(-\dfrac{2}{\sqrt{5}},\dfrac{1}{\sqrt{5}},0\right),\\ \boldsymbol{\eta}_2=\dfrac{\boldsymbol{\beta}_2}{|\boldsymbol{\beta}_2|}=\left(\dfrac{2}{\sqrt{45}},\dfrac{4}{\sqrt{45}},\dfrac{5}{\sqrt{45}}\right).\end{cases}$$

再求属于 10 的特征向量,求得基础解系 $\boldsymbol{\alpha}_3=(1,2,-2)$,

把它单位化得

$$\boldsymbol{\eta}_3=\left(\frac{1}{3},\frac{2}{3},-\frac{2}{3}\right),$$

于是正交矩阵为

$$\boldsymbol{Q}=\begin{pmatrix}-\dfrac{2}{\sqrt{5}} & \dfrac{2}{\sqrt{45}} & \dfrac{1}{3}\\ \dfrac{1}{\sqrt{5}} & \dfrac{4}{\sqrt{45}} & \dfrac{2}{3}\\ 0 & \dfrac{5}{\sqrt{45}} & -\dfrac{2}{3}\end{pmatrix},$$

$$\boldsymbol{Q}^{\mathrm{T}}\boldsymbol{A}\boldsymbol{Q}=\begin{pmatrix}1 & & \\ & 1 & \\ & & 10\end{pmatrix}.$$

做非退化线性替换 $\boldsymbol{X}=\boldsymbol{Q}\boldsymbol{Y}$,二次型的标准形为 $f(x_1,x_2,x_3)=y_1^2+y_2^2+10y_3^2$.

注意　用正交变换化二次型时,得到的标准形并不唯一,这与施行的正交变换或者说与用到的正交矩阵有关.但由于标准形中平方项的系数只能是正交矩阵的特征值,若不计它们的次序,则标准形是唯一的.

5.2.4　二次型的规范形

我们已经知道,任意一个二次型都可以经过变量的非退化线性变换化为标准形,实际上还可以进一步化为规范形,例如对于二次型

$$f(x_1,x_2,x_3)=-y_1^2-y_2^2+8y_3^2$$

做线性变换

$$\begin{cases}z_1=y_1,\\ z_2=y_2,\\ z_3=\dfrac{y_3}{2\sqrt{2}}.\end{cases}$$

那么原来的二次型就化为

$$f(x_1,x_2,x_3)=-z_1^2-z_2^2+z_3^2.$$

规范形的矩阵是对角矩阵,并且其对角线元素是1,-1,0. 在上面各种对角化的不同变换中得到的标准形一般是不一样的,比如正交变换时,并没有规定对角矩阵中对角元的顺序,所以对角矩阵是不唯一的. 类似地,其他合同对角化方法的每个步骤也不是唯一的,得到的对角矩阵也不是唯一的,得到的标准形自然也不是唯一的.

定理 5.5(惯性定理) 任意一个 n 元二次型 $f=\boldsymbol{X}^{\mathrm{T}}\boldsymbol{A}\boldsymbol{X}$,一定可以经过非退化线性变换化为规范形 $f=z_1^2+\cdots+z_p^2-z_{p+1}^2-z_r^2$, 并且它的规范形是唯一的.

上述定理说明,在它的规范形中正项的个数和负项的个数都是由原来二次型唯一确定的.

定义 5.6 规范形中的 p 称为二次型 $f=\boldsymbol{X}^{\mathrm{T}}\boldsymbol{A}\boldsymbol{X}$(或对称矩阵 $\boldsymbol{A}$)的**正惯性指数**,$q=r-p$ 称为**负惯性指数**.

惯性定理的几何意义:

惯性定理反映到几何上,就是经过可逆的合同变换把二次曲线(面)方程化成标准方程. 方程的系数与所做的线性变换有关;而曲线的类型(是椭圆型、双曲线型等)是不会因为所做的线性变换的不同而改变的. 曲线的类型在几何图形上就像是图形的轮廓,这些不同的轮廓与基的选择无关. 例如,一个马鞍面无论选择的基是什么,都是一个马鞍面,尽管马鞍面可以变大变小,变陡峭或平坦,亦可横着、竖着、斜着、倒着等. 马鞍面的这些改变取决于基向量的不同取法.

5.2.5 二次型的标准形与规范形的应用

二次型的标准形与规范形在初等数学和高等数学中有很多应用,下面举两个简单的例子来说明一下二次型的简单应用.

例 5.9 判断多项式 $f(x_1,x_2)=x_1^2-3x_2^2-2x_1x_2+2x_1-6x_2$ 在 $\mathbf{R}$ 上能否分解,若能,将其分解.

解 考虑二次型 $g(x_1,x_2,x_3)=x_1^2-3x_2^2-2x_1x_2+2x_1x_3-6x_2x_3$,则

$$g(x_1,x_2,x_3)\text{的矩阵为}\boldsymbol{A}=\begin{pmatrix}1&-1&1\\-1&-3&-3\\1&-3&0\end{pmatrix},$$

对 $\boldsymbol{A}$ 施行合同变换,求得可逆矩阵

$$\boldsymbol{P}=\begin{pmatrix}1 & 1 & -\frac{3}{2}\\ 0 & 1 & -\frac{1}{2}\\ 0 & 0 & 1\end{pmatrix},\text{且 }\boldsymbol{P}^{\mathrm{T}}\boldsymbol{A}\boldsymbol{P}=\begin{pmatrix}1 & & \\ & -4 & \\ & & 0\end{pmatrix}.$$

经非退化线性替换

$$\begin{pmatrix}x_1\\ x_2\\ x_3\end{pmatrix}=\begin{pmatrix}1 & 1 & -\frac{3}{2}\\ 0 & 1 & -\frac{1}{2}\\ 0 & 0 & 1\end{pmatrix}\begin{pmatrix}y_1\\ y_2\\ y_3\end{pmatrix},$$

化为 $g(x_1,x_2,x_3)=y_1^2-4y_2^2=(y_1+2y_2)(y_1-2y_2)$.

由 $\boldsymbol{Y}=\boldsymbol{P}^{-1}\boldsymbol{X}$,得 $y_1=x_1-x_2+x_3,y_2=x_2+\frac{1}{2}x_3,y_3=x_3$.

于是 $g(x_1,x_2,x_3)=(x_1+x_2+2x_3)(x_1-3x_2)$.

故 $f(x_1,x_2)=g(x_1,x_2,1)=(x_1+x_2+2)(x_1-3x_2)$.

定理 5.6　设 n 元实二次型 $f=\boldsymbol{X}^{\mathrm{T}}\boldsymbol{A}\boldsymbol{X}$,则 f 在条件 $\sum\limits_{i=1}^{n}x_i^2=1$ 下的最大(小)值恰为矩阵 $\boldsymbol{A}$ 的最大(小)特征值.

例 5.10　已知实数 x,y 满足 $x^2+y^2=1$,求 $f(x,y)=x^2+2y^2-2xy$ 的最大值和最小值.

解　$f(x,y)$ 的矩阵为 $\boldsymbol{A}=\begin{pmatrix}1 & -1\\ -1 & 2\end{pmatrix}$.

$$|\lambda\boldsymbol{E}-\boldsymbol{A}|=\begin{vmatrix}\lambda-1 & 1\\ 1 & \lambda-2\end{vmatrix}=\lambda^2-3\lambda+1,$$

因此,特征值 $\lambda_1=\frac{1}{2}(3+\sqrt{5}),\lambda_2=\frac{1}{2}(3-\sqrt{5})$.

于是,由定理 5.6 可知,$f(x,y)$ 在 $x^2+y^2=1$ 下的最大值为 $\frac{1}{2}(3+\sqrt{5})$,最小值为 $\frac{1}{2}(3-\sqrt{5})$.

练习 5.2

一、填空题

1. 二次型 $f(x_1,x_2,x_3)=2x_1x_2+2x_1x_3+2x_3x_2$ 的规范形为________.

2. 设实对称矩阵 $\boldsymbol{A}$ 与 $\boldsymbol{B}$ 合同,而矩阵 $\boldsymbol{B}=\begin{pmatrix}0 & 0 & 2\\ 0 & -1 & 0\\ 2 & 0 & 0\end{pmatrix}$,则二次型 $f(x)=\boldsymbol{x}^{\mathrm{T}}\boldsymbol{A}\boldsymbol{x}$ 的规范形

为________.

3. 设 $\boldsymbol{A}$ 是三阶实对称矩阵，且满足 $\boldsymbol{A}^3-3\boldsymbol{A}^2+3\boldsymbol{A}-\boldsymbol{I}=\boldsymbol{O}$，则二次型 $f(x)=\boldsymbol{x}^{\mathrm{T}}\boldsymbol{A}\boldsymbol{x}$ 的规范形为________.

二、计算题

1. 用配方法化二次型 $f(x_1,x_2,x_3)=x_1^2+5x_2^2-4x_3^2+2x_1x_2-4x_1x_3$ 为标准形及规范形.

2. 若 $\boldsymbol{A}=\begin{pmatrix}1&2&0\\2&0&1\\0&1&3\end{pmatrix}$，求一非奇异矩阵 $\boldsymbol{C}$，使得 $\boldsymbol{C}^{\mathrm{T}}\boldsymbol{A}\boldsymbol{C}$ 为对角矩阵.

3. 用正交变换将二次型 $f(x_1,x_2,x_3,x_4)=2x_1x_2-2x_3x_4$ 化为标准形，并写出所做的变换.

5.3 正定二次型

正定二次型是实二次型的一种重要类型，在数学领域中有很多实际应用，同时，正定二次型在其他学科领域中也有许多应用，比如在物理学中功率消耗，调和分析振动问题等方面都有着广泛的应用.

5.3.1 正定二次型与正定矩阵

定义 5.7 二次型 $f(x_1,x_2,\cdots,x_n)$ 称为**正定二次型**，如果当 $(x_1,x_2,\cdots,x_n)$ 不全为 0 时，一定有 $f(x_1,x_2,\cdots,x_n)>0$. 如果实对称矩阵 $\boldsymbol{A}$ 所确定的二次型正定，则称 $\boldsymbol{A}$ 为**正定矩阵**. 于是 $\boldsymbol{A}$ 为正定矩阵当且仅当 $\boldsymbol{X}\neq\boldsymbol{0}$ 时，有 $f=\boldsymbol{X}^{\mathrm{T}}\boldsymbol{A}\boldsymbol{X}>0$.

定义 5.8 二次型 $f(x_1,x_2,\cdots,x_n)$ 称为**半正定二次型**，如果当 $(x_1,x_2,\cdots,x_n)$ 不全为 0 时，一定有 $f(x_1,x_2,\cdots,x_n)\geqslant 0$. 如果实对称矩阵 $\boldsymbol{A}$ 所确定的二次型为半正定，则称 $\boldsymbol{A}$ 为**半正定矩阵**. 于是 $\boldsymbol{A}$ 为半正定矩阵当且仅当 $\boldsymbol{X}\neq\boldsymbol{0}$ 时，有 $f=\boldsymbol{X}^{\mathrm{T}}\boldsymbol{A}\boldsymbol{X}\geqslant 0$.

同样的定义方式我们可以得到负定矩阵与半负定矩阵 .

例 5.11 判断下列二次型是否为正定二次型，如果是，写出其正定矩阵.

(1) $f(x_1,x_2,x_3)=x_1^2+x_2^2+x_3^2$；

(2) $f(x_1,x_2,x_3)=x_1^2+x_2^2$；

(3) $f(x_1,x_2,x_3)=-x_1^2-x_2^2-x_3^2$.

解 (1) 是正定二次型，对应的正定矩阵 $\boldsymbol{A}=\boldsymbol{E}_3$；

(2) 是半正定二次型，对应的半正定矩阵 $\boldsymbol{A}=\begin{pmatrix}1&0&0\\0&1&0\\0&0&0\end{pmatrix}$；

(3) 是负定二次型，对应的负定矩阵 $\boldsymbol{A}=-\boldsymbol{E}_3$.

例 5.12 $\boldsymbol{A},\boldsymbol{B}$ 都是 n 阶正定矩阵，证明：$\boldsymbol{A}+\boldsymbol{B}$ 也是正定阵 .

证明　因为 $\boldsymbol{A},\boldsymbol{B}$ 为正定矩阵，所以 $\boldsymbol{X}^{\mathrm{T}}\boldsymbol{A}\boldsymbol{X},\boldsymbol{X}^{\mathrm{T}}\boldsymbol{B}\boldsymbol{X}$ 为正定二次型，且对 $\boldsymbol{X}\neq\boldsymbol{0}$ 时，有 $\boldsymbol{X}^{\mathrm{T}}\boldsymbol{A}\boldsymbol{X}>0,\boldsymbol{X}^{\mathrm{T}}\boldsymbol{B}\boldsymbol{X}>0$，故对任意非零向量 $\boldsymbol{X}$，$\boldsymbol{X}^{\mathrm{T}}(\boldsymbol{A}+\boldsymbol{B})\boldsymbol{X}>0$，这就证明了 $\boldsymbol{A}+\boldsymbol{B}$ 也是正定阵．

定理 5.7　设 $\boldsymbol{A}$ 是 n 阶对称矩阵，则有

(1) $\boldsymbol{A}$ 是正定矩阵的充要条件是 $\boldsymbol{A}$ 与单位矩阵 $\boldsymbol{E}$ 合同；

(2) $\boldsymbol{A}$ 是正定矩阵的充要条件是二次型 $\boldsymbol{X}^{\mathrm{T}}\boldsymbol{A}\boldsymbol{X}$ 的正惯性指数是 n；

(3) $\boldsymbol{A}$ 是正定矩阵的充要条件是 $\boldsymbol{A}$ 的特征值全是正数．

此证明请读者作为练习自行证明.

推论 5.1　设 $\boldsymbol{A}$ 是正定矩阵，则有可逆矩阵 $\boldsymbol{C}$，使得 $\boldsymbol{A}=\boldsymbol{C}^{\mathrm{T}}\boldsymbol{C}$.

推论 5.2　设 $\boldsymbol{A}$ 是正定矩阵，则行列式 $|\boldsymbol{A}|>0$.

5.3.2　正定二次型的判定

定义 5.9　设 $\boldsymbol{A}=(a_{ij})_{n\times n}$，称 $\boldsymbol{A}_k=\begin{vmatrix} a_{11} & a_{12} & \cdots & a_{1k} \\ a_{21} & a_{22} & \cdots & a_{2k} \\ \vdots & \vdots & & \vdots \\ a_{k1} & a_{k2} & \cdots & a_{kk} \end{vmatrix}$ $(k=1,2,\cdots,n)$ 为 $\boldsymbol{A}$ 的 **k 阶顺序主子式**.

定理 5.8　设 $\boldsymbol{A}$ 是 n 阶对称矩阵，则 $\boldsymbol{A}$ 是正定矩阵的充要条件是它的所有 k 阶顺序主子式 $\boldsymbol{A}_k$ 大于零．

证明　**充分性**　对 n 做数学归纳法.

当 $n=1$ 时，$f(x_1)=a_{11}x_1^2$，由条件 $a_{11}>0$，显然有 $f(x_1)$ 是正定的．

假设该论断对 $n-1$ 元二次型已经成立，现在来证 n 元的情形．

令

$$\boldsymbol{A}_1=\begin{pmatrix} a_{11} & \cdots & a_{1,n-1} \\ \vdots & & \vdots \\ a_{n-1,1} & \cdots & a_{n-1,n-1} \end{pmatrix},\boldsymbol{\alpha}=\begin{pmatrix} a_{1n} \\ \vdots \\ a_{n-1,n} \end{pmatrix}.$$

于是矩阵 $\boldsymbol{A}$ 可以分块写成 $\boldsymbol{A}=\begin{pmatrix} \boldsymbol{A}_1 & \boldsymbol{\alpha} \\ \boldsymbol{\alpha}^{\mathrm{T}} & a_{nn} \end{pmatrix}$. 既然 $\boldsymbol{A}$ 的顺序主子式全大于零，当然 $\boldsymbol{A}_1$ 的顺序主子式也全大于零. 由归纳法假定，$\boldsymbol{A}_1$

是正定矩阵，换句话说，有可逆的 $n-1$ 级矩阵 $\boldsymbol{G}$ 使 $\boldsymbol{G}^{\mathrm{T}}\boldsymbol{A}_1\boldsymbol{G}=\boldsymbol{E}_{n-1}$，这里 $\boldsymbol{E}_{n-1}$代表 $n-1$ 级矩阵．

令

$$\boldsymbol{C}_1=\begin{pmatrix}\boldsymbol{G} & \boldsymbol{0}\\ \boldsymbol{0} & 1\end{pmatrix},$$

于是

$$\boldsymbol{C}_1^{\mathrm{T}}\boldsymbol{A}\boldsymbol{C}_1=\begin{pmatrix}\boldsymbol{G}^{\mathrm{T}} & \boldsymbol{0}\\ \boldsymbol{0} & 1\end{pmatrix}\begin{pmatrix}\boldsymbol{A}_1 & \boldsymbol{\alpha}\\ \boldsymbol{\alpha}^{\mathrm{T}} & a_{nn}\end{pmatrix}\begin{pmatrix}\boldsymbol{G} & \boldsymbol{0}\\ \boldsymbol{0} & 1\end{pmatrix}=\begin{pmatrix}\boldsymbol{E}_{n-1} & -\boldsymbol{G}^{\mathrm{T}}\boldsymbol{\alpha}\\ \boldsymbol{\alpha}^{\mathrm{T}}\boldsymbol{G} & a_{nn}\end{pmatrix},$$

再令

$$\boldsymbol{C}_2=\begin{pmatrix}\boldsymbol{E}_{n-1} & -\boldsymbol{G}^{\mathrm{T}}\boldsymbol{\alpha}\\ \boldsymbol{0} & 1\end{pmatrix},$$

有

$$\begin{aligned}\boldsymbol{C}_2^{\mathrm{T}}\boldsymbol{C}_1^{\mathrm{T}}\boldsymbol{A}\boldsymbol{C}_1\boldsymbol{C}_2&=\begin{pmatrix}\boldsymbol{E}_{n-1} & \boldsymbol{0}\\ -\boldsymbol{\alpha}^{\mathrm{T}}\boldsymbol{G} & 1\end{pmatrix}\begin{pmatrix}\boldsymbol{E}_{n-1} & -\boldsymbol{G}^{\mathrm{T}}\boldsymbol{\alpha}\\ \boldsymbol{\alpha}^{\mathrm{T}}\boldsymbol{G} & a_{nn}\end{pmatrix}\begin{pmatrix}\boldsymbol{E}_{n-1} & -\boldsymbol{G}^{\mathrm{T}}\boldsymbol{\alpha}\\ \boldsymbol{0} & 1\end{pmatrix}\\&=\begin{pmatrix}\boldsymbol{E}_{n-1} & \boldsymbol{0}\\ \boldsymbol{0} & a_{nn}-\boldsymbol{\alpha}^{\mathrm{T}}\boldsymbol{G}\boldsymbol{G}^{\mathrm{T}}\boldsymbol{\alpha}\end{pmatrix}.\end{aligned}$$

令

$$\boldsymbol{C}=\boldsymbol{C}_1\boldsymbol{C}_2,\ a_{nn}-\boldsymbol{\alpha}^{\mathrm{T}}\boldsymbol{G}\boldsymbol{G}^{\mathrm{T}}\boldsymbol{\alpha}=a,$$

有

$$\boldsymbol{C}^{\mathrm{T}}\boldsymbol{A}\boldsymbol{C}=\begin{pmatrix}1 & & & \\ & \ddots & & \\ & & 1 & \\ & & & a\end{pmatrix}.$$

两边取行列式，$|\boldsymbol{C}|^2|\boldsymbol{A}|=a$. 由条件，$|\boldsymbol{A}|>0$，因此 $a>0$.

显然

$$\begin{pmatrix}1 & & & \\ & \ddots & & \\ & & 1 & \\ & & & a\end{pmatrix}=\begin{pmatrix}1 & & & \\ & \ddots & & \\ & & 1 & \\ & & & \sqrt{a}\end{pmatrix}\begin{pmatrix}1 & & & \\ & \ddots & & \\ & & 1 & \\ & & & 1\end{pmatrix}\begin{pmatrix}1 & & & \\ & \ddots & & \\ & & 1 & \\ & & & \sqrt{a}\end{pmatrix}.$$

这就是说，矩阵 $\boldsymbol{A}$ 与单位矩阵合同，因此 $\boldsymbol{A}$ 是正定矩阵．

必要性证明省略．

类似我们可以给出负定矩阵有关的结论.

注　一个实对称矩阵的顺序主子式全大于零或者等于零，$\boldsymbol{A}$ 未必是半正定矩阵.

例如，三阶对称矩阵

$$A=\begin{pmatrix}1&1&2\\1&1&2\\2&2&1\end{pmatrix},$$

其顺序主子式

$$A_1=1>0,A_2=\begin{vmatrix}1&1\\1&1\end{vmatrix}=0,A_3=|A|=0.$$

但是 A 并不是半正定矩阵.

实际上,A 对应的二次型为

$$\begin{aligned}f(x_1,x_2,x_3)&=x_1^2+x_2^2+x_3^2+2x_1x_2+4x_1x_3+4x_2x_3\\&=(x_1+x_2+2x_3)^2-3x_3^2.\end{aligned}$$

显然,当 $x_1=x_2=-1,x_3=1$ 时,$f(-1,-1,1)=-3<0$. 由此看出,二次型 $f(x_1,x_2,x_3)$ 不是半正定的,所以 A 也不是半正定矩阵.

例 5.13　判断下列二次型的正定性:

(1)$f(x_1,x_2,x_3)=5x_1^2+x_2^2+5x_3^2+4x_1x_2-8x_1x_3-4x_2x_3$;

(2)$f(x_1,x_2,x_3)=-5x_1^2-6x_2^2-4x_3^2+4x_1x_2+4x_1x_3$;

(3)$f(x_1,x_2,x_3)=x_1^2+x_2^2+x_3^2+2ax_1x_2+2bx_2x_3,(a,b\in\mathbf{R})$.

解　(1)
$$A=\begin{pmatrix}5&2&-4\\2&1&-2\\-4&-2&5\end{pmatrix}$$

$$\Delta_1=5>0,\Delta_2=\begin{vmatrix}5&2\\2&1\end{vmatrix}=1>0,\Delta_3=\det A=1>0,$$

故 A 为正定矩阵,f 为正定二次型.

(2)
$$A=\begin{pmatrix}-5&2&2\\2&-6&0\\2&0&-4\end{pmatrix}$$

$$\Delta_1=-5<0,\Delta_2=\begin{vmatrix}-5&2\\2&-6\end{vmatrix}=26>0,\Delta_3=\det A=-80<0,$$

故 A 不是正定矩阵,f 不是正定二次型.

(3)
$$A=\begin{pmatrix}1&a&0\\a&1&b\\0&b&1\end{pmatrix},$$

$$\Delta_1=1>0,\Delta_2=\begin{vmatrix}1&a\\a&1\end{vmatrix}=1-a^2,\Delta_3=\det A=1-(a^2+b^2),$$

当 $a^2+b^2<1$ 时,有 $\Delta_1>0,\Delta_2>0,\Delta_3>0$.

故 A 为正定矩阵,f 为正定二次型;

当 $a^2+b^2\geqslant 1$ 时,有 $\Delta_1>0,\Delta_3\leqslant 0$,
故 $\boldsymbol{A}$ 为不定矩阵,f 为不定二次型.

例 5.14 t 取何值时,二次型 $f=x_1^2+2x_1x_2-2x_1x_3+2x_2^2+4tx_2x_3+5x_3^2$ 是正定二次型.

解 二次型 f 对应的矩阵为

$$\boldsymbol{A}=\begin{pmatrix}1&1&-1\\1&2&2t\\-1&2t&5\end{pmatrix},$$

要使二次型 f 正定,必须 $\boldsymbol{A}$ 的各顺序主子式全大于零,即满足

$$d_1=1>0,d_2=\begin{vmatrix}1&1\\1&2\end{vmatrix}=1>0.$$

$$d_3=|\boldsymbol{A}|=\begin{vmatrix}1&1&-1\\1&2&2t\\-1&2t&5\end{vmatrix}=-(4t^2+4t-3)>0,$$

得到 $-\dfrac{3}{2}<t<\dfrac{1}{2}$,所以当 $t\in\left(-\dfrac{3}{2},\dfrac{1}{2}\right)$时,二次型 f 为正定二次型.

例 5.15 设 $\boldsymbol{A}=(a_{ij})_{n\times n}$实对称,则

(1)$\boldsymbol{A}$ 为正定矩阵$\Rightarrow a_{ii}>0\quad(i=1,2,\cdots,n)$,

(2)$\boldsymbol{A}$ 为负定矩阵$\Rightarrow a_{ii}<0\quad(i=1,2,\cdots,n)$.

证明 取 $\boldsymbol{x}=\boldsymbol{\varepsilon}_i=(0,\cdots,0,1,0,\cdots,0)^{\mathrm{T}}$,则有

$$f\text{ 正定}\Rightarrow f=\boldsymbol{x}^{\mathrm{T}}\boldsymbol{A}\boldsymbol{x}=a_{ii}>0,(i=1,2,\cdots,n)$$

$$f\text{ 负定}\Rightarrow f=\boldsymbol{x}^{\mathrm{T}}\boldsymbol{A}\boldsymbol{x}=a_{ii}<0,(i=1,2,\cdots,n).$$

5.3.3 正定二次型的应用

正定二次型在初等数学和高等数学中也有很多应用,下面举个简单的例子来说明一下正定二次型的简单应用.

例 5.16 求证:$x^2+4y^2+2z^2>2xy-2xz$ (其中,x,y,z 是不全为零的实数).

证明 构建二次型

$$f(x,y,z)=x^2+4y^2+2z^2-2xy+2xz,$$

则该二次型对应的矩阵是

$$\boldsymbol{A}=\begin{pmatrix}1&-1&1\\-1&4&0\\1&0&2\end{pmatrix}.$$

计算 $\boldsymbol{A}$ 的各阶顺序主子式：

$$1>0,\begin{vmatrix}1&-1\\-1&4\end{vmatrix}=3>0,\begin{vmatrix}1&-1&1\\-1&4&0\\1&0&2\end{vmatrix}=2>0,$$

从而所构建的二次型是正定的，故对于一切不全等于零的 x,y,z，都有 $f(x,y,z)>0$，即原不等式成立.

练习 5.3

一、填空题

1. 若二次型 $f(x_1,x_2,x_3)=2x_1^2+x_2^2+x_3^2+2x_1x_2+tx_2x_3$ 是正定的，则 t 的取值范围是________.

2. 若二次型 $f(x_1,x_2,x_3)=t(x_1^2+x_2^2+x_3^2)+2x_1x_2+2x_1x_3-2x_2x_3$ 为正定的，则 t 的取值范围是________.

二、计算题

1. 求 a 的值，使二次型 $f(x_1,x_2,x_3)=x_1^2+x_2^2+5x_3^2+2ax_1x_2-2x_1x_3+4x_2x_3$ 为正定的.

2. 判断下列二次型是否正定.

(1) $f(x_1,x_2,x_3,)=6x_1^2+5x_2^2+7x_3^2-4x_1x_2+4x_1x_3$.

(2) $f(x_1,x_2,x_3,)=2x_1^2+5x_2^2+5x_3^2+4x_1x_2-4x_1x_3-8x_2x_3$.

5.4 数学实验应用实例

实例综合实验

实验目的：

学习在 MATLAB 中化二次型为标准形和二次型正定性的判定；

例 1 利用顺序主子式判定二次型 $f(x_1,x_2,\cdots,x_7)=\sum_{i=1}^{7}x_i^2+\sum_{i=1}^{6}x_ix_{i+1}$ 的正定性。

解 在 MATLAB 中编写 M 文件 La03. m 如下

```
v=[0.5,0.5,0.5,0.5,0.5,0.5];
diag(v,1);
diag(v,-1);
eye(7);
A=diag(v,1)+eye(7)+diag(v,-1)   %生成二次型的矩阵
for i=1:7
B=A(1:i,1:i);
fprintf('第%d阶主子式的值为',i)
det(B)
if(det(B)<0)
```

```
fprintf('二次型非正定')
break;
end
fprintf('二次型正定')
end
```

在 matlab 命令窗口中运行

```
La03
```

运行结果为

```
A =
1.0000  0.5000       0       0       0       0       0
0.5000  1.0000  0.5000       0       0       0       0
     0  0.5000  1.0000  0.5000       0       0       0
     0       0  0.5000  1.0000  0.5000       0       0
     0       0       0  0.5000  1.0000  0.5000       0
     0       0       0       0  0.5000  1.0000  0.5000
     0       0       0       0       0  0.5000  1.0000

第1阶主子式的值为
ans =
    1
二次型正定第2阶主子式的值为
ans =
    0.7500
二次型正定第3阶主子式的值为
ans =
    0.5000
二次型正定第4阶主子式的值为
ans =
    0.3125
二次型正定第5阶主子式的值为
ans =
    0.1875
二次型正定第6阶主子式的值为
ans =
    0.1094
二次型正定第7阶主子式的值为
ans =
    0.0625
```

得出结果：
二次型正定

例 2　用正交变换法将二次型 $f(x_1,x_2,x_3)=x_1^2+2x_2^2+2x_3^2+4x_2x_3$ 化为标准形.

解　在 MATLAB 中编写 M 文件 La02.m 如下

```
A=[1 0 0;0 2 2;0 2 2];              % 输入二次型矩阵
[V,D]=eig(A)                        % 求矩阵 A 的特征
                                      值与特征向量
disp('正交矩阵为');
V
disp('对角矩阵为');
D
disp('标准化的二次型为');
syms y1;
syms y2;
syms y3;
f=[y1 y2 y3]*D*[y1;y2;y3]
```

在 MATLAB 命令窗口中运行

```
La02
```

运行结果为

```
V =
         0    1.0000         0
   -0.7071         0    0.7071
    0.7071         0    0.7071
D =
     0     0     0
     0     1     0
     0     0     4
正交矩阵为
V =

         0    1.0000         0
   -0.7071         0    0.7071
    0.7071         0    0.7071
对角矩阵为
D =
```

0 0 0
0 1 0
0 0 4

标准化的二次型为
f =
y2^2 + 4 * y3^2

综合练习题 5

一、填空题

1. 二次型 $f(x_1,x_2)=x_1^2+x_2^2+4x_1x_2$ 的矩阵是________.

2. 二次型 $f=X^{\mathrm{T}}\begin{pmatrix}1&1&1\\1&1&2\\2&2&3\end{pmatrix}X$ 的秩为________.

3. 若二次型 $f(x_1,x_2,x_3)=2x_1^2+x_2^2+x_3^2+2tx_1x_2+2tx_2x_3$ 是正定的,则 t 的取值范围是________.

4. 二次型 $x_1^2-2x_1x_2+4x_1x_3-2x_2^2+8x_2x_3+3x_3^2$ 的矩阵是________.

5. 二次型 $f(x_1,x_2,x_3)=(x_1+x_2+x_3)^2$ 的秩为________.

6. 二次型 $f(x_1,x_2,x_3)=(x_1+x_2)^2+(x_2+x_3)^2+(x_1+x_3)^2$ 的秩为________.

7. 二次型 $f(x_1,x_2,x_3)=2x_1x_2+2x_1x_3+2x_3x_2$ 的规范形为________.

8. 设实对称矩阵 $\boldsymbol{A}$ 与 $\boldsymbol{B}$ 合同,而矩阵 $\boldsymbol{B}=\begin{pmatrix}0&0&1\\0&-1&0\\1&0&0\end{pmatrix}$,则二次型 $f(x)=\boldsymbol{x}^{\mathrm{T}}\boldsymbol{A}\boldsymbol{x}$ 的规范形为________.

9. 设 $\boldsymbol{A}$ 是二阶是对称矩阵,且满足 $\boldsymbol{A}^2+5\boldsymbol{A}-6\boldsymbol{I}=\boldsymbol{O}$,则二次型 $f(x)=\boldsymbol{x}^{\mathrm{T}}\boldsymbol{A}\boldsymbol{x}$ 的标准形为________.

二、选择题

1. 下列矩阵是正定的是(　　).

(A) $\begin{pmatrix}1&2&0\\2&3&0\\0&0&2\end{pmatrix}$　(B) $\begin{pmatrix}1&2&0\\2&4&0\\0&0&2\end{pmatrix}$

(C) $\begin{pmatrix}1&-2&0\\-2&5&0\\0&0&-2\end{pmatrix}$　(D) $\begin{pmatrix}2&0&0\\0&1&1\\0&3&6\end{pmatrix}$

2. 设 $\boldsymbol{A},\boldsymbol{B}$ 为 n 阶正定矩阵,则下列矩阵为正定的有(　　).

(A) $\boldsymbol{AB}$　(B) $\boldsymbol{A}+\boldsymbol{B}$　(C) $\boldsymbol{A}-\boldsymbol{B}$　(D) $2\boldsymbol{A}-\boldsymbol{B}$

3. 下列各式中不等于 $x_1^2+6x_1x_2+3x_2^2$ 的是(　　).

(A) $(x_1,x_2)\begin{pmatrix}1&2\\4&3\end{pmatrix}\begin{pmatrix}x_1\\x_2\end{pmatrix}$

(B) $(x_1,x_2)\begin{pmatrix}1&3\\3&3\end{pmatrix}\begin{pmatrix}x_1\\x_2\end{pmatrix}$

(C) $(x_1,x_2)\begin{pmatrix}1&-2\\-4&3\end{pmatrix}\begin{pmatrix}x_1\\x_2\end{pmatrix}$

(D) $(x_1,x_2)\begin{pmatrix}1&-1\\7&3\end{pmatrix}\begin{pmatrix}x_1\\x_2\end{pmatrix}$

4. 二次型 $x_1^2-2x_1x_2+3x_2^2$ 的矩阵是(　　).

(A) $\begin{pmatrix}1&-1\\-1&3\end{pmatrix}$　(B) $\begin{pmatrix}1&2\\4&3\end{pmatrix}$

(C) $\begin{pmatrix}1&3\\3&3\end{pmatrix}$　(D) $\begin{pmatrix}1&5\\1&3\end{pmatrix}$

5. 二次型 $f(x_1,x_2,x_3)=5x_1^2+5x_2^2+cx_3^2-2x_1x_2+6x_1x_3-6x_2x_3$ 的秩为 2,则 $c=$(　　).

(A) 4　(B) 3　(C) 2　(D) 1

6. 设 $\boldsymbol{A},\boldsymbol{B}$ 均为 n 阶矩阵,且 $\boldsymbol{A}$ 与 $\boldsymbol{B}$ 合同,则(　　).

(A) $\boldsymbol{A}$ 与 $\boldsymbol{B}$ 相似

(B) $|\boldsymbol{A}|=|\boldsymbol{B}|$

(C) $\boldsymbol{A}$ 与 $\boldsymbol{B}$ 有相同的特征根

(D) $r(\boldsymbol{A})=r(\boldsymbol{B})$

7. 设矩阵 $\boldsymbol{A}=\begin{pmatrix}-2&0&0\\0&\frac{1}{2}&0\\0&0&5\end{pmatrix}$,则与 $\boldsymbol{A}$ 合同的矩阵是(　　).

(A) $\begin{pmatrix}1&0&0\\0&1&0\\0&0&-1\end{pmatrix}$　(B) $\begin{pmatrix}3&0&0\\0&-2&0\\0&0&-5\end{pmatrix}$

(C) $\begin{pmatrix} -1 & 0 & 0 \\ 0 & -1 & 0 \\ 0 & 0 & 1 \end{pmatrix}$　(D) $\begin{pmatrix} 2 & 0 & 0 \\ 0 & 2 & 0 \\ 0 & 0 & 1 \end{pmatrix}$

8. 如果实对称矩阵 $\boldsymbol{A}$ 与矩阵 $\boldsymbol{B}=\begin{pmatrix} 0 & 0 & 3 \\ 0 & 1 & 0 \\ 3 & 0 & 0 \end{pmatrix}$ 合同,则二次型 $\boldsymbol{x}^{\mathrm{T}}-\boldsymbol{A}\boldsymbol{x}$ 的规范形为(　　).

(A) $y_1^2+y_2^2+y_3^2$　(B) $y_1^2+y_2^2-y_3^2$

(C) $y_1^2-y_2^2-y_3^2$　(D) $y_1^2+y_2^2$

9. 设 $\boldsymbol{A}$ 为 n 阶对称矩阵,则 $\boldsymbol{A}$ 是正定矩阵的充分必要条件是(　　).

(A) 二次型 $\boldsymbol{x}^{\mathrm{T}}\boldsymbol{A}\boldsymbol{x}$ 的负惯性指数为 0

(B) 存在 n 阶矩阵 $\boldsymbol{C}$,使得 $\boldsymbol{A}=\boldsymbol{C}^{\mathrm{T}}\boldsymbol{C}$

(C) $\boldsymbol{A}$ 没有负特征值

(D) $\boldsymbol{A}$ 与单位矩阵合同

10. 若二次型 $f(x_1,x_2,x_3)=t(x_1^2+x_2^2+x_3^2)+2x_1x_2+2x_1x_3-2x_2x_3$ 为正定的,则 t 的取值范围是(　　).

(A) $(2,+\infty)$　(B) $(-\infty,2)$

(C) $(-1,1)$　(D) $(-\sqrt{2},\sqrt{2})$

11. 二次型 $f(x_1,x_2,x_3)=(x_1+ax_2-2x_3)^2+(2x_2+3x_3)^2+(x_1+3x_2+ax_3)^2$ 是正定二次型的充分必要条件是(　　).

(A) $a>1$　(B) $a>1$　(C) $a\neq1$　(D) $a=1$

12. 设 $\boldsymbol{A},\boldsymbol{B}$ 为同阶方阵,$X=(x_1,x_2,\cdots,x_n)^{\mathrm{T}}$,且 $\boldsymbol{X}^{\mathrm{T}}\boldsymbol{A}\boldsymbol{X}=\boldsymbol{X}^{\mathrm{T}}\boldsymbol{B}\boldsymbol{X}$ 当(　　)时 $\boldsymbol{A}=\boldsymbol{B}$.

(A) $r(\boldsymbol{A})=r(\boldsymbol{B})$　(B) $\boldsymbol{A}^{\mathrm{T}}=\boldsymbol{A}$

(C) $\boldsymbol{B}^{\mathrm{T}}=\boldsymbol{B}$　(D) $\boldsymbol{A}^{\mathrm{T}}=\boldsymbol{A},\boldsymbol{B}^{\mathrm{T}}=\boldsymbol{B}$

三、计算题

1. 写出下列二次型的矩阵

(1) $f(x_1,x_2,x_3)=2x_1^2-x_2^2+4x_1x_2-2x_2x_3$;

(2) $f(x_1,x_2,x_3,x_4)=2x_1x_2+2x_1x_4+2x_3x_4$.

2. 求二次型 $2x_1x_2-2x_1x_3+2x_2x_3+x_4^2$ 的矩阵及秩.

3. 给定下列矩阵,写出相应的二次型

(1) $\boldsymbol{A}=\begin{pmatrix} 1 & 1 & 0 \\ 1 & 2 & 1 \\ 0 & 1 & 3 \end{pmatrix}$;

(2) $\boldsymbol{A}=\begin{pmatrix} 0 & \frac{1}{2} & \frac{1}{2} & \frac{1}{2} \\ \frac{1}{2} & 0 & \frac{1}{2} & \frac{1}{2} \\ \frac{1}{2} & \frac{1}{2} & 0 & \frac{1}{2} \\ \frac{1}{2} & \frac{1}{2} & \frac{1}{2} & 0 \end{pmatrix}$.

4. 用配方法及初等变换法将下列二次型化为标准形及规范形.

(1) $f(x_1,x_2,x_3)=x_1^2+5x_2^2-4x_3^2+2x_1x_2-2x_1x_3$;

(2) $f(x_1,x_2,x_3)=x_1x_2-4x_1x_3+6x_2x_3$.

5. 用正交变换将下列实二次型化为标准形.

(1) $f(x_1,x_2,x_3)=2x_1^2+x_2^2-4x_1x_2-4x_2x_3$.

(2) $f(x_1,x_2,x_3)=17x_1^2+14x_2^2+14x_3^2-4x_1x_2-4x_1x_3-8x_2x_3$.

6. 判断下列矩阵是否为正定矩阵

(1) $\boldsymbol{A}=\begin{pmatrix} 1 & -1 \\ -1 & 3 \end{pmatrix}$;(2) $\begin{pmatrix} 1 & 2 & 3 \\ 2 & -1 & 4 \\ 3 & 4 & -1 \end{pmatrix}$;

(3) $\begin{pmatrix} 1 & 0 & 2 \\ 0 & 0 & 1 \\ 2 & 1 & 3 \end{pmatrix}$;(4) $\begin{pmatrix} 2 & 1 & 2 \\ 1 & 1 & 1 \\ 2 & 1 & 5 \end{pmatrix}$.

7. 判别下列二次型是否正定或负定

(1) $f=5x_1^2+x_2^2+5x_3^2+4x_1x_2-8x_1x_3-4x_2x_3$;

(2) $f=-5x_1^2-6x_2^2-4x_3^2+4x_1x_2+4x_1x_3$.

8. 求 t 的值,使二次型是正定的.

(1) $f(x,y,z,w)=t(x^2+y^2+z^2)+2xy-2yz+2zx+w^2$;

(2) $f(x_1,x_2,x_3)=x_1^2+x_2^2+5x_3^2+2tx_1x_2-2x_1x_3+4x_2x_3$;

(3) $f(x_1,x_2,x_3)=5x_1^2+x_2^2+tx_3^2+4x_1x_2-2x_1x_3-2x_2x_3$.

9. 求一个非奇异矩阵 $\boldsymbol{C}$,使 $\boldsymbol{C}^{\mathrm{T}}\boldsymbol{A}\boldsymbol{C}$ 为对角矩阵.

(1) $\boldsymbol{A}=\begin{pmatrix} 0 & 1 & 1 \\ 1 & 0 & -2 \\ 1 & -2 & 0 \end{pmatrix}$

(2) $\boldsymbol{A}=\begin{pmatrix} 1 & -1 & 1 \\ -1 & -3 & -3 \\ 1 & -3 & 0 \end{pmatrix}$.

四、证明题

1. 试证:可逆实对称矩阵 $\boldsymbol{A}$ 与 $\boldsymbol{A}^{-1}$ 是合同矩阵.

2. 实对称矩阵 $\boldsymbol{A}$ 为负定矩阵的充分必要条件是 $\boldsymbol{A}$ 的顺序主子式负正相间.

3. 设 $\boldsymbol{A}$ 为 n 阶正定矩阵,$\boldsymbol{E}$ 为 n 阶单位矩阵,证明:$\boldsymbol{A}+\boldsymbol{E}$ 的行列式大于 1.

4. $\boldsymbol{A}$ 为 n 阶正定矩阵,$\boldsymbol{B}$ 为 n 阶半正定矩阵,试证:$\boldsymbol{A}+\boldsymbol{B}$ 为正定矩阵.

第 6 章 线性空间与线性变换

本章基本要求

线性关系是现实世界中最基本的关系(从空间形式看,有直线和平面),所以自然要建立一个数学模型来研究它们. 即使对于非线性关系,经过局部化后,也可以运用线性模型来研究非线性关系的某一个侧面. 解析几何中研究直线和平面的强有力工具是向量,向量有加法和数量乘法运算,并且加法和数量乘法满足交换律、结合律等 8 条运算律. 第 3 章中我们又把有序数组称为向量,并介绍了向量空间的概念. 在本章我们将这些概念推广,引进更加抽象的线性空间(向量空间又称线性空间),使向量及向量空间的概念更具一般性.

线性空间是研究线性关系的数学模型,它是线性代数的主要研究对象之一. 研究线性空间的结构具有非常重要的意义,在这一章我们从以下三个角度来研究线性空间的结构:

(Ⅰ)从线性空间的元素角度;

(Ⅱ)从线性空间的子集角度;

(Ⅲ)从线性空间与线性空间之间的关系角度.

6.1 线性空间的定义、例子及性质

6.1.1 线性空间的定义

定义 6.1 设 V 是一个非空集合, K 为数域. 如果对于任意两个元素 $\boldsymbol{\alpha},\boldsymbol{\beta}\in V$,总有唯一的一个元素 $\boldsymbol{\gamma}\in V$ 与之对应,其对应的分量为 α,β 对应分量之和,则称 γ 为 **$\boldsymbol{\alpha}$ 与 $\boldsymbol{\beta}$ 的和**,记作 $\boldsymbol{\gamma}=\boldsymbol{\alpha}+\boldsymbol{\beta}$;又对于任意数 $\lambda\in K$ 和任一元素 $\boldsymbol{\alpha}\in V$,总有唯一的一个元素 $\boldsymbol{\delta}\in V$ 与之对应,其对应的分量为 α 对应分量的 λ 倍,则称 $\boldsymbol{\delta}$ 为 λ 与 $\boldsymbol{\alpha}$ **的数量乘积**,记作 $\boldsymbol{\delta}=\lambda\boldsymbol{\alpha}$,并且这两种运算满足如下 8 条运算律:

(Ⅰ)加法交换律　$\forall\boldsymbol{\alpha},\boldsymbol{\beta}\in V$,有 $\boldsymbol{\alpha}+\boldsymbol{\beta}=\boldsymbol{\beta}+\boldsymbol{\alpha}$;

(Ⅱ)加法结合律　$\forall\boldsymbol{\alpha},\boldsymbol{\beta},\boldsymbol{\gamma}\in V$,有 $(\boldsymbol{\alpha}+\boldsymbol{\beta})+\boldsymbol{\gamma}=\boldsymbol{\alpha}+(\boldsymbol{\beta}+\boldsymbol{\gamma})$;

(Ⅲ)存在“零元”,即存在 $\mathbf{0}\in V$,使得 $\forall \boldsymbol{\alpha}\in V,\boldsymbol{\alpha}+\mathbf{0}=\boldsymbol{\alpha}$;

(Ⅳ) 存在负元,即 $\forall \boldsymbol{\alpha}\in V$,存在 $\boldsymbol{\beta}\in V$,使得 $\boldsymbol{\alpha}+\boldsymbol{\beta}=\mathbf{0}$,$\boldsymbol{\beta}$ 称为 $\boldsymbol{\alpha}$ 的负元;

(Ⅴ)$1\boldsymbol{\alpha}=\boldsymbol{\alpha}$;

(Ⅵ) $\forall k,l\in K,\boldsymbol{\alpha}\in V$,都有 $(kl)\boldsymbol{\alpha}=k(l\boldsymbol{\alpha})=l(k\boldsymbol{\alpha})$;

(Ⅶ) $\forall k,l\in K,\boldsymbol{\alpha}\in V$,都有 $(k+l)\boldsymbol{\alpha}=k\boldsymbol{\alpha}+l\boldsymbol{\alpha}$;

(Ⅷ) $\forall k\in K,\boldsymbol{\alpha},\boldsymbol{\beta}\in V$,都有 $k(\boldsymbol{\alpha}+\boldsymbol{\beta})=k\boldsymbol{\alpha}+k\boldsymbol{\beta}$.

则称 V 为数域 K 上的一个**线性空间**,借助几何语言,把线性空间中的元素称为**向量**,线性空间又可称为**向量空间**.

凡满足上述 8 条运算律的向量加法和数量乘法运算,统称为**线性运算**. 所以,线性空间就是定义了线性运算的集合.

在第 3 章中,我们把有序数组称为向量,并对它定义了向量加法和数量乘法运算. 容易验证这些运算满足上述 8 条运算律. 所以对于运算封闭的有序数组的集合称为向量空间. 显然,比较起来,现在的定义有了很大的推广,有序数组构成的向量空间只是现在定义的一个特殊情形.

6.1.2 线性空间的例子

线性空间的例子有很多.

例 6.1　几何空间中以原点为起点的所有向量组成的集合,对于向量的加法和数量乘法,构成实数域上的一个线性空间.

例 6.2　数域 P 上的零多项式和次数不超过 n 的多项式全体,记作 $P[x]_n$,即

$$P[x]_n=\{a_nx^n+\cdots+a_1x+a_0 \mid a_n,\cdots,a_1,a_0\in P\}.$$

对于多项式的加法和数乘多项式的乘法运算构成线性空间. 这是因为:

$$\begin{aligned}&(a_nx^n+\cdots+a_1x+a_0)+(b_nx^n+\cdots+b_1x+b_0)\\&=(a_n+b_n)x^n+\cdots+(a_1+b_1)x+(a_0+b_0)\in P[x]_n,\\&\lambda(a_nx^n+\cdots+a_1x+a_0)=(\lambda a_n)x^n+\cdots+(\lambda a_1)x+(\lambda a_0)\in P[x]_n.\end{aligned}$$

且多项式的加法、数乘多项式的乘法运算显然满足线性运算律(Ⅰ)-(Ⅷ),故 $P[x]_n$ 是数域 P 上的一个线性空间,简称为**多项式空间**.

同理,数域 P 上的多项式全体,记作 $P[x]$,对于多项式的加法和数乘多项式的乘法运算也构成线性空间.

例 6.3 数域 P 上的次数为 n 的多项式全体

$$V=\{a_nx^n+\cdots+a_1x+a_0\,|\,a_n,\cdots,a_1,a_0\in P,a_n\neq 0\},$$

对于多项式的加法和数乘多项式的乘法运算构不成线性空间. 这是因为:

$$\mathbf{0}\notin V,$$

即 V 中没有零向量.

例 6.4 设 V 表示在闭区间 $[a,b]$ 上连续的实函数全体构成的集合,令 $K=\mathbf{R}$,V 中加法的定义就是函数的加法,关于 $K=\mathbf{R}$ 的数乘就是实数域函数的乘法, 由连续函数的性质可知,V 构成 $K=\mathbf{R}$ 上的线性空间,简称为**函数空间**,记作 $C[a,b]$.

同理,设 V 表示在闭区间 $[a,b]$ 上可微的实函数全体构成的集合,令 $K=\mathbf{R}$,V 中加法的定义就是函数的加法,关于 $K=\mathbf{R}$ 的数乘就是实数域函数的乘法,由可微函数的性质可知,V 构成 $K=\mathbf{R}$ 上的线性空间.

例 6.5 数域 F 上的 $m\times n$ 矩阵的全体,记作 $M_{m\times n}(F)$,即

$$M_{m\times n}(F)=\{A=(a_{ij})_{m\times n}\,|\,a_{ij}\in F,i=1,2,\cdots,m;j=1,2,\cdots,n\}.$$

对于矩阵的加法和数与矩阵的乘法运算构成数域 F 上的一个线性空间,简称为**矩阵空间**.

特别是,数域 F 上的 $1\times n$ 行矩阵的全体,对于矩阵的加法和数与矩阵的乘法运算构成一个线性空间,简称为**行空间**,记作 F^n;同样数域 F 上的 $n\times 1$ 列矩阵的全体,对于矩阵的加法和数与矩阵的乘法运算构成一个线性空间,简称为**列空间**,也记作 F^n.

为了使对线性运算的理解更具有一般性,下面再看一个例题.

例 6.6 正实数的全体记作 $\mathbf{R}^+$,在其中定义加法和数量乘法运算为

$$a\oplus b=ab,\ \forall a,b\in\mathbf{R}^+;$$
$$k\circ a=a^k,\ \forall a\in\mathbf{R}^+,k\in\mathbf{R}.$$

验证 $\mathbf{R}^+$ 对于以上规定的加法"$\oplus$"和乘法"$\circ$"运算构成实数域 $\mathbf{R}$ 上的线性空间.

证明 实际上是要验证以下 10 条:

对加法运算的封闭性:$a\oplus b=ab\in\mathbf{R}^+,\ \forall a,b\in\mathbf{R}^+$;

对数乘运算的封闭性:$k\circ a=a^k\in\mathbf{R}^+,\ \forall k\in\mathbf{R},a\in\mathbf{R}^+$;

(Ⅰ)$a\oplus b=ab=ba=b\oplus a,\ \forall a,b\in\mathbf{R}^+$;

(Ⅱ)$(a\oplus b)\oplus c=(ab)\oplus c=(ab)c=a(bc)=a\oplus(b\oplus c),\ \forall a,b,c\in\mathbf{R}^+$;

(Ⅲ) $\exists 1 \in \mathbf{R}^+, \forall a \in \mathbf{R}^+, 1 \oplus a = 1a = a$;

(Ⅳ) $\forall a \in \mathbf{R}^+, \exists a^{-1} \in \mathbf{R}^+, a \oplus a^{-1} = aa^{-1} = 1$;

(Ⅴ) $1 \circ a = a^1 = a, \forall a \in \mathbf{R}^+$;

(Ⅵ) $\lambda \circ (\mu \circ a) = \lambda \circ a^\mu = (a^\mu)^\lambda = a^{\lambda\mu} = (\lambda\mu) \circ a, \forall a \in \mathbf{R}^+, \lambda, \mu \in \mathbf{R}$;

(Ⅶ) $(\lambda + \mu) \circ a = a^{\lambda+\mu} = (a^\mu)^\lambda = a^\lambda + a^\mu = a^\lambda \oplus a^\mu$

$= (\lambda \circ a) \oplus (\mu \circ a), \forall a \in \mathbf{R}^+, \lambda, \mu \in \mathbf{R}$;

(Ⅷ) $\lambda \circ (a \oplus b) = \lambda \circ (ab) = (ab)^\lambda = a^\lambda b^\lambda = a^\lambda \oplus b^\lambda$

$= (\lambda \circ a) \oplus (\lambda \circ b), \forall a, b \in \mathbf{R}^+, \lambda \in \mathbf{R}$.

因此，$\mathbf{R}^+$ 对于以上规定的加法和数量乘法运算构成实数域 $\mathbf{R}$ 上的线性空间.

上述例子表明，线性空间这一数学模型适用性很广. 我们研究抽象的线性空间结构时，只能从线性空间的定义出发，做逻辑推理. 但在做探索时，也要善于从熟悉的具体模型（如几何空间、行空间等）的性质和结构受到启发，做出合理猜测，最后给出严格的证明.

6.1.3　线性空间的性质

从数域 K 上线性空间 V 满足的 8 条运算法则可以推导出线性空间 V 的一些简单性质：

性质 1　V 中零向量是唯一的，记作 $\mathbf{0}$.

证明　设 $\mathbf{0}$ 与 $\mathbf{0}'$ 均是零向量，则由零向量的性质，有

$$\mathbf{0} = \mathbf{0}' + \mathbf{0} = \mathbf{0}'.$$

性质 2　V 中每个向量的负向量是唯一的，记作 $-\boldsymbol{\alpha}$.

证明　$\forall \boldsymbol{\alpha} \in V$，设 $\boldsymbol{\beta}, \boldsymbol{\beta}'$ 都是 $\boldsymbol{\alpha}$ 的负向量，则

$$\boldsymbol{\beta} = \boldsymbol{\beta} + \mathbf{0} = \boldsymbol{\beta} + (\boldsymbol{\alpha} + \boldsymbol{\beta}') = (\boldsymbol{\beta} + \boldsymbol{\alpha}) + \boldsymbol{\beta}' = \mathbf{0} + \boldsymbol{\beta}' = \boldsymbol{\beta}'.$$

性质 3　$0\boldsymbol{\alpha} = \mathbf{0}, \lambda\mathbf{0} = \mathbf{0}, (-1)\boldsymbol{\alpha} = -\boldsymbol{\alpha}$. $\forall \boldsymbol{\alpha} \in V, \lambda \in K$.

证明　先证 $0\boldsymbol{\alpha} = \mathbf{0}$

$$\boldsymbol{\alpha} + 0\boldsymbol{\alpha} = 1\boldsymbol{\alpha} + 0\boldsymbol{\alpha} = (1+0)\boldsymbol{\alpha} = 1\boldsymbol{\alpha} = \boldsymbol{\alpha},$$

等式两边加上 $-\boldsymbol{\alpha}$ 即得

$$0\boldsymbol{\alpha} = \mathbf{0}.$$

再证第三个等式. 因为

$$\boldsymbol{\alpha} + (-1)\boldsymbol{\alpha} = 1\boldsymbol{\alpha} + (-1)\boldsymbol{\alpha} = (1-1)\boldsymbol{\alpha} = 0\boldsymbol{\alpha} = \mathbf{0}.$$

由性质 2 即得

$$(-1)\boldsymbol{\alpha}=-\boldsymbol{\alpha}.$$

第二个等式的证明留给读者去完成.

性质 4 如果 $\lambda\boldsymbol{\alpha}=\mathbf{0}$,则 $\lambda=0$ 或 $\boldsymbol{\alpha}=\mathbf{0}$.

证明 假设 $\lambda\neq 0$,则

$$\boldsymbol{\alpha}=1\boldsymbol{\alpha}=\left(\frac{1}{\lambda}\lambda\right)\boldsymbol{\alpha}=\frac{1}{\lambda}(\lambda\boldsymbol{\alpha})=\frac{1}{\lambda}\mathbf{0}=\mathbf{0}.$$

由此,我们可以在线性空间 V 中定义减法“ - ”运算:

$$\forall\boldsymbol{\alpha},\boldsymbol{\beta}\in V,\boldsymbol{\alpha}-\boldsymbol{\beta}=\boldsymbol{\alpha}+(-\boldsymbol{\beta}).$$

这样,在线性空间中加法的逆运算——减法可以实施,并且有

$$\boldsymbol{\alpha}+\boldsymbol{\beta}=\boldsymbol{\gamma}\Leftrightarrow\boldsymbol{\alpha}=\boldsymbol{\gamma}-\boldsymbol{\beta}.$$

6.2 线性空间的基与维数、向量的坐标

在第 3 章中,我们对于有序数组构成的向量空间中的向量从线性运算角度讨论了它们的关系,介绍了一些重要概念,如线性组合与线性表示、线性相关与线性无关、极大线性无关组、向量组的秩等. 这些概念以及相关性质只涉及线性运算. 所以,可以将这些概念引用到更具一般性的线性空间. 下面直接给出线性空间中线性组合、线性表示、向量组的线性相关、线性无关、线性空间的基与维数等定义.

定义 6.2 设 V 是数域 K 上的线性空间,$\boldsymbol{\alpha}_1,\boldsymbol{\alpha}_2,\cdots,\boldsymbol{\alpha}_s,\in V,k_1,k_2,\cdots,k_s\in K$,称 $k_1\boldsymbol{\alpha}_1+k_2\boldsymbol{\alpha}_2+\cdots+k_s\boldsymbol{\alpha}_s$ 为向量组 $\boldsymbol{\alpha}_1,\boldsymbol{\alpha}_2,\cdots,\boldsymbol{\alpha}_s$ 的一个**线性组合**.

定义 6.3 设 V 是数域 K 上的线性空间,$\boldsymbol{\alpha}_1,\boldsymbol{\alpha}_2,\cdots,\boldsymbol{\alpha}_s\in V$. 如果 $\exists k_1,k_2,\cdots,k_s\in K$,使得 $\boldsymbol{\beta}=k_1\boldsymbol{\alpha}_1+k_2\boldsymbol{\alpha}_2+\cdots+k_s\boldsymbol{\alpha}_s$,则称向量 $\boldsymbol{\beta}$ 可以由向量组 $\boldsymbol{\alpha}_1,\boldsymbol{\alpha}_2,\cdots,\boldsymbol{\alpha}_s$ **线性表示**.

定义 6.4 设 V 是数域 K 上的线性空间,$\boldsymbol{\alpha}_1,\boldsymbol{\alpha}_2,\cdots,\boldsymbol{\alpha}_s\in V$,若存在不全为零的数 $k_1,k_2,\cdots,k_s\in K$,使得 $k_1\boldsymbol{\alpha}_1+k_2\boldsymbol{\alpha}_2+\cdots+k_s\boldsymbol{\alpha}_s=\mathbf{0}$,则称向量组 $\boldsymbol{\alpha}_1,\boldsymbol{\alpha}_2,\cdots,\boldsymbol{\alpha}_s$ **线性相关**.

若由方程

$$k_1\boldsymbol{\alpha}_1+k_2\boldsymbol{\alpha}_2+\cdots+k_s\boldsymbol{\alpha}_s=\mathbf{0}$$

必定推出

$$k_1=k_2=\cdots=k_s=0,$$

则称向量组 $\boldsymbol{\alpha}_1,\boldsymbol{\alpha}_2,\cdots,\boldsymbol{\alpha}_s$ **线性无关**.

单个向量组成的向量组 $\boldsymbol{\alpha}$ 线性关系是怎样的呢？由定义可知：

向量组 $\boldsymbol{\alpha}$ 线性相关$\Leftrightarrow\boldsymbol{\alpha}=\mathbf{0}$；

向量组 $\boldsymbol{\alpha}$ 线性无关$\Leftrightarrow\boldsymbol{\alpha}\neq\mathbf{0}$.

定义 6.5　设 V 是数域 K 上的线性空间，$\boldsymbol{\alpha}_1,\boldsymbol{\alpha}_2,\cdots,\boldsymbol{\alpha}_s\in V$，如果它有一个部分组 $\boldsymbol{\alpha}_{i_1},\boldsymbol{\alpha}_{i_2},\cdots,\boldsymbol{\alpha}_{i_r}$ 满足如下条件：

（Ⅰ）$\boldsymbol{\alpha}_{i_1},\boldsymbol{\alpha}_{i_2},\cdots,\boldsymbol{\alpha}_{i_r}$ 线性无关；

（Ⅱ）原向量组中任一向量都可以由 $\boldsymbol{\alpha}_{i_1},\boldsymbol{\alpha}_{i_2},\cdots,\boldsymbol{\alpha}_{i_r}$ 线性表示.

则称此部分组为原向量组的一个**极大线性无关向量组**（简称**极大线性无关组**）.

从以上定义可知，一个线性无关向量组的极大线性无关组就是其本身.

由于在第 3 章向量空间 K^n 中，我们证明的关于线性表示的一些命题中并没有用到 K^n 的一些特有的性质，所以那些命题在一般的线性空间中依然成立.

定理 6.1　设 V 是数域 K 上的线性空间，$\boldsymbol{\alpha}_1,\boldsymbol{\alpha}_2,\cdots,\boldsymbol{\alpha}_s\in V$，$s\geqslant 2$，则下述两条等价：

（Ⅰ）$\boldsymbol{\alpha}_1,\boldsymbol{\alpha}_2,\cdots,\boldsymbol{\alpha}_s$ 线性相关；

（Ⅱ）某个 $\boldsymbol{\alpha}_i(1\leqslant i\leqslant n)$ 可被其余向量线性表示.

（证明同向量空间.）

定义 6.6　一个向量组的任一极大线性无关组中均包含相同数目的向量，其含向量的个数称为该向量组的**秩**.

例 6.7　求证：函数空间 $C[a,b]$ 中的向量组 $e^{\lambda_1 x},e^{\lambda_2 x}$ 的秩等于 2（其中 $\lambda_1\neq\lambda_2$）.

证明　设 $k_1,k_2\in\mathbf{R}$，满足 $k_1e^{\lambda_1 x}+k_2e^{\lambda_2 x}=\mathbf{0}$，则 $k_1e^{\lambda_1 x}=-k_2e^{\lambda_2 x}$，若 k_1,k_2 不全为零，不妨设 $k_1\neq 0$，则有 $e^{(\lambda_1-\lambda_2)x}=-\dfrac{k_2}{k_1}$，而由于 $\lambda_1\neq\lambda_2$，所以等号左边为严格单调函数，与等号右边为常数矛盾. 于是

$$k_1=k_2=0.$$

所以 $e^{\lambda_1 x},e^{\lambda_2 x}$ 线性无关，故向量组的秩等于 2.

从几何空间的结构、行空间的结构受到启发，研究一般线性空间 V 的结构时同样需要有基的概念.

定义 6.7 设 V 是数域 K 上的线性空间，如果在 V 中存在 n 个向量 $\boldsymbol{\alpha}_1,\boldsymbol{\alpha}_2,\cdots,\boldsymbol{\alpha}_n$，满足：

（Ⅰ）$\boldsymbol{\alpha}_1,\boldsymbol{\alpha}_2,\cdots,\boldsymbol{\alpha}_n$ 线性无关；

（Ⅱ）V 中任一向量 $\boldsymbol{\alpha}$ 总可以由 $\boldsymbol{\alpha}_1,\boldsymbol{\alpha}_2,\cdots,\boldsymbol{\alpha}_n$ 线性表示.

则称 $\boldsymbol{\alpha}_1,\boldsymbol{\alpha}_2,\cdots,\boldsymbol{\alpha}_n$ 为 V 的一组基，基中含的向量个数 n 定义为线性空间 V 的**维数**，记作 $\dim V=n$.

由上述定义，如果 $\boldsymbol{\alpha}_1,\boldsymbol{\alpha}_2,\cdots,\boldsymbol{\alpha}_n$ 为线性空间 V 的一组基，则

$$V=\{x_1\boldsymbol{\alpha}_1+x_2\boldsymbol{\alpha}_2+\cdots+x_n\boldsymbol{\alpha}_n \mid x_1,x_2,\cdots,x_n\in K\}.$$

注 只含零向量的线性空间（简称为**零空间**）没有基，规定它的维数为 0.

另外，对于一些线性空间，如多项式空间 $P[x]$，不存在有限多个向量可以线性表示全体多项式，故它们是无穷维的线性空间. 对于无穷维线性空间本书不做讨论.

从基的定义可以看出，对于线性空间 V，只要知道了它的一组基，那么 V 的结构就完全清楚了. 另外，线性空间的维数对于研究线性空间的结构也起着重要的作用.

定理 6.2 设 V 是数域 K 上的 n 维线性空间，则 V 中任意 $n+1$ 个向量都线性相关.（证明略）

例 6.8 在多项式空间 $P[x]_n$ 中，向量组 $1,x,x^2,\cdots,x^n$ 线性无关，且

$\forall f(x)=a_nx^n+\cdots+a_1x+a_0\in P[x]_n$ 都可以由 $1,x,x^2,\cdots,x^n$ 线性表示，故 $1,x,x^2,\cdots,x^n$ 是多项式空间 $P[x]_n$ 的一组基，通常称为 $P[x]_n$ 的**标准基**；

$$\dim P[x]_n=n+1.$$

同样可证 $1,x-1,(x-1)^2,\cdots,(x-1)^n$ 也是多项式空间 $P[x]_n$ 的一组基.

故**线性空间的基不唯一**.

定理 6.3 设 V 是数域 K 上的 n 维线性空间，$\boldsymbol{\alpha}_1,\boldsymbol{\alpha}_2,\cdots,\boldsymbol{\alpha}_n$ 是 V 的一组基，则任给 $\boldsymbol{\alpha}\in V$，$\boldsymbol{\alpha}$ 可唯一表示为 $\boldsymbol{\alpha}_1,\boldsymbol{\alpha}_2,\cdots,\boldsymbol{\alpha}_n$ 的线性组合.（证明留给读者）

定理 6.4　设 V 是数域 K 上的 n 维线性空间，而 $\boldsymbol{\alpha}_1,\boldsymbol{\alpha}_2,\cdots,\boldsymbol{\alpha}_n\in V$，若 V 中任一向量皆可被 $\boldsymbol{\alpha}_1,\boldsymbol{\alpha}_2,\cdots,\boldsymbol{\alpha}_n$ 线性表示且表达式唯一，则 $\boldsymbol{\alpha}_1,\boldsymbol{\alpha}_2,\cdots,\boldsymbol{\alpha}_n$ 是 V 的一组基.

证明　只需证明 $\boldsymbol{\alpha}_1,\boldsymbol{\alpha}_2,\cdots,\boldsymbol{\alpha}_n$ 线性无关.

设有

$$k_1\boldsymbol{\alpha}_1+k_2\boldsymbol{\alpha}_2+\cdots+k_n\boldsymbol{\alpha}_n=\boldsymbol{0},$$

而

$$0\boldsymbol{\alpha}_1+0\boldsymbol{\alpha}_2+\cdots+0\boldsymbol{\alpha}_n=\boldsymbol{0},$$

由已知条件，零向量的线性表达式唯一，从而

$$k_1=k_2=\cdots=k_n=0.$$

故 $\boldsymbol{\alpha}_1,\boldsymbol{\alpha}_2,\cdots,\boldsymbol{\alpha}_n$ 线性无关.

下面给出向量的坐标概念，通过坐标，大家会看到数域 K 上的 n 维线性空间 V 与列空间 K^n 之间的一种联系.

定义 6.8　设 V 为数域 K 上的 n 维线性空间，$\boldsymbol{\alpha}_1,\boldsymbol{\alpha}_2,\cdots,\boldsymbol{\alpha}_n$ 是它的一组基. 任给 $\boldsymbol{\alpha}\in V$，可唯一表示为 $\boldsymbol{\alpha}_1,\boldsymbol{\alpha}_2,\cdots,\boldsymbol{\alpha}_n$ 的线性组合，即总有且仅有一组有序数 $x_1,x_2,\cdots,x_n\in K$，使

$$\boldsymbol{\alpha}=x_1\boldsymbol{\alpha}+x_2\boldsymbol{\alpha}_2+\cdots+x_n\boldsymbol{\alpha}_n,\tag{6.1}$$

称有序数组 $x_1,x_2,\cdots,x_n$ 为 $\boldsymbol{\alpha}$ 关于基 $\boldsymbol{\alpha}_1,\boldsymbol{\alpha}_2,\cdots,\boldsymbol{\alpha}_n$ 的**坐标**，并记作 $(x_1,x_2,\cdots,x_n)^{\mathrm{T}}$.

如例 6.8 中，$\forall f(x)=a_nx^n+\cdots+a_1x+a_0\in P[x]_n$ 关于标准基 $1,x,x^2,\cdots,x^n$ 的坐标为 $(a_0,a_1,a_2,\cdots,a_n)^{\mathrm{T}}$.

注　借用矩阵的乘法运算，式(6.1)也可写成

$$\boldsymbol{\alpha}=(\boldsymbol{\alpha}_1,\boldsymbol{\alpha}_2,\cdots,\boldsymbol{\alpha}_n)\begin{pmatrix}x_1\\x_2\\\vdots\\x_n\end{pmatrix}.$$

易知，在线性空间 V 中取定一组基后，V 中向量与其坐标有着一一对应的关系.

在 n 维线性空间 V 中引进了坐标概念后，抽象的向量 $\boldsymbol{\alpha}\in V$ 与有序数组向量 $(x_1,x_2,\cdots,x_n)^{\mathrm{T}}\in K^n$ 联系起来，从而使 V 中向量的线性运算与有序数组向量的线性运算对应起来. 这种对应关系具有以下性质：

定理 6.5 设 V 为数域 K 上的 n 维线性空间，$\boldsymbol{\alpha}_1,\boldsymbol{\alpha}_2,\cdots,\boldsymbol{\alpha}_n$ 是它的一组基. $\boldsymbol{\alpha},\boldsymbol{\beta}\in V$ 且向量 $\boldsymbol{\alpha},\boldsymbol{\beta}$ 关于基 $\boldsymbol{\alpha}_1,\boldsymbol{\alpha}_2,\cdots,\boldsymbol{\alpha}_n$ 的坐标分别为 $(x_1,x_2,\cdots,x_n)^{\mathrm{T}}$ 和 $(y_1,y_2,\cdots,y_n)^{\mathrm{T}}$，则向量 $\boldsymbol{\alpha}+\boldsymbol{\beta},\lambda\boldsymbol{\alpha}(\forall\lambda\in K)$ 关于基 $\boldsymbol{\alpha}_1,\boldsymbol{\alpha}_2,\cdots,\boldsymbol{\alpha}_n$ 的坐标分别为 $(x_1+y_1,x_2+y_2,\cdots,x_n+y_n)^{\mathrm{T}}$ 和 $(\lambda x_1,\lambda x_2,\cdots,\lambda x_n)^{\mathrm{T}}$.

证明 由假设有

$$\boldsymbol{\alpha}=x_1\boldsymbol{\alpha}_1+x_2\boldsymbol{\alpha}_2+\cdots+x_n\boldsymbol{\alpha}_n,$$
$$\boldsymbol{\beta}=y_1\boldsymbol{\alpha}_1+y_1\boldsymbol{\alpha}_2+\cdots+y_n\boldsymbol{\alpha}_n,$$

所以

$$\begin{aligned}\boldsymbol{\alpha}+\boldsymbol{\beta}&=(x_1\boldsymbol{\alpha}_1+x_2\boldsymbol{\alpha}_2+\cdots+x_n\boldsymbol{\alpha}_n)+(y_1\boldsymbol{\alpha}_1+y_1\boldsymbol{\alpha}_2+\cdots+y_n\boldsymbol{\alpha}_n)\\&=(x_1+y_1)\boldsymbol{\alpha}_1+(x_2+y_2)\boldsymbol{\alpha}_2+\cdots+(x_n+y_n)\boldsymbol{\alpha}_n,\\\lambda\boldsymbol{\alpha}&=(\lambda x_1)\boldsymbol{\alpha}_1+(\lambda x_2)\boldsymbol{\alpha}_2+\cdots+(\lambda x_n)\boldsymbol{\alpha}_n.\end{aligned}$$

故 $\boldsymbol{\alpha}+\boldsymbol{\beta},\lambda\boldsymbol{\alpha}$ 关于基 $\boldsymbol{\alpha}_1,\boldsymbol{\alpha}_2,\cdots,\boldsymbol{\alpha}_n$ 的坐标分别为 $(x_1+y_1,x_2+y_2,\cdots,x_n+y_n)^{\mathrm{T}}$ 和 $(\lambda x_1,\lambda x_2,\cdots,\lambda x_n)^{\mathrm{T}}$.

如果在数域 K 上的 n 维线性空间中取定一组基 $\boldsymbol{\alpha}_1,\boldsymbol{\alpha}_2,\cdots,\boldsymbol{\alpha}_n$，建立 V 和列空间 K^n 之间的一种对应关系，即映射

$$f:V\to K^n,$$
$$\boldsymbol{\alpha}=x_1\boldsymbol{\alpha}_1+x_2\boldsymbol{\alpha}_2+\cdots+x_n\boldsymbol{\alpha}_n\mapsto(x_1,x_2,\cdots,x_n)^{\mathrm{T}};$$

那么，由定理 6.5，上述映射 f 是保持线性运算的双射. 如果忽略线性空间中向量本身是什么，仅对线性运算来讲 V 和 K^n 的结构相同. 由此下面我们引出线性空间同构的定义.

定义 6.9 设 V 与 U 是数域 K 上的两个线性空间，如果存在双射 $f:V\to U$ 满足 $\forall\boldsymbol{\alpha},\boldsymbol{\beta}\in V,\lambda\in K$，

$$f(\boldsymbol{\alpha}+\boldsymbol{\beta})=f(\boldsymbol{\alpha})+f(\boldsymbol{\beta});$$
$$f(\lambda\boldsymbol{\alpha})=\lambda f(\boldsymbol{\alpha}).$$

则称**线性空间 V 与 U 同构**，并记作 $V\cong U$.

从定义 6.9 和定理 6.5 可知，数域 K 上的任一 n 维线性空间 V 和列空间 K^n 同构.

6.3 线性空间的基变换、坐标变换

一般来讲，同一个向量关于不同基的坐标不同. 那么同一个向量关于不同基的坐标之间有怎样的关系呢？为此，先来看看线性空间的两组基之间的联系.

定义 6.10　设 V 是数域 K 上 n 维线性空间，$\boldsymbol{\varepsilon}_1,\boldsymbol{\varepsilon}_2,\cdots,\boldsymbol{\varepsilon}_n$ 和 $\boldsymbol{\eta}_1,\boldsymbol{\eta}_2,\cdots,\boldsymbol{\eta}_n$ 是 V 的两组基，且

$$\begin{cases}\boldsymbol{\eta}_1 = t_{11}\boldsymbol{\varepsilon}_1 + t_{21}\boldsymbol{\varepsilon}_2 + \cdots + t_{n1}\boldsymbol{\varepsilon}_n,\\ \boldsymbol{\eta}_2 = t_{12}\boldsymbol{\varepsilon}_1 + t_{22}\boldsymbol{\varepsilon}_2 + \cdots + t_{n2}\boldsymbol{\varepsilon}_n,\\ \qquad\vdots \\ \boldsymbol{\eta}_n = t_{1n}\boldsymbol{\varepsilon}_1 + t_{2n}\boldsymbol{\varepsilon}_2 + \cdots + t_{nn}\boldsymbol{\varepsilon}_n.\end{cases} \tag{6.2}$$

将其写成矩阵形式

$$(\boldsymbol{\eta}_1,\boldsymbol{\eta}_2,\cdots,\boldsymbol{\eta}_n) = (\boldsymbol{\varepsilon}_1,\boldsymbol{\varepsilon}_2,\cdots,\boldsymbol{\varepsilon}_n)\begin{pmatrix} t_{11} & t_{12} & \cdots & t_{1n}\\ t_{21} & t_{22} & \cdots & t_{2n}\\ \vdots & \vdots & & \vdots\\ t_{n1} & t_{n2} & \cdots & t_{nn}\end{pmatrix}, \tag{6.3}$$

则式(6.2)或式(6.3)称为**基变换公式**，矩阵

$$\boldsymbol{T} = \begin{pmatrix} t_{11} & t_{12} & \cdots & t_{1n}\\ t_{21} & t_{22} & \cdots & t_{2n}\\ \vdots & \vdots & & \vdots\\ t_{n1} & t_{n2} & \cdots & t_{nn}\end{pmatrix}$$

称作由基 $\boldsymbol{\varepsilon}_1,\boldsymbol{\varepsilon}_2,\cdots,\boldsymbol{\varepsilon}_n$ 到基 $\boldsymbol{\eta}_1,\boldsymbol{\eta}_2,\cdots,\boldsymbol{\eta}_n$ 的**过渡矩阵**.

设由基 $\boldsymbol{\eta}_1,\boldsymbol{\eta}_2,\cdots,\boldsymbol{\eta}_n$ 到基 $\boldsymbol{\varepsilon}_1,\boldsymbol{\varepsilon}_2,\cdots,\boldsymbol{\varepsilon}_n$ 的过渡矩阵为 $\boldsymbol{S}$，则有

$$(\boldsymbol{\varepsilon}_1,\boldsymbol{\varepsilon}_2,\cdots,\boldsymbol{\varepsilon}_n) = (\boldsymbol{\eta}_1,\boldsymbol{\eta}_2,\cdots,\boldsymbol{\eta}_n)\boldsymbol{S}. \tag{6.4}$$

从式(6.2)和式(6.4)可得

$$(\boldsymbol{\varepsilon}_1,\boldsymbol{\varepsilon}_2,\cdots,\boldsymbol{\varepsilon}_n) = (\boldsymbol{\varepsilon}_1,\boldsymbol{\varepsilon}_2,\cdots,\boldsymbol{\varepsilon}_n)\boldsymbol{TS},$$

故

$$\boldsymbol{TS} = \boldsymbol{E} \Rightarrow \boldsymbol{S} = \boldsymbol{T}^{-1}.$$

从上述分析可得关于过渡矩阵的性质：

定理 6.6　设由基 $\boldsymbol{\varepsilon}_1,\boldsymbol{\varepsilon}_2\cdots,\boldsymbol{\varepsilon}_n$ 到基 $\boldsymbol{\eta}_1,\boldsymbol{\eta}_2,\cdots,\boldsymbol{\eta}_n$ 的过渡矩阵为 $\boldsymbol{T}$，则 $\boldsymbol{T}$ 是可逆矩阵且由基 $\boldsymbol{\eta}_1,\boldsymbol{\eta}_2,\cdots,\boldsymbol{\eta}_n$ 到基 $\boldsymbol{\varepsilon}_1,\boldsymbol{\varepsilon}_2,\cdots,\boldsymbol{\varepsilon}_n$ 的过渡矩阵为 $\boldsymbol{T}^{-1}$.

例 6.9　在二维几何空间 V_2 中，两个彼此正交的单位向量 $\boldsymbol{\varepsilon}_1,\boldsymbol{\varepsilon}_2$ 作为 V_2 的一组基，令 $\boldsymbol{\varepsilon}'_1,\boldsymbol{\varepsilon}'_2$ 分别是将 $\boldsymbol{\varepsilon}_1,\boldsymbol{\varepsilon}_2$ 沿逆时针方向旋转角 θ 所得的向量，则 $\boldsymbol{\varepsilon}'_1,\boldsymbol{\varepsilon}'_2$ 也是 V_2 的一组基. 由于

$$\boldsymbol{\varepsilon}_1' = \boldsymbol{\varepsilon}_1\cos\theta + \boldsymbol{\varepsilon}_2\sin\theta,$$
$$\boldsymbol{\varepsilon}_2' = -\boldsymbol{\varepsilon}_1\sin\theta + \boldsymbol{\varepsilon}_2\cos\theta,$$

所以由基 $\boldsymbol{\varepsilon}_1,\boldsymbol{\varepsilon}_2$ 到基 $\boldsymbol{\varepsilon}_1',\boldsymbol{\varepsilon}_2'$ 的过渡矩阵为 $\boldsymbol{T}=\begin{pmatrix}\cos\theta & -\sin\theta\\ \sin\theta & \cos\theta\end{pmatrix}$；由基 $\boldsymbol{\varepsilon}_1',\boldsymbol{\varepsilon}_2'$ 到基 $\boldsymbol{\varepsilon}_1,\boldsymbol{\varepsilon}_2$ 的过渡矩阵为 $\boldsymbol{T}^{-1}=\begin{pmatrix}\cos\theta & \sin\theta\\ -\sin\theta & \cos\theta\end{pmatrix}$.

下面介绍 K^n 中两组基之间过渡矩阵的简易求法：我们设 K^n 中两组基分别为

$$\boldsymbol{\varepsilon}_1=(a_{11},a_{21},\cdots,a_{n1}),\boldsymbol{\varepsilon}_2=(a_{12},a_{22},\cdots,a_{n2}),\cdots,\boldsymbol{\varepsilon}_n=(a_{n1},a_{n2},\cdots,a_{nn});$$
$$\boldsymbol{\eta}_1=(b_{11},b_{21},\cdots,b_{n1}),\boldsymbol{\eta}_2=(b_{12},b_{22},\cdots,b_{n2}),\cdots,\boldsymbol{\eta}_n=(b_{n1},b_{n2},\cdots,b_{nn}).$$

而

$$(\boldsymbol{\eta}_1,\boldsymbol{\eta}_2,\cdots,\boldsymbol{\eta}_n)=(\boldsymbol{\varepsilon}_1,\boldsymbol{\varepsilon}_2,\cdots,\boldsymbol{\varepsilon}_n)\boldsymbol{T}. \tag{6.5}$$

按定义，过渡矩阵的第 i 个列向量分别是 $\boldsymbol{\eta}_i$ 关于基 $\boldsymbol{\varepsilon}_1,\boldsymbol{\varepsilon}_2,\cdots,\boldsymbol{\varepsilon}_n$ 的坐标. 如果将 $\boldsymbol{\varepsilon}_1,\boldsymbol{\varepsilon}_2,\cdots,\boldsymbol{\varepsilon}_n$ 和 $\boldsymbol{\eta}_1,\boldsymbol{\eta}_2,\cdots,\boldsymbol{\eta}_n$ 看作列向量分别排成矩阵

$$\boldsymbol{A}=\begin{pmatrix}a_{11} & a_{12} & \cdots & a_{1n}\\ a_{21} & a_{22} & \cdots & a_{n}\\ \vdots & \vdots & & \vdots\\ a_{n1} & a_{n2} & \cdots & a_{nn}\end{pmatrix};\ \boldsymbol{B}=\begin{pmatrix}b_{11} & b_{12} & \cdots & b_{1n}\\ b_{21} & b_{22} & \cdots & b_{2n}\\ \vdots & \vdots & & \vdots\\ b_{n1} & b_{n2} & \cdots & b_{nn}\end{pmatrix},$$

则由式(6.5)有

$$\boldsymbol{B}=\boldsymbol{A}\boldsymbol{T}\Rightarrow\boldsymbol{T}=\boldsymbol{A}^{-1}\boldsymbol{B}.$$

所以，将 $\boldsymbol{A}$ 和 $\boldsymbol{B}$ 拼成 $n\times2n$ 的分块矩阵 $(\boldsymbol{A}|\boldsymbol{B})$，利用初等行变换将左边矩阵 $\boldsymbol{A}$ 化为单位矩阵 $\boldsymbol{E}$，则右边出来的就是过渡矩阵 $\boldsymbol{T}$，示意如下：

$$(\boldsymbol{A}\mid\boldsymbol{B})\xrightarrow{\text{行初等变换}}(\boldsymbol{E}\mid\boldsymbol{A}^{-1}\boldsymbol{B})=(\boldsymbol{E}\mid\boldsymbol{T}).$$

例 6.10 考虑 $\mathbf{R}^3$ 中的两组向量

$$\boldsymbol{\alpha}_1=(1,0,-1),\boldsymbol{\alpha}_2=(2,1,1),\quad\boldsymbol{\alpha}_3=(1,1,1),$$
$$\boldsymbol{\beta}_1=(0,1,1),\quad\boldsymbol{\beta}_2=(-1,1,0),\boldsymbol{\beta}_3=(1,2,1).$$

易证 $\boldsymbol{\alpha}_1,\boldsymbol{\alpha}_2,\boldsymbol{\alpha}_3$ 和 $\boldsymbol{\beta}_1,\boldsymbol{\beta}_2,\boldsymbol{\beta}_3$ 都是 $\mathbf{R}^3$ 的基，求基 $\boldsymbol{\alpha}_1,\boldsymbol{\alpha}_2,\boldsymbol{\alpha}_3$ 到基 $\boldsymbol{\beta}_1,\boldsymbol{\beta}_2,\boldsymbol{\beta}_3$ 的过渡矩阵.

解 令

$$\boldsymbol{A}=\begin{pmatrix}1 & 2 & 1\\ 0 & 1 & 1\\ -1 & 1 & 1\end{pmatrix},\boldsymbol{B}=\begin{pmatrix}0 & -1 & 1\\ 1 & 1 & 2\\ 1 & 0 & 1\end{pmatrix}.$$

设由基 $\boldsymbol{\alpha}_1,\boldsymbol{\alpha}_2,\boldsymbol{\alpha}_3$ 到基 $\boldsymbol{\beta}_1,\boldsymbol{\beta}_2,\boldsymbol{\beta}_3$ 的过渡矩阵为 $\boldsymbol{T}$，则

$$(\boldsymbol{A}\mid\boldsymbol{B})=\left(\begin{array}{ccc|ccc}1&2&1&0&-1&1\\0&1&1&1&1&2\\-1&1&1&1&0&1\end{array}\right)\xrightarrow{r_3+r_1}\left(\begin{array}{ccc|ccc}1&2&1&0&-1&1\\0&1&1&1&1&2\\0&3&2&1&-1&2\end{array}\right)$$

$$\xrightarrow{r_3+(-3)r_2}\left(\begin{array}{ccc|ccc}1&2&1&0&-1&1\\0&1&1&1&1&2\\0&0&-1&-2&-4&-4\end{array}\right)\xrightarrow[\substack{r_1+r_3\\(-1)r_3}]{r_2+r_3}\left(\begin{array}{ccc|ccc}1&2&0&-2&-5&-3\\0&1&0&-1&-3&-2\\0&0&1&2&4&4\end{array}\right)$$

$$\xrightarrow{r_1-2r_2}\left(\begin{array}{ccc|ccc}1&0&0&0&1&1\\0&1&0&-1&-3&-2\\0&0&1&2&4&4\end{array}\right).$$

故

$$\boldsymbol{T}=\begin{pmatrix}0&1&1\\-1&-3&-2\\2&4&4\end{pmatrix}.$$

定理 6.7　设 $\boldsymbol{\varepsilon}_1,\boldsymbol{\varepsilon}_2,\cdots,\boldsymbol{\varepsilon}_n$ 是数域 K 上 n 维线性空间 V 中给定的一组基，$\boldsymbol{T}=(t_{ij})_{n\times n}$ 是 K 上一个 n 阶方阵. 令

$$(\boldsymbol{\eta}_1,\boldsymbol{\eta}_2,\cdots,\boldsymbol{\eta}_n)=(\boldsymbol{\varepsilon}_1,\boldsymbol{\varepsilon}_2,\cdots,\boldsymbol{\varepsilon}_n)\boldsymbol{T}.$$

则 $\boldsymbol{\eta}_1,\boldsymbol{\eta}_2,\cdots,\boldsymbol{\eta}_n$ 是 V 的一组基，当且仅当 $\boldsymbol{T}$ 可逆.

证明　若 $\boldsymbol{\eta}_1,\boldsymbol{\eta}_2,\cdots,\boldsymbol{\eta}_n$ 是线性空间 V 的一组基，那么 $\boldsymbol{T}$ 是由基 $\boldsymbol{\varepsilon}_1,\boldsymbol{\varepsilon}_2,\cdots,\boldsymbol{\varepsilon}_n$ 到基 $\boldsymbol{\eta}_1,\boldsymbol{\eta}_2,\cdots,\boldsymbol{\eta}_n$ 的过渡矩阵，故 $\boldsymbol{T}$ 可逆.

反之，设有

$$k_1\boldsymbol{\eta}_1+k_2\boldsymbol{\eta}_2+\cdots+k_n\boldsymbol{\eta}_n=\boldsymbol{0},$$

由已知条件

$$\boldsymbol{\eta}_i=t_{1i}\boldsymbol{\varepsilon}_i+t_{2i}\boldsymbol{\varepsilon}_2+\cdots+t_{ni}\boldsymbol{\varepsilon}_n(i=1,2,\cdots,n),$$

从而

$$\begin{aligned}&k_1\boldsymbol{\eta}_1+k_2\boldsymbol{\eta}_2+\cdots+k_n\boldsymbol{\eta}_n\\&=k_1(t_{11}\boldsymbol{\varepsilon}_1+t_{21}\boldsymbol{\varepsilon}_2+\cdots+t_{n1}\boldsymbol{\varepsilon}_n)+\cdots+k_n(t_{1n}\boldsymbol{\varepsilon}_1+t_{2n}\boldsymbol{\varepsilon}_2+\cdots+t_{nn}\boldsymbol{\varepsilon}_n)\\&=(k_1t_{11}+k_2t_{12}+\cdots+k_nt_{1n})\boldsymbol{\varepsilon}_1+\cdots+(k_1t_{n1}+k_2t_{n2}+\cdots+k_nt_{nn})\boldsymbol{\varepsilon}_n\\&=\boldsymbol{0}.\end{aligned}$$

又 $\boldsymbol{\varepsilon}_1,\boldsymbol{\varepsilon}_2,\cdots,\boldsymbol{\varepsilon}_n$ 线性无关，所以

$$\begin{cases}k_1t_{11}+k_2t_{12}+\cdots+k_nt_{1n}=0,\\k_1t_{21}+k_2t_{22}+\cdots+k_nt_{2n}=0,\\\qquad\vdots\\k_1t_{n1}+k_2t_{n2}+\cdots+k_nt_{nn}=0.\end{cases}$$

该线性方程组的系数矩阵 $\boldsymbol{T}$ 可逆，方程组只有零解，即

$$k_1 = k_2 = \cdots = k_n = 0.$$

故 $\boldsymbol{\eta}_1,\boldsymbol{\eta}_2,\cdots,\boldsymbol{\eta}_n$ 线性无关,从而 $\boldsymbol{\eta}_1,\boldsymbol{\eta}_2,\cdots,\boldsymbol{\eta}_n$ 是 V 的一组基.

定理 6.8 设 $\boldsymbol{\alpha}_1,\boldsymbol{\alpha}_2,\cdots,\boldsymbol{\alpha}_n$ 和 $\boldsymbol{\beta}_1,\boldsymbol{\beta}_2,\cdots,\boldsymbol{\beta}_n$ 是数域 K 上线性空间 V 的两组基,向量 $\boldsymbol{\xi}$ 关于基 $\boldsymbol{\alpha}_1,\boldsymbol{\alpha}_2,\cdots,\boldsymbol{\alpha}_n$ 的坐标为 $\boldsymbol{X}=(x_1,x_2,\cdots,x_n)^{\mathrm{T}}$,即

$$\boldsymbol{\xi} = (\boldsymbol{\alpha}_1,\boldsymbol{\alpha}_2,\cdots,\boldsymbol{\alpha}_n)\begin{pmatrix} x_1 \\ x_2 \\ \vdots \\ x_n \end{pmatrix}.$$

$\boldsymbol{\xi}$ 关于基 $\boldsymbol{\beta}_1,\boldsymbol{\beta}_2,\cdots,\boldsymbol{\beta}_n$ 的坐标为 $\boldsymbol{Y}=(y_1,y_2,\cdots,y_n)^{\mathrm{T}}$,即

$$\boldsymbol{\xi} = (\boldsymbol{\beta}_1,\boldsymbol{\beta}_2,\cdots,\boldsymbol{\beta}_n)\begin{pmatrix} y_1 \\ y_2 \\ \vdots \\ y_n \end{pmatrix}.$$

现设两组基之间的过渡矩阵为 $\boldsymbol{T}$,即

$$(\boldsymbol{\beta}_1,\boldsymbol{\beta}_2,\cdots,\boldsymbol{\beta}_n) = (\boldsymbol{\alpha}_1,\boldsymbol{\alpha}_2,\cdots,\boldsymbol{\alpha}_n)\boldsymbol{T}.$$

则有坐标变换公式

$$\boldsymbol{X} = \boldsymbol{TY} \text{ 或 } \boldsymbol{Y} = \boldsymbol{T}^{-1}\boldsymbol{X}.$$

证明 因为

$$\begin{aligned}\boldsymbol{\xi} &= (\boldsymbol{\alpha}_1,\boldsymbol{\alpha}_2,\cdots,\boldsymbol{\alpha}_n)\boldsymbol{X} = (\boldsymbol{\beta}_1,\boldsymbol{\beta}_2,\cdots,\boldsymbol{\beta}_n)\boldsymbol{Y} \\ &= [(\boldsymbol{\alpha}_1,\boldsymbol{\alpha}_2,\cdots,\boldsymbol{\alpha}_n)\boldsymbol{T}]\boldsymbol{Y} = (\boldsymbol{\alpha}_1,\boldsymbol{\alpha}_2,\cdots,\boldsymbol{\alpha}_n)(\boldsymbol{TY}).\end{aligned}$$

由坐标的唯一性,可知 $\boldsymbol{X}=\boldsymbol{TY}$ 或 $\boldsymbol{Y}=\boldsymbol{T}^{-1}\boldsymbol{X}$.

例 6.11 考虑 $\mathbf{R}^3$ 的向量

$$\boldsymbol{\alpha}_1 = (-2,1,3),\ \boldsymbol{\alpha}_2 = (-1,0,1),\ \boldsymbol{\alpha}_3 = (-2,-5,-1).$$

可以证明 $\boldsymbol{\alpha}_1,\boldsymbol{\alpha}_2,\boldsymbol{\alpha}_3$ 构成 $\mathbf{R}^3$ 的一组基,求出向量 $\boldsymbol{\xi}=(4,12,6)$ 关于这组基的坐标.

解 方法一:利用待定系数法. 先假设 $\boldsymbol{\xi}$ 关于 $\boldsymbol{\alpha}_1,\boldsymbol{\alpha}_2,\boldsymbol{\alpha}_3$ 的线性表达式为

$$\boldsymbol{\xi} = x_1\boldsymbol{\alpha}_1 + x_2\boldsymbol{\alpha}_2 + x_3\boldsymbol{\alpha}_3.$$

然后利用左右两边对应分量相等,得到关于 x_1,x_2,x_3 的线性方程组,求其解即可.

方法二:利用坐标变换公式. 取 $\mathbf{R}^3$ 的标准基

$$\boldsymbol{e}_1 = (1,0,0),\ \boldsymbol{e}_2 = (0,1,0),\ \boldsymbol{e}_3 = (0,0,1),$$

那么由标准基 $\boldsymbol{e}_1,\boldsymbol{e}_2,\boldsymbol{e}_3$ 到基 $\boldsymbol{\alpha}_1,\boldsymbol{\alpha}_2,\boldsymbol{\alpha}_3$ 的过渡矩阵为

$$A=\begin{pmatrix}-2&-1&-2\\1&0&-5\\3&1&-1\end{pmatrix}.$$

而$\boldsymbol{\xi}=(4,12,6)$关于标准基$\boldsymbol{e}_1,\boldsymbol{e}_2,\boldsymbol{e}_3$的坐标是$(4,12,6)^{\mathrm{T}}$.

设$\boldsymbol{\xi}=(4,12,6)$关于基$\boldsymbol{\alpha}_1,\boldsymbol{\alpha}_2,\boldsymbol{\alpha}_3$的坐标是$(x_1,x_2,x_3)^{\mathrm{T}}$,利用坐标变换公式

$$\begin{pmatrix}x_1\\x_2\\x_3\end{pmatrix}=A^{-1}\begin{pmatrix}4\\12\\6\end{pmatrix}=\begin{pmatrix}-2&-1&-2\\1&0&-5\\3&1&-1\end{pmatrix}^{-1}\begin{pmatrix}4\\12\\6\end{pmatrix}$$

$$=\begin{pmatrix}\frac{5}{2}&-\frac{3}{2}&\frac{5}{2}\\-7&4&-6\\\frac{1}{2}&-\frac{1}{2}&\frac{1}{2}\end{pmatrix}\begin{pmatrix}4\\12\\6\end{pmatrix}=\begin{pmatrix}7\\-16\\-1\end{pmatrix}.$$

6.4 子空间

在前三节中,我们从线性空间的元素(向量)角度研究了线性空间的结构. 在本节,我们将从线性空间的子集角度继续研究线性空间的结构.

6.4.1 子空间的定义

定义 6.11 设V是数域K上的一个线性空间,W是V的一个非空子集. 如果W关于V内的加法与数量乘法运算也构成数域K上的一个线性空间,则称W为V的一个**线性子空间**,简称为**子空间**.

显然,$\{\mathbf{0}\}$和V都是V的子空间,称它们是V的**平凡子空间**,也称$\{\mathbf{0}\}$为**零子空间**;若V还有平凡子空间以外的子空间,称其为V的**非平凡子空间**.

例 6.12 例 6.2 中的多项式空间$P[x]_n$是线性空间$P[x]$的一个非平凡子空间.

注 由于n维线性空间V中任意$n+1$个向量都线性相关,所以V的子空间的维数都不超过V的维数.

定理 6.9 设V是K上的线性空间,非空集合$W\subseteq V$,则W是V的子空间当且仅当下述两条成立:

(Ⅰ) $\forall \boldsymbol{\alpha},\boldsymbol{\beta}\in W,\boldsymbol{\alpha}+\boldsymbol{\beta}\in W$;

(Ⅱ) $\forall \boldsymbol{\alpha}\in W,k\in K,k\boldsymbol{\alpha}\in W$.

证明 必要性 由定义直接得出.

充分性 各运算律在 V 中成立,所以 W 满足运算律的条件. 只需要证明 $\mathbf{0} \in W$ 且对于任意 $\boldsymbol{\alpha} \in W$, $-\boldsymbol{\alpha} \in W$ 即可. 事实上,由于 W 关于数量乘法运算封闭,有 $0\boldsymbol{\alpha} = \mathbf{0} \in W$,于是 W 是 V 的一个子空间.

那么,如何构造线性空间 V 的子空间呢?

定义 6.12 设 $\boldsymbol{\alpha}_1, \boldsymbol{\alpha}_2, \cdots, \boldsymbol{\alpha}_t \in V$,则

$$\{k_1\boldsymbol{\alpha}_1 + k_2\boldsymbol{\alpha}_2 + \cdots + k_t\boldsymbol{\alpha}_t \mid k_i \in K, i = 1, 2, \cdots, t\}$$

是 V 的一个子空间,称为由 $\boldsymbol{\alpha}_1, \boldsymbol{\alpha}_2, \cdots, \boldsymbol{\alpha}_t$ **生成的子空间**,$\boldsymbol{\alpha}_1, \boldsymbol{\alpha}_2, \cdots, \boldsymbol{\alpha}_t$ 称作**生成元**,生成子空间记为 $L(\boldsymbol{\alpha}_1, \boldsymbol{\alpha}_2, \cdots, \boldsymbol{\alpha}_t)$.

r 易知,**生成子空间 $L(\boldsymbol{\alpha}_1, \boldsymbol{\alpha}_2, \cdots, \boldsymbol{\alpha}_t)$ 的维数就等于生成元 $\boldsymbol{\alpha}_1, \boldsymbol{\alpha}_2, \cdots, \boldsymbol{\alpha}_t$ 的秩**.

6.4.2 子空间的交与和

在几何空间 V 中,给了两个过原点的平面 V_1, V_2,它们都是 V 的子空间,则从 V_1, V_2 能得到一个一维子空间 $V_1 \cap V_2$(即它们的交线),由此得到启发,我们考虑一般线性空间 V 上的子空间的交集.

定义 6.13 设 V_1, V_2 为线性空间 V 的子空间,$V_1 \cap V_2 = \{\boldsymbol{v} \in V \mid \boldsymbol{v} \in V_1 且 \boldsymbol{v} \in V_2\}$ 称作子空间 V_1, V_2 的**交**;$V_1 + V_2 = \{\boldsymbol{v}_1 + \boldsymbol{v}_2 \mid \boldsymbol{v}_1 \in V_1, \boldsymbol{v}_2 \in V_2\} \mid$ 称作子空间 V_1, V_2 的**和**.

定理 6.10 设 V_1, V_2 为线性空间 V 的子空间,则 $V_1 \cap V_2$ 与 $V_1 + V_2$ 都是 V 的子空间,简称为 V_1, V_2 的**交空间与和空间**.

证明 由定理 6.9,只需证明 $V_1 \cap V_2$ 和 $V_1 + V_2$ 关于 V 中加法与数乘运算封闭.

事实上,$\forall \boldsymbol{\alpha}, \boldsymbol{\beta} \in V_1 \cap V_2$,有 $\boldsymbol{\alpha}, \boldsymbol{\beta} \in V_1, \boldsymbol{\alpha}, \boldsymbol{\beta} \in V_2$. 由于 V_1, V_2 均是 V 的子空间,则 $\boldsymbol{\alpha} + \boldsymbol{\beta} \in V_1, \boldsymbol{\alpha} + \boldsymbol{\beta} \in V_2$,于是 $\boldsymbol{\alpha} + \boldsymbol{\beta} \in V_1 \cap V_2$,$V_1 \cap V_2$ 关于加法运算封闭.

$\forall \boldsymbol{\alpha} \in V_1 \cap V_2, k \in K, k\boldsymbol{v} \in V_1, k\boldsymbol{v} \in V_2$,于是 $k\boldsymbol{v} \in V_1 \cap V_2$,$V_1 \cap V_2$ 关于数乘运算封闭,故 $V_1 \cap V_2$ 是 V 的子空间.

$\forall \boldsymbol{\alpha}, \boldsymbol{\beta} \in V_1 + V_2$,由 $V_1 + V_2$ 的定义,$\exists \boldsymbol{\alpha}_1, \boldsymbol{\beta}_1 \in V_1, \boldsymbol{\alpha}_2, \boldsymbol{\beta}_2 \in V_2$,使得

$$\boldsymbol{\alpha} = \boldsymbol{\alpha}_1 + \boldsymbol{\alpha}_2, \boldsymbol{\beta} = \boldsymbol{\beta}_1 + \boldsymbol{\beta}_2,$$

而 $\boldsymbol{\alpha}_1 + \boldsymbol{\beta}_1 \in V_1, \boldsymbol{\alpha}_2 + \boldsymbol{\beta}_2 \in V_2$,所以

$\boldsymbol{\alpha}+\boldsymbol{\beta}=(\boldsymbol{\alpha}_1+\boldsymbol{\alpha}_2)+(\boldsymbol{\beta}_1+\boldsymbol{\beta}_2)=(\boldsymbol{\alpha}_1+\boldsymbol{\beta}_1)+(\boldsymbol{\alpha}_2+\boldsymbol{\beta}_2)\in V_1+V_2$,故 V_1+V_2 关于加法封闭.

$\forall\boldsymbol{\alpha}\in V_1+V_2, k\in K$, $\exists\boldsymbol{\alpha}_1\in V_1, \boldsymbol{\alpha}_2\in V_2$,使得 $\boldsymbol{\alpha}=\boldsymbol{\alpha}_1+\boldsymbol{\alpha}_2$,由于 $k\boldsymbol{\alpha}_1\in V_1, k\boldsymbol{\alpha}_2\in V_2$,所以 $k\boldsymbol{\alpha}=k(\boldsymbol{\alpha}_1+\boldsymbol{\alpha}_2)=k\boldsymbol{\alpha}_1+k\boldsymbol{\alpha}_2\in V_1+V_2$,故 V_1+V_2 关于数乘运算封闭. 从而 V_1+V_2 是 V 的子空间.

6.5 线性映射与线性变换

线性空间是具有加法运算和数乘运算的代数系统,很自然地需要研究线性代空间之间保持加法和数乘运算的映射,称这类映射为**线性映射**. 在这一节,我们通过线性映射来建立线性空间之间的联系,从线性空间之间的关系角度来研究它们的结构.

6.5.1 线性映射与线性变换的定义

定义 6.14　设 U,V 为数域 K 上的两个线性空间,若存在映射 φ: $U\to V$ 满足以下两个条件:

(Ⅰ) $\varphi(\boldsymbol{\alpha}+\boldsymbol{\beta})=\varphi(\boldsymbol{\alpha})+\varphi(\boldsymbol{\beta})$ ($\forall\boldsymbol{\alpha},\boldsymbol{\beta}\in V$);

(Ⅱ) $\varphi(k\boldsymbol{\alpha})=k\varphi(\boldsymbol{\alpha})$ ($\forall\boldsymbol{\alpha}\in U, k\in K$).

则称 φ 为线性空间 U 到 V 的**线性映射**.

数域 K 上的线性空间 U 到 V 的线性映射的全体记为 $\mathrm{Hom}_K(U,V)$,或简记作 $\mathrm{Hom}(U,V)$.

定义 6.15　数域 K 上的线性空间 V 到自身的线性映射称为 V 上的**线性变换**;数域 K 上的线性空间 V 到 K 的线性映射称为 V 上的**线性函数**.

我们将数域 K 上的线性空间 V 上的线性变换全体记为

$$\mathrm{Hom}_K(V,V).$$

注　定义 6.14 中的条件(Ⅰ)和(Ⅱ)可用下述一条代替:

$$\varphi(k\boldsymbol{\alpha}+l\boldsymbol{\beta})=k\varphi(\boldsymbol{\alpha})+l\varphi(\boldsymbol{\beta})\ (\forall\boldsymbol{\alpha},\boldsymbol{\beta}\in U, k,l\in K).$$

简言之,线性映射就是保持线性运算的映射.

在三维几何空间 V_3 中,把每个向量 $\boldsymbol{\alpha}$ 对应到 $\boldsymbol{\alpha}$ 在 xOy 平面上正投影的映射是 V_3 到 V_2 的一个线性映射,简称为**投影变换**.

例 6.13　$M_{m\times n}(K)$ 和 $M_{s\times n}(K)$ 都是数域 K 上的线性空间,取定 K 上的一个 $s\times m$ 矩阵 $\boldsymbol{A}$,定义映射

$$\varphi: M_{m\times n}(K)\to M_{s\times n}(K),$$
$$\boldsymbol{X}\mapsto\boldsymbol{AX}.$$

则 φ 是由 $M_{m\times n}(K)$ 到 $M_{s\times n}(K)$ 的线性映射.

例 6.14 设 $j_V,\boldsymbol{\varepsilon}_0,\boldsymbol{\varepsilon}_k(k\in K)$ 分别是线性空间 V 上的**恒等变换**(也称单位变换)、**零变换**和**数乘变换**,即

$$j_V:V\to V,\quad \boldsymbol{\varepsilon}_0:V\to V,\quad \boldsymbol{\varepsilon}_k:V\to V,$$
$$\boldsymbol{\alpha}\to\boldsymbol{\alpha},\quad \boldsymbol{\alpha}\to\boldsymbol{0},\quad \boldsymbol{\alpha}\to k\boldsymbol{\alpha}.$$

则 $j_V,\boldsymbol{\varepsilon}_0,\boldsymbol{\varepsilon}_k(k\in K)$ 都是线性空间 V 上的线性变换.

例 6.15 在线性空间 $P[x]_n$ 中

(Ⅰ)微分运算 D 是线性变换,这是因为

$\forall f(x)=a_xx^n+\cdots+a_1x+a_0\in P[x]_n$,

$g(x)=b_nx^n+\cdots+b_1x+b_0\in P[x]_n$.

$Df(x)=na_nx^{n-1}+\cdots+2a_2x+a_1\in P[x]_n$,

$Dg(x)=nb_nx^{n-1}+\cdots+2b_2x+b_1\in P[x]_n$,

$$\begin{aligned}D[f(x)+g(x)]&=D[(a_n+b_n)x^n+\cdots+(a_1+b_1)x+(a_0+b_0)]\\&=n(a_n+b_n)x^{n-1}+\cdots+2(a_2+b_2)x+(a_1+b_1)\\&=(na_nx^{n-1}+\cdots+2a_2x+a_1)+(nb_nx^{n-1}+\cdots+2b_2x+b_1)\\&=Df(x)+Dg(x),\end{aligned}$$

$D[\lambda f(x)]=\lambda(na_nx^{n-1}+\cdots+2a_2x+a_1)=\lambda Df(x),\forall\lambda\in P$.

(Ⅱ)如果 $T(f(x))=a_0$,那么 T 是线性变换. 这是因为

$$\begin{aligned}T[f(x)+g(x)]&=T[(a_n+b_n)x^n+\cdots+(a_1+b_1)x+(a_0+b_0)]\\&=a_0+b_0\\&=Tf(x)+Tg(x)\end{aligned}$$

$T[\lambda f(x)]=\lambda a_0=\lambda Tf(x),\forall\lambda\in P$.

(Ⅲ)如果 $T_1(f(x))=1$,那么 T_1 不是线性变换. 这是因为

$T_1(f(x)+g(x))=1,T_1f(x)+T_1g(x)=1+1=2$,

即

$$T_1(f(x)+g(x))\neq T_1f(x)+T_1g(x).$$

6.5.2 线性映射的基本性质

设 φ 是线性空间 U 到 V 的线性映射,那么 φ 具有下述基本性质:

(Ⅰ)$\varphi(\boldsymbol{0})=\boldsymbol{0},\varphi(-\boldsymbol{\alpha})=-\varphi(\boldsymbol{\alpha})$;

(Ⅱ)$\forall x_1,x_2,\cdots,x_n\in K,\forall\boldsymbol{\alpha}_1,\boldsymbol{\alpha}_2,\cdots,\boldsymbol{\alpha}_n\in U$,有

$$\varphi(x_1\boldsymbol{\alpha}_1+x_2\boldsymbol{\alpha}_2+\cdots+x_n\boldsymbol{\alpha}_n)=x_1\varphi(\boldsymbol{\alpha}_1)+x_2\varphi(\boldsymbol{\alpha}_2)+\cdots+x_n\varphi(\boldsymbol{\alpha}_n);$$

(Ⅲ)若 $\boldsymbol{\alpha}_1,\boldsymbol{\alpha}_2,\cdots,\boldsymbol{\alpha}_s$ 线性相关,则 $\varphi(\boldsymbol{\alpha}_1),\varphi(\boldsymbol{\alpha}_2),\cdots,\varphi(\boldsymbol{\alpha}_s)$ 线

性相关，但反之不成立；

（Ⅳ）φ 的像集合 $\mathrm{Im}\varphi=\{\varphi(\boldsymbol{\alpha})\mid\boldsymbol{\alpha}\in V\}$ 是 V 的子空间，称为 φ 的**像空间**；

（Ⅴ）φ 的核 $\ker\varphi=\{\boldsymbol{\alpha}\in V\mid\varphi(\boldsymbol{\alpha})=0\}$ 是 U 的子空间，称为 φ 的**核空间**.

证明

（Ⅰ）$\varphi(\mathbf{0})=\varphi(0\boldsymbol{\alpha})=0\varphi(\boldsymbol{\alpha})=\mathbf{0}$，$\varphi(-\boldsymbol{\alpha})=\varphi(-1\boldsymbol{\alpha})=-1\varphi(\boldsymbol{\alpha})=-\varphi(\boldsymbol{\alpha})$.

（Ⅱ）由线性映射保持线性运算易证.

（Ⅲ）$\boldsymbol{\alpha}_1,\boldsymbol{\alpha}_2,\cdots,\boldsymbol{\alpha}_s$ 线性相关

$\Rightarrow$存在不全为零的 $k_1,k_2,\cdots,k_s\in K$，使 $k_1\boldsymbol{\alpha}_1+k_2\boldsymbol{\alpha}_2+\cdots+k_s\boldsymbol{\alpha}_s=\mathbf{0}$

$\Rightarrow k_1\varphi(\boldsymbol{\alpha}_1)+k_2\varphi(\boldsymbol{\alpha}_2)+\cdots+k_s\varphi(\boldsymbol{\alpha}_s)=\mathbf{0}$

$\Rightarrow\varphi(\boldsymbol{\alpha}_1),\varphi(\boldsymbol{\alpha}_2),\cdots,\varphi(\boldsymbol{\alpha}_s)$线性相关.

但反之不成立（考虑零变换）.

（Ⅳ）$\forall\varphi(\boldsymbol{\alpha}),\varphi(\boldsymbol{\beta})\in\mathrm{Im}\varphi,(\boldsymbol{\alpha},\boldsymbol{\beta}\in U),\lambda\in K$,

$$\varphi(\boldsymbol{\alpha})+\varphi(\boldsymbol{\beta})=\varphi(\boldsymbol{\alpha}+\boldsymbol{\beta})\in\mathrm{Im}\varphi,(\boldsymbol{\alpha}+\boldsymbol{\beta}\in U),$$
$$\lambda\varphi(\boldsymbol{\alpha})=\varphi(\lambda\boldsymbol{\alpha})\in\mathrm{Im}\varphi,(\lambda\boldsymbol{\alpha}\in U),$$

所以 φ 的像集合 $\mathrm{Im}\varphi$ 是 V 的子空间.

（Ⅴ）$\forall\boldsymbol{\alpha},\boldsymbol{\beta}\in\ker\varphi,\lambda\in K$，有 $\varphi(\boldsymbol{\alpha})=\mathbf{0},\varphi(\boldsymbol{\beta})=\mathbf{0}$,

又

$$\varphi(\boldsymbol{\alpha}+\boldsymbol{\beta})=\varphi(\boldsymbol{\alpha})+\varphi(\boldsymbol{\beta})=\mathbf{0}+\mathbf{0}=\mathbf{0},$$
$$\varphi(\lambda\boldsymbol{\alpha})=\lambda\varphi(\boldsymbol{\alpha})=\lambda\mathbf{0}=\mathbf{0}.$$

所以 $\boldsymbol{\alpha}+\boldsymbol{\beta}\in\ker\varphi,\lambda\boldsymbol{\alpha}\in\ker\varphi$，即 φ 的核 $\ker\varphi$ 是 U 的子空间.

例 6.16　求 K^3 到自身的线性映射

$$\varphi\begin{pmatrix}x_1\\x_2\\x_3\end{pmatrix}=\begin{pmatrix}x_1-3x_2+x_3\\-x_1-11x_2+2x_3\\3x_1+5x_2\end{pmatrix}$$

的 $\ker\varphi,\mathrm{Im}\varphi$.

解　由于

$$\varphi\begin{pmatrix}x_1\\x_2\\x_3\end{pmatrix}=\begin{pmatrix}x_1&-3x_2&+x_3\\-x_1&-11x_2&+2x_3\\3x_1&+5x_2&\end{pmatrix}=\begin{pmatrix}1&-3&1\\-1&-11&2\\3&5&0\end{pmatrix}\begin{pmatrix}x_1\\x_2\\x_3\end{pmatrix},$$

所以 $\ker\varphi$ 就等于三元齐次线性方程组 $\begin{pmatrix} -1 & -3 & 1 \\ -1 & -11 & 2 \\ 3 & 5 & 0 \end{pmatrix}\begin{pmatrix} x_1 \\ x_2 \\ x_3 \end{pmatrix} = \begin{pmatrix} 0 \\ 0 \\ 0 \end{pmatrix}$ 的解空间.

取其解空间的一个基

$$\boldsymbol{\eta}_1 = \begin{pmatrix} 5 \\ -3 \\ -14 \end{pmatrix}, \boldsymbol{\eta}_2 = \begin{pmatrix} 1 \\ -1 \\ 0 \end{pmatrix}.$$

那么 $\ker\varphi = L(\boldsymbol{\eta}_1, \boldsymbol{\eta}_2)$.

取 K^3 的标准基 $\boldsymbol{e}_1, \boldsymbol{e}_2, \boldsymbol{e}_3$, $\forall \varphi(\boldsymbol{\alpha}) \in \mathrm{Im}\varphi, \boldsymbol{\alpha} \in V$, 设

$$\boldsymbol{\alpha} = x_1\boldsymbol{e}_1 + x_2\boldsymbol{e}_2 + x_3\boldsymbol{e}_2, x_1, x_2, x_3 \in K,$$

则 $\varphi(\boldsymbol{\alpha}) = x_1\varphi(\boldsymbol{e}_1) + x_2\varphi(\boldsymbol{e}_2) + x_3\varphi(\boldsymbol{e}_3)$.

所以 $\mathrm{Im}\varphi = L(\varphi(\boldsymbol{e}_1), \varphi(\boldsymbol{e}_2), \varphi(\boldsymbol{e}_3))$.

由 φ 的定义易知

$$\varphi(\boldsymbol{e}_1) = \begin{pmatrix} 1 \\ -1 \\ 3 \end{pmatrix}, \varphi(\boldsymbol{e}_2) = \begin{pmatrix} -3 \\ 11 \\ 5 \end{pmatrix}, \varphi(\boldsymbol{e}_3) = \begin{pmatrix} -1 \\ 2 \\ 0 \end{pmatrix}.$$

6.6 线性变换的矩阵

在这一节,我们将建立有限维线性空间上的线性变换与矩阵的联系,从而可以利用矩阵来研究线性变换,也可以用线性变换来研究矩阵. 所以这一节中,如果没有特别指出,所讨论的线性空间都是数域 K 上的有限维线性空间.

定义 6.16 设 φ 是线性空间 V 上的线性变换,取 V 的一组基 $\boldsymbol{\alpha}_1, \boldsymbol{\alpha}_2, \cdots, \boldsymbol{\alpha}_n$,如果每个基向量关于 φ 的像可表示为

$$\varphi(\boldsymbol{\alpha}_1) = a_{11}\boldsymbol{\alpha}_1 + a_{21}\boldsymbol{\alpha}_2 + \cdots + a_{n1}\boldsymbol{\alpha}_n,$$
$$\varphi(\boldsymbol{\alpha}_2) = a_{12}\boldsymbol{\alpha}_1 + a_{22}\boldsymbol{\alpha}_2 + \cdots + a_{n2}\boldsymbol{\alpha}_n,$$
$$\vdots$$
$$\varphi(\boldsymbol{\alpha}_n) = a_{1n}\boldsymbol{\alpha}_1 + a_{2n}\boldsymbol{\alpha}_2 + \cdots + a_{nn}\boldsymbol{\alpha}_n.$$

那么矩阵 $\boldsymbol{A}=\begin{pmatrix} a_{11} & a_{12} & \cdots & a_{1n} \\ a_{21} & a_{22} & \cdots & a_{2n} \\ \vdots & \vdots & & \vdots \\ a_{n1} & a_{n2} & \cdots & a_{nn} \end{pmatrix}$ 称为线性变换 φ 关于基 $\boldsymbol{\alpha}_1,\boldsymbol{\alpha}_2,\cdots,\boldsymbol{\alpha}_n$ 的矩阵.

从上述定义可知,线性变换 φ 的矩阵 $\boldsymbol{A}$ 的第 i 个列向量是 $\varphi(\boldsymbol{\alpha}_i)$ 关于基 $\boldsymbol{\alpha}_1,\boldsymbol{\alpha}_2,\cdots,\boldsymbol{\alpha}_n$ 的坐标列向量,所以**线性变换的矩阵由线性变换与基唯一确定**.

例 6.17　在 $K[x]_3$ 中取标准基 $1,x,x^2,x^3$,求微分变换 D 关于基 $1,x,x^2,x^3$ 的矩阵.

解　因为

$$D1=0=0\cdot 1+0\cdot x+0\cdot x^2+0\cdot x^3,$$
$$Dx=1=1\cdot 1+0\cdot x+0\cdot x^2+0\cdot x^3,$$
$$Dx^2=2x=0\cdot 1+2\cdot x+0\cdot x^2+0\cdot x^3,$$
$$Dx^3=3x^2=0\cdot 1+0\cdot x+3\cdot x^2+0\cdot x^3.$$

故微分变换 D 关于基 $1,x,x^2,x^3$ 的矩阵为

$$\begin{pmatrix} 0 & 1 & 0 & 0 \\ 0 & 0 & 2 & 0 \\ 0 & 0 & 0 & 3 \\ 0 & 0 & 0 & 0 \end{pmatrix}.$$

例 6.18　在三维几何空间 V_3 中,T 表示将向量投影到 xOy 平面上的投影变换,即 $T(xi+yj+zk)=xi+yj$.

（Ⅰ）取 V_3 的基为 i,j,k,求 T 关于基 i,j,k 的矩阵;

（Ⅱ）取 V_3 的基为 $i+j,j+k,k$,求 T 关于基 $i+j,j+k,k$ 的矩阵.

解　（Ⅰ）因为

$$Ti=i,$$
$$Tj=j,$$
$$Tk=0.$$

所以 T 关于基 i,j,k 的矩阵为

$$\boldsymbol{A}=\begin{pmatrix} 1 & 0 & 0 \\ 0 & 1 & 0 \\ 0 & 0 & 0 \end{pmatrix}.$$

（Ⅱ）因为

$$T(i+j)=Ti+Tj=i+j=1\cdot(i+j)+0\cdot(j+k)+0\cdot k,$$
$$T(j+k)=Tj+Tk=j=0\cdot(i+j)+1\cdot(j+k)-1\cdot k,$$
$$T(k)=0=0\cdot(i+j)+0\cdot(j+k)+0\cdot k.$$

所以 T 关于基 $i+j, j+k, k$ 的矩阵为

$$B=\begin{pmatrix}1 & 0 & 0\\ 0 & 1 & 0\\ 0 & -1 & 0\end{pmatrix}.$$

定理 6.11 设 φ 为 n 维线性空间 V 上的线性变换，向量 $\boldsymbol{\alpha}$ 和 $\varphi(\boldsymbol{\alpha})$ 在基 $\boldsymbol{\varepsilon}_1,\boldsymbol{\varepsilon}_2,\cdots,\boldsymbol{\varepsilon}_n$ 下的坐标分别为 $\begin{pmatrix}x_1\\ x_2\\ \vdots\\ x_n\end{pmatrix}$ 和 $\begin{pmatrix}y_1\\ y_2\\ \vdots\\ y_n\end{pmatrix}$，记 φ 关于基 $\boldsymbol{\varepsilon}_1,\boldsymbol{\varepsilon}_2,\cdots,\boldsymbol{\varepsilon}_n$ 的矩阵为 $\boldsymbol{A}$，则

$$\begin{pmatrix}y_1\\ y_2\\ \vdots\\ y_n\end{pmatrix}=\boldsymbol{A}\begin{pmatrix}x_1\\ x_2\\ \vdots\\ x_n\end{pmatrix}.$$

即在取定基后，向量在线性变换下的像的坐标就等于线性变换的矩阵乘以原来向量的坐标.

例 6.19 在二维平面 V_2 上，将每一个向量沿逆时针方向旋转 θ 角的变换 φ 是一个线性变换. 由原点引出的相互垂直向量 $\boldsymbol{\varepsilon}_1,\boldsymbol{\varepsilon}_2$ 是 V_2 的一组基. 设 $\boldsymbol{\xi}\in V_2$ 关于基 $\boldsymbol{\varepsilon}_1,\boldsymbol{\varepsilon}_2$ 的坐标是 $(x_1,x_2)^{\mathrm{T}}$，$\varphi(\boldsymbol{\xi})$ 关于基 $\boldsymbol{\varepsilon}_1,\boldsymbol{\varepsilon}_2$ 的坐标是 $(y_1,y_2)^{\mathrm{T}}$，则

$$\varphi(\boldsymbol{\varepsilon}_1)=\cos\theta\boldsymbol{\varepsilon}_1+\sin\theta\boldsymbol{\varepsilon}_2,\varphi(\boldsymbol{\varepsilon}_2)=-\sin\theta\boldsymbol{\varepsilon}_1+\cos\theta\boldsymbol{\varepsilon}_2,$$

所以 φ 关于基 $\boldsymbol{\varepsilon}_1,\boldsymbol{\varepsilon}_2$ 的矩阵为

$$\begin{pmatrix}\cos\theta & -\sin\theta\\ \sin\theta & \cos\theta\end{pmatrix},$$

且

$$\begin{pmatrix}y_1\\ y_2\end{pmatrix}=\begin{pmatrix}\cos\theta & -\sin\theta\\ \sin\theta & \cos\theta\end{pmatrix}\begin{pmatrix}x_1\\ x_2\end{pmatrix}.$$

一般来讲，同一个线性变换关于不同基的矩阵会不相同，那么它们又有怎样的联系呢？

定理 6.12 设线性变换 φ 关于基 $\boldsymbol{\varepsilon}_1,\boldsymbol{\varepsilon}_2,\cdots,\boldsymbol{\varepsilon}_n$ 的矩阵为 $\boldsymbol{A}$，由基 $\boldsymbol{\varepsilon}_1,\boldsymbol{\varepsilon}_2,\cdots,\boldsymbol{\varepsilon}_n$ 到基 $\boldsymbol{\eta}_1,\boldsymbol{\eta}_2,\cdots,\boldsymbol{\eta}_n$ 的过渡矩阵为 $\boldsymbol{T}$，则 φ 关于基 $\boldsymbol{\eta}_1,\boldsymbol{\eta}_2,\cdots,\boldsymbol{\eta}_n$ 的矩阵为 $\boldsymbol{T}^{-1}\boldsymbol{A}\boldsymbol{T}$.

证明　由已知

$$(\varphi(\boldsymbol{\varepsilon}_1),\varphi(\boldsymbol{\varepsilon}_2),\cdots,\varphi(\boldsymbol{\varepsilon}_n))=(\boldsymbol{\varepsilon}_1,\boldsymbol{\varepsilon}_2,\cdots,\boldsymbol{\varepsilon}_n)\boldsymbol{A},$$

且有$(\boldsymbol{\eta}_1,\boldsymbol{\eta}_2,\cdots,\boldsymbol{\eta}_n)=(\boldsymbol{\varepsilon}_1,\boldsymbol{\varepsilon}_2,\cdots,\boldsymbol{\varepsilon}_n)\boldsymbol{T}$,设 φ 关于基 $\boldsymbol{\eta}_1,\boldsymbol{\eta}_2,\cdots,\boldsymbol{\eta}_n$ 的矩阵为 $\boldsymbol{B}$,则

$$(\varphi(\boldsymbol{\eta}_1),\varphi(\boldsymbol{\eta}_2),\cdots,\varphi(\boldsymbol{\eta}_n))=(\boldsymbol{\eta}_1,\boldsymbol{\eta}_2,\cdots,\boldsymbol{\eta}_n)\boldsymbol{B}=(\boldsymbol{\varepsilon}_1,\boldsymbol{\varepsilon}_2,\cdots,\boldsymbol{\varepsilon}_n)\boldsymbol{TB},$$

又

$$\begin{aligned}(\varphi(\boldsymbol{\eta}_1),\varphi(\boldsymbol{\eta}_2),\cdots,\varphi(\boldsymbol{\eta}_n))&=(\varphi(\boldsymbol{\varepsilon}_1),\varphi(\boldsymbol{\varepsilon}_2),\cdots,\varphi(\boldsymbol{\varepsilon}_n))\boldsymbol{T}\\&=(\boldsymbol{\varepsilon}_1,\boldsymbol{\varepsilon}_2,\cdots,\boldsymbol{\varepsilon}_n)\boldsymbol{AT},\end{aligned}$$

所以 $\boldsymbol{TB}=\boldsymbol{AT}$,从而 $\boldsymbol{B}=\boldsymbol{T}^{-1}\boldsymbol{AT}$,即 $\boldsymbol{A}\sim\boldsymbol{B}$.

例 6.18 中,线性变换 $\boldsymbol{T}$ 关于基 i,j,k 和基 $i+j,j+k,k$ 的矩阵分别为

$$\boldsymbol{A}=\begin{pmatrix}1&0&0\\0&1&0\\0&0&0\end{pmatrix},\boldsymbol{B}=\begin{pmatrix}1&0&0\\0&1&0\\0&-1&0\end{pmatrix}.$$

可以验证 $\boldsymbol{B}=\boldsymbol{T}^{-1}\boldsymbol{AT}$,其中 $\boldsymbol{T}=\begin{pmatrix}1&0&0\\1&1&0\\0&1&1\end{pmatrix}$是基 i,j,k 到基 $i+j,j+k,k$ 的过渡矩阵.

定理 6.12 表明,同一个**线性变换关于两组基的矩阵是相似关系**,反之也成立.

定理 6.13　两个矩阵相似当且仅当它们是同一个线性变换关于两组基的矩阵.

证明　必要性　若 $\boldsymbol{A}\sim\boldsymbol{B}$,则存在可逆矩阵 $\boldsymbol{T}$,使得 $\boldsymbol{B}=\boldsymbol{T}^{-1}\boldsymbol{AT}$. 定义 n 维线性空间 V 上的线性变换 φ 如下:

$$(\varphi(\boldsymbol{\varepsilon}_1),\varphi(\boldsymbol{\varepsilon}_2),\cdots,\varphi(\boldsymbol{\varepsilon}_n))=(\boldsymbol{\varepsilon}_1,\boldsymbol{\varepsilon}_2,\cdots,\boldsymbol{\varepsilon}_n)\boldsymbol{A}.$$

其中 $\boldsymbol{\varepsilon}_1,\cdots,\boldsymbol{\varepsilon}_n$ 是 V 的一组基,再令$(\boldsymbol{\eta}_1,\cdots,\boldsymbol{\eta}_n)=(\boldsymbol{\varepsilon}_1,\cdots,\boldsymbol{\varepsilon}_n)\boldsymbol{T}$,由定理 6.12 可知,$\boldsymbol{\eta}_1,\cdots,\boldsymbol{\eta}_n$ 是 V 的一组基,代入整理,得到

$$(\varphi(\boldsymbol{\eta}_1),\varphi(\boldsymbol{\eta}_2),\cdots,\varphi(\boldsymbol{\eta}_n))=(\boldsymbol{\eta}_1,\boldsymbol{\eta}_2,\cdots,\boldsymbol{\eta}_n)\boldsymbol{T}^{-1}\boldsymbol{AT}$$

$=(\boldsymbol{\eta}_1,\boldsymbol{\eta}_2,\cdots,\boldsymbol{\eta}_n)\boldsymbol{B}$,故线性变换 φ 关于基 $\boldsymbol{\eta}_1,\cdots,\boldsymbol{\eta}_n$ 的矩阵为 $\boldsymbol{B}$.

充分性　由定理 6.12 可知同一个线性变换关于两个基的矩阵是相似关系.

综合练习题 6

A 组

1. 填空题

(1)向量组$(1,1,0,-1)$,$(1,2,3,0)$,$(2,3,3,-1)$生成的向量空间的维数是________.

(2)设全体三阶上三角形矩阵构成的线性空间为 V,则它的维数是________.

(3)次数不超过 2 的多项式的全体构成线性空间 $P[x]_2$,其中的元素 $f(x)=x^2+x+1$ 在基 $1,x-1,(x-1)(x-2)$下的坐标是________.

(4)设 $\boldsymbol{\alpha}_1=\begin{pmatrix}1\\0\\1\end{pmatrix},\boldsymbol{\alpha}_2=\begin{pmatrix}0\\1\\1\end{pmatrix},\boldsymbol{\alpha}_3=\begin{pmatrix}1\\1\\0\end{pmatrix}$是向量空间 V_3 的一个基，则向量 $\boldsymbol{\alpha}=\begin{pmatrix}1\\1\\1\end{pmatrix}$在该基下的坐标是________.

(5)二维向量空间 $\mathbf{R}^2$ 中从基 $\boldsymbol{\alpha}_1=\begin{pmatrix}1\\0\end{pmatrix},\boldsymbol{\alpha}_2=\begin{pmatrix}1\\-1\end{pmatrix}$到另一个基 $\boldsymbol{\beta}_1=\begin{pmatrix}1\\1\end{pmatrix},\boldsymbol{\beta}_2=\begin{pmatrix}1\\2\end{pmatrix}$的过渡矩阵是________.

(6)三维向量空间中的线性变换 $T(x,y,z)=(x+y,x-y,z)$在标准基 $\boldsymbol{e}_1=(1,0,0),\boldsymbol{e}_2=(0,1,0),\boldsymbol{e}_3=(0,0,1)$下对应的矩阵是________.

2. 选择题

(1)下列说法中正确的是________.

(A)任何线性空间中一定含有零向量；

(B)由 r 个向量生成的子空间一定是 r 维的；

(C)次数为 n 的全体多项式对于多项式的加法和数乘构成线性空间；

(D)在 n 维向量空间 V 中，所有分量等于 1 的全体向量的集合构成 V 的子空间.

(2)下列说法中错误的是________.

(A)若向量空间 V 中任何向量都可以由向量组 $\alpha_1,\alpha_2,\cdots,\alpha_n$ 线性表示，则 $\alpha_1,\alpha_2,\cdots,\alpha_n$ 是 V 的一个基；

(B)若 n 维向量空间 V 中任何向量都可以由向量组 $\alpha_1,\alpha_2,\cdots,\alpha_n$ 线性表示，则 $\alpha_1,\alpha_2,\cdots,\alpha_n$ 是 V 的一个基；

(C)若 $n-1$ 维向量空间 V 中任何向量都可以由向量组 $\alpha_1,\alpha_2,\cdots,\alpha_n$ 线性表示，则 $\alpha_1,\alpha_2,\cdots,\alpha_n$ 不是 V 的一个基；

(D)n 维向量空间 V 的任一个基必定含有 n 个向量.

(3)下列 3 维向量的集合中，________是 $\mathbf{R}^3$ 的子空间.

(A)$\{(x_1,x_2,x_3)\mid x_1\cdot x_2\cdot x_3\leqslant 0;x_1,x_2,x_3\in\mathbf{R}\}$；

(B)$\{(x_1,x_2,x_3)\mid x_1{}^2+x_2{}^2+x_3{}^2=1;x_1,x_2,x_3\in\mathbf{R}\}$；

(C)$\{(x_1,x_2,x_3)\mid x_1=x_2=x_3;x_1,x_2,x_3\in\mathbf{R}\}$；

(D)$\{(x_1,x_2,x_3)\mid x_1\geqslant x_2\geqslant x_3;x_1,x_2,x_3\in\mathbf{R}\}$.

(4)在 V_2 中，下列向量集合构成子空间的是________.

(A)(0,0)，(0,1)，(1,0)组成的集合；

(B)(0,0)组成的集合；

(C)所有形如$(x,1)$的向量组成的集合；

(D)满足 $x+y=1$ 的所有(x,y)组成的集合.

(5)V_2 的下列变换________不是线性变换.

(A)$T(x,y)=(0,0)$；

(B)$T(x,y)=(ax+by,cx+dy)$，a,b,c,d 是实数；

(C)$T(x,y)=(x+y,1)$；

(D)$T(x,y)=(0,x-y)$.

3. 验证

(1)主对角线上元素之和等于0 的 2 阶矩阵的全体 S_1；

(2)2 阶对称矩阵的全体 S_2，对于矩阵的加法和乘数运算构成线性空间，并写出每个空间的一个基.

4. 验证：与向量$(0,1,0)^{\mathrm{T}}$ 不平行的全体 3 维数组向量，对于数组向量的加法和乘数运算不构成线性空间.

5. 设 U 是线性空间 V 的一个子空间，证明：若 U 与 V 的维数相等，则 $U=V$.

6. 判断 $\mathbf{R}^{2\times 2}$的下列子集是否构成子空间，说明理由.

(1) $W_1=\left\{\begin{pmatrix}1&a&0\\0&b&c\end{pmatrix}\middle|\, a,b,c\in\mathbf{R}\right\}$；

(2) $W_1=\left\{\begin{pmatrix}a&b&0\\0&c&0\end{pmatrix}\middle|\, a+b+c=0,a,b,c\in\mathbf{R}\right\}$.

7. 判断 $\mathbf{R}^{2\times 2}$的下列子集是否构成子空间，说明理由.

(1)由所有行列式为零的矩阵所组成的集合 W_1；

(2)由所有满足$A^2=A$ 的矩阵组成的集合 W_2.

8. 在 $\mathbf{R}^3$ 中求向量 $\boldsymbol{\alpha}=(-2,7,6)^{\mathrm{T}}$ 在基 $\boldsymbol{\alpha}_1=(2,0,-1)^{\mathrm{T}},\boldsymbol{\alpha}_2=(1,3,2)^{\mathrm{T}},\boldsymbol{\alpha}_3=(-2,1,1)^{\mathrm{T}}$ 下的坐标.

9. $\mathbf{R}^3$ 中两个基为

$\boldsymbol{\alpha}_1=(1,1,1)^{\mathrm{T}},\boldsymbol{\alpha}_2=(1,0,-1)^{\mathrm{T}},\boldsymbol{\alpha}_3=(1,0,1)^{\mathrm{T}}$；

$\boldsymbol{\beta}_1=(1,2,1)^{\mathrm{T}},\boldsymbol{\beta}_2=(2,3,4)^{\mathrm{T}},\boldsymbol{\beta}_3=(3,4,5)^{\mathrm{T}}$,
求由基 $\boldsymbol{\alpha}_1,\boldsymbol{\alpha}_2,\boldsymbol{\alpha}_3$ 到基 $\boldsymbol{\beta}_1,\boldsymbol{\beta}_2,\boldsymbol{\beta}_3$ 的过渡矩阵.

10. 在 $\mathbf{R}^3$ 中,取两个基

$\boldsymbol{e}_1=(1,0,0)^{\mathrm{T}},\boldsymbol{e}_2=(0,1,0)^{\mathrm{T}},\boldsymbol{e}_3=(0,0,1)^{\mathrm{T}}$;

$\boldsymbol{\alpha}_1=(1,0,0)^{\mathrm{T}},\boldsymbol{\alpha}_2=(1,1,0)^{\mathrm{T}},\boldsymbol{\alpha}_3=(1,1,1)^{\mathrm{T}}$,

(1) 求由基 $\boldsymbol{e}_1,\boldsymbol{e}_2,\boldsymbol{e}_3$ 到基 $\boldsymbol{\alpha}_1,\boldsymbol{\alpha}_2,\boldsymbol{\alpha}_3$ 的过渡矩阵;

(2) 已知由基 $\boldsymbol{\alpha}_1,\boldsymbol{\alpha}_2,\boldsymbol{\alpha}_3$ 到基 $\boldsymbol{\beta}_1,\boldsymbol{\beta}_2,\boldsymbol{\beta}_3$ 的过渡矩阵为 $\boldsymbol{A}=\begin{pmatrix}1&-1&0\\0&1&-1\\0&0&1\end{pmatrix}$,求 $\boldsymbol{\beta}_1,\boldsymbol{\beta}_2,\boldsymbol{\beta}_3$;

(3) 已知 $\boldsymbol{\alpha}$ 在基 $\boldsymbol{\beta}_1,\boldsymbol{\beta}_2,\boldsymbol{\beta}_3$ 下的坐标为 $(1,2,3)^{\mathrm{T}}$,求 $\boldsymbol{\alpha}$ 在基 $\boldsymbol{\alpha}_1,\boldsymbol{\alpha}_2,\boldsymbol{\alpha}_3$ 下的坐标.

11. 在 $\mathbf{R}^3$ 中取两个基

$$\begin{cases}\boldsymbol{e}_1=(1,0,0,0)^{\mathrm{T}},\\ \boldsymbol{e}_2=(0,1,0,0)^{\mathrm{T}},\\ \boldsymbol{e}_3=(0,0,1,0)^{\mathrm{T}},\\ \boldsymbol{e}_4=(0,0,0,1)^{\mathrm{T}},\end{cases}\qquad \begin{cases}\boldsymbol{\alpha}_1=(2,1,-1,1)^{\mathrm{T}},\\ \boldsymbol{\alpha}_2=(0,3,1,0)^{\mathrm{T}},\\ \boldsymbol{\alpha}_3=(5,3,2,1)^{\mathrm{T}},\\ \boldsymbol{\alpha}_4=(6,6,1,3)^{\mathrm{T}}.\end{cases}$$

(1) 求前一个基到后一个基的过渡矩阵;

(2) 求向量 $(x_1,x_2,x_3,x_4)^{\mathrm{T}}$ 在后一个基下的坐标;

(3) 求在两个基下有相同坐标的向量.

12. 说明 xOy 平面上变换 $T\begin{pmatrix}x\\y\end{pmatrix}=\boldsymbol{A}\begin{pmatrix}x\\y\end{pmatrix}$ 的几何意义,其中

(1) $\boldsymbol{A}=\begin{pmatrix}-1&0\\0&1\end{pmatrix}$;　　(2) $\boldsymbol{A}=\begin{pmatrix}0&0\\0&1\end{pmatrix}$;

(3) $\boldsymbol{A}=\begin{pmatrix}0&1\\1&0\end{pmatrix}$;　　(4) $\boldsymbol{A}=\begin{pmatrix}0&1\\-1&0\end{pmatrix}$.

13. n 阶对称矩阵的全体 V 对于矩阵的线性运算构成一个 $\frac{n(n+1)}{2}$ 维线性空间. 给定 n 阶矩阵 $\boldsymbol{P}$,以 $\boldsymbol{A}$ 表示 V 中的任一元素,变换

$$T(\boldsymbol{A})=\boldsymbol{P}^{\mathrm{T}}\boldsymbol{A}\boldsymbol{P}$$

称为合同变换. 证明合同变换 T 是 V 中的线性变换.

14. 设 $\mathbf{R}^3$ 中 $\boldsymbol{\alpha}_1,\boldsymbol{\alpha}_2,\boldsymbol{\alpha}_3$ 是一个基,且线性变换 T 在此基下的矩阵为 $\boldsymbol{A}=\begin{pmatrix}4&6&0\\-3&-5&0\\-3&-6&1\end{pmatrix}$,

(1) 证明 $-\boldsymbol{\alpha}_1+\boldsymbol{\alpha}_2+\boldsymbol{\alpha}_3,\boldsymbol{\alpha}_3,-2\boldsymbol{\alpha}_1+\boldsymbol{\alpha}_2$ 也是 $\mathbf{R}^3$ 的一个基;

(2) 求线性变换 T 在此基下的矩阵.

15. 函数集合 $V_3=\{\boldsymbol{\alpha}=(a_2x^2+a_1x+a_0)\mathrm{e}^x \mid a_2,a_1,a_0\in\mathbf{R}\}$ 对于函数的线性运算构成三维线性空间. 在 V_3 中取一个基 $\boldsymbol{\alpha}_1=x^2\mathrm{e}^x,\boldsymbol{\alpha}_2=x\mathrm{e}^x,\boldsymbol{\alpha}_3=\mathrm{e}^x$,求微分运算 D 在这个基下的矩阵.

16. 二阶对称矩阵的全体 $V_3=\left\{\boldsymbol{A}=\begin{pmatrix}x_1&x_2\\x_2&x_3\end{pmatrix}\middle| x_1,x_2,x_3\in\mathbf{R}\right\}$ 对于矩阵的线性运算构成三维线性空间. 在 V_3 中取一个基 $\boldsymbol{A}_1=\begin{pmatrix}1&0\\0&0\end{pmatrix}$, $\boldsymbol{A}_2=\begin{pmatrix}0&1\\1&0\end{pmatrix},\boldsymbol{A}_3=\begin{pmatrix}0&0\\0&1\end{pmatrix}$,在 V_3 中定义合同变换

$$T(\boldsymbol{A})=\begin{pmatrix}1&0\\1&1\end{pmatrix}\boldsymbol{A}\begin{pmatrix}1&1\\0&1\end{pmatrix},$$

求 T 在基 $\boldsymbol{A}_1,\boldsymbol{A}_2,\boldsymbol{A}_3$ 下的矩阵.

17. 设 $\boldsymbol{A}$ 是一个正定矩阵,向量 $\boldsymbol{\alpha}=(x_1,x_2,\cdots,x_n),\boldsymbol{\beta}=(y_1,y_2,\cdots,y_n)$. 在 $\mathbf{R}^n$ 中定义内积 $(\boldsymbol{\alpha},\boldsymbol{\beta})$ 为 $(\boldsymbol{\alpha},\boldsymbol{\beta})=\boldsymbol{\alpha}\boldsymbol{A}\boldsymbol{\beta}^{\mathrm{T}}$. 证明在这个定义之下,$\mathbf{R}^n$ 是一个 Euclid 空间.

18. 设 V 是一个 n 维 Euclid 空间,$\boldsymbol{\alpha}\neq\mathbf{0}$ 是 V 中一固定向量,证明:$V_1=\{\boldsymbol{x}\mid(\boldsymbol{x},\boldsymbol{\alpha})=0,\boldsymbol{x}\in V\}$ 是 V 的一个子空间.

B 组

1. 求二阶矩阵构成的线性空间 $\mathbf{R}^{2\times2}$ 中元素 $\boldsymbol{A}=\begin{pmatrix}0&1\\2&-3\end{pmatrix}$ 在基 $\boldsymbol{G}_1=\begin{pmatrix}0&1\\1&1\end{pmatrix}$, $\boldsymbol{G}_2=\begin{pmatrix}1&0\\1&1\end{pmatrix}$, $\boldsymbol{G}_3=\begin{pmatrix}1&1\\0&1\end{pmatrix},\boldsymbol{G}_4=\begin{pmatrix}1&1\\1&0\end{pmatrix}$ 下的坐标.

2. 在二阶矩阵构成的线性空间 $\mathbf{R}^{2\times2}$ 中,

(1) 求基

$\boldsymbol{E}_1=\begin{pmatrix}1&0\\0&0\end{pmatrix},\boldsymbol{E}_2=\begin{pmatrix}0&1\\0&0\end{pmatrix},\boldsymbol{E}_3=\begin{pmatrix}0&0\\1&0\end{pmatrix},\boldsymbol{E}_4=\begin{pmatrix}0&0\\0&1\end{pmatrix}$

到基

$\boldsymbol{F}_1=\begin{pmatrix}2&1\\-1&1\end{pmatrix},\boldsymbol{F}_2=\begin{pmatrix}0&3\\1&0\end{pmatrix},\boldsymbol{F}_3=\begin{pmatrix}5&3\\2&1\end{pmatrix},\boldsymbol{F}_4=\begin{pmatrix}6&6\\1&3\end{pmatrix}$

的过渡矩阵;

(2)分别求向量$\boldsymbol{M}=\begin{pmatrix}a_{11} & a_{12}\\ a_{21} & a_{22}\end{pmatrix}$在基$\boldsymbol{E}_1,\boldsymbol{E}_2,\boldsymbol{E}_3,\boldsymbol{E}_4$和基$\boldsymbol{F}_1,\boldsymbol{F}_2,\boldsymbol{F}_3,\boldsymbol{F}_4$下的坐标;

(3)求一个非零向量$\boldsymbol{A}$,使得$\boldsymbol{A}$在这两个基下的坐标相等.

3. 设T是四维线性空间V的线性变换,T在V的基$\boldsymbol{\alpha}_1,\boldsymbol{\alpha}_2,\boldsymbol{\alpha}_3,\boldsymbol{\alpha}_4$下的矩阵为

$$\boldsymbol{A}=\begin{pmatrix}-1 & -2 & -2 & -2\\ 2 & 6 & 5 & 2\\ 0 & 0 & -1 & -2\\ 0 & 0 & 2 & 6\end{pmatrix}$$

求T在V的基$\boldsymbol{\beta}_1=\boldsymbol{\alpha}_1,\boldsymbol{\beta}_2=-\boldsymbol{\alpha}_1+\boldsymbol{\alpha}_2,\boldsymbol{\beta}_3=-\boldsymbol{\alpha}_2+\boldsymbol{\alpha}_3,\boldsymbol{\beta}_4=-\boldsymbol{\alpha}_3+\boldsymbol{\alpha}_4$下的矩阵.

4. 设$\boldsymbol{\alpha}_1,\boldsymbol{\alpha}_2,\cdots,\boldsymbol{\alpha}_n$是$\mathbf{R}^n$的一个基.

(1)证明:$\boldsymbol{\alpha}_1,\boldsymbol{\alpha}_1+\boldsymbol{\alpha}_2,\boldsymbol{\alpha}_1+\boldsymbol{\alpha}_2+\boldsymbol{\alpha}_3,\cdots,\boldsymbol{\alpha}_1+\boldsymbol{\alpha}_2+\cdots+\boldsymbol{\alpha}_n$也是$\mathbf{R}^n$的一个基;

(2)求由基$\boldsymbol{\alpha}_1,\boldsymbol{\alpha}_2,\cdots,\boldsymbol{\alpha}_n$到基$\boldsymbol{\alpha}_1,\boldsymbol{\alpha}_1+\boldsymbol{\alpha}_2,\boldsymbol{\alpha}_1+\boldsymbol{\alpha}_2+\boldsymbol{\alpha}_3,\cdots,\boldsymbol{\alpha}_1+\boldsymbol{\alpha}_2+\cdots+\boldsymbol{\alpha}_n$的过渡矩阵;

(3)求向量$\boldsymbol{\alpha}$在基$\boldsymbol{\alpha}_1,\boldsymbol{\alpha}_2,\cdots,\boldsymbol{\alpha}_n$下的坐标$(x_1,x_2,\cdots,x_n)^{\mathrm{T}}$和在基$\boldsymbol{\alpha}_1,\boldsymbol{\alpha}_1+\boldsymbol{\alpha}_2,\boldsymbol{\alpha}_1+\boldsymbol{\alpha}_2+\boldsymbol{\alpha}_3,\cdots,\boldsymbol{\alpha}_1+\boldsymbol{\alpha}_2+\cdots+\boldsymbol{\alpha}_n$下的坐标$(y_1,y_2,\cdots,y_n)^{\mathrm{T}}$间的变换公式.

5. 设$\boldsymbol{\alpha}_1,\boldsymbol{\alpha}_2,\cdots,\boldsymbol{\alpha}_n$是$V$的一个基,且$(\boldsymbol{\beta}_1,\boldsymbol{\beta}_2,\cdots,\boldsymbol{\beta}_n)=(\boldsymbol{\alpha}_1,\boldsymbol{\alpha}_2,\cdots,\boldsymbol{\alpha}_n)\boldsymbol{A}$,证明:$\boldsymbol{\beta}_1,\boldsymbol{\beta}_2,\cdots,\boldsymbol{\beta}_n$是$V$的一个基的充分必要条件是矩阵$\boldsymbol{A}$为可逆矩阵.

6. 设V_1,V_2是线性空间V的两个不同的子空间,且$V_1\neq V,V_2\neq V$,证明在V中存在向量$\boldsymbol{\alpha}$,使得$\boldsymbol{\alpha}\notin V_1,\boldsymbol{\alpha}\notin V_2$同时成立.

7. 设$\boldsymbol{\alpha}_1,\boldsymbol{\alpha}_2,\cdots,\boldsymbol{\alpha}_n$与$\boldsymbol{\beta}_1,\boldsymbol{\beta}_2,\cdots,\boldsymbol{\beta}_n$是$n$维线性空间$V$的两个基,证明

(1)在两组基下坐标完全相同的全体向量的集合V_1是V的子空间;

(2)设基$\boldsymbol{\alpha}_1,\boldsymbol{\alpha}_2,\cdots,\boldsymbol{\alpha}_n$到基$\boldsymbol{\beta}_1,\boldsymbol{\beta}_2,\cdots,\boldsymbol{\beta}_n$的过渡矩阵是$\boldsymbol{P}$,若$R(\boldsymbol{E}-\boldsymbol{P})=r$,则$\dim V_1=n-r$;

(3)若V中的每个向量在这两个基下的坐标完全相同,则$\boldsymbol{\alpha}_1=\boldsymbol{\beta}_1,\boldsymbol{\alpha}_2=\boldsymbol{\beta}_2,\cdots,\boldsymbol{\alpha}_n=\boldsymbol{\beta}_n$.

第 7 章 线性代数应用实例

在现代科学经济发展过程中，很多实际问题都可归结为解一个线性方程组. 行列式与矩阵理论是线性代数的重要组成部分，在自然科学、工程技术、生产实际和经济管理中有着广泛的应用.

7.1 投入产出模型

投入产出理论是研究一个经济系统内部各部门在产品消耗和生产之间的"投入"和"产出"之间数理依存关系的综合平衡数学模型. 它是由 1973 年诺贝尔经济学奖获得者里昂惕夫(W. Leontief)在 20 世纪 30 年代(1936 年)创立的投入产出理论，至今仍作为世界各国、各地区很多经济部门进行研究、统计分析、预测决策的重要理论依据. 投入产出理论也是线性代数理论最直接的一个应用. 投入产出模型主要通过投入产出表及平衡方程组来描述. 投入是指进行一项经济活动的各种消耗(如原材料、能源、设备、人的劳动消耗等)，而产出是指从事经济活动的结果(如生产出的产品等). 投入产出理论就是以线性代数理论和计算机技术为主要工具，研究各种经济活动的投入和产出之间的数量规律性的经济分析方法.

7.1.1 投入产出平衡表

一个国家(或地区)的经济系统由若干不同的经济部门所组成，每个部门都具有双重身份：一方面作为生产部门将自己的产品分配给其他部门，作为生产原材料或满足社会的非生产性需要等；另一方面又作为消耗部门，在其生产过程中也要消耗各部门的产品或进口物资等. 作为消耗部门，就得投入人、财、物；作为生产部门，又会产出产品或服务，为便于研究它们之间的关系，设 n 个生产部门分别用 $1,2,\cdots,n$ 表示，每个部门只生产一种产品，我们把每个相同的部门按投入和产出两个方向，并以一定的次序排成如表 7.1 所示表格，称为投入产出综合平衡表，简称为投入产出表.

表 7.1

部门									
部门间流量		消耗部门	最终产品						总产品
		1,2,⋯,n	消费	积累	出口			合计	
生产部门	1	$x_{11},x_{12},\cdots,x_{1n}$						y_1	x_1
	2	$x_{21},x_{22},\cdots,x_{2n}$						y_2	x_2
	⋮	⋮						⋮	⋮
	n	$x_{n1},x_{n2},\cdots,x_{nn}$						y_n	x_n
新创造价值	劳动报酬	$v_1,v_2,\cdots,v_n$							
	纯收入	$m_1,m_2,\cdots,m_n$							
	合计	$z_1,z_2,\cdots,z_n$							
总产品价值		$x_1,x_2,\cdots,x_n$							

其中:

$x_i(i=1,2,\cdots,n)$表示第i个部门的总产品(量)价值,即一个生产周期内或一个统计周期内总产品的货币表现;

$y_i(i=1,2,\cdots,n)$表示第i个部门的最终产品(量)价值,指某一部门从总产品(量)中扣除了补偿生产消耗后为社会提供的产品量;

$x_{ij}(i,j=1,2,\cdots,n)$为部门间的流量,它表示第j个部门对第i个部门产品的消耗量,也可理解为第i部门提供给第j个部门的产品量;

$v_j(j=1,2,\cdots,n)$表示第j部门的劳动报酬;

$m_j(j=1,2,\cdots,n)$表示第j部门创造的纯收入;

$z_j(j=1,2,\cdots,n)$指某一部门新创造的价值,主要包括工资、奖金、利税等.

表中左上角部分(或称第Ⅰ象限)是表的最基础部分,由n个生产部门纵横交叉组成,它反映了各部门间的生产技术联系,具体反映了各部门之间相互提供产品供生产性消耗的情况,这种联系为我们分析各部门间的比例关系及运用数学工具进行计算提供了客观基础.

表中右上角部分(或称第Ⅱ象限)为最终产品,它表示各部门从总产品中扣除生产资料补偿后的余量,即不参加本计划期生产过程的最终产品的分配情况. 它主要反映可供社会最终消费和使用的产品量.

表中左下角部分(或称第Ⅲ象限)为各部门的固定资产折旧和新创造价值,它反映了国民收入非初次分配情况以及必要劳动与剩余劳动的比例.

表中右下角部分(或称第Ⅳ象限)反映国民收入的再分配. 由

于它的复杂性，我们将不予讨论.

产出表可按计量单位分为实物型和价值型两类. 在价值型投入产出表中，所有数量都按价值计算. 表中“最终产品”“总产品”等均指一个计划期内（如一年、一季、一月）产品的价值；某部门的“总产品”或“总产量”则是指该部门的总产量的价值；某部门消耗某一部门的“产品”或“产品量”是产品的价值. 我们只介绍价值型投入产出表.

7.1.2 平衡方程组

为了进一步研究部门间的数量关系，我们可以将投入产出表中各数量间的依存关系用方程表示，从而建立投入产出数学模型.

1. 产出分配平衡方程组

从投入产出表的横向看，生产部门共有 n 行，反映了各个部门产品的分配情况，每一行都可以建立一个等式，每个生产部门分配给各部门（包括本部门）的生产消耗加上最终产品，应等于总产品. 即

$$\begin{cases} x_{11}+x_{12}+\cdots+x_{1n}+y_1=x_1, \\ x_{21}+x_{22}+\cdots+x_{2n}+y_2=x_2, \\ \quad\vdots \\ x_{n1}+x_{n2}+\cdots+x_{mn}+y_n=x_n. \end{cases} \tag{7.1}$$

我们称方程组(7.1)为产品的分配平衡方程组. 其中第 $i(i=1,2,\cdots,n)$ 个等式表示第 i 个部门的总产值 x_i 等于它用于各部门的生产性消耗 $x_{i1}+x_{i2}+\cdots+x_{in}$ 加上最终产品 y_i，方程(7.1)也可简写成

$$\sum_{j=1}^{n} x_{ij}+y_i=x_i(i=1,2,\cdots,n). \tag{7.2}$$

2. 产值消耗平衡方程

从投入产出表的纵向看，每一列也可以建立一个线性的平衡方程，表中Ⅰ、Ⅱ象限共有 n 列，反映了各个部门产品的消耗情况. 由此，我们也可以建立具有 n 个方程的线性方程组，我们称它为产值消耗平衡方程组，即

$$\begin{cases} x_{11}+x_{21}+\cdots+x_{n1}+z_1=x_1, \\ x_{12}+x_{22}+\cdots+x_{n2}+z_2=x_2, \\ \quad\vdots \\ x_{1n}+x_{2n}+\cdots+x_{nn}+z_n=x_n. \end{cases} \tag{7.3}$$

可简写为

$$\sum_{i=1}^{n} x_{ij}+z_j=x_j(j=1,2,\cdots,n). \tag{7.4}$$

第 j 个等式表示第 j 个部门的产品总值 x_j，等于它们对各部门的生产性消耗 $x_{1j}+x_{2j}+\cdots+x_{nj}$ 与新创造价值 z_j 之和.

7.1.3 直接消耗系数

为了在数量上确定一个经济系统各部门间的生产技术联系，还需要引入一个重要参数即直接消耗系数.

定义 7.1 第 j 个部门生产单位产品时对第 i 个部门产品的直接消耗量，称为第 j 个部门对第 i 个部门的**直接消耗系数**，记为 a_{ij}，即

$$a_{ij}=\frac{x_{ij}}{x_j}(i,j=1,2,\cdots,n). \tag{7.5}$$

各部门间的直接消耗系数构成的矩阵

$$\boldsymbol{A}=\begin{pmatrix} a_{11} & a_{12} & \cdots & a_{1n} \\ a_{21} & a_{22} & \cdots & a_{2n} \\ \vdots & \vdots & & \vdots \\ a_{n1} & a_{n2} & \cdots & a_{nn} \end{pmatrix}$$

称为**直接消耗系数矩阵**.

式(7.5)说明，直接消耗系数 a_{ij} 是用第 j 个部门所消耗第 i 个部门产量除以第 j 部门的总产量得到的，所以具有下列性质

(1) $0\leqslant a_{ij}\leqslant 1\quad (i,j=1,2,\cdots,n)$；

(2) $\sum\limits_{i=1}^{n}|a_{ij}|<1\quad (j=1,2,\cdots,n)$.

直接消耗系数的数值与以下三方面的因素有关系：

(1) 该部门的技术水平和管理水平. 水平越高，直接消耗系数越小，反之亦然.

(2) 该部门的产品结构. 一个部门生产很多不同产品，不同产品对原材料、燃料等的消耗水平相差很大，所以产品结构对部门的直接消耗系数的数值影响就大.

(3) 价格变动. 各部门产品价格变动不平衡，这对价值型投入产出的直接消耗系数有很大的影响.

研究投入产出模型，一般是在以上三个因素比较稳定的情况下进行的，这时直接消耗系数基本上是技术性的，通常由部门的生产技术条件所决定. 因此它是相对稳定的，所以也称它为**技术系数**或**投入系数**. 这个系数反映了各生产部门之间的数理依存关系，因而在投入产出理论中具有重要意义.

定理 7.1　由直接消耗系数矩阵 $\boldsymbol{A}$ 构成的矩阵 $\boldsymbol{E}-\boldsymbol{A}$ 是可逆的.（证明略）

有了直接消耗系数及其矩阵，就可以将投入产出综合平衡基本方程组用消耗系数表示出来.

7.1.4　产出分配平衡方程组

由式(7.5) $a_{ij}=\dfrac{x_{ij}}{x_j}(i,j=1,2,\cdots,n)$ 得到 $x_{ij}=a_{ij}x_j(i,j=1,2,\cdots,n)$，将

$x_{ij}=a_{ij}x_j(i,j=1,2,\cdots,n)$ 代入产出平衡方程组(7.1)得

$$\begin{cases} a_{11}x_1+a_{12}x_2+\cdots+a_{1n}x_n+y_1=x_1, \\ a_{21}x_1+a_{22}x_2+\cdots+a_{2n}x_n+y_2=x_2, \\ \qquad\vdots \\ a_{n1}x_1+a_{n2}x_2+\cdots+a_{nn}x_n+y_n=x_n. \end{cases} \tag{7.6}$$

或写成

$$\sum_{j=1}^{n}a_{ij}x_j+y_i=x_i(i=1,2,\cdots,n). \tag{7.7}$$

令　$\boldsymbol{x}=(x_1,x_2,\cdots,x_n)^{\mathrm{T}},\boldsymbol{y}=(y_1,y_2,\cdots,y_n)^{\mathrm{T}}$，则有

$$\boldsymbol{A}\boldsymbol{x}+\boldsymbol{y}=\boldsymbol{x},$$

$$(\boldsymbol{E}-\boldsymbol{A})\boldsymbol{x}=\boldsymbol{y},$$

$$\boldsymbol{x}=(\boldsymbol{E}-\boldsymbol{A})^{-1}\boldsymbol{y}.$$

其中 $\boldsymbol{A}$ 为直接消耗系数矩阵.

7.1.5　产值消耗平衡方程组

将 $x_{ij}=a_{ij}x_j(i,j=1,2,\cdots,n)$ 代入产出平衡方程组(7.3)得

$$\begin{cases} a_{11}x_1+a_{21}x_1+\cdots+a_{n1}x_1+z_1=x_1, \\ a_{12}x_2+a_{22}x_2+\cdots+a_{n1}x_2+z_2=x_2, \\ \qquad\vdots \\ a_{1n}x_n+a_{2n}x_n+\cdots+a_{nn}x_n+z_n=x_n. \end{cases} \tag{7.8}$$

即

$$\begin{cases} \sum\limits_{i=1}^{n}a_{i1}x_1+0x_2+\cdots+0x_n+z_1=x_1, \\ 0x_1+\sum\limits_{i=1}^{n}a_{i2}x_2+\cdots+0x_2+z_2=x_2, \\ \qquad\vdots \\ 0x_1+0x_2+\cdots+\sum\limits_{i=1}^{n}a_{in}x_n+z_n=x_n, \end{cases}$$

令

$$D=\begin{pmatrix}\sum_{i=1}^{n}a_{i1} & & \\ & \sum_{i=1}^{n}a_{i2} & \\ & & \ddots & \\ & & & \sum_{i=1}^{n}a_{in}\end{pmatrix},$$

$$z=(z_1,z_2,\cdots,z_n)^{\mathrm{T}},$$

则可得

$$Dx+z=x,$$
$$(E-D)x=z,$$
$$x=(E-D)^{-1}z.$$

例 7.1 设某经济系统包括三个部门,在一个生产周期内各部门间的直接消耗系数及最终产品如表 7.2 所示.

表 7.2

直接消耗系数		消耗部门			最终产品
		1	2	3	
生产部门	1	0.25	0.1	0.1	245
	2	0.2	0.2	0.1	90
	3	0.1	0.1	0.2	175

求各部门总产品量,各部门之间流量及净产品价值.

解 设 $x_i(i=1,2,3)$ 为第 i 个部门的总产品量,由已知

$$A=\begin{pmatrix}0.25 & 0.1 & 0.1\\ 0.2 & 0.2 & 0.1\\ 0.1 & 0.1 & 0.2\end{pmatrix},y=\begin{pmatrix}245\\ 90\\ 175\end{pmatrix}.$$

得分配平衡方程组

$$\begin{cases}x_1=0.25x_1+0.1x_2+0.1x_3+245,\\ x_2=0.2x_1+0.2x_2+0.1x_3+90,\\ x_3=0.1x_1+0.1x_2+0.2x_3+175.\end{cases}$$

由于 $x=(E-A)^{-1}y$

$$E-A=\begin{pmatrix}0.75 & -0.1 & -0.1\\ -0.2 & 0.8 & -0.1\\ -0.1 & -0.1 & 0.8\end{pmatrix},$$

$$(E-A)^{-1}=\frac{10}{891}\begin{pmatrix}126 & 18 & 18\\ 34 & 118 & 19\\ 20 & 17 & 116\end{pmatrix},$$

因此

$$X=\frac{10}{891}\begin{pmatrix}126 & 18 & 18\\34 & 118 & 19\\20 & 17 & 116\end{pmatrix}\begin{pmatrix}245\\90\\175\end{pmatrix}.$$

由部门之间的流量公式 $x_{ij}=a_{ij}x_j$ 计算各部门间流量,得

$$x_{11}=100, x_{12}=25, x_{13}=30,$$
$$x_{21}=80, x_{22}=50, x_{23}=30,$$
$$x_{31}=40, x_{32}=25, x_{33}=60.$$

根据价值平衡方程

$$\begin{aligned}x_1&=a_{11}x_1+a_{21}x_2+\cdots+a_{n1}x_n+z_1,\\x_2&=a_{12}x_1+a_{22}x_2+\cdots+a_{n2}x_n+z_2,\\&\vdots\\x_n&=a_{1n}x_1+a_{2n}x_2+\cdots+a_{nn}x_n+z_n.\end{aligned}$$

得 $z_1=180, z_2=150, z_3=180$.

这个经济系统的投入产出如表 7.3 所示.

表　7.3

部门直接流量		消耗部门			最终产品	总产品
		1	2	3		
生产部门	1	100	25	30	245	400
	2	80	50	30	90	250
	3	40	25	60	175	300
新创造价值		180	150	180		
总产品价值		400	250	300		

7.2　层次分析模型

层次分析法是美国运筹学家匹兹堡大学教授萨迪于 20 世纪 70 年代初,为美国国防部研究“根据各个工业部门对国家福利的贡献大小而进行电力分配”课题时,应用网络系统理论和多目标综合评价方法,提出的一种层次权重决策分析方法. 层次分析法(Analytic Hierarchy Process,简称 AHP)是将与决策有关的元素分解成目标、准则、方案等层次,在此基础之上进行定性和定量分析的决策方法. 这种方法的特点是在对复杂的决策问题的本质、影响因素及其内在关系等进行深入分析的基础上,利用较少的定量信息使决策的思维过程数学化,从而为多目标、多准则或无结构特性的难以完全定量的复杂决策问题提供简便的决策方法.

基本原理:应用 AHP 解决问题的思路:首先,把要解决的问题

分层次系列化，即根据问题的性质和要达到的目标，将问题分解为不同的组成因素，按照因素之间的相互影响和隶属关系将其分层聚类组合，形成一个递阶的、有序的层次结构模型. 然后，对模型中每一层次因素的相对重要性，根据人们对客观现实的判断给予定量表示，再利用数学方法确定每一层次因素相对重要性次序的权值. 最后，通过综合计算各层因素相对重要性的权值，得到最底层（方案层）相对于最高层（总目标）的相对重要性次序的组合权值，以此作为评价和选择方案的依据.

基本步骤：层次分析的一般步骤为：

1. 建立层次结构模型；
2. 构造成对对比矩阵；
3. 对成对对比矩阵进行一致性检验；
4. 计算准则层对目标层的权重向量；
5. 计算方案层对准则层每个因素的权重向量；
6. 组合权重向量得出结论.

下面以一个具体的实例说明一下层次分析模型的解决步骤.

如今，人们的生活条件越来越好了，假期出游成了很多人放松的方式. 同时，由于国内各地景点各有千秋，选择哪个景区出游这个问题也困扰了许多人. 目前有三个景区，分别是桂林、黄山、西安，以下运用层次分析法进行分析，最终给出选择方案.

7.2.1 层次结构模型

将决策分解为三个层次

目标层 O：选择旅游地

准则层 C：景色、费用、居住、饮食、旅途

方案层 B：黄山、桂林、西安

层次结构模型如下图：

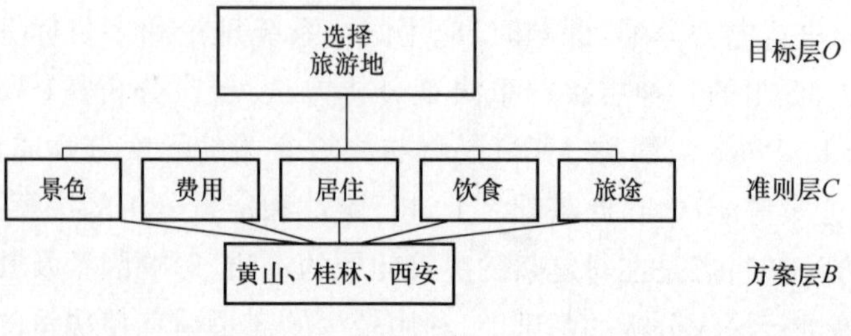

若上层的每个因素都支配着下一层的所有因素，或被下一层所有因素影响，称为完全层次结构，否则称为不完全层次结构.

7.2.2 成对比较矩阵和权重向量

当准则层涉及的因素较多时，为得到准则层对目标层的权向量，Saaty 等人的做法，一是对因素两两相互比较，二是对比时采用相对尺度，以尽量减少诸因素比较的难度，提高准确度.

设要比较准则层 n 个因素 $C_1,C_2,\cdots,C_n$ 对目标层 O 的影响程度，即要确定它们在 O 中所占的比重. 如表 7.4 所示.

表　7.4

标度 a_{ij}	含义
1	C_i 与 C_j 的影响相同
3	C_i 较 C_j 的影响稍强
5	C_i 较 C_j 的影响强
7	C_i 较 C_j 的影响明显地强
9	C_i 较 C_j 的影响绝对地强
2,4,6,8	C_i 与 C_j 的影响之比在上述两个相邻等级之间
$\frac{1}{2},\cdots,\frac{1}{9}$	C_i 与 C_j 的影响之比为上面 a_{ij} 的倒数

对任意两个因素 C_i 和 C_j 用 a_{ij} 表示 C_i 和 C_j 对 O 的影响程度之比，Saaty 等人提出按 1 ~ 9 的比例标度来度量 $a_{ij}(i,j=1,2,\cdots,n)$：

用 C_i 和 C_j 对 O 的影响程度之比 a_{ij} 做成矩阵 $\boldsymbol{A}=(a_{ij})_{n\times n}$，称为判断矩阵，显然，$a_{ij}>0$，$a_{ji}=\dfrac{1}{a_{ij}}$，$a_{ii}=1$. 判断矩阵又称为正互反矩阵.

比如旅游地问题某人用成对比较法得到第二层 C 的各因素对目标层 O 的影响两两比较结果如表 7.5 所示.

C_1,C_2,C_3,C_4,C_5 分别表示景色、费用、居住、饮食、旅途.

表　7.5

O	C_1	C_2	C_3	C_4	C_5
C_1	1	$\frac{1}{2}$	4	3	3
C_2	2	1	7	5	5
C_3	$\frac{1}{4}$	$\frac{1}{7}$	1	$\frac{1}{2}$	$\frac{1}{3}$
C_4	$\frac{1}{3}$	$\frac{1}{5}$	2	1	1
C_5	$\frac{1}{3}$	$\frac{1}{5}$	3	1	1

$$A=\begin{pmatrix}a_{11}&a_{12}&a_{13}&a_{14}&a_{15}\\a_{21}&a_{22}&a_{23}&a_{24}&a_{25}\\a_{31}&a_{32}&a_{33}&a_{34}&a_{35}\\a_{41}&a_{42}&a_{43}&a_{44}&a_{45}\\a_{51}&a_{52}&a_{53}&a_{54}&a_{55}\end{pmatrix}=\begin{pmatrix}1&1/2&4&3&3\\2&1&7&5&5\\1/4&1/7&1&1/2&1/3\\1/3&1/5&2&1&1\\1/3&1/5&3&1&1\end{pmatrix}.$$

不难发现,$a_{21}=2,a_{13}=4,a_{23}=7$. 而 $a_{21}a_{13}=8$ 与 $a_{23}=7$ 不一致.

一般地,如果一个正互反矩阵 $\boldsymbol{A}=(a_{ij})_{n\times n}$,若 $a_{ij}a_{jk}=a_{ik}(i,j,k=1,2,\cdots,n)$,则称 $\boldsymbol{A}$ 为一致性矩阵.

7.2.3 层次单排序及一致性检验

层次单排序:确定下层各因素对上层某因素影响程度的过程. 用权值表示影响程度,先从一个简单的例子看如何确定权值.

例如,一块石头重量记为 1,打碎分成 n 个小块,各块的重量分别记为:$w_1,w_2,\cdots,w_n$,则可得成对比较矩阵

$$A=\begin{pmatrix}1&\frac{w_1}{w_2}&\cdots&\frac{w_1}{w_n}\\\frac{w_2}{w_1}&1&\cdots&\frac{w_2}{w_n}\\\vdots&\vdots&&\vdots\\\frac{w_n}{w_1}&\frac{w_n}{w_2}&\cdots&1\end{pmatrix}.$$

由上面矩阵可以看出,$\frac{w_i}{w_j}=\frac{w_i}{w_k}\cdot\frac{w_k}{w_j}$,但是上边的例子里成对比较矩阵中 $a_{21}a_{13}\neq a_{23}$,所以 $\boldsymbol{A}$ 为不一致性矩阵.

通常情况下,由实际得到的判断矩阵不一定是一致性,即不一定满足传递性. 事实上,也不必要求一致性绝对成立,但要求大体上是一致的,即不一致的程度应在容许的范围内. Saaty 等人将 $\mathrm{CI}=\frac{\lambda-n}{n-1}$作为衡量判断矩阵是否一致的指标,$n$ 为矩阵 $\boldsymbol{A}$ 的阶数,λ 为矩阵 $\boldsymbol{A}$ 最大的特征根. 为了找出衡量 $\boldsymbol{A}$ 的一致性的指标 CI 的标准,Saaty 又引入了随机一致性指标 RI,并用样本计算出了 RI 的值:

n	1	2	3	4	5	6	7	8
RI	0	0	0.58	0.90	1.12	1.24	1.32	1.41

n	9	10	11	12	13	14	15
RI	1.45	1.49	1.51	1.54	1.56	1.58	1.59

对于 $n\geqslant 3$ 的成对比较矩阵 $\boldsymbol{A}$，将它的 CI 与同阶的 RI 之比称为一致性比率 CR，$CR=\frac{CI}{RI}$. 当 $CR<0.1$ 时认为 $\boldsymbol{A}$ 的不一致性程度在容许的范围内. 当成对比较矩阵 $\boldsymbol{A}$ 的 $CR\geqslant 0.1$ 时，通常应对 $\boldsymbol{A}$ 重新进行比对.

旅游地选择问题中的比较矩阵的最大特征根 $\lambda=5.073$.

$CI=\frac{5.073-5}{5-1}=0.018$，$RI=1.12$. $CR=\frac{CI}{RI}=\frac{0.018}{1.12}=0.016<0.1$. 所以成对比较矩阵在一致性程度容许的范围内.

如果成对比较矩阵是一致性矩阵，则取对应于特征根 n 的、归一化的特征向量 $\boldsymbol{W}$ 作为准则层 C 诸因素 C_1,C_2,C_3,C_4,C_5 对目标层 O 的权重向量. 若比较矩阵 $\boldsymbol{A}$ 不是一致性矩阵，但在不一致的容许范围内，则取其最大特征根对应的特征向量（归一化后）作为准则层 C 诸因素对目标层 O 的权重向量.

旅游地选择问题的最大特征根对应的特征向量（归一化后）为：

$$\boldsymbol{w}^{(2)}=(0.263,0.475,0.055,0.099,0.110)^{\mathrm{T}}$$

7.2.4　方案层对准则层的权矩阵

1. 方案层 P 对准则层某一因素 C_i 的权重向量

方案层 P 对准则层 C 某一因素 C_i 的权重向量的确定方法和准则层 C 对目标层 O 的权重确定方法相同. 比如某人在旅游地选择问题中确定的方案层对准则层中因素“景色”“费用”“居住”“饮食”“旅途”的判别矩阵分别为：

$$\boldsymbol{B}_1=\begin{pmatrix}1 & 2 & 5\\ \frac{1}{2} & 1 & 2\\ \frac{1}{5} & \frac{1}{2} & 1\end{pmatrix},\boldsymbol{B}_2=\begin{pmatrix}1 & \frac{1}{3} & \frac{1}{8}\\ 3 & 1 & \frac{1}{3}\\ 8 & 3 & 1\end{pmatrix},\boldsymbol{B}_3=\begin{pmatrix}1 & 1 & 3\\ 1 & 1 & 3\\ \frac{1}{3} & \frac{1}{3} & 1\end{pmatrix},$$

$$\boldsymbol{B}_4=\begin{pmatrix}1 & 3 & 4\\ \frac{1}{3} & 1 & 1\\ \frac{1}{4} & 1 & 1\end{pmatrix},\boldsymbol{B}_5=\begin{pmatrix}1 & 1 & \frac{1}{4}\\ 1 & 1 & \frac{1}{4}\\ 4 & 4 & 1\end{pmatrix}.$$

由此算出方案层对准则层中因素“景色”权向量为：

$$\boldsymbol{w}_1^{(3)}=(0.595,0.277,0.129)^{\mathrm{T}}$$

方案层对准则层中因素“费用”权向量为：

$$\boldsymbol{w}_2^{(3)}=(0.082\ ,0.236\ ,0.682)^{\mathrm{T}}$$

方案层对准则层中因素“居住”权向量为：

$$w_3^{(3)}=(0.429,0.429,0.142)^{\mathrm{T}}$$

方案层对准则层中因素“饮食”权向量为:

$$w_4^{(3)}=(0.633,0.193,0.175)^{\mathrm{T}}$$

方案层对准则层中因素“旅途”权向量为:

$$w_5^{(3)}=(0.166,0.166,0.668)^{\mathrm{T}}$$

7.2.5 方案层 P 对准则层 C 的权矩阵

用方案层对准则层 C 中的因素 C_1,C_2,C_3,C_4,C_5 的权向量做成矩阵 $\boldsymbol{W}^{(3)}=(\boldsymbol{w}_1^{(3)},\boldsymbol{w}_2^{(3)},\cdots,\boldsymbol{w}_n^{(3)})$,称为方案层对准则层的权矩阵.

旅游地选择问题中方案层对准则层的权矩阵为:

$$\boldsymbol{W}^{(3)}=\begin{pmatrix}0.595 & 0.082 & 0.429 & 0.633 & 0.166\\ 0.277 & 0.236 & 0.429 & 0.193 & 0.166\\ 0.129 & 0.682 & 0.142 & 0.175 & 0.668\end{pmatrix}$$

7.2.6 组合权向量——决策向量

用方案层 B 对准则层 C 的权矩阵 $\boldsymbol{W}^{(3)}$ 乘以准则层 C 对目标层 O 的权向量 $\boldsymbol{W}^{(2)}$ 得组合权向量 $\boldsymbol{W}$,此向量即为决策向量.

$$\boldsymbol{W}=\boldsymbol{W}^{(3)}\boldsymbol{W}^{(2)}.$$

旅游地选择问题的决策向量为

$$\boldsymbol{W}=(0.300,0.246,0.456).$$

结果显示应该选择西安作为旅游地区.

总结:层次分析法是一种定性和定量相结合的、系统化的、层次化的分析方法.它将半定性、半定量问题转化为定量问题的行之有效的一种方法,使人们的思维过程层次化.通过逐层比较多种关联因素为分析评估、决策、预测或控制事物的发展提供定量依据,它特别适用于那些难于完全用定量方法进行分析的复杂问题.

7.3 其他应用

矩阵的特征值、特征向量的理论在微分方程和差分理论中有着重要应用,而自然科学、社会科学和经济管理中的许多问题都可以用微分方程或差分方程的数学模型来描述.对于这些模型的分析、计算,不仅可以定性地分析模型中各个因素的关系,而且可以定量地确定各因素的数量特征.分析的结果有助于决策者做出正确的判断,为科学、合理的决策提供依据.

7.3.1 污染与工业发展的工业增长模型

发展与环境问题已成为 21 世纪各国政府关注的重点. 为了定量分析污染与工业发展水平的关系. 有人提出了以下的工业增长模型:

设某地区目前的污染水平为 x_0,(以空气或河湖水质的某种污染指数为测量单位),y_0 是目前工业发展水平(以某种工业发展指数为测算单位). 把这一年作为起点(基年),记作 $t=0$. 如果以若干年(如 5 年)作为一个期间,第 t 个期间的污染和工业发展水平记作 x_i 和 y_i,它们之间的关系式可以写为

$$\begin{cases} x_t = 3x_{t-1} + y_{t-1}, \\ y_t = 2x_{t-1} + 2y_{t-1}, \end{cases} (t=1,2,\cdots,k), \tag{7.9}$$

记

$$\boldsymbol{A} = \begin{pmatrix} 3 & 1 \\ 2 & 2 \end{pmatrix}, \boldsymbol{\alpha}_t = \begin{pmatrix} x_t \\ y_t \end{pmatrix}.$$

则式(7.9)的矩阵形式为

$$\boldsymbol{\alpha}_1 = \boldsymbol{A}\boldsymbol{\alpha}_0 \tag{7.10}$$

如果该地区基年的水平 $\boldsymbol{\alpha}_0 = (x_0, y_0)^{\mathrm{T}}$,利用式(7.10)就可以预测第 k 期(如 $k=10$)时该地区的污染程度和工业发展水平 . 实际上,由式(7.10),可得

$$\boldsymbol{\alpha}_1 = \boldsymbol{A}\boldsymbol{\alpha}_0, \boldsymbol{\alpha}_2 = \boldsymbol{A}\boldsymbol{\alpha}_1 = \boldsymbol{A}^2\boldsymbol{\alpha}_0, \cdots, \boldsymbol{\alpha}_k = \boldsymbol{A}^k\boldsymbol{\alpha}_0. \tag{7.11}$$

如果直接计算 $\boldsymbol{A}$ 的各次幂,计算将十分烦琐. 如果利用矩阵特征值和特征向量的有关性质,不但可以简化计算,而且也使模型的结构和性质更为清晰. 为此,先计算 $\boldsymbol{A}$ 的特征值.

$\boldsymbol{A}$ 的特征多项式为

$$\det(\lambda \boldsymbol{E} - \boldsymbol{A}) = \begin{vmatrix} \lambda - 3 & -1 \\ -2 & \lambda - 2 \end{vmatrix} = (\lambda - 1)(\lambda - 4).$$

所以,$\boldsymbol{A}$ 的特征值为 $\lambda_1 = 1, \lambda_2 = 4$.

对于特征值 $\lambda_1 = 1$,解齐次线性方程组 $(\boldsymbol{E} - \boldsymbol{A})\boldsymbol{x} = \boldsymbol{0}$,可得 $\boldsymbol{A}$ 的属于 $\lambda_1 = 1$ 的一个特征向量 $\boldsymbol{\eta}_1 = (1, -2)^{\mathrm{T}}$.

对于特征值 $\lambda_1 = 4$,解齐次线性方程组 $(4\boldsymbol{E} - \boldsymbol{A})\boldsymbol{x} = \boldsymbol{0}$,可得 $\boldsymbol{A}$ 的属于 $\lambda_1 = 4$ 的一个特征向量 $\boldsymbol{\eta}_2 = (1,1)^{\mathrm{T}}$,且 $\boldsymbol{\eta}_1, \boldsymbol{\eta}_2$ 线性无关.

如果基年($t=0$)时的水平 $\boldsymbol{\alpha}_0$ 恰好等于 $\boldsymbol{\eta}_2 = (1,1)^{\mathrm{T}}$,则$t=k$时,$\boldsymbol{\alpha}_k = \boldsymbol{A}^k\boldsymbol{\alpha}_0 = \boldsymbol{A}^k\boldsymbol{\eta}_2$,由于 $\boldsymbol{A}^k$ 必有特征值 4^k,对应的特征向量仍是 $\boldsymbol{\eta}_2 = \boldsymbol{\alpha}_0$,于是

$$\boldsymbol{\alpha}_k = \boldsymbol{A}^k\boldsymbol{\alpha}_0 = \boldsymbol{A}^k\boldsymbol{\eta}_2 = 4^k\begin{pmatrix} 1 \\ 1 \end{pmatrix}.$$

特别地,当 $k=10$ 时,可得 $\boldsymbol{\alpha}_{10}=(4^{10},4^{10})^{\mathrm{T}}$. 这表明:尽管工业发展水平可以达到相当高的程度,但照此发展下去,环境的污染也将直接威胁人类的生存.

如果基年($t=0$)时的水平 $\boldsymbol{\alpha}_0$ 恰好等于 $\boldsymbol{\alpha}_0=(1,7)^{\mathrm{T}}$,则不能直接应用上述方法分析. 然而,因为 $\boldsymbol{\eta}_1,\boldsymbol{\eta}_2$ 线性无关,$\boldsymbol{\alpha}_0=(1,7)^{\mathrm{T}}$ 必可由向量组 $\boldsymbol{\eta}_1,\boldsymbol{\eta}_2$ 唯一线性表示. 不难计算,这时

$$\boldsymbol{\alpha}_0=-2\boldsymbol{\eta}_1+3\boldsymbol{\eta}_2,$$

于是

$$\begin{aligned}\boldsymbol{\alpha}_k&=\boldsymbol{A}^k\boldsymbol{\alpha}_0=\boldsymbol{A}^k(-2\boldsymbol{\eta}_1+3\boldsymbol{\eta}_2)\\&=(-2)\times\lambda_1^k\boldsymbol{\eta}_1+3\times\lambda_2^k\boldsymbol{\eta}_2\\&=\begin{pmatrix}-2+3\times4^k\\4+3\times4^k\end{pmatrix}.\end{aligned}$$

特别地,当 $k=10$ 时,可得 $\boldsymbol{\alpha}_{10}=(-2+3\times4^{10},4+3\times4^{10})^{\mathrm{T}}$.

由上面的分析可以看出,尽管 $\boldsymbol{A}$ 的特征向量 $\boldsymbol{\eta}_1=(1,-2)^{\mathrm{T}}$ 没有实际意义(因为 $\boldsymbol{\eta}_1$ 中含有负分量),但任一具有实际意义的向量 $\boldsymbol{\alpha}_0$ 都可以表示为 $\boldsymbol{\eta}_1,\boldsymbol{\eta}_2$ 的线性组合,从而在分析过程中,$\boldsymbol{\eta}_1$ 仍然具有重要作用.

7.3.2 莱斯利(Leslie)种群模型

莱斯利模型是研究动作种群数量增长的重要模型. 这一模型研究了种群中雌性动物的年龄分布和数量增长的规律.

在某动物种群中,仅考察雌性动物的年龄和数量. 设雌性动物的最大生存年龄为 L(单位:年或其他时间单位). 把 $[0,L]$ 等分为几个年龄组,每一年龄组的长度 L/n:

$$\left[0,\frac{L}{n}\right),\left[\frac{L}{n},\frac{2L}{n}\right),\cdots,\left[\frac{(n-1)L}{n},L\right].$$

设第 i 个年龄组的生育率为 a_i,存活率为 $b_i(i=1,2,\cdots,n)$. 应注意 a_i 表示第 i 个年龄组的每一雌性动物平均生育的雌性幼体个数;b_i 表示第 i 个年龄组中可存活到第 $i+1$ 年龄组的雌性数与该年龄组总数之比. 在不发生意外事件(灾害等)的条件下,a_i,b_i 均为常数,且 $a_i\geqslant0(i=1,2,\cdots,n)$,$0<b_i\leqslant1(i=1,2,\cdots,n-1)$. 同时,假设至少有一个 $a_i\geqslant0(1\leqslant i\leqslant n)$,即至少有一个年龄组的雌性动物具有生育能力.

利用统计资料可获得基年($t=0$)该种群在各年龄组的雌性动物数量. 记 $x_i^{(0)}(i=1,2,\cdots,n)$ 为 $t=0$ 时第 i 个年龄组雌性动物的数量,就得到初始时刻年龄分布向量

$$\boldsymbol{X}^{(0)}=(x_1^{(0)},x_2^{(0)},\cdots,x_n^{(0)})^{\mathrm{T}}.$$

如果以年龄组的间隔 L/n 作为时间单位，记 $t_1=\frac{L}{n}, t_2=\frac{2L}{n}, \cdots, t_k=\frac{kL}{n}, \cdots$. 并统计在 t_k 时的年龄分布向量

$$\boldsymbol{X}^{(k)}=(x_1^{(k)}, x_2^{(k)}, \cdots, x_n^{(k)})^{\mathrm{T}}, (k=0,1,2,\cdots).$$

随着时间的变化，由于出生、死亡以及年龄的增长，该种群中每一年龄组的雌性动物数量都将发生变化. 实际上，当 t_k 时，种群中第一年龄组的雌性个数应等于在 t_{k-1} 和 t_k 之间出生的所有雌性幼体的总和，即

$$x_1^{(k)}=a_1x_1^{(k-1)}+a_2x_2^{(k-1)}+\cdots+a_nx_n^{(k-1)}, \tag{7.12}$$

同时，第 $i+1$ 年龄组 $(i=1,2,\cdots,n-1)$ 中雌性动物的数量应等于在 t_{k-1} 时第 i 个年龄组雌性动物的数量 $x_i^{(k-1)}$ 乘以存活率 b_i，即

$$x_{i+1}^{(k)}=b_ix_i^{(k-1)}(i=1,2,\cdots,n-1). \tag{7.13}$$

综上分析，由式(7.12)和式(7.13)可得到 t_{k-1} 和 t_k 时各年龄组中雌性动物数量间的关系：

$$\begin{cases}x_1^{(k)}=a_1x_1^{(k-1)}+a_2x_2^{(k-1)}+\cdots+a_{n-1}x_{n-1}^{(k-1)}+a_nx_n^{(k-1)},\\ x_2^{(k)}=b_1x_1^{(k-1)},\\ x_3^{(k)}=b_2x_1^{(k-1)},\\ \quad\vdots\\ x_n^{(k)}=b_{n-1}x_{n-1}^{(k-1)}.\end{cases} \tag{7.14}$$

记矩阵

$$\boldsymbol{L}=\begin{pmatrix}a_1 & a_2 & a_3 & \cdots & a_{n-1} & a_n\\ b_1 & 0 & 0 & \cdots & 0 & 0\\ 0 & b_2 & 0 & \cdots & 0 & 0\\ \vdots & \vdots & \vdots & & \vdots & \vdots\\ 0 & 0 & 0 & \cdots & b_{n-1} & 0\end{pmatrix},$$

则式(7.14)可写成

$$\boldsymbol{X}^{(k)}=\boldsymbol{L}\boldsymbol{X}^{(k-1)}(k=1,2,\cdots), \tag{7.15}$$

其中 $\boldsymbol{L}$ 称为莱斯利矩阵.

由式(7.15)可得

$$\boldsymbol{X}^{(1)}=\boldsymbol{L}\boldsymbol{X}^{(0)}, \boldsymbol{X}^{(2)}=\boldsymbol{L}\boldsymbol{X}^{(1)}=\boldsymbol{L}^2\boldsymbol{X}^{(0)}, \cdots$$

一般，有

$$\boldsymbol{X}^{(k)}=\boldsymbol{L}\boldsymbol{X}^{(k-1)}=\boldsymbol{L}^k\boldsymbol{X}^{(0)}(k=0,1,2,\cdots).$$

如果已知初始时年龄分布向量 $\boldsymbol{X}^{(0)}$，则可以推算任一时刻 t_k 时，该种群中雌性的年龄分布向量，并以此对种群的总量进行科学的分析.

例如,某种动物雌性的最大生存年龄为 15 年,以 5 年为一间隔,把这一动物种群分为 3 个年龄组[0,5),[5,10),[10,15). 利用统计资料,已知 $a_1=0,a_2=4,a_3=3,b_1=\frac{1}{2},b_2=\frac{1}{4}$. 初始时刻 $t=0$ 时,3 个年龄组的雌性动物个数分别为 500,1000,500. 则初始年龄分布向量和莱斯利矩阵为

$$X^{(0)}=(500,1000,500)^{\mathrm{T}},L=\begin{pmatrix}0&4&3\\\frac{1}{2}&0&0\\0&\frac{1}{4}&0\end{pmatrix}.$$

于是

$$X^{(1)}=LX^{(0)}=L=\begin{pmatrix}0&4&3\\\frac{1}{2}&0&0\\0&\frac{1}{4}&0\end{pmatrix}\begin{pmatrix}500\\1000\\500\end{pmatrix}=\begin{pmatrix}5500\\250\\250\end{pmatrix},$$

$$X^{(2)}=LX^{(1)}=\begin{pmatrix}0&4&3\\\frac{1}{2}&0&0\\0&\frac{1}{4}&0\end{pmatrix}\begin{pmatrix}5500\\250\\250\end{pmatrix}=\begin{pmatrix}1750\\2750\\62.5\end{pmatrix},$$

$$X^{(3)}=LX^{(2)}=\begin{pmatrix}0&4&3\\\frac{1}{2}&0&0\\0&\frac{1}{4}&0\end{pmatrix}\begin{pmatrix}1750\\2750\\62.5\end{pmatrix}=\begin{pmatrix}11187.5\\875\\687.5\end{pmatrix}.$$

为了分析 $k\to\infty$ 时,该动物种群年龄分布向量的特点,我们先求出矩阵 L 的特征值和特征向量,L 的特征多项式

$$\det(\lambda E-L)=\begin{vmatrix}\lambda&-4&-3\\-\frac{1}{2}&\lambda&0\\0&-\frac{1}{4}&\lambda\end{vmatrix}=\left(\lambda-\frac{3}{2}\right)\left(\lambda^2+\frac{3}{2}\lambda+\frac{1}{4}\right).$$

由此可得 L 的特征值为 $\lambda_1=\frac{3}{2},\lambda_2=\frac{-3+\sqrt{5}}{4},\lambda_3=\frac{-3-\sqrt{5}}{4}$. 不难看出 λ_1 是矩阵 L 的唯一正特征值,且 $|\lambda_1|>|\lambda_2|,|\lambda_1|>|\lambda_3|$,因此矩阵 L 可与对角矩阵相似.

设矩阵 L 属于特征值 λ_i 的特征向量为 $\alpha_i(i=1,2,3)$. 不难计算,L 的属于特征值 $\lambda_1=\frac{3}{2}$的特征向量为 $\alpha_1=(1,\frac{1}{3},\frac{1}{18})$. 记矩阵

$\boldsymbol{P}=(\boldsymbol{\alpha}_1,\boldsymbol{\alpha}_2,\boldsymbol{\alpha}_3)$，$\boldsymbol{\Lambda}=\mathbf{diag}(\lambda_1,\lambda_2,\lambda_3)$，则 $\boldsymbol{P}^{-1}\boldsymbol{L}\boldsymbol{X}=\boldsymbol{\Lambda}$ 或 $\boldsymbol{L}=\boldsymbol{P}\boldsymbol{\Lambda}\boldsymbol{P}^{-1}$. 于是

$$\boldsymbol{X}^{(k)}=\boldsymbol{L}\boldsymbol{X}^{(0)}=\boldsymbol{P}\boldsymbol{\Lambda}^k\boldsymbol{P}^{-1}\boldsymbol{X}^{(0)}$$

$$=\lambda_1^k\boldsymbol{P}\begin{pmatrix}1&0&0\\0&\left(\frac{\lambda_2}{\lambda_1}\right)^k&0\\0&0&\left(\frac{\lambda_3}{\lambda_1}\right)^k\end{pmatrix}\boldsymbol{P}^{-1}\boldsymbol{X}^{(0)}$$

即

$$\frac{1}{\lambda_1^k}\boldsymbol{X}^{(k)}=\boldsymbol{P}\mathbf{diag}\left(1,\left(\frac{\lambda_2}{\lambda_1}\right)^k,\left(\frac{\lambda_3}{\lambda_1}\right)^k\right)\boldsymbol{P}^{-1}\boldsymbol{X}^{(0)},$$

因为

$$\left|\frac{\lambda_2}{\lambda_1}\right|<1,\left|\frac{\lambda_3}{\lambda_1}\right|<1,$$

所以

$$\lim_{k\to\infty}\frac{1}{\lambda_1^k}\boldsymbol{X}^{(k)}=\boldsymbol{P}\mathbf{diag}(1,0,0)\boldsymbol{P}^{-1}\boldsymbol{X}^{(0)}.$$

记列向量 $\boldsymbol{P}^{-1}\boldsymbol{X}^{(0)}$ 的第一个元素为 c（常数），则上式可化为

$$\lim_{k\to\infty}\frac{1}{\lambda_1^k}\boldsymbol{X}^{(k)}=(\boldsymbol{\alpha}_1,\boldsymbol{\alpha}_2,\boldsymbol{\alpha}_3)\begin{pmatrix}c\\0\\0\end{pmatrix}=c\boldsymbol{\alpha}_1.$$

于是，当 k 充分大时，近似地成立

$$\boldsymbol{X}^{(k)}=c\lambda_1^k\boldsymbol{\alpha}_1=c\left(\frac{3}{2}\right)^k\begin{pmatrix}1\\\frac{1}{3}\\\frac{1}{18}\end{pmatrix}(c\text{ 为常数}).$$

这一结果说明，当时间充分长，这种动物中雌性的年龄分布将趋于稳定：即 3 个年龄组的数量之比为 $1:\frac{1}{3}:\frac{1}{18}$，并由此可近似得到 t_k 时种群中雌性动物的总量，从而对整个种群的总量进行估计.

莱斯利模型在分析动物种群的年龄分布和数量增长方面有广泛应用，这一模型也可应用于人口增长和年龄分布问题.

7.4　数字实验应用实例

实验目的：

学习利用 MATLAB 求解一些实际问题.

人口模型

例1 假设最初城市人口为 x_0,农村人口为 y_0,则第一年末

城市人口为: $x_1=(1-0.06)x_0+0.02y_0$,

郊区人口为: $y_1=0.06x_0+(1-0.02)y_0$.

写成矩阵形式为 $\begin{pmatrix}x_1\\y_1\end{pmatrix}=\begin{pmatrix}0.94&0.02\\0.06&0.98\end{pmatrix}\begin{pmatrix}x_0\\y_0\end{pmatrix}=\begin{pmatrix}0.94&0.02\\0.06&0.98\end{pmatrix}\begin{pmatrix}0.4\\0.6\end{pmatrix}$.

程序设计结果如下:

```
>> A = [0.94 0.02;0.06 0.98];
>> r0 = [0.4  0.6]';
>> r1 = A * r0;
>> r10 = A^10 * r0
>> r30 = A^30 * r0
>> r50 = A^50 * r0
>> [p d] = eig(A)
r10 =
    0.3152
    0.6848
r30 =
    0.2623
    0.7377
r50 =
    0.2523
    0.7477
p =
   -0.7071   -0.3162
    0.7071   -0.9487


d =
    0.9200         0
         0    1.0000
```

因此可以得到人口迁徙的结果

$$r_{10}=\begin{pmatrix}0.3152\\0.6848\end{pmatrix},r_{30}=\begin{pmatrix}0.2623\\0.7377\end{pmatrix},r_{50}=\begin{pmatrix}0.2523\\0.7477\end{pmatrix}.$$

例2 生物学方面应用

在常染色体遗传中,一个个体从它的亲本的每一个基因对中遗传一个基因,以形成它自己特殊的基因对. 两个基因中哪一个传给

后代是随机的. 因此,如果一个亲本是 Aa 型,那么后代从这个亲本遗传获得 A 基因或 a 基因的机会是等可能的. 如果一个亲本是 aa 型,另一个亲本是 Aa 型,后代总是从 aa 型中接受一个 a 基因,再从 Aa 亲本以同等概率或是接受一个 A 基因或是接受一个 a 基因,结果后代为 aa 型或 Aa 型的概率是相同的. 对于亲本基因的所有可能组合,后代的可能基因型的概率列于表 7.6 中.

表　7.6

		亲本的基因型					
		AA - AA	AA - Aa	AA - aa	Aa - Aa	Aa - aa	aa - aa
后代的基因型	AA	1	1/2	0	1/4	0	0
	Aa	0	1/2	1	1/2	1/2	0
	aa	0	0	0	1/4	1/2	1

假定农民有一大片作物,它由三种可能基因型 AA,Aa,aa 的某种分布所组成,农民要采用的育种方案是:作物总体中的每种作物总是用基因型 AA 的作物来授粉,请导出在任何一个后代总体中三种可能基因型的分布表达式.

解　令 a_n,b_n,c_n 分别是第 n 代中 AA,Aa,aa 基因型作物所占的份数($n=0,1,2$). a_0,b_0,c_0 表示原始分布,且 $a_0+b_0+c_0=1$,则后代基因型分布满足方程组:

$$\begin{cases} a_n = a_{n-1} + \dfrac{1}{2}b_{n-1}, \\ b_n = c_{n-1} + \dfrac{1}{2}b_{n-1}, \\ c_n = 0 \end{cases} \quad \text{记 } \boldsymbol{X}^{(n)} = \begin{pmatrix} a_n \\ b_n \\ c_n \end{pmatrix}, \boldsymbol{M} = \begin{pmatrix} 1 & \dfrac{1}{2} & 0 \\ 0 & \dfrac{1}{2} & 1 \\ 0 & 0 & 0 \end{pmatrix}, \text{则有}$$

$$\boldsymbol{X}^{(n)} = \boldsymbol{M}\boldsymbol{X}^{(n-1)},$$

从而 $\boldsymbol{X}^{(n)} = \boldsymbol{M}^n\boldsymbol{X}^{(0)}$,对 $\boldsymbol{M}$ 进行分解 $\boldsymbol{M}=\boldsymbol{P}\boldsymbol{D}\boldsymbol{P}^{-1}$,其中 $\boldsymbol{D}$ 为对角阵,则 $\boldsymbol{X}^{(n)} = \boldsymbol{P}\boldsymbol{D}^n\boldsymbol{P}^{-1}\boldsymbol{X}^{(0)}$,其中 $\boldsymbol{D}$ 的对角元,即为 $\boldsymbol{M}$ 的所有特征值,而 $\boldsymbol{P}$ 为相应的特征向量.

对矩阵 $\boldsymbol{M}$ 求解其特征值与特征向量,输入以下程序

```
A = [1 0.5 0;0 0.5 1;0 0 0]
[p,lambda] = eig(A)
```

运行结果为

```
p =
     1.0000      -0.7071       0.4082
          0       0.7071      -0.8165
          0            0       0.4082
```

```
lambda =
      1.0000         0         0
           0    0.5000         0
           0         0         0
```

则三种可能基因型的分布表达式为 $\boldsymbol{X}^{(n)}=\boldsymbol{P}\boldsymbol{D}^{n}\boldsymbol{P}^{-1}\boldsymbol{X}^{(0)}$,其中

$$\boldsymbol{P}=\begin{pmatrix}1 & -0.7071 & 0.4082\\ 0 & 0.7071 & -0.8165\\ 0 & 0 & 0.4082\end{pmatrix},\boldsymbol{D}=\begin{pmatrix}1 & 0 & 0\\ 0 & 0.5 & 0\\ 0 & 0 & 0\end{pmatrix},\boldsymbol{X}^{(0)}=\begin{pmatrix}a_0\\ b_0\\ c_0\end{pmatrix}$$

且 $a_0+b_0+c_0=1$.

上例中将线性方程组和矩阵的特征值与特征向量紧密地结合起来,沟通了它们之间的联系,也体现了不同知识间的融会贯通会给解决实际问题提供很好的解决途径.

参考文献

[1]钟契夫,等. 投入产出分析[M]. 北京:中国财政经济出版社,1993.

[2]卢刚. 线性代数[M]. 3 版. 北京:高等教育出版社,2009.

[3]贾兰香,邢金刚. 线性代数[M]. 北京:高等教育出版社,2008.

[4]王庆成,王晓易 . 线性代数习题集[M]. 北京:科学技术文献出版社,2002.

[5]马杰 . 线性代数复习指导[M]. 北京:机械工业出版社,2002.

[6]曹重光,于宪君,张昱 . 线性代数[M]. 北京:科学出版社,2007.

[7]南京理工大学数学系. 线性代数[M]. 3 版. 北京:高等教育出版社:2014.

[8]吴赣昌 . 线性代数[M]. 北京:中国人民大学出版社,2006.

[9]丛国华,肖程河,范红霞 . 线性代数[M]. 北京:中国商业出版社,2017.

[10]姚秀凤 .《九章算术》方程术与初等变换之实例详解[J]. 数学学习与研究,2019(19):1.

[11]张启明,徐承杰,汤琼 . 寓教于乐 润物无声——例谈线性代数教学中课程思政的实施[J]. 数学学习与研究,2020(28):20.

[12]任广千,谢聪,胡翠芳 . 线性代数的几何意义[M]. 西安:西安电子科技大学出版社,2015.

[13]李尚志 . 线性代数[M]. 北京:高等教育出版社,2006.

[14]赵凤,方楠楠 . 融合课程思政的线性代数课程的教学思考与探索[J]. 时代人物,2020(19):2.

[15]张丽静,刘白羽,申亚男 . 实对称矩阵对角化教学的应用案例[J]. 大学数学,2019,35(2):6

[16]戴维,史蒂文,朱迪 . 线性代数及其应用[M]. 刘深泉,张万芹,陈玉珍,等译. 北京:机械工业出版社,2019.

[17]敖长林,宋学仁 . 线性代数[M]. 北京:中国农业出版社,2000.

[18]董晓波 . 线性代数[M]. 北京:机械工业出版社,2016.

[19]邓薇 . MATLAB 函数速查手册[M]. 北京:人民邮电出版社,2010.

[20]胡良剑,孙晓君 . MATLAB 数学实验[M]. 北京:高等教育出版社,2007.

[21]张建林. MATLAB&Excel 定量预测与决策 - 运作案例精编[M]. 北京:电子工业出版社,2012.